信号与系统

赵 娟 高正明 喻剑平 肖 宁 主编

华中科技大学出版社
中国·武汉

内 容 简 介

本书全面系统地论述了信号与系统的基本概念、基本理论和分析方法。全书共分8章，内容包括信号与系统概述、时域分析、傅里叶变换及频域分析、拉普拉斯变换及 s 域分析、z 变换及 z 域分析、系统的状态变量分析和MATLAB在信号与系统中的典型应用等。全书重难点突出、简明易懂、例题丰富、习题充分、面向应用、文理渗透、适于教学。本书引入MATLAB分析方法，力求实现原理、方法与应用的结合，生动形象，便于读者学习。

本书可作为高等院校电子信息工程、通信工程、自动化、自动控制、电子信息科学与技术、计算机科学与技术等专业"信号与系统"课程的教材，也可供从事相关专业的科技工作者参考。

图书在版编目(CIP)数据

信号与系统/赵娟等主编. —武汉：华中科技大学出版社，2020.12
ISBN 978-7-5680-6659-4

Ⅰ.①信… Ⅱ.①赵… Ⅲ.①信号系统 Ⅳ.①TN911.6

中国版本图书馆CIP数据核字(2020)第206625号

信号与系统
Xinhao yu Xitong

赵　娟　高正明　喻剑平　肖　宁　主编

策划编辑：范　莹
责任编辑：朱建丽　李　露
封面设计：原色设计
责任校对：李　弋
责任监印：徐　露
出版发行：华中科技大学出版社(中国·武汉)　电话：(027)81321913
武汉市东湖新技术开发区华工科技园　邮编：430223
录　排：武汉市洪山区佳年华文印部
印　刷：武汉科源印刷设计有限公司
开　本：787mm×1092mm　1/16
印　张：19
字　数：483千字
版　次：2020年12月第1版第1次印刷
定　价：48.00元

前　言

信号与系统是信号与线性系统分析的简称。“信号与系统”是高等院校电子信息工程、电气工程与自动化控制、通信工程、电子信息科学与技术、生物医学工程、计算机科学与技术等专业的一门重要的专业基础课程。该课程涵盖的基本概念、基本理论和分析方法已经渗透电子信息、通信工程、电子电路、系统分析、集成电路、生物医学工程、应用物理学、电磁场、微波技术、航空工程、环境工程等诸多电类和非电类的工程领域。信号与系统问题在现代自然科学和社会科学领域的应用无处不在，为顺应信息科学与技术的迅速发展，作为信号与系统的处理和分析技术的基础理论课程，“信号与系统”课程应和时代发展趋势相一致。

本教材主要面向本科生，学生应熟练地掌握本课程所讲述的基本理论、基本概念和基本分析方法，并能够对信号与系统进行分析、变换和求解，掌握时域和频域分析与求解方法。本教材在编写过程中侧重学生能力的培养，注重实用性和实践性，突出实践能力的培养，强化应用环境的设计。通过“任务驱动”、“问题引入”、“实践操作”等形式，将理论引入实践，便于教师教学和学生自学。

本教材重难点突出、层次分明、结构合理、内容丰富，能够将较难的数学概念和理论充分应用到电路系统中解决信号与系统问题，能够实现数学理论、物理概念和电路系统分析的完美结合。本教材注重实例分析，精心编写了大量例题和习题供学生学习和练习，例题对该章节知识有效解读，习题对章节内容有效补充，从而培养学生分析和解决问题的能力。为培养应用型本科人才，编写教材时，在结构上力求简明，在内容上力求丰富，章节既要有一定的逻辑连贯性，又要有一定的独立性，从而适应不同的教学需求。为培养学生动手实践能力，在大部分章节中加入了 MATLAB 仿真分析，结合计算机技术将分析问题和解决问题程序化、智能化。

本教材可作为高等院校电子信息工程、电气工程与自动化控制、通信工程、电子信息科学与技术、生物医学工程、计算机科学与技术等专业“信号与系统”课程教材，也可供从事相关专业的科技工作者参考。

本教材由来自两所院校且具有多年“信号与系统”教学经验的老师分工合作完成，从时域和变换域两个方面论述了信号与系统的基本理论和基本分析方法，叙述方式从易到难，即从信号分析到系统分析，包括信号与系统的概念、连续系统的时域分析、连续信号的频域分析、连续系统的复频域分析、离散系统的时域分析、离散系统的 z 变换分析、系统函数和系统的状态变量分析及信号与系统分析的 MATLAB 实现。其中，第 1 章和第 7 章由赵娟老师编写，第 2 章和第 3 章由喻剑平老师编写，第 4 章、第 5 章和第 6 章由肖宁老师编写，第 8 章由高正明老师编写。整本教材由赵娟老师统一整理成册，并由田原教授校稿。由于编写时间仓促，编者水平有限，书中难免有不妥或错误之处，恳请读者评批指正。

编　者
2020 年 11 月

目　录

第1章　绪　　论

【内容简介】 本章主要介绍信号与系统的基本概念及其分类、系统的数学模型、信号与系统的分析方法，同时对连续时间基本信号、离散时间信号及其特点和信号的基本运算进行介绍。

在人类历史的长河中，信号在我们的日常生活和社会活动中是经常被人谈及并用到的，人们总是以不同的方式发送信息、传递信息和处理信息，通过不停地传递和交换各种信息，达到自身乃至社会的生存需求。比如，古代的烽火传递信号、结绳记事、击鼓鸣笛、鸣金收兵、飞鸽传信、旗语传令、驿站报信等均是实现信号传输的方式。这些信号的传输受到时间、距离和自然条件等的限制，实效性、可靠性和有效性都大大受到限制。因此要进行长距离的快速传输就必须进行信号的传输方式的更新，已达到信号传输的有效性和可靠性。

随着时间的推移，人类文明不断发展，人们开始寻求新的信号传输方式，从而实现快速传递信号。到十九世纪初，人们开始利用电信号来传递信息。1831 年，英国物理学家法拉第发现了电磁感应现象，从而为电信号传输奠定了基础。1838 年，画家出身的美国人莫尔斯发明了电报，将预传输的各类信息，如字母和数字经编码之后变为电信号，也就是我们所说的莫尔斯电码。1876 年，贝尔发明了电话，当时电报系统已很发达，贝尔在多路电报通信实验中，萌发了在电报线上通话的设想。在 T. A. 沃森的协助下，经过不断努力终于成功，直接将声音信号转换为电信号在线路中传输。19 世纪中期，电信号的无线电传输有了突破性进展。1886 年至 1888 年间，海因里希·鲁道夫·赫兹首先通过实验验证了麦克斯韦的理论。他证明了无线电辐射具有波的所有特性，并发现电磁场方程可以用偏微分方程表达，通常称为波动方程，为无线电电子科学的发展奠定了理论基础。1894 年，意大利人马可尼和俄国的波波夫两人发明了无线电。没有受过正规大学教育的 20 岁的马可尼将赫兹的火花振荡器作为发射器，通过开、闭电键产生断续的电磁波信号。1895 年，该发射器发射的信号的传送距离为 1 km 以上，1987 年，发射的信号可在 20 km 之外被接收到，从此开始了无线电通信的时代。1906 年圣诞前夜，雷吉纳德·菲森登在美国马萨诸塞州采用外差法实现了历史上首次无线电广播。无线电经历了从电子管到晶体管，再到集成电路，从短波到超短波，再到微波，从模拟方式到数字方式，从固定使用到移动使用等各个发展阶段，无线电技术已成为现代信息社会的重要支柱，在工业、农业、经济管理、国防及人们的日常生活中得到广泛应用。

无线电技术的发展和应用归根结底是解决了信号传输的问题。信号要传输就必须有传输的起始点和传输路径，也就是传输所经历的过程。要实现这一过程就必须建立传输装置，即信号传输系统。现代通信系统实现的通信方式往往不是任意两点之间的直线传输，而是利用某些中间的集中转接设备组成比较复杂的通信转换装置实现信息网络，经过“交换”实现任意两点之间的信号传输。信号的传输、交换和处理之间是密切联系的，又各自形成了相对独立的学科体系。他们共同的理论基础之一是研究信号的基本性能，包括信号的描述、分解、变换、检测和特征提取，以及为适应指定要求而进行信号设计。

现代生活中的交通路口的红绿灯信号，唱歌和说话的声音信号，无线电发射台的电磁波信号等是我们所熟知的。从物理概念上讲，信号标志着某种随时间变化的信息。从数学上讲，信号是一个或多个自变量的函数。

信息时代离不开信号和电子系统，什么是信号？什么是系统？什么 LTI 系统？系统在激励下产生哪些响应？如何求解？本课程将围绕信号分解、基本信号与基本响应、任意信号求响应等关键问题展开，先时域后变换域，采用连续与离散的类比方法，进行科学生动的讲解。

1.1 信号的描述与分类

信号、电路（网络）与系统之间有着十分密切的联系。离开了信号，电路与系统将失去意义。信号作为待传输消息的表现形式，可以看作是运载消息的工具，而电路或系统则是为传送信号或对信号进行处理而构成的某种组合。研究系统所关心的问题是，对于给定的信号形式与传输、处理的要求，系统能否与其相匹配，它应该具有怎样的功能和特性。研究电路问题的着眼点则在于，为实现系统功能与特性应具有怎样的结构和参数。有时认为系统是比电路更复杂、规模更大的组合体，然而更确切地说，系统与电路二词的主要差异体现在观察事物的着眼点或处理问题的角度方面。系统问题注意全局，而电路问题则关心局部。例如，对于仅由电阻和电容构成的简单电路，在电路分析中，应注意研究各支路、回路中的电流或电压；而在系统分析中，则应研究它是如何构成具有微分或积分功能的运算器的。

1.1.1 信号的定义与描述

消息是来自外界的各种报道的统称。消息涉及的内容极其广泛，包括天文、地理、历史、政治、经济、科技、文化等。消息可以通过书信、电话、广播、电视、互联网等多种媒体或方式进行发布和传输。在通信系统中，一般将语言、文字、图像或数据统称为消息。

信息是消息中有意义的内容。人们关注消息的目的是获取和利用其中包含的信息。在本课程中对“信息”和“消息”两词未加严格区分。信息一般指消息中赋予人们的新知识、新概念，定义方法复杂，将在后续课程中研究。

信号是反映信息的物理量，指消息的表现形式与传送载体，是信息的物理体现，信息的载体。

信号是消息的表现形式与传送载体，消息是信号的传送内容。例如电信号传送声音、图像、文字等。电信号是应用最广泛的物理量，如电压、电流、电荷、磁通等。为了有效地传播和利用消息，常常需要将消息转换成便于传输和处理的信号。信号是消息的载体，一般表现为随时间变化的某种物理量。根据物理量的不同特性，可把信号区分为声信号、光信号、电信号等不同类别。在各种信号中，电信号是一种最便于传输、控制与处理的信号。同时，在实际应用中，许多非电信号常可通过适当的传感器变换成电信号。因此，研究电信号具有重要意义。在本课程中，若无特殊说明，信号一词均指电信号。

信号是通信系统中所传输的主体，而系统中所包含的各种电路、设备只是实现这种传输的手段。最常见的表现形式是随时间变化的电压或电流，故而描述信号的常用方法是写出其数学表达式,也可以用图形的方式来表示。由于信号表现为时间变量的函数,故而在本课程中“函数”和“信号”两个词不加以区别。

1.1.2 信号的分类和特性

对于不同的信号,按照不同的分类标准可以分为不同的形式。

1.1.2.1 信号的分类

1. 根据信号的预知性分

根据信号的预知性,信号可分为确定信号与随机信号。

对应于某一确定时刻,就有某一确定数值与其对应的信号,称为确定信号。图1.1.1所示为一个递减的指数信号 $x(t)=3e^{-2t}$,在 $t=0$ 时刻,对应的数值为3,在 $t=\infty$ 时刻,对应的数值为0。确定信号往往可以用函数解析式、图表和波形来表示。

如果一个信号事先无法预测其变化趋势,也无法预知其变化规律,则该信号称为随机信号,如图1.1.2所示。在实际工作中,系统总会受到各种干扰信号的影响,这些干扰信号不仅在不同时刻的信号值是互不相关的,而且在任一时刻,信号的幅值和相位都是在不断变化的。因此,从严格意义上讲,绝大多数信号都是随机信号。只不过我们在研究信号与系统时,常常忽略一些次要的干扰信号,主要研究占统治地位的信号的性质和变化趋势。本教材主要研究确定信号。

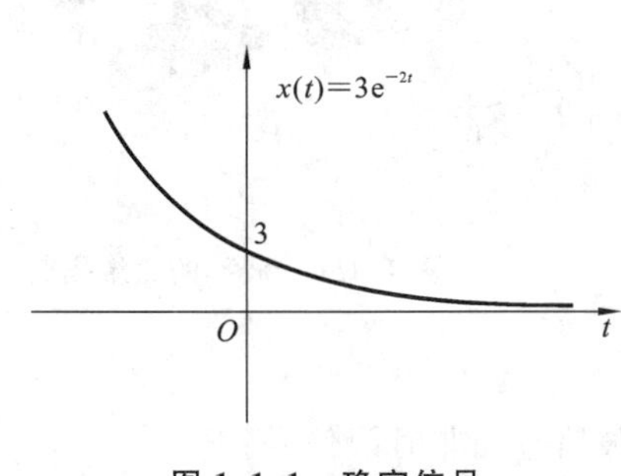

图1.1.1 确定信号

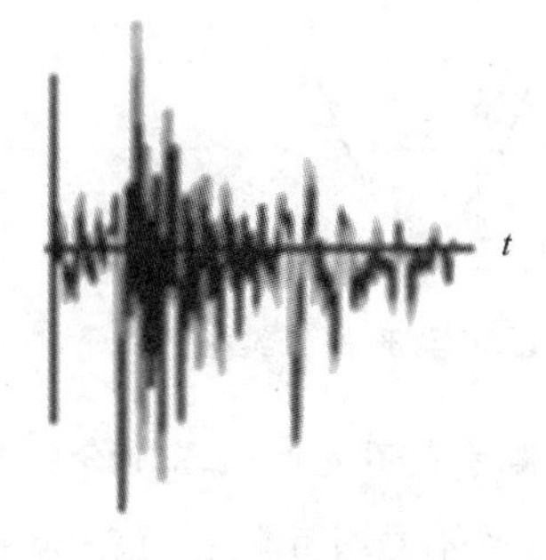

图1.1.2 随机信号

2. 根据信号的连续性分

根据信号的连续性,信号可分为连续时间信号与离散时间信号。

对任意一个信号,如果在定义域内,除有限个间断点外均有定义,则称此信号为连续时间信号,如图1.1.3所示。连续时间信号的自变量是连续可变的,而函数值在值域内可以是连续的,也可以是跳变的。

对任意一个信号,如果自变量仅在离散时间点上有定义,则称为离散时间信号,如图1.1.4所示。对于离散时间信号,相邻离散时间点的间隔可以是相等的,也可以是不相等的,在这些离散时间点之外,信号无定义。

时间和幅度都连续的信号又称为模拟信号。连续信号经过抽样,在时间上进行离散化,就变成了离散信号。将离散信号的幅度再离散化,就得到数字信号。定义在等间隔离散时间点上的离散时间信号,称为序列,序列可以表示成函数形式,也可以直接列出序列值或写成序列值的集合。在工程应用中，常常将幅值连续可变的信号称为模拟信号。将幅值连续的信号在固定时间点上取值得到的信号称为抽样信号。将幅值只能取某些固定的值，而在时间上等间隔的离散时间信号称为数字信号。

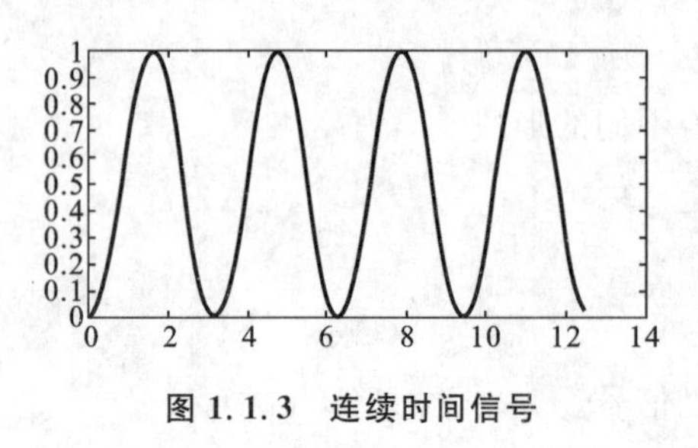

图 1.1.3　连续时间信号

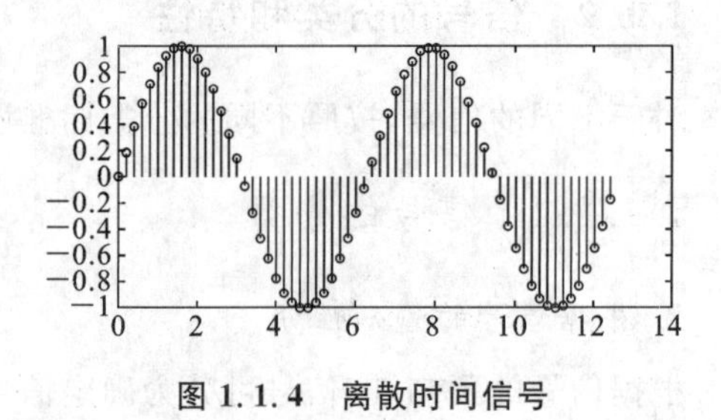

图 1.1.4　离散时间信号

3. 根据信号的维数分

根据信号的维数不同，信号可分为一维信号和 n 维信号。

从数学的观点来分析，信号总可以表示为某些独立变量的函数。按信号可以表示为几个变量的函数划分，可将信号分为一维信号和 n 维信号。一维信号是 1 个独立变量的函数，n 维信号是 n 个独立变量的函数，图 1.1.5 和图 1.1.6 所示分别为二维信号和三维信号。

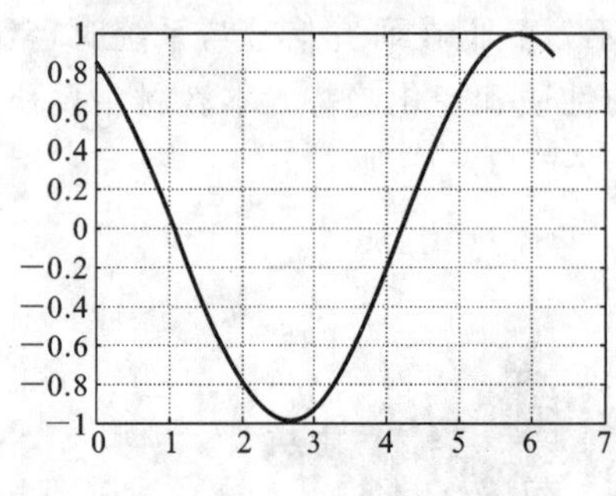

图 1.1.5　波形的二维描述

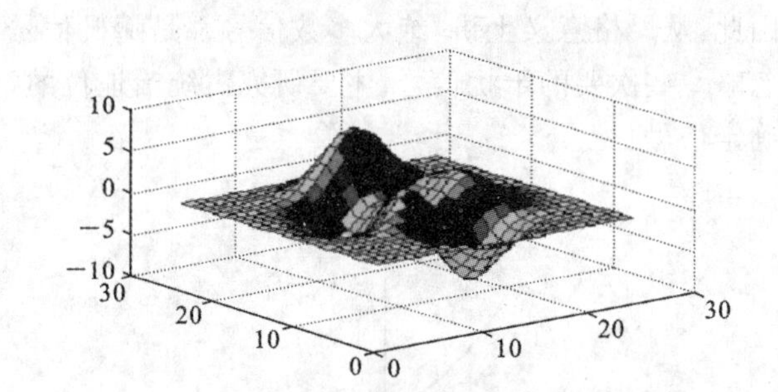

图 1.1.6　波形的三维描述

4. 根据信号受不受时间限制分

根据信号受不受时间限制，信号可分为时限信号和非时限信号。

信号一般都是独立时间变量的函数，按信号的持续时间划分，信号可分为时限信号和非时限信号。时限信号只在一定的时间范围内存在，而非时限信号则不受时间限制，可在整个时间轴上一直存在，它们分别如图 1.1.7 和图 1.1.8 所示。

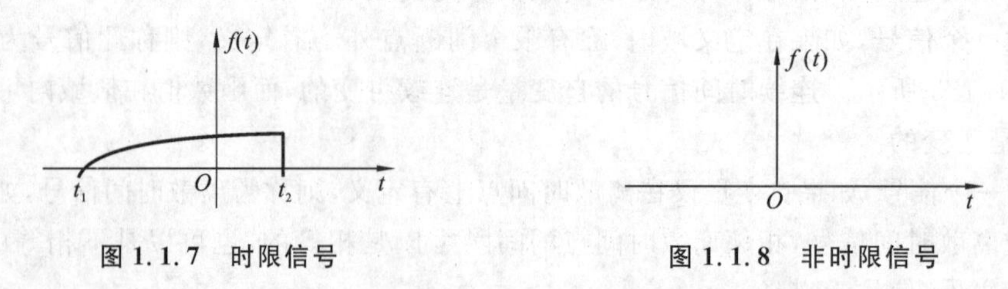

图 1.1.7　时限信号　　　　图 1.1.8　非时限信号

5. 根据信号的重复性分

根据信号重复性不同，信号可分为周期信号和非周期信号。

按信号是否具有重复性，可将信号分为周期信号和非周期信号。对于一个连续信号 $f(t)$，

若对所有 t 均有

$$f(t)=f(t+nT) \quad n=0,\pm1,\pm2,\cdots$$

则称 $f(t)$ 为连续周期信号，如图 1.1.9 所示。满足上式的最小 T 值称为 $f(t)$ 的周期。周期信号也可以表示为

$$f(t)=\sum_{n=-\infty}^{\infty} g(t-nT)$$

式中，$g(t)$ 是 $f(t)$ 在一个周期 T 内的波形，称为基本波形。

不具有重复性的信号均为非周期信号，如图 1.1.10 所示。

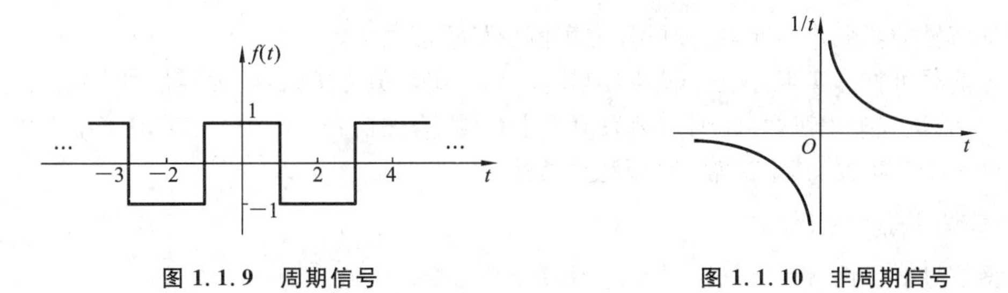

图 1.1.9 周期信号 **图 1.1.10 非周期信号**

6. 根据信号的能量型和功率型分

根据信号能量型和功率型不同，信号可分为能量信号和功率信号。

若将信号 $f(t)$ 设为电压或电流，则加载在单位电阻上产生的瞬时功率为 $|f(t)|^2$，在一定的时间区间内会消耗一定的能量。把该能量对时间区间取平均，即得信号在此区间内的平均功率，简称功率。对时间区间取极限，则信号 $f(t)$ 的能量 E 和功率 S 定义为

$$E=\int_{-\infty}^{\infty}|f(t)|^2\mathrm{d}t \tag{1.1.1}$$

$$S=\lim_{T\to\infty}\frac{1}{2T}\int_{-T}^{T}|f(t)|^2\mathrm{d}t \tag{1.1.2}$$

如果在无限大时间区间 $(-\infty,+\infty)$ 内，信号的能量为有限值(此时平均功率 $S=0$)，则称该信号为能量有限信号，简称能量信号。

如果在无限大时间区间 $(-\infty,+\infty)$ 内，信号的平均功率为有限值(此时信号能量 $E=\infty$)，则称该信号为功率有限信号，简称功率信号。

类似的，离散信号 $f(k)$ 的能量和功率定义为

$$E=\sum_{k=-\infty}^{\infty}|f(k)|^2 \tag{1.1.3}$$

$$S=\lim_{N\to\infty}\frac{1}{2N+1}\sum_{k=-N}^{N}|f(k)|^2 \tag{1.1.4}$$

可见，能量信号与功率信号是不相容的——能量信号的总平均功率(在整个时间轴上进行时间平均)等于 0，而功率信号的能量等于无限大。一个信号不可能既是能量信号又是功率信号。少数信号既不是能量信号也不是功率信号。通常，周期信号和随机信号是功率信号；确知的非周期信号为能量信号。

7. 根据信号是否被调制分

根据信号是否被调制，信号可分为调制信号和基带信号。

从信源发出的信号是原始的电波形，主要能量集中在低频段，甚至含有丰富的直流分量，没有经过任何调制（频谱搬移），因此称其为基带信号，如语音、视频信号等，它们均可由低通滤波器取出或限定，故又称为低通信号。为了适应绝大多数信道的传输，特别是无线通信信道，需将携带源信息的基带信号频谱搬移到某一指定的高频载波附近，称为带通型信号。从时域上看，就是使载波的某个参量（振幅、频率或相位）变化受控于基带信号或数字码流，使载波的参量随基带信号的变化而变化，这种受控后的载波就称为已调信号，它就是带通型的频带信号，其频带被限制在以载频为中心的一定带宽范围内。

8. 根据信号的函数式分

根据信号的函数式不同，信号可分为实信号和复信号。

如果信号可物理实现，表达式为实函数（序列），函数值为实数，则为实信号；如果信号不可物理实现，表达式为虚函数（序列），函数值为虚数，则为虚信号。虚信号实际上不能产生，但在理论分析中十分重要，其中最常用的为复指数信号。

9. 根据信号的对称性分

根据信号对称性，信号可分为偶信号和奇信号。

如果信号关于虚轴对称，则为偶信号；如果信号关于实轴对称，则为奇信号。如式(1.1.5)表示偶信号，式(1.1.6)表示奇信号。

$$f(t)=f(-t) \tag{1.1.5}$$

$$f(t)=-f(-t) \tag{1.1.6}$$

1.1.2.2 信号的基本运算

在信号的传输与处理过程中往往需要进行信号的运算，包括信号的平移（时移或延时）、反转、尺度变换（压缩与展宽）、微分、积分以及两信号的相加或相乘等。某些物理器件可直接实现这些运算功能。我们需要熟悉在运算过程中表达式对应的波形变化，并初步了解这些运算的物理背景。信号经过运算后变为新的信号。

1. 加法和乘法

下面给出这两种运算的例子。若 $f_1(t)=\sin(\Omega t)$，$f_2(t)=\sin(8\Omega t)$，两信号相加和相乘的表达式分别为

$$f_1(t)+f_2(t)=\sin(\Omega t)+\sin(8\Omega t) \tag{1.1.7}$$

$$f_1(t)\cdot f_2(t)=\sin(\Omega t)\cdot\sin(8\Omega t) \tag{1.1.8}$$

对应波形如图 1.1.11 和图 1.1.12 所示。在实际通信系统的调制、解调等过程中，信号乘法运算是经常遇到的。

2. 平移和反转

对于连续信号 $f(t)$，若有常数 $t_0>0$，延时信号 $f(t-t_0)$ 表示将原信号向正 t 轴方向平移 t_0，而 $f(t+t_0)$ 表示将原信号向负 t 轴方向平移 t_0。对于离散信号 $f(k)$，若有整常数 $k_0>0$，延时信号 $f(k-k_0)$ 表示将原序列沿正 k 轴方向移动 k_0 个单位，而 $f(k+k_0)$ 表示将原序列沿负 k 轴方向移动 k_0 个单位。

如图 1.1.13 所示，当 $t_0>0$ 时，$f(t-t_0)$ 表示 $f(t)$ 波形右移 t_0 个单位；当 $t_0<0$ 时，$f(t-t_0)$ 表示 $f(t)$ 波形左移 t_0 个单位。

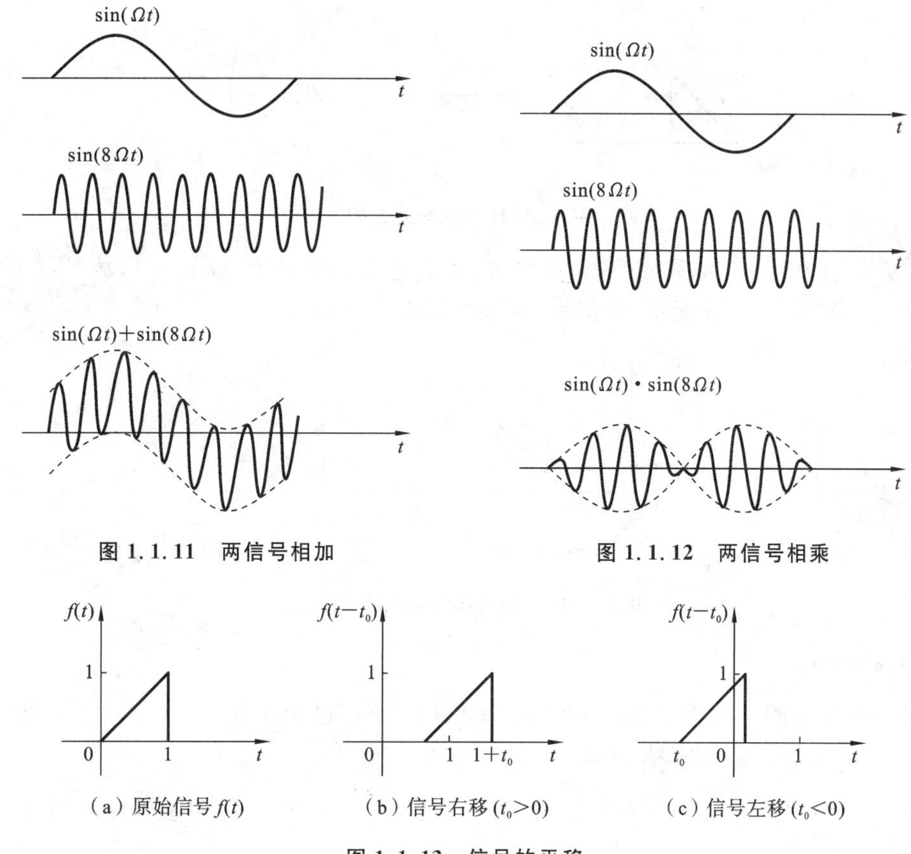

图 1.1.11 两信号相加

图 1.1.12 两信号相乘

(a) 原始信号 $f(t)$ (b) 信号右移 ($t_0>0$) (c) 信号左移 ($t_0<0$)

图 1.1.13 信号的平移

在雷达、声呐以及地震信号检测等问题中容易找到信号移位现象的实例。如发射信号经同种介质传送到不同距离的接收机时，各接收信号相当于发射信号移位，并具有不同的 t_0 值(同时有衰减)。在通信系统中，长距离传输电话信号时，可能听到回波，这是幅度衰减的话音延时信号。

反转表示将 $f(t)$ 的自变量 t 更换为 $-t$，其几何意义是将 $f(t)$ 的波形沿 $t=0$ 轴(即纵轴)反转(又称反褶或反折)得到 $f(-t)$ 的波形，如图 1.1.14 所示。此运算也称为时间轴反转。

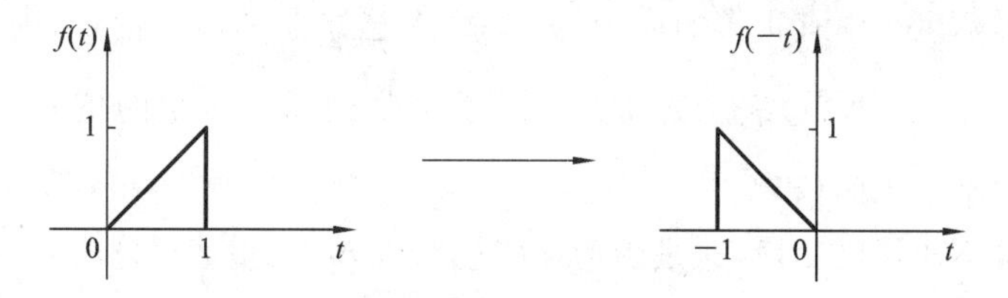

图 1.1.14 信号的反转

另外，需要注意的是，$f(t)$ 的波形沿横轴反转得到的 $-f(t)$ 的波形称为倒相，如图 1.1.15 所示。

将平移与反转结合可由信号 $f(t)$ 得到信号 $f(-t-t_0)$ 或 $f(-k-k_0)$。类似地，也可以得到信号 $f(-t+t_0)$ 或 $f(-k+k_0)$。应该注意的是，一般画波形时最好先平移后反转，即先将 $f(t)$ 平移为 $f(t+t_0)$、$f(t-t_0)$ 或先将 $f(k)$ 平移为 $f(k+k_0)$、$f(k-k_0)$，然后将变量 t 或

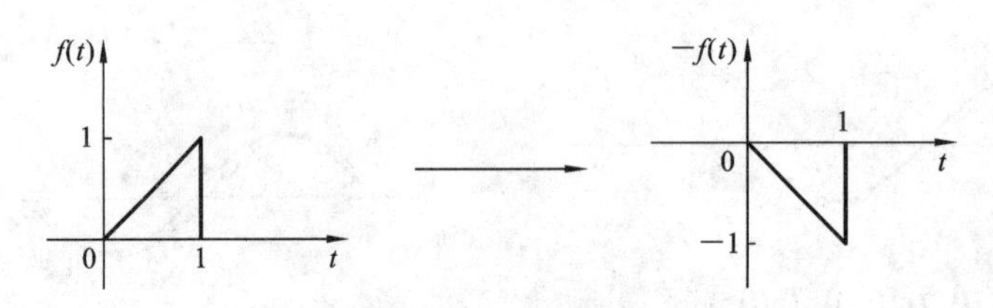

图 1.1.15　信号的倒相

k 相应地换为 $-t$ 或 $-k$。如果先反转，后平移，由于这时自变量为 $-t$ 或 $-k$，故平移方向与前述方向相反。如图 1.1.16 所示，由信号 $f(t)$ 可得到 $f(-t-1)$。

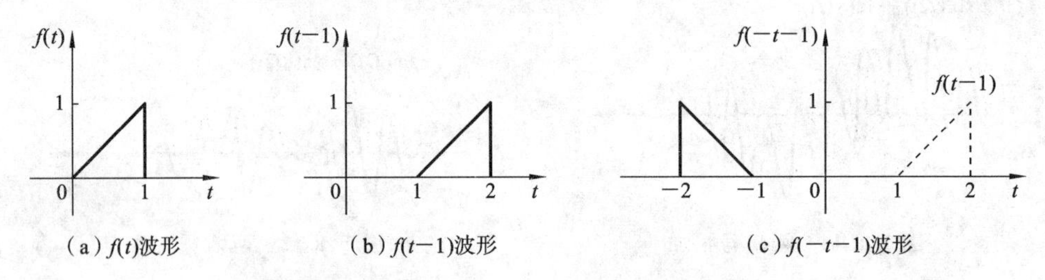

图 1.1.16　信号的平移与反转结合

3. 尺度变换

将信号横坐标的尺寸展宽或压缩(常称为尺度变换)，可用变量 at(a 为非零常数)替代原信号 $f(t)$ 的自变量 t，得到信号 $f(at)$。

若 $a>1$，则信号 $f(at)$ 表示将原信号 $f(t)$ 以原点($t=0$)为基准，沿横轴压缩为原来的 $\frac{1}{a}$；

若 $0<a<1$，则信号 $f(at)$ 表示将原信号 $f(t)$ 以原点($t=0$)为基准，沿横轴展宽为原来的 $\frac{1}{a}$ 倍；

若 $a<0$，则信号 $f(at)$ 表示将 $f(t)$ 的波形反转并压缩或展宽为原来的 $\frac{1}{|a|}$。

图 1.1.17(a)所示为原始信号 $f(t)$ 的波形，(b)和(c)所示为 $f(2t)$ 和 $f\left(\frac{1}{2}t\right)$ 的波形，(d)所示为 $f(-2t)$ 的波形。

尺度变换在实际生产中有很多的应用，如 $f(t)$ 是已录制的声音信号，则 $f(-t)$ 表示磁带倒转播放产生的信号；而 $f(2t)$ 表示磁带以两倍速度加快播放产生的信号；而 $f\left(\frac{1}{2}t\right)$ 表示磁带放音速度降到一半产生的信号。

离散信号通常不作尺度变换，这是因为 $f(ak)$ 仅在 ak 为整数时才有定义，而当 $a>1$ 或 $a<1$，且 $a\neq\frac{1}{m}$(m 为整数)时，它常常丢失原信号 $f(k)$ 的部分信息。

综合前面三种情况，若 $f(t)$ 的自变量 t 更换为($at+t_0$)(其中，a，t_0 是给定的实数)，此时，$f(at+t_0)$ 相对于 $f(t)$ 可以扩展($|a|<1$)或压缩($|a|>1$)，也可能出现时间上的反褶($a<0$)或移位($t_0\neq0$)，而波形整体仍保持与 $f(t)$ 相似的形状。

4. 复合运算

(1) 正复合运算：$f(t)\to f(-at+b)$。先平移为 $f(t+b)$；再反转为 $f(-t+b)$；最后尺度

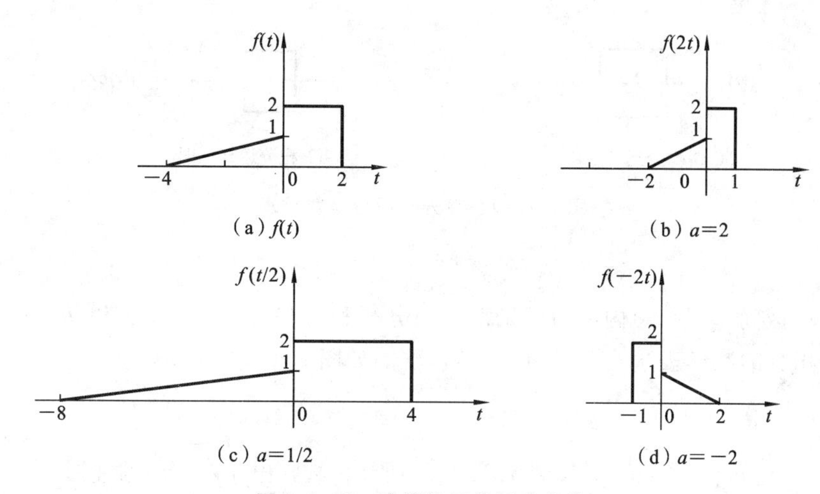

图 1.1.17 连续信号的尺度变换

变换为 $f(-at+b)$。

(2) 逆复合运算：$f(-at+b)\rightarrow f(t)$。先尺度变换为 $f(-t+b)$；再反转为 $f(t+b)$；最后平移为 $f(t)$。

例 1.1.1 已知 $f(5-2t)$ 的波形如图 1.1.18 所示，试画出 $f(t)$ 的波形。

解 $f(5-2t)\xrightarrow[\text{展宽 2 倍}]{a\text{ 乘 }1/2}f\left(5-2\times\frac{1}{2}t\right)=f(5-t)\xrightarrow{\text{反转}}f(5+t)\xrightarrow{\text{右移 5}}f(5+t-5)=f(t)$

具体如图 1.1.18 所示。

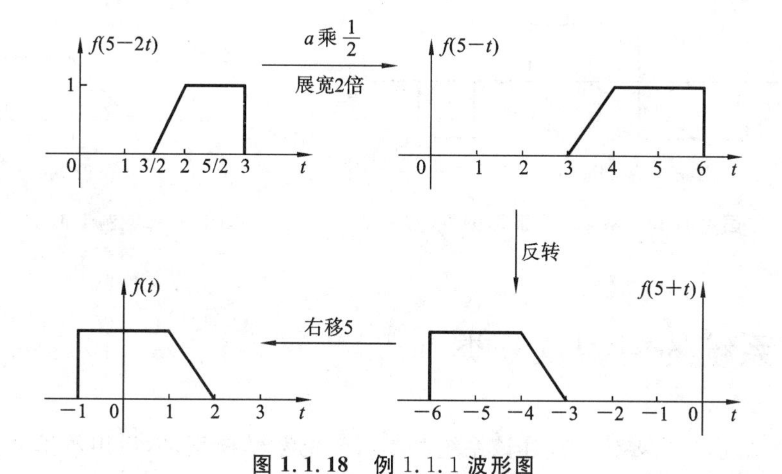

图 1.1.18 例 1.1.1 波形图

5. 微分

将 $f(t)$ 对 t 求导得微分信号 $y(t)=f'(t)$，微分的数学表达式为式(1.1.9)，框图如图 1.1.19(a)所示。

$$y(t)=f'(t)=\frac{\mathrm{d}}{\mathrm{d}t}f(t)=f^{(1)}(t) \tag{1.1.9}$$

例 1.1.2 已知 $f(t)$ 的波形如图 1.1.20(a)所示，试画出 $f'(t)$ 的波形。

解 $f'(t)$ 的波形如图 1.1.20(b)所示。

注：若 $f(t)$ 为偶函数，则 $f'(t)$ 为奇函数；若 $f(t)$ 为奇函数，则 $f'(t)$ 为偶函数。

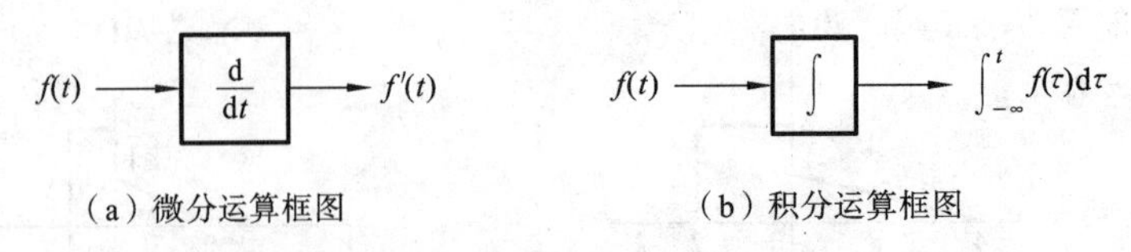

(a) 微分运算框图　　(b) 积分运算框图

图 1.1.19　微分与积分运算框图

6. 积分

将 $f(t)$在区间$(-\infty,t)$内沿时间轴对 τ 积分得积分信号 $y(t)=f^{(-1)}(t)$，$f^{(-1)}(t)$是关于t 的函数，积分的数学表达式为式(1.1.10)，框图如图 1.1.19(b)所示。

$$y(t)=\int_{-\infty}^{t}f(\tau)\mathrm{d}\tau=f^{(-1)}(t) \tag{1.1.10}$$

例 1.1.3　已知 $f(t)$的波形如图 1.1.21(a)所示，试画出 $f^{(-1)}(t)$的波形。

解　$f^{(-1)}(t)$的波形如图 1.1.21(b)所示。

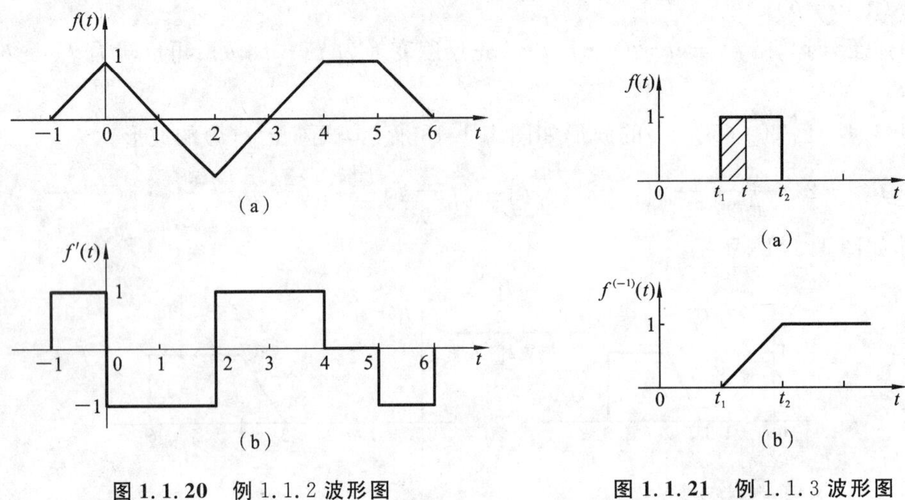

图 1.1.20　例 1.1.2 波形图　　**图 1.1.21　例 1.1.3 波形图**

1.2　系统的模型及分类

分析一个系统，首先要建立描述该系统基本特性的数学模型，然后用数学方法(或计算机仿真等)求出结果，并对所得结果赋予实际含义。什么是系统？广义地说，系统就是由若干相互作用和相互依赖的事物组成的具有特定功能的整体。如通信系统、机械系统、生产管理系统、交通系统、经济系统、生物的群落、自然界的水系统、太阳系、生态系统等。

根据系统的定义，一个物联系统是由某些元件或部件以特定方式连接而成的整体，每个物理系统都能对给定的作用完成某些要求的功能。在没有特定说明的情况下，我们所说的系统指的是电系统。此时系统可以看作是变换器、处理器。

电系统具有特殊的重要地位，某个电路完成某种功能的部分，如微分、积分、放大的输入或输出部分，也可以称为系统。在电子技术领域中，“系统”、“电路”、“网络”三个名词在一般情况下可以通用。一个电系统的功能，可以用图 1.2.1 所示的方框图来表示。其中，$e(t)$为输入信号，称为激励，一般是电压或电流；$y(t)$是输出信号，称为响应，是该系统中某一支路的电压或电流。这里所表示的是单输入—单输出系统。复杂的系统可以有多个输入和多个输出。

图 1.2.1 系统的方框图

通常，组成一个电系统的主要部件是各种类型的电路。电路也称为电网络，二者并无区别，但习惯上在研究一般性的抽象规律时多用网络一词，而在讨论一些指定的具体问题时则称之为电路。

无线电电子学中，信号与系统之间有着十分密切的联系。离开了信号，网络和系统将失去存在的意义。信号是消息的表现形式，并可以看作是运载消息的工具，而网络和系统则是完成对信号传输、加工处理的设备。系统的核心是输入输出之间的关系或者运算功能，而网络问题的着眼点则在于应有怎样的结构和参数。通常认为系统是比网络更复杂、规模更大的组合，但实际上却很难从复杂程度或规模大小上来区分网络和系统。确切地说，系统与网络的区别应体现在观察事物的着眼点或处理问题的角度上。系统问题注意全局，而网络问题则关心局部。例如对于仅由一个电阻和一个电容组成的 RC 电路，在网络分析中，应注意研究其各支路和回路的电流或电压，而从系统的观点来看，可以确定它如何构成具有积分或微分功能的运算器。

1.2.1 系统的数学模型

科学的每一分支都有自己的一套"模型"理论，在模型的基础上可以运用数学工具进行研究。为便于对系统进行分析，同样需要建立系统的模型。所谓模型，是系统物理特性的数学抽象，以数学表达式或具有理想特性的符号组合图形来表征系统特性。

1.2.1.1 系统的数学模型示例

例 1.2.1 图 1.2.2 所示为由电阻、电容和线圈组合而成的串联回路抽象模型。R 代表电阻的阻值，C 代表电容的容量，L 代表线圈的电感量。若激励信号是电压源 $e(t)$，试求电流$i(t)$。

解 由元件的理想特性与 KVL 可以建立如下微分方程式：

$$LC\frac{\mathrm{d}}{\mathrm{d}t^2}i^2(t)+RC\frac{\mathrm{d}}{\mathrm{d}t}i(t)+i(t)=C\frac{\mathrm{d}}{\mathrm{d}t}e(t) \qquad (1.2.1)$$

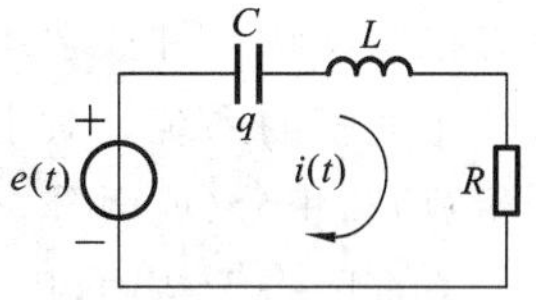

图 1.2.2 例 1.2.1 电路图

这就是电阻、电容与线圈串联组合系统的数学模型。在电子技术中经常用到的理想特性元件模型还有互感器、回转器、各种受控源、运算放大器等，它们的数学表示和符号图形在电路分析基础课程中都已讲述，此处不再重复。

系统模型的建立是有一定条件的，对于同一物理系统，在不同条件下，可以得到不同形式的数学模型。严格讲，只能得到近似的模型。式(1.2.1)和图 1.2.2 所示电路只是在工作频率较低，而且线圈、电容损耗相对很小的情况下的近似。如果考虑电路中分布电容、引线电感和损耗等寄生参数，而且工作频率较高，则系统模型要变得十分复杂，图 1.2.2 和式(1.2.1)就不能应用。工作频率更高时，无法再用集总参数模型来表示此系统，需采用分布参数模型。

从另一方面讲，对于不同的物理系统，经过抽象和近似，有可能得到形式上完全相同的数学模型。即使对于由理想元件组成的系统，在不同电路结构情况下，其数学模型也有可能一致。例如，根据网络对偶理论可知，一个由 G(电导)、C(电容)、L(电感)组成的并联回路，在电流源激励下求其端电压的微分方程将与式(1.2.1)的形式相同。此外，还能够找到对应的机械系统，其数学模型与这里的电路方程也完全相同，也就是说同一数学模型可以描述物理外貌截然不同的系统。

描述连续系统的数学模型是微分方程，而描述离散系统的数学模型是差分方程。

如果系统的输入、输出信号都只有一个，则称其为单输入—单输出系统，如果系统的输入、输出信号有多个，则称其为多输入—多输出系统。

对于较复杂的系统，其数学模型可能是一个高阶微分方程，规定此微分方程的阶次就是系统的阶数，例如，图 1.2.2 所示的系统是二阶系统。也可以把这种高阶微分方程改以一阶联立方程组的形式给出，这是同一个系统模型的两种不同表现形式，前者称为输入—输出方程，后者称为状态方程，它们之间可以相互转换。

建立数学模型只是进行系统分析工作的第一步，为求得给定激励条件下系统的响应，还应当知道激励接入瞬时系统内部时的能量储存情况。储能可能是先前激励(或扰动)作用的后果，没有必要追究详细的历史演变过程，只需知道激励接入瞬时系统的状态。系统的起始状态由若干独立条件给出，独立条件的数目与系统的阶次相同，如图 1.2.2 所示的电路，其数学模型是二阶微分方程，通常以起始时刻电容端电压与电感电流作为两个独立条件表征它的起始状态。

如果系统数学模型、起始状态以及输入激励信号都已确定，即可运用数学方法求解其响应。一般情况下可以对所得结果作出物理解释、赋予物理意义。综上所述，系统分析的过程，是将实际物理问题抽象为数学模型，经数学解析后再回到物理实际的过程。

离散时间系统的数学模型是差分方程，分为前向差分方程和后向差分方程，这在后续章节里面详细论述。

1.2.1.2 系统的框图表示

除利用数学表达式描述系统模型之外，也可借助方框图(简称“框图”)表示系统模型。每个方框图反映某种数学运算功能，给出该方框图输出与输入信号的约束条件，若干个方框图组成一个完整的系统。对于线性微分方程描述的系统，它的基本运算单元是相加、倍乘(标量乘法运算)和积分(或微分)。

方框图表示法中，用箭头表示信号的流向，用字母表示需要进行的运算或变换。如一个系统的激励为 $f(t)$，输出为 $y(t)$，则其端口特性可表示为 $f(t)\rightarrow y(t)$。方框图表示法中，基本单元具体框图的表示和表达式如下。

(1) 标乘单元又称为倍乘器或标量乘法器，其框图如图 1.2.3 所示。具体的数学表达式如式(1.2.2)和式(1.2.3)所示，其中，式(1.2.2)表示连续系统，式(1.2.3)表示离散系统。

$$y(t)=af(t) \tag{1.2.2}$$

$$y(k)=af(k) \tag{1.2.3}$$

(2) 微分单元又称为微分器，其框图如图 1.2.4 所示。具体的数学表达式如式(1.2.4)所示，需要注意的是，微分器只表示连续系统。

$$y(t)=\frac{\mathrm{d}}{\mathrm{d}t}f(t) \tag{1.2.4}$$

(3) 积分单元又称为积分器，其框图如图 1.2.5 所示。具体的数学表达式如式(1.2.5)所示，需要注意的是，积分器只表示连续系统。

$$y(t)=\int_{0}^{t}f(\tau)\mathrm{d}\tau \tag{1.2.5}$$

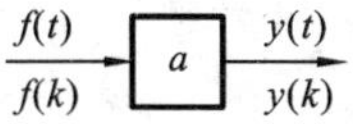

图 1.2.3 倍乘器框图 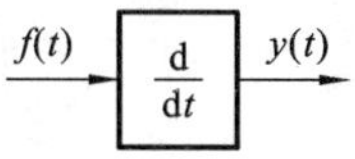　　图 1.2.4 微分器框图 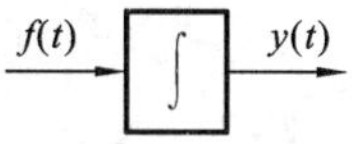　　图 1.2.5 积分器框图

(4) 求和单元又称为加法器，其框图如图 1.2.6 所示。具体的数学表达式如式(1.2.6)和式(1.2.7)所示，其中，式(1.2.6)表示连续系统，式(1.2.7)表示离散系统。需要注意的是，加法器既可表示连续系统，又可表示离散系统。

$$y(t)=f_1(t)+f_2(t) \tag{1.2.6}$$

$$y(k)=f_1(k)+f_2(k) \tag{1.2.7}$$

(5) 延时单元又称为延时器，其框图如图 1.2.7 所示。具体的数学表达式如式(1.2.8)所示，需要注意的是，延时器只表示离散系统。

$$y(k)=f(k-1) \tag{1.2.8}$$

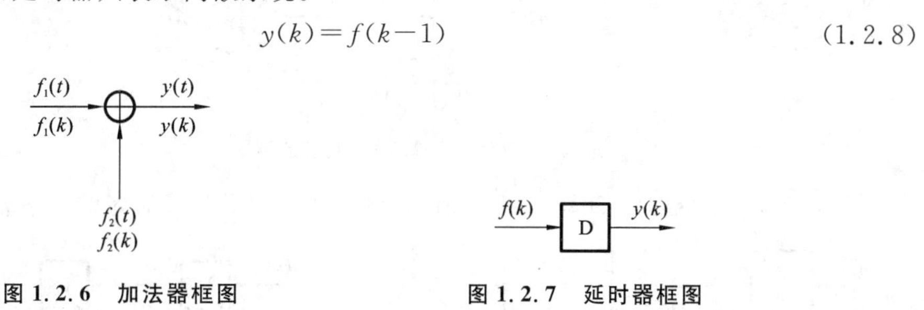

图 1.2.6 加法器框图　　图 1.2.7 延时器框图

1.2.2 系统的连接

1.2.2.1 系统的级联

系统的级联又称为系统的串联，如图 1.2.8 所示。如果两个子系统的系统函数分别 L_1、L_2(为常数)，激励为 $f(t)\leftrightarrow F(\omega)$或 $f(k)\leftrightarrow F(\omega)$，响应为 $y(t)\leftrightarrow Y(\omega)$或 $y(k)\leftrightarrow Y(\omega)$，则有式(1.2.9)和式(1.2.10)所示关系，其中，式(1.2.9)为时域表达式，式(1.2.10)为频域表达式。

$$y(t)=f(t)*L_1*L_2 \quad 或 \quad y(k)=f(k)*L_1*L_2 \tag{1.2.9}$$

$$Y(\omega)=F(\omega)\cdot L_1\cdot L_2 \quad 或 \quad Y(\omega)=F(\omega)\cdot L_1\cdot L_2 \tag{1.2.10}$$

1.2.2.2 系统的并联

系统的并联如图 1.2.9 所示。如果两个子系统的系统函数分别 L_1、L_2(为常数)，激励为 $f(t)\leftrightarrow F(\omega)$或 $f(k)\leftrightarrow F(\omega)$，响应为 $y(t)\leftrightarrow Y(\omega)$或 $y(k)\leftrightarrow Y(\omega)$，则有式(1.2.11)和式(1.2.12)所示关系，其中，式(1.2.11)为时域表达式，式(1.2.12)为频域表达式。

$$y(t)=f(t)*(L_1+L_2) \quad 或 \quad y(k)=f(k)*(L_1+L_2) \tag{1.2.11}$$

$$Y(\omega)=F(\omega)\cdot(L_1+L_2) \quad 或 \quad Y(\omega)=F(\omega)\cdot(L_1+L_2) \tag{1.2.12}$$

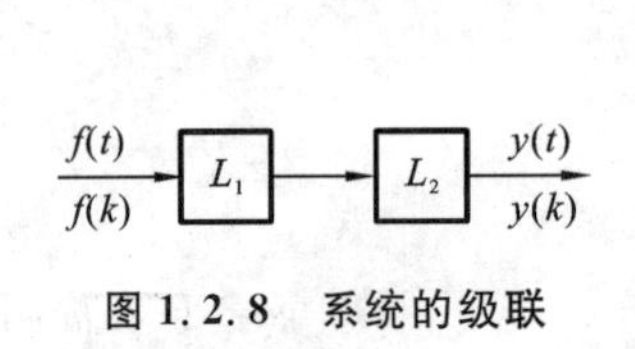

图 1.2.8　系统的级联

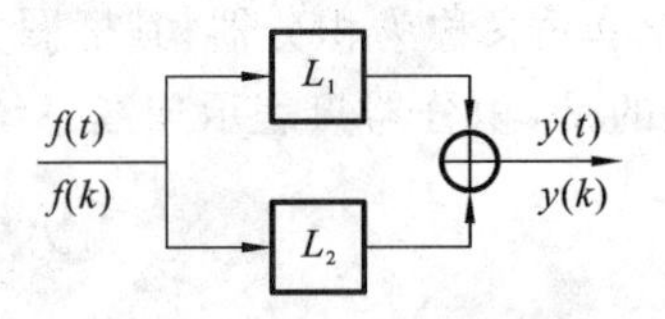

图 1.2.9　系统的并联

1.2.2.3　系统的混联

系统的混联指的是子系统之间既有并联，又有串联，如图 1.2.10 所示的三个子系统的混联图，若三个子系统的系统函数分别 L_1、L_2、L_3（常数），激励为 $f(t)\leftrightarrow F(\omega)$ 或 $f(k)\leftrightarrow F(\omega)$，响应为 $y(t)\leftrightarrow Y(\omega)$ 或 $y(k)\leftrightarrow Y(\omega)$，则有式(1.2.13)和式(1.2.14)所示关系，其中，式(1.2.13)为时域表达式，式(1.2.14)为频域表达式。

$$y(t)=f(t)*(L_1*L_2+L_3) \quad 或 \quad y(k)=f(k)*(L_1*L_2+L_3) \tag{1.2.13}$$

$$Y(\omega)=F(\omega)\cdot(L_1\cdot L_2+L_3) \quad 或 \quad Y(\omega)=F(\omega)\cdot(L_1\cdot L_2+L_3) \tag{1.2.14}$$

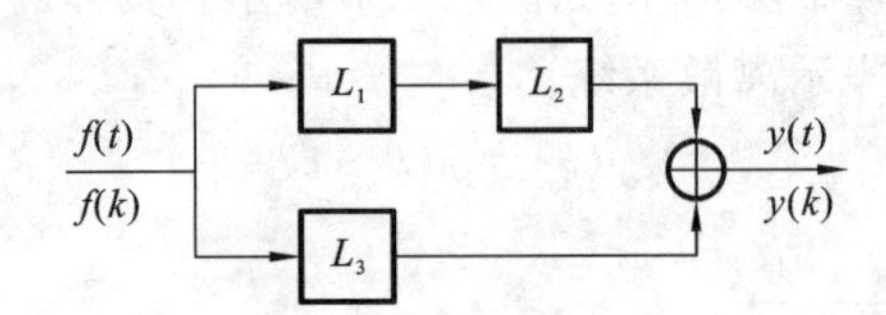

图 1.2.10　系统的混联

例 1.2.2　系统框图如图 1.2.11 所示，试由题中图形写出对应的数学表达式。

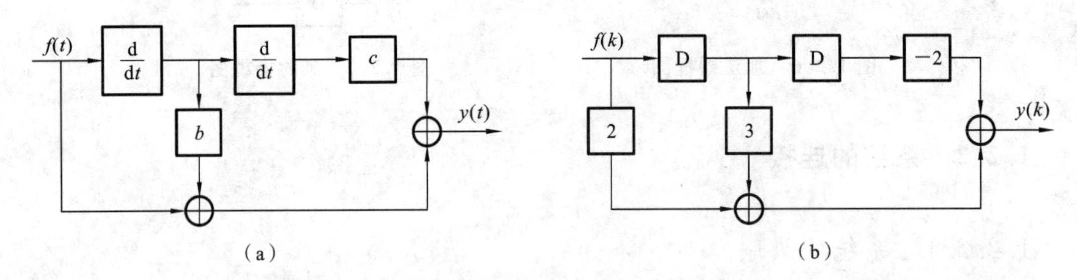

图 1.2.11　例 1.2.2 图形

解　由题中图形可知，图 1.2.11(a)数学表达式为

$$y(t)=cf''(t)+bf'(t)+f(t)$$

图 1.2.11(b)数学表达式为

$$y(k)=2f(k)+3f(k-1)-2f(k-2)$$

1.2.2.4　系统的反馈

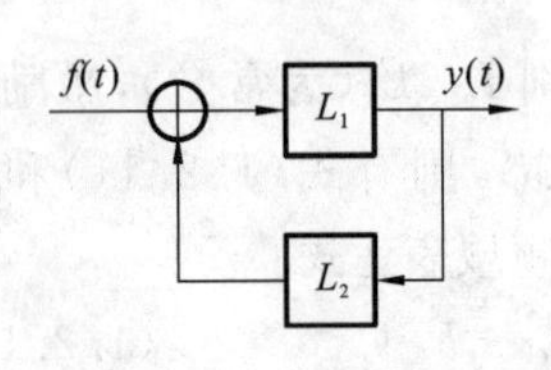

图 1.2.12　系统的反馈

将系统响应的一部分或全部连到输入端作为输入信号的一部分称为反馈，有正、负反馈之分。图 1.2.12 所示为带有反馈的系统框图，若两个子系统的系统函数分别 L_1、L_2（为常数），激励为 $f(t)\leftrightarrow F(\omega)$，响应为 $y(t)\leftrightarrow Y(\omega)$，则有式(1.2.15)和式(1.2.16)所示关系，其中，式(1.2.15)为时域表达式，式

(1.2.16)为频域表达式。

$$y(t)=[f(t)+y(t)*L_2]*L_1 \tag{1.2.15}$$

$$Y(\omega)=\frac{L_1}{1-L_1L_2}F(\omega) \tag{1.2.16}$$

例 1.2.3 某连续系统的框图如图 1.2.13 所示，试由题中图形写出对应的数学表达式。

解 由题中图形可知数学表达式为

$$y(t)=f(t)+ay'(t)$$

所以

$$ay'(t)-y(t)=-f(t)$$

例 1.2.4 某连续系统的框图如图 1.2.14 所示，试由题中图形写出对应的数学表达式。

解 由题中图形可知数学表达式为

$$y(k)=f(k)+10y(k-2)+7y(k-1)$$

所以

$$y(k)-7y(k-1)-10y(k-2)=f(k)$$

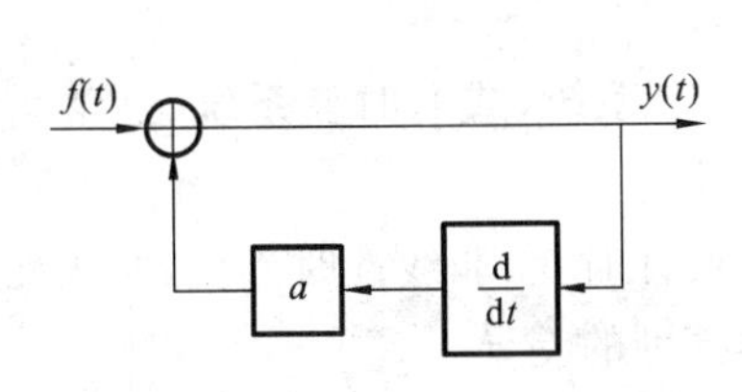

图 1.2.13 例 1.2.3 图形

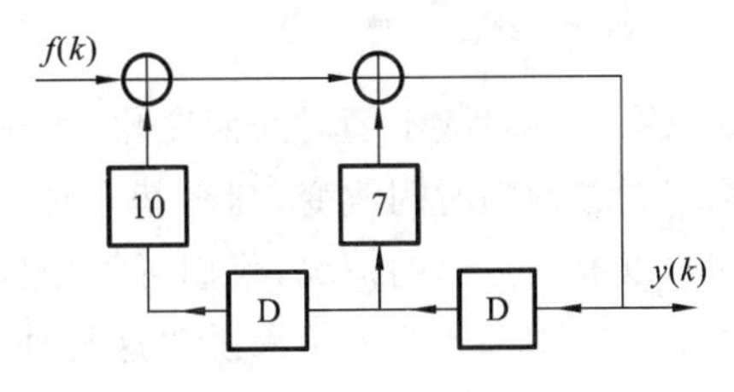

图 1.2.14 例 1.2.4 图形

1.2.3 系统的分类

系统的分类错综复杂，主要根据数学模型的差异来划分不同的类型。

1.2.3.1 连续时间系统和离散时间系统

若某系统的输入和输出都是连续时间信号，且其内部也未转换为离散时间信号，则称此系统为连续时间系统。若某系统的输入和输出都是离散时间信号，则称此系统为离散时间系统。RLC 电路都是连续时间系统，而数字计算机是一个典型的离散时间系统。实际上，离散时间系统经常与连续时间系统组合运用，这种情况称为混合系统。

连续时间系统的数学模型是微分方程，而离散时间系统则用差分方程描述。

1.2.3.2 即时系统和动态系统

如果系统的输出信号只决定于同时刻的激励信号，与它过去的工作状态(历史)无关，则称此系统为即时系统(或无记忆系统)。例如，只由电阻元件组成的系统就是即时系统。如果系统的输出信号不仅取决于同时刻的激励信号，而且与它过去的工作状态有关，则这种系统称为动态系统(或记忆系统)。凡是包含有记忆作用的元件(如电容、电感、磁芯等)或记忆电路(如寄存器等)的系统都属此类。

即时系统可用代数方程描述，动态系统的数学模型则是微分方程或差分方程。在分析动态系统时，变量的选择又有两种方式，一种是选择输出变量与输入变量（响应与激励），另一种是选择状态变量（如电容电压、电感电流等）。

1.2.3.3 集总参数系统和分布参数系统

只由集总参数元件组成的系统称为集总参数系统；含有分布参数元件的系统是分布参数系统（如传输线、波导等）。集总参数系统用常微分方程作为它的数学模型。而分布参数系统的数学模型是偏微分方程，这时描述系统的独立变量不仅是时间变量，还要考虑到空间位置。

1.2.3.4 线性系统和非线性系统

具有叠加性与均匀性（也称齐次性）的系统称为线性系统。所谓叠加性是指当几个激励信号同时作用于系统时，总的输出响应等于每个激励单独作用所产生的响应之和。而均匀性的含义是，当输入信号乘以某常数时，响应也倍乘相同的常数。不满足叠加性或均匀性的系统是非线性系统。

1.2.3.5 时变系统和时不变系统

如果系统的参数不随时间而变化，则称此系统为时不变系统（或非时变系统、定常系统）；如果系统的参数随时间改变，则称其为时变系统（或参变系统）。

综合以上两方面的情况，我们可能遇到线性时不变、线性时变、非线性时不变、非线性时变等系统。现以图 1.2.2 为例来说明这几种不同系统数学模型的差异。

若 L,C,R 都是线性时不变元件，就可组成一个线性时不变系统，其数学模型如式(1.2.17)所示，是一个常系数线性微分方程。

若电容 C 受某种外加控制作用而改变其容量，即 $C(t)$ 是时间的函数，则方程式为参变线性微分方程，这是一个线性时变系统。若响应以电荷 $q(t)$ 表示，则微分方程写作

$$LC(t)\frac{\mathrm{d}^2q}{\mathrm{d}t^2}+RC(t)\frac{\mathrm{d}q}{\mathrm{d}t}+q=C(t)e(t) \tag{1.2.17}$$

如果 R 是非线性电阻，设其电压、电流之间关系为 $v=Ri^2$，而 L,C 仍保持线性、非参变，于是可建立一非线性常系数微分方程：

$$LC\frac{\mathrm{d}^2i}{\mathrm{d}t^2}+2RCi\frac{\mathrm{d}i}{\mathrm{d}t}+i=C\frac{\mathrm{d}e}{\mathrm{d}t} \tag{1.2.18}$$

这是一个非线性时不变系统。

与此对应，也可以出现线性或非线性、常系数或参变差分方程，它们可作为描述离散时间系统的数学模型。

1.2.3.6 可逆系统和不可逆系统

若系统在不同的激励信号作用下产生不同的响应，则称此系统为可逆系统。对于每个可逆系统都存在一个逆系统，当原系统与此逆系统级联组合后，输出信号与输入信号相同。

例如，输出 $y_1(t)$ 与输入 $f_1(t)$ 具有如下约束的系统是可逆的：

$$y_1(t)=5f_1(t) \tag{1.2.19}$$

此可逆系统的逆系统输出 $y_2(t)$ 与输入 $f_1(t)$ 满足如下关系：

$$y_2(t)=\frac{1}{5}f_1(t) \tag{1.2.20}$$

不可逆系统的一个实例为：

$$y_3(t)=f_3^2(t) \tag{1.2.21}$$

显然无法根据给定的输出 $y_3(t)$ 来决定输入 $f_3(t)$ 的正、负，也即，不同的激励信号产生了相同的响应，因而它是不可逆的。

可逆系统的概念在信号传输与处理技术领域中得到广泛的应用。例如在通信系统中，为满足某些要求可将待传输信号进行特定的加工（如编码），在接收信号之后仍要恢复原信号，此编码器应当是可逆的。这种特定加工的一个实例为，如在发送端为信号加密，则在接收端需要正确解密。

1.2.3.7 因果系统和非因果系统

根据系统响应和激励之间的先后顺序，系统可以分为因果系统和非因果系统。若系统响应（零状态响应）不超前于激励，即响应只取决于输入或输出的当前或以前的状态，则称这样的系统为因果系统，此外为非因果系统。

1.2.3.8 稳定系统和非稳定系统

根据系统的稳定性可将系统分为稳定系统和非稳定系统。若一个系统对有界激励，产生有界的零状态响应，则该系统为稳定系统，此外为非稳定系统。

1.2.4 系统的特性

连续的或离散的动态系统通常具有线性和非线性，时变性和非时变性，因果性和非因果性，稳定性和不稳定性等特性。本书主要讨论线性时不变（Linear Time Invariant，LTI）系统的特性。

1.2.4.1 线性性质

1. 齐次性

若系统输入变为原来的 a 倍，则响应也随之变为原来的 a 倍，这种性质为齐次性。即若 $f(t)\rightarrow y(t)$，a 为常数，则

$$af(t)\rightarrow ay(t) \tag{1.2.22}$$

或若 $f(k)\rightarrow y(k)$，a 为常数，则

$$af(k)\rightarrow ay(k) \tag{1.2.23}$$

2. 叠加性

系统不同输入的和作用到一个系统产生的响应为不同输入单独作用到系统产生的响应的和的性质称为叠加性。即若 $f_1(t)\rightarrow y_1(t)$，$f_2(t)\rightarrow y_2(t)$，则

$$f_1(t)+f_2(t)\rightarrow y_1(t)+y_2(t) \tag{1.2.24}$$

或若 $f_1(k)\rightarrow y_1(k)$，$f_2(k)\rightarrow y_2(k)$，则

$$f_1(k)+f_2(k)\rightarrow y_1(k)+y_2(k) \tag{1.2.25}$$

3. 线性

线性指既满足齐次性,又满足叠加性。即当 a,b 为常数时,若 $f_1(t)\rightarrow y_1(t)$,$f_2(t)\rightarrow y_2(t)$,则

$$af_1(t)+bf_2(t)\rightarrow ay_1(t)+by_2(t) \tag{1.2.26}$$

或若 $f_1(k)\rightarrow y_1(k)$,$f_2(k)\rightarrow y_2(k)$,则

$$af_1(k)+bf_2(k)\rightarrow ay_1(k)+by_2(k) \tag{1.2.27}$$

注意以下两点。

(1) 线性性质是线性系统所具有的本质性质,它是分析和研究线性系统的重要基础,以后各章所讨论的内容都是建立在线性性质基础上的。

(2) 不具有线性性质的系统称为非线性系统,但一个非线性系统经过一定处理,如局部处理后,该局部可看作是线性系统。

例 1.2.5 如图 1.2.15 所示的 RC 恒流源系统原理图,试求:

(1) 当电容初值为 0,即 $u_c(0)=0$ 时,系统的线性特性;

(2) 当电容初值不为 0 时,系统的线性特性。

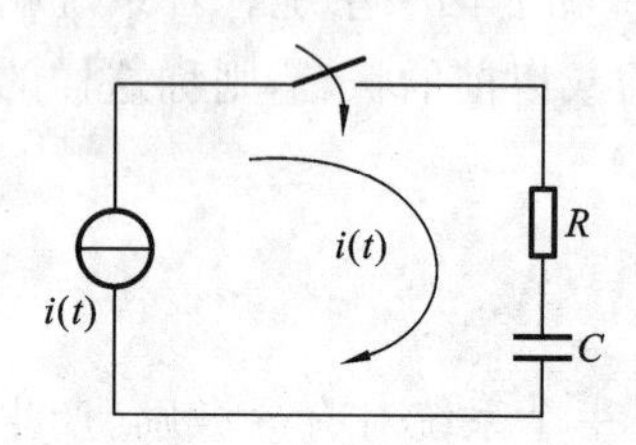

图 1.2.15 例 1.2.5 原理图

解 (1) 由题可得该系统的微分方程为

$$y(t)=i(t)R+\frac{1}{C}\int_0^t i(\tau)\mathrm{d}\tau$$

端口特性表达为 $i(t)\rightarrow y(t)$。

① 验证齐次性。

若输入为 $ai(t)$(a 为常数)则产生的响应 $y_a(t)$ 为

$$y_a(t)=ai(t)R+\frac{1}{C}\int_0^t ai(\tau)\mathrm{d}\tau=ay(t)$$

满足齐次性。

② 验证叠加性。

若输入分别为 $i_1(t)$ 和 $i_2(t)$,对应产生的输出分别为 $y_1(t)$ 和 $y_2(t)$,则有

$$i_1(t)\rightarrow y_1(t)=i_1(t)R+\frac{1}{C}\int_0^t i_1(\tau)\mathrm{d}\tau$$

$$i_2(t)\rightarrow y_2(t)=i_2(t)R+\frac{1}{C}\int_0^t i_2(\tau)\mathrm{d}\tau$$

若输入分别为 $i_1(t)+i_2(t)$,对应产生的输出分别为 $y(t)$,则有

$$y(t)=[i_1(t)+i_2(t)]R+\frac{1}{C}\int_0^t[i_1(\tau)+i_2(\tau)]\mathrm{d}\tau=y_1(t)+y_2(t)$$

满足叠加性。

所以,对于 RC 恒流源,电容初值为 0 时,系统是线性系统。

(2) 由题可得该系统的微分方程为

$$y(t)=i(t)R+u_c(0)+\frac{1}{C}\int_0^t i(\tau)\mathrm{d}\tau$$

首先验证齐次性。

$$y_a(t)=ai(t)R+u_c(0)+\frac{1}{C}\int_0^t ai(\tau)\mathrm{d}\tau\neq ay(t)$$

不满足齐次性。

因此，若电容初值不为0，则系统不具有线性性质。

4. 工程上线性系统的定义

若一个系统的响应具有可分解特性（可分为零输入响应和零状态响应），而零输入响应和零状态响应均具有线性，则该系统仍然可定义为线性系统。

(1) 零输入响应 $y_{zi}(t)$：当系统的激励为0时，由于系统具有惯性元件（储能元件，如电容储存电能，电感储存磁能），其初始储能的释放使系统仍有输出，该输出称零输入响应。

(2) 零状态响应 $y_{zs}(t)$：系统不考虑零输入响应，仅考虑由输入（激励信号）作用时的响应称为零状态响应。

(3) 系统的全响应 $y(t)=y_{zi}(t)+y_{zs}(t)$，由此定义可以看出，恒流源系统是线性系统。

(4) 线性系统的可微分性和可积分性。当系统的激励为 $f(t)$，产生的响应为 $y(t)$ 时，积分性和微分性可分别表示为

$$f'(t)\rightarrow y'(t) \tag{1.2.28}$$

$$\int_{-\infty}^{t} f(\tau)\mathrm{d}\tau \rightarrow \int_{-\infty}^{t} y(\tau)\mathrm{d}\tau \tag{1.2.29}$$

1.2.4.2 系统的时不变性

对于时不变系统，由于系统参数本身不随时间改变，因此，在同样的起始状态下，系统响应与激励施加于系统的时刻无关。定义为，如果一个线性系统的激励为 $f(t)$，产生的响应为 $y(t)$，而当激励为 $f(t-t_0)$ 时，产生的响应为 $y(t-t_0)$，则这个线性系统具有时不变性，其中，t_0 为延迟常数。如图1.2.16所示，激励延迟一段时间 t_0 后，相应的响应也延迟一段时间 t_0，其波形不发生改变。

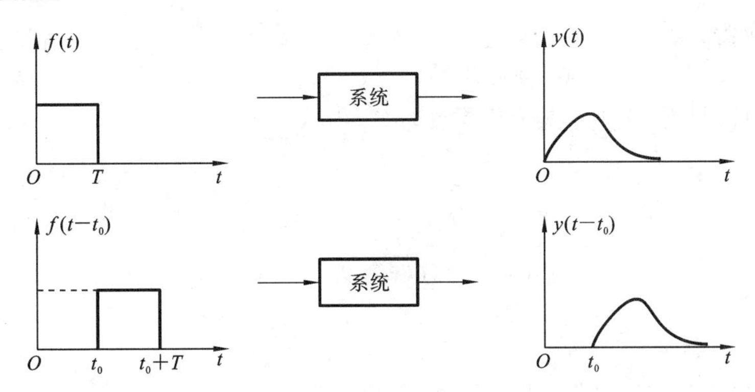

图1.2.16 时不变特性

时不变系统是对零状态响应而言的，其响应的波形与输入和系统的特性有关，而与激励作用时间的前后无关。

例1.2.6 一个系统的输入输出函数为 $y(t)=\cos t f(t)$，判断这个系统是不是具有时不变特性。

解 由题意可知，当激励延迟 t_0 后，产生的响应为

$$y_{t-t_0}(t-t_0)=\cos t f(t-t_0)$$

而使响应时间延迟 $t-t_0$，则有

$$y(t-t_0)=\cos(t-t_0)f(t-t_0)\neq y_{t-t_0}(t-t_0)$$

所以该系统不是时不变系统。

例 1.2.7 一个系统的输入输出函数为 $y(t)=\int_{-\infty}^{t}f(\tau)\mathrm{d}\tau$，判断这个系统是不是具有时不变特性。

解 由题意可知，当激励延迟 t_0 后，产生的响应为

$$y_{t-t_0}(t-t_0)=\int_{-\infty}^{t}f(\tau-t_0)\mathrm{d}\tau=\int_{-\infty}^{t-t_0}f(\tau)\mathrm{d}\tau$$

而使响应时间延迟 $t-t_0$，则有

$$y(t-t_0)=\int_{-\infty}^{t-t_0}f(\tau)\mathrm{d}\tau=y_{t-t_0}(t-t_0)$$

所以该系统是时不变系统。

1.2.4.3 线性时不变特性

在实际线性系统中，定常(系统参数恒定，不随时间变化)系统就是时不变系统，用微分方程或差分方程表达时，其系数为常数，具有线性时不变特性。反过来说，常微分或差分方程所表达的系统均为时不变系统。

1.2.4.4 系统的其他特性

1. 因果性

系统的因果性是指响应不超前于激励，即响应只取决于输入或输出的当前或以前的状态。更确切地说，对任意时刻 t_0 或 k_0(一般可选 $t_0=0$ 或 $k_0=0$)和任意输入 $f(\cdot)$，如果

$$f(\cdot)=0,t<t_0$$

若其零状态响应为

$$y_{zs}(\cdot)=T[\{0\},f(\cdot)]=0,\quad t<t_0 \tag{1.2.30}$$

就称该系统具有因果性，否则不具有因果性。如，零状态响应为

$$y_{zs}(t)=3f(t-1)$$

$$y_{zs}(t)=\int_{-\infty}^{t}f(\tau)\mathrm{d}\tau$$

$$y_{zs}(k)=3f(k-1)+2f(k-2)$$

$$y_{zs}(k)=\sum_{i=-\infty}^{k}f(i)$$

的系统都满足式(1.2.30)，故都是因果系统。

零状态响应 $y_{zs}(k)=3f(k+1)$ 的系统是非因果的。又如，零状态响应 $y_{zs}(t)=f(2t)$ 的系统也是非因果的。因为，若

$$f(t)=0,t<t_0$$

则有

$$y_{zs}(t)=f(2t)=0,\quad t<\frac{t_0}{2}$$

可见在区间 $\frac{t_0}{2}<t<t_0$ 内，$y_{zs}(t)\neq0$，即零状态响应出现于激励 $f(t)$ 之前，因而该系统具有非

因果性。

许多以时间为自变量的实际系统都是因果系统，如收音机、电视机、数据采集系统等。

需要指出，如果自变量不是时间变量而是空间变量（如光学成像系统、图像处理系统），因果就失去了意义。

借用“因果”一词，常把 $t=0$ 时接入的信号（即 $t<0$，$f(t)=0$ 时的信号）称为因果信号或有始信号。

2. 稳定性

系统的稳定性指对于有界激励 $f(\cdot)$，其零状态响应 $y_{zs}(\cdot)$ 也是有界的。这常称为有界输入有界输出稳定，简称为稳定。否则，一个小的激励（如干扰电压）就会使系统的响应发散（例如某支路电流趋于无限）。更确切地说，若系统的激励 $|f(\cdot)|<\infty$，则其零状态响应

$$|y_{zs}(\cdot)|<\infty \tag{1.2.31}$$

就称该系统是稳定的，否则称为不稳定的。例如，某离散系统的零状态响应为

$$y_{zs}(k)=f(k)+f(k-1)$$

显然，无论激励是何种形式的序列，只要它是有界的，那么 $y_{zs}(k)$ 是有界的，因而该系统是稳定的。又如，某连续系统的零状态响应为

$$y_{zs}(t)=\int_0^t f(\tau)\mathrm{d}\tau$$

若 $f(t)=\varepsilon(t)$，显然该激励是有界的，但对于

$$y_{zs}(t)=\int_0^t \varepsilon(\tau)\mathrm{d}\tau=t,\quad t\geqslant 0$$

它随时间 t 无限增长，故该系统是不稳定的。

3. 可逆性

如果一个系统可以由响应确定激励，则该系统具有可逆性，该系统称为可逆系统。

4. 记忆性

若系统在某一时刻的响应不仅取决于该时刻的激励，还与系统过去的历史状态有关，则称该系统具有记忆性。具有记忆性的系统称为记忆系统或动态系统。含有记忆元件（电容、电感、寄存器、磁芯）的系统都是记忆系统，纯电阻系统为无记忆系统。

1.3 信号与系统分析方法概述

信号是时间的函数或者序列，分析信号一般都要借用某个抽象的数学符号，也就是用具体函数来表示信号，这种数学表示对于进行任何形式的系统分析是必不可少的。但是，由于这种不定量的抽象表示没有指明信号在任意瞬间的数值，因此需要使用一种时间的显函数来表示信号，以使在所有瞬间的数值都有准确的定义。通过分析表示信号的函数的各种特性从而分析信号，其中，函数的图形分析称为信号的波形分析。

信号必须通过系统才能得以实现相应的变化，系统必须通过信号作用才能实现具体的功能。二者紧密相连，一般常把信号与系统的分析归为系统分析来进行描述。

系统理论主要用于研究两类问题——分析与综合。系统分析是指对于给定的某具体系统，求出它对于给定激励的响应；系统综合是指根据实际提出的对于给定激励和响应的要求，设计出具体的系统。分析与综合虽各有不同的条件和方法，但二者是密切相关的，分析是综合的基础。

在系统分析中，LTI 系统的分析具有重要意义。这不仅是因为在实际应用中经常遇到 LTI 系统，而且，还有一些非线性系统或时变系统在限定范围与指定条件下，遵从线性时不变特性的规律。另一方面，LTI 系统的分析方法已经形成了完整的、严密的体系，日趋完善和成熟。

为了让读者了解本书的概貌，便于阅读以后各章，下面就系统分析方法作简要论述，主要分析 LTI 系统的分析方法。

1.3.1 信号与系统分析方法

为了能够对系统进行分析，需要把系统的工作用数学形式表示，即所谓建立系统的数学模型，这是进行系统分析的第一步。第二步就是运用数学方法求解数学模型，例如解出系统在一定的初始条件和一定的激励下的响应。

1.3.1.1 建立系统模型

在建立系统模型方面，系统的数学描述方法可分为两大类，一是输入—输出描述法，二是状态变量描述法。

1. 输入—输出描述法

系统的输入—输出描述法是指对给定的系统建立其激励与响应之间的函数关系，而并不关心系统内部变量的情况。线性时不变系统输入—输出关系的描述模型为常系数线性微分方程；离散线性时不变系统输入—输出关系的描述模型为常系数线性差分方程。输入—输出描述法可以直接给出某一激励作用于系统所引起的响应，它对于研究常遇到的单输入—单输出系统是很有用的。由于输入—输出法只把输入变量与输出变量联系起来，因而它不适用于从内部考查系统的各种问题，而在这方面，状态变量法却有它的独到之处。

2. 状态变量法

状态变量法用两组方程描述系统，即状态方程和输出方程。状态方程描述系统内部状态变量（例如电网络中各电容的端电压和电感的电流等）与激励之间的关系；输出方程描述系统的响应与状态变量及激励之间的关系。状态变量法不仅能给出系统的响应，还可提供系统内部各变量的情况。用状态变量法研究 LTI 系统，也便于多输入—多输出系统的分析。这种方法适用于计算机求解，它不仅适用于研究 LTI 系统，也可应用于时变系统和非线性系统。在近代控制系统的理论研究中，广泛采用状态变量法。

1.3.1.2 求解数学模型

系统数学模型的求解方法大体上可分为时域分析法与变换域分析法两大类。这两类方法主要是在建立了描述 LTI 系统的微分（或差分）方程后求解方程。但这些方法不是解微分（差分）方程的数学方法，而是分析信号和信号与系统之间相互作用关系的方法。这对于深入理解信号分析与 LTI 系统分析的基本概念，以及掌握它们的分析方法是大有好处的。

1. 时域分析法

时域分析法直接分析时间变量的函数，研究系统的时间响应特性，或称时域特性。这种方法的主要优点是物理概念清楚。对于输入—输出描述法描述的数学模型，可以利用经典法求解常系数线性微分方程或差分方程，辅以算子符号方法可使分析过程适当简化；对于状态变量法描述的数学模型，则需求解矩阵方程。卷积法在线性系统时域分析方法中用得非常广泛，它的优点表现在许多方面。借助计算机，利用数值方法求解微分方程也比较方便，如欧拉(Euler)法、龙格—库塔(Runge-Kutta)法等。此外，还有一些辅助性的分析工具，如求解非线性微分方程的相平面法等。在信号与系统研究的发展过程中，曾一度认为时域方法运算烦琐、不够方便，随着计算技术与各种算法工具的出现，时域分析又重新受到重视。

2. 变换域分析法

变换域分析法将信号和系统模型的时间变量函数（或序列）变换为相应变换域的某个变量的函数，并研究它们的特性。例如，傅里叶变换(FT)以频率为独立变量，以频域特性为主要研究对象。而拉普拉斯变换(LT)与 z 变换(ZT)则注重研究极点与零点分析，利用 s 域或 z 域的特性解释现象和说明问题。目前，在离散系统分析中，正交变换的内容日益丰富，如离散傅里叶变换(DFT)、离散沃尔什变换(DWT)等。为提高计算速度，人们对于快速算法产生了巨大兴趣，又出现了快速傅里叶变换(FFT)等计算方法。变换域分析法将时域分析中的微分（或差分）方程变换为代数方程，即将时域分析中较为复杂的微分、积分运算转化为较为简单的代数运算，或将卷积积分变换为乘法。在解决实际问题时又有许多方便之处，如根据信号占有频带与系统通带间的适应关系来分析信号传输问题往往比时域法简便和直观。在信号处理问题中，信号经正交变换，可将时间函数用一组变换系数（谱线）来表示，在允许一定误差的情况下，变换系数的数目可以很少，有利于判别信号中带有特征性的分量，也便于信号传输。

分析 LTI 系统，以叠加性、均匀性和时不变特性作为分析一切问题的基础。按照这一观点去考查问题，时域方法与变换域方法并没有本质区别。这两种方法都是把激励信号分解为某种基本单元，在这些单元信号分别作用的条件下求得系统的响应，然后叠加。例如，在时域卷积方法中这种单元是冲激函数，在傅里叶变换中是正弦函数或指数函数，在拉普拉斯变换中则是复指数信号。因此，变换域方法不仅可以视为求解数学模型的有力工具，而且能够赋予明确的物理意义，基于这种物理解释，时域方法与变换域方法得到了统一。

一般说来，实际信号的形式是比较复杂的，若直接分析各种信号在 LTI 系统中的传输问题常常是困难的。通常采用的行之有效的方法是将一般的复杂信号分解成某些类型的基本信号之和。这些基本信号除必须满足一定的数学条件外，其主要特点是简单（实现起来简单或分析起来简单）。最常采用的基本信号有正弦信号、复指数型信号、冲激信号、阶跃信号等。

1.3.2 信号与系统理论的应用

在实际工程应用中，大多数系统都是 LTI 系统，有些非线性或时变系统在一定范围内作一些近似也可采用 LTI 的方法处理。信号与系统理论在工程应用中一般分为三个步骤，即：

(1) 根据实际物理系统及物理定律建立描述该系统的数学模型；

(2) 求解该数学模型；

(3) 对求解之后的系统作出相应的物理解释。

建立数学模型的基本方法通常有输入—输出描述法和状态变量法两种。前者只关心响应与激励之间的关系，不管内部状态；后者用状态方程描述，多用于多输入—多输出系统，还能了解内部状态。

求解数学模型的方法通常有时域分析法和变换域分析法两种。前者利用经典的数学方法和卷积积分法（或卷积和法）进行分析；后者利用频域、复频域或 z 域特性进行分析。

由于信号与系统的分析方法的具体内容在后续各章节讲授，因此在这里就不列举实例了。

长期以来，人们对于非线性系统与时变系统的研究付出了足够的努力，取得了不少进展，但目前仍有较多困难，还不能总结出系统、完整、具有普遍意义的分析方法。近年来，在信号传输与处理研究领域中，人们利用人工神经网络、模糊集理论、遗传算法、混沌理论以及它们的相互结合解决了线性时不变系统模型难以描述的许多实际问题，取得了令人满意的结果，这些方法显示了强大的生命力，它们的构成原理和处理问题的方法与本课程的基本内容有着本质的区别。随着本课程与后续课程的深入学习，读者将逐步认识到本书方法的局限性。科学发展日新月异，信号与系统领域的新理论、新技术层出不穷，对于这一学科领域的学习将永无止境。

习　题

1.1　设 $x(t)$ 和 $y(t)$ 分别为各系统的激励和响应，试根据下列的输入—输出关系，确定下列各系统是否具有线性和时不变性。

(1) $y(t)=[x(t)]^2$；　(2) $y(t)=|x(t)|$；　(3) $y(t)=x(2t)$；

(4) $y(t)=\frac{\mathrm{d}}{\mathrm{d}t}x(t)$；　(5) $y(t)=ax(t)+b$；　(6) $y(t)=x(t)+x(t-3)$；

(7) $y(t)=x(t-1)-x(1-t)$；(8) $y(t)=t+x(t)+x(t-2)$。

1.2　画出下列各函数的波形。

(1) $f_1(t)=\mathrm{e}^{-t}\varepsilon(t)$；　(2) $f_2(t)=\mathrm{e}^{-t+1}\varepsilon(t-1)$；　(3) $f_3(t)=\mathrm{e}^{-t+1}\varepsilon(t)$；

(4) $f_4(t)=\mathrm{e}^{-t}\varepsilon(t-1)$；　(5) $f_5(t)=\mathrm{e}^{-t}[\varepsilon(t)-\varepsilon(t-1)]$。

1.3　写出图示各信号的函数表达式。

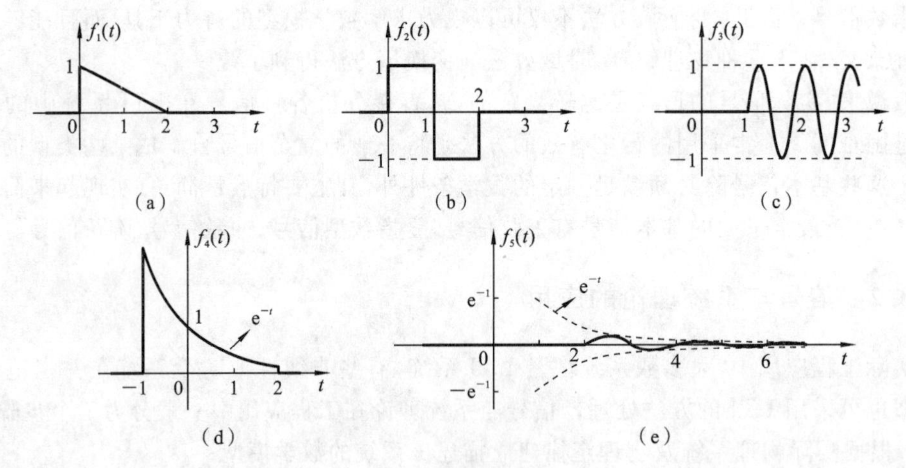

题 1.3 图

1.4 已知 $f(5-2t)$的波形如图所示，求 $f(t)$的波形。

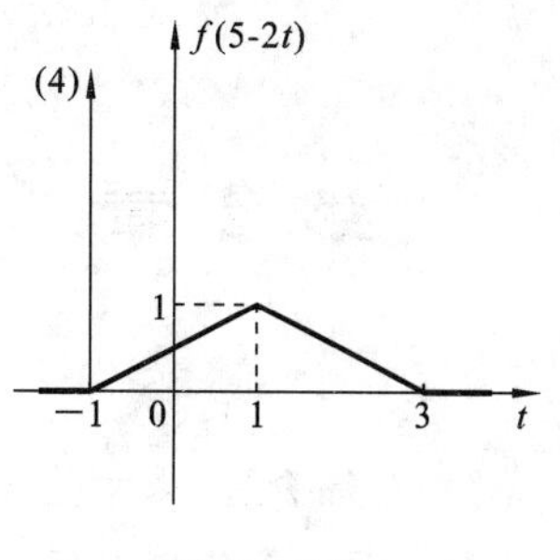

题 1.4 图

1.5 判断下列各函数表示的系统的因果性。

(1) $y_{zs}(t)=3f(t-1)$；

(2) $y_{zs}(t)=3f(t+1)$；

(3) $y_{zs}(t)=f(t)-y_{zs}(t-1)$；

(4) $y_{zs}(k)=f(k)-y_{zs}(k-1)$；

(5) $y_{zs}(k)=f(k)-f(k-1)$；

(6) $y_{zs}(k)=f(k)-f(k+1)$。

1.6 判断下列各函数表示的系统的记忆性。

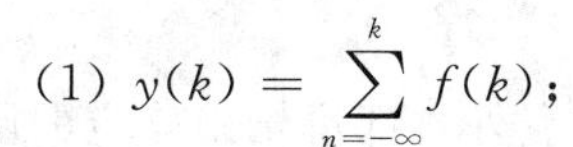
(1) $y(k)=\sum_{n=-\infty}^{k} f(k)$；

(2) $y(t)=f(t-1)+y(t-1)$；

(3) $y(t)=\frac{1}{C}\int_{0}^{t} f(\tau)\mathrm{d}\tau$；

(4) $y(t)=af(t)$；

(5) $y(k)=2f(k)-f^{2}(k)$；

(6) $y(k)=f(k)$。

第2章　连续信号与系统的时域分析

【内容简介】　本章主要介绍连续信号的时域描述和基本运算，然后讨论连续确定信号的时域分解方法和连续时间 LTI 系统的响应，最后利用 MATLAB 软件，对连续信号进行表示和实现基本运算，以及对连续系统进行时域分析。

如果在所讨论的时间间隔内，对于任意时间值(除若干不连续点外)，都可给出确定的函数值，则这样的信号称为连续时间信号。在时间的离散点上信号才有值与之对应，其他时间无定义，这样的信号称为离散时间信号。

本章将介绍连续时间信号的时域描述和基本运算，然后讨论连续确定信号的时域分解方法，最后利用 MATLAB 软件，对连续信号进行表示和实现基本运算。

2.1　连续时间信号的时域描述

连续时间信号通常用函数 $x(t)$ 来表示，其自变量在定义域内是连续可变的，信号在所讨论的时间区间内的任意时刻上都有定义，至于信号的取值，在其值域内可以是连续的，也可以是不连续的。

连续信号的时域描述就是用一个时间函数表示信号随时间变化的特性，基本信号有两类，即典型信号与奇异信号。下面给出一些典型的连续时间信号的表达式和波形，今后会经常遇到这些信号。

2.1.1　典型信号

2.1.1.1　指数信号

指数信号的表达式为

$$f(t)=K\mathrm{e}^{\alpha t} \tag{2.1.1}$$

式中，α 是实数。其波形如图 2.1.1(a)所示。若 $\alpha>0$，信号将随时间增长；若 $\alpha<0$，信号则随时间衰减；在 $\alpha=0$ 的特殊情况下，信号不随时间变化，成为直流信号。常数 K 表示指数信号在 $t=0$ 时的初始值。

指数 α 的绝对值大小反映了信号增长或衰减的速率，$|\alpha|$ 越大，增长或衰减的速率越快。通常，把 $|\alpha|$ 的倒数称为指数信号的时间常数，记作 τ，即 $\tau=\dfrac{1}{|\alpha|}$，τ 越大，指数信号增长或衰减的速率越慢。

实际上，较多遇到的是衰减指数信号，如图 2.1.1(b)所示的波形，其表达式为

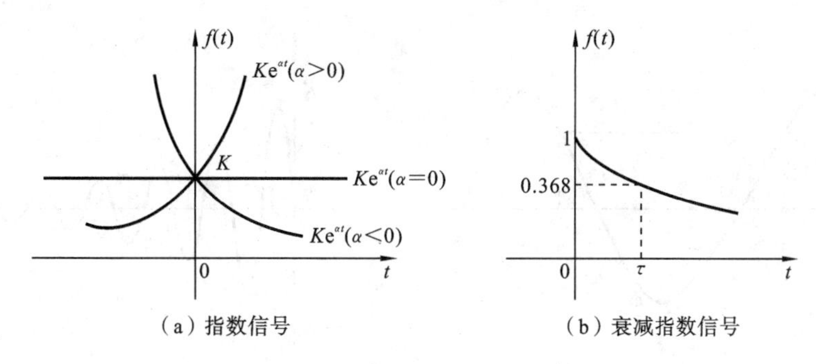

（a）指数信号　　（b）衰减指数信号

图 2.1.1　指数信号及其衰减信号波形图

$$f(t)=\begin{cases}0 & (t<0)\\ e^{-\frac{t}{\tau}} & (t\geqslant 0)\end{cases}$$

在 $t=0$ 处，$f(0)=1$，在 $t=\tau$ 处，$f(\tau)=\dfrac{1}{e}\approx 0.368$。也即，经时间 τ，信号衰减到原初始值的 36.8%。

指数信号的一个重要特性是它对时间的微分和积分仍然是指数形式。

2.1.1.2　正弦信号

正弦信号和余弦信号仅在相位上相差 $\dfrac{\pi}{2}$，统称为正弦信号，其表达式为

$$f(t)=K\sin(\omega t+\theta) \tag{2.1.2}$$

式中，K 为振幅，ω 是角频率，θ 称为初相位。其波形如图 2.1.2(a)所示。

正弦信号是周期信号，其周期 T 与角频率 ω 和频率 f 满足下列关系式

$$T=\frac{2\pi}{\omega}=\frac{1}{f}$$

在信号与系统分析中，有时会遇到衰减的正弦信号，波形如图 2.1.2(b)所示，此正弦振荡的幅度按指数规律衰减，其表达式为

$$f(t)=\begin{cases}0 & (t<0)\\ Ke^{-\alpha t}\sin\omega t & (t\geqslant 0)\end{cases} \tag{2.1.3}$$

正弦信号和余弦信号常借助复指数信号来表示。由欧拉公式可知：

$$e^{j\omega t}=\cos\omega t+j\sin\omega t$$
$$e^{-j\omega t}=\cos\omega t-j\sin\omega t$$

所以有

$$\sin\omega t=\frac{1}{2j}(e^{j\omega t}-e^{-j\omega t}) \tag{2.1.4}$$

$$\cos\omega t=\frac{1}{2}(e^{j\omega t}+e^{-j\omega t}) \tag{2.1.5}$$

这是今后经常要用到的两对关系式。

与指数信号的性质类似，正弦信号对时间的微分与积分仍为同频率的正弦信号。

2.1.1.3　复指数信号

如果指数信号的指数因子 s 为一复数，则称其为复指数信号，借助欧拉公式，其表达式为

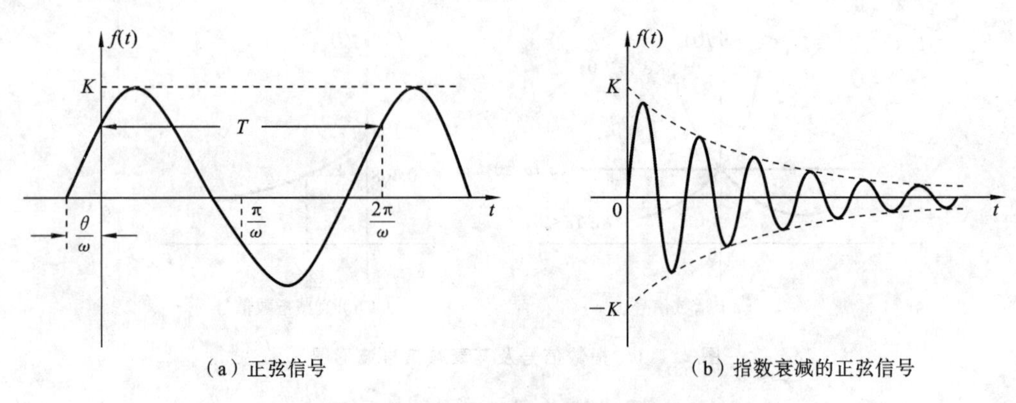

(a) 正弦信号　　　(b) 指数衰减的正弦信号

图 2.1.2　正弦信号及其衰减信号波形图

$$f(t)=K\mathrm{e}^{st}=K\mathrm{e}^{(\alpha+\mathrm{j}\omega)t}=K\mathrm{e}^{\alpha t}\cos\omega t+\mathrm{j}K\mathrm{e}^{\alpha t}\sin\omega t \tag{2.1.6}$$

式中，α 是复数 s 的实部，ω 是其虚部。

上式表明，复指数信号可分解为实、虚两部分。其中，实部包含余弦信号，虚部则为正弦信号。指数因子的实部 α 表征了正弦与余弦函数振幅随时间变化的情况。若 $\alpha>0$，是增幅振荡；若 $\alpha<0$，是衰减振荡；若 $\alpha=0$，即 s 为虚数，是等幅振荡。

指数因子的虚部 ω 则表示正弦与余弦信号的角频率，若 $\omega=0$，即 s 为实数，则复指数信号为一般的指数信号；若 $\alpha=0$ 且 $\omega=0$，即 s 等于 0，则复指数信号为直流信号。

虽然实际上不能产生复指数信号，但是它可以描述许多常用信号。利用复指数信号可使许多运算和分析得以简化。在信号分析理论中，复指数信号是一种非常重要的基本信号。

2.1.1.4　抽样函数

抽样函数，是指 $\sin t$ 与 t 之比，以符号 $\mathrm{Sa}(t)$ 表示，其表达式为

$$\mathrm{Sa}(t)=\frac{\sin t}{t} \tag{2.1.7}$$

抽样函数的波形如图 2.1.3 所示。它是一个偶函数，在 t 的正、负两方向振幅都逐渐衰减，当 $t=\pm\pi,\pm2\pi,\cdots,\pm n\pi$ 时，函数值等于零。

函数 $\mathrm{Sa}(t)$ 还有以下性质：

$$\int_0^{\infty}\mathrm{Sa}(t)\mathrm{d}t=\frac{\pi}{2} \tag{2.1.8}$$

$$\int_{-\infty}^{\infty}\mathrm{Sa}(t)\mathrm{d}t=\pi \tag{2.1.9}$$

2.1.1.5　钟形函数

钟形函数（或称高斯函数）的表达式为

$$f(t)=E\mathrm{e}^{-\left(\frac{t}{\tau}\right)^2} \tag{2.1.10}$$

波形如图 2.1.4 所示。令 $t=\frac{\tau}{2}$，代入函数式求得

$$f\left(\frac{\tau}{2}\right)=E\mathrm{e}^{-\frac{1}{4}}\approx0.78E$$

这表明，函数式中的参数 τ 是当 $f(t)$ 由最大值 E 下降为 $0.78E$ 时所占据的时间宽度。

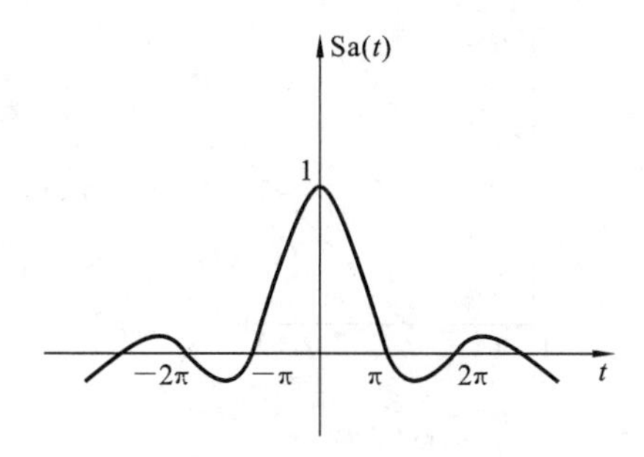

图 2.1.3　抽样函数

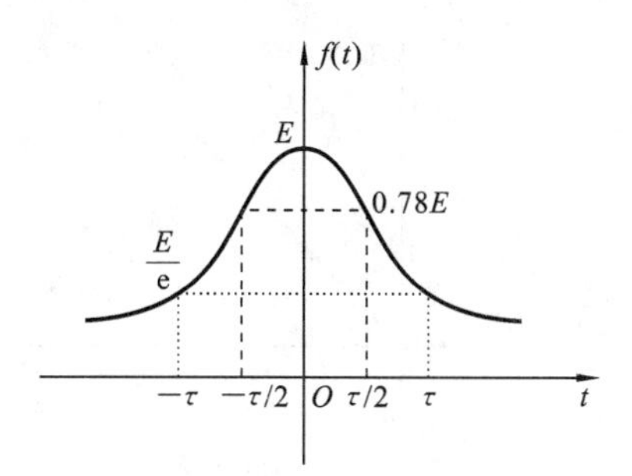

图 2.1.4　钟形函数

钟形信号在随机信号分析中占有重要地位，在本书中也将涉及。

2.1.2　奇异信号

在信号与系统分析中常遇到一类信号：阶跃函数和冲激函数，它们不同于普通函数，它们本身有不连续点或其导数与积分存在不连续点，称它们为奇异函数或奇异信号。

普通函数描述的是自变量与因变量的数值对应关系，当自变量取不同值时，除间断点外，函数有确定的数值与之对应。但是如果要考虑某些物理量在空间或时间坐标上集中于一点的物理现象（如质量集中于一点的密度分布、作用时间趋于零的冲击力、宽度趋于零的电脉冲等），就不能用普通函数去描述了，冲激函数就是描述这类现象的数学模型。

本节将介绍的奇异信号包括斜变、阶跃、冲激和冲击偶四种信号，其中，阶跃信号和冲激信号是两种最重要的理想信号模型。

2.1.2.1　单位斜变信号

斜变信号指的是从某一时刻开始随时间正比例增长的信号，也称为斜坡信号。如果增长的变化率是 1，就称作单位斜变信号，其波形如图 2.1.5(a)所示，其表示式为

$$f(t)=\begin{cases}0 & (t<0)\\ 1 & (t\geqslant 0)\end{cases}\tag{2.1.11}$$

如果将起始点移至 t_0，表示式为

$$f(t-t_0)=\begin{cases}0 & (t<t_0)\\ t-t_0 & (t\geqslant t_0)\end{cases}\tag{2.1.12}$$

其波形如图 2.1.5(b)所示。

在实际应用中常遇到“截平的”斜变信号，即在时间 τ 以后斜变波形被切平，如图 2.1.5(c)所示，其表示式为

$$f_1(t)=\begin{cases}\dfrac{K}{\tau}f(t) & (t<\tau)\\ K & (t\geqslant\tau)\end{cases}\tag{2.1.13}$$

图 2.1.5(d)所示的三角形脉冲也可用斜变信号表示，其表示式为

$$f_1(t)=\begin{cases}\dfrac{K}{\tau}f(t) & (t\leqslant\tau)\\ 0 & (t>\tau)\end{cases}\tag{2.1.14}$$

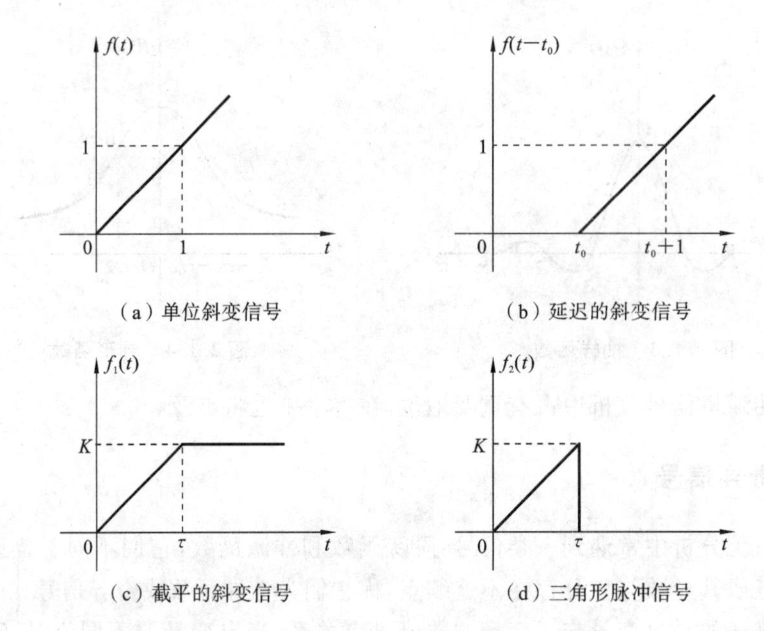

（a）单位斜变信号　　（b）延迟的斜变信号

（c）截平的斜变信号　　（d）三角形脉冲信号

图 2.1.5　斜变信号

2.1.2.2　单位阶跃信号

1. 定义

单位阶跃信号的波形如图 2.1.6(a)所示，通常以符号 $u(t)$ 表示：

$$u(t)=\begin{cases}0 & (t<0)\\ 1 & (t>0)\end{cases} \tag{2.1.15}$$

在跳变点 $t=0$ 处，函数值未定义，或在 $t=0$ 处规定函数值 $u(0)=\dfrac{1}{2}$。

单位阶跃信号的物理背景是，在 $t=0$ 时刻对某一电路接入单位电源（可以是直流电压源或直流电流源），并且无限持续下去。图 2.1.6(b)所示的为接入 1 V 直流电压源的情况，在接入端口处电压为阶跃信号 $u(t)$。

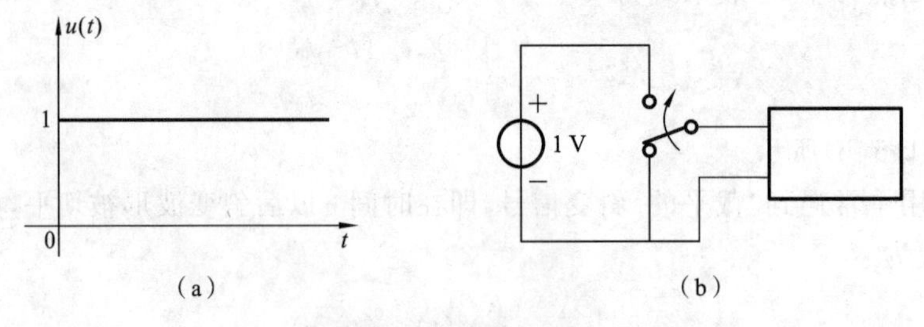

（a）　　（b）

图 2.1.6　单位阶跃信号

容易证明，单位斜变函数的导数等于单位阶跃函数：

$$\frac{\mathrm{d}f(t)}{\mathrm{d}t}=u(t) \tag{2.1.16}$$

如果接入电源的时间推迟到 $t=t_0$ 时刻（$t_0>0$），那么，可用一个“延时的单位阶跃信号”表示：

$$u(t-t_0)=\begin{cases}0 & (t<t_0)\\ 1 & (t>t_0)\end{cases} \tag{2.1.17}$$

波形如图 2.1.7 所示。

2. 性质及应用

1) 可用于表示矩形脉冲信号

对于图 2.1.8(a)所示的信号，以 $R_T(t)$ 表示为

$$R_T(t)=u(t)-u(t-T) \tag{2.1.18}$$

下标 T 表示矩形脉冲出现在 0 到 T 时刻之间的宽度。如果矩形脉冲对于纵坐标左右对称，则以符号 $G_T(t)$ 表示(见图 2.1.8(b))：

$$G_T(t)=u\left(t+\frac{T}{2}\right)-u\left(t-\frac{T}{2}\right) \tag{2.1.19}$$

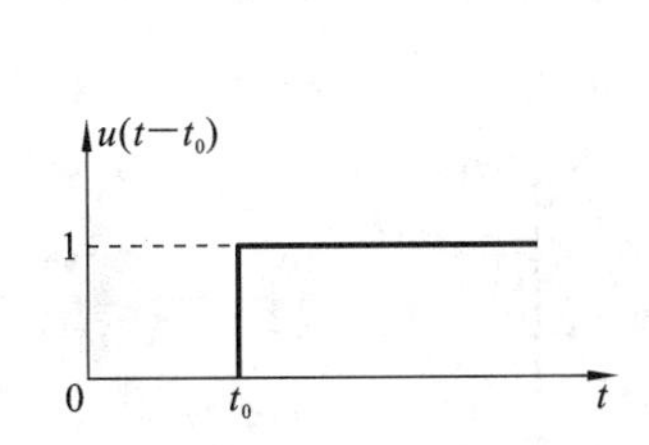

图 2.1.7 延时的单位阶跃信号

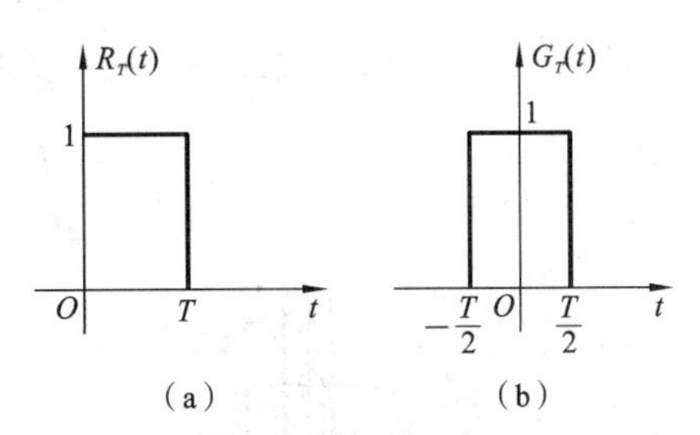

图 2.1.8 矩形脉冲

2) 具有信号的单边特性

阶跃信号具有信号的单边特性，即信号在某接入时刻 t_0 以前的幅度为零。利用阶跃信号的这一特性，可以比较方便地用数学表达式描述各种信号的接入特性。例如，图 2.1.9(a)所示的波形可表示为

$$f_1(t)=\sin t\cdot u(t) \tag{2.1.20}$$

图 2.1.9(b)所示的波形可表示为

$$f_2(t)=\mathrm{e}^{-t}[u(t)-u(t-t_0)] \tag{2.1.21}$$

3) 可用于表示符号函数

利用阶跃信号可以表示符号函数。符号函数 signum 简写为 sgn(t)，其定义如下：

$$\mathrm{sgn}(t)=\begin{cases}1 & (t>0)\\ -1 & (t<0)\end{cases} \tag{2.1.22}$$

波形如图 2.1.10 所示。与阶跃函数类似，对于符号函数，跳变点处也可不予定义，或规定 sgn(0)

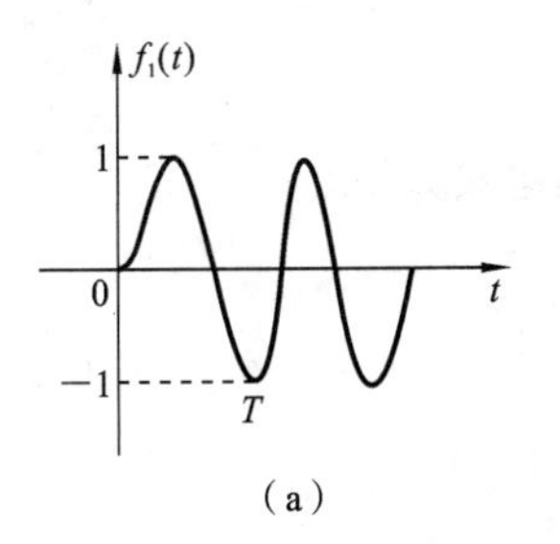

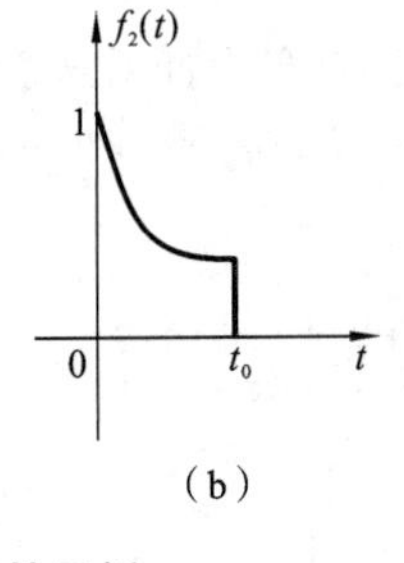

图 2.1.9 单边特性示例

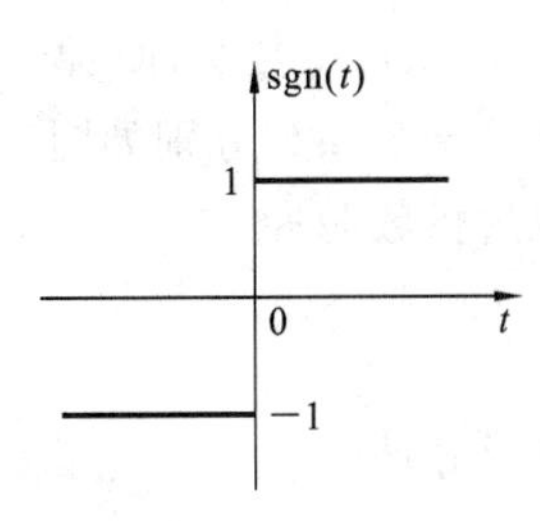

图 2.1.10 sgn(t)信号

=0。显然，可以利用阶跃信号来表示符号函数：

$$\operatorname{sgn}(t)=2u(t)-1 \tag{2.1.23}$$

2.1.2.3 单位冲激信号

某些物理现象需要用一个时间极短，但取值极大的函数模型来描述。例如：力学中瞬间作用的冲击力，电学中的雷击电闪，数字通信中的抽样脉冲等。

“冲激函数”的概念就是以这类实际问题为背景而引出的。

1. 定义

1）由矩形脉冲演变为冲激函数

图 2.1.11(a)所示为宽度为 τ，高为 $\frac{1}{\tau}$ 的矩形脉冲，当保持矩形脉冲面积 $\tau\cdot\frac{1}{\tau}=1$ 不变，而使脉宽 τ 趋近于零时，脉冲幅度 $\frac{1}{\tau}$ 必趋于无穷大，此极限情况即为单位冲激函数，记作 $\delta(t)$，又称为 δ 函数。

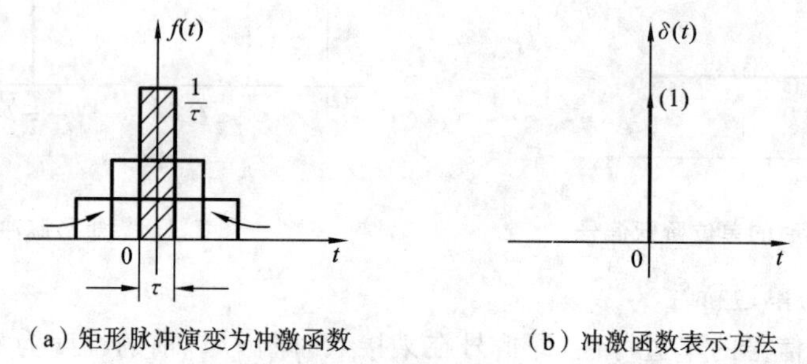

（a）矩形脉冲演变为冲激函数　　（b）冲激函数表示方法

图 2.1.11　冲激函数

冲激函数用箭头表示，如图 2.1.11(b)所示。该图表明，$\delta(t)$ 只在 $t=0$ 处有一“冲激”，在 $t=0$ 以外各处，函数值都是零。

如果矩形脉冲的面积不是固定为 1，而是 E，则表示一个冲激强度为 E 倍单位值的 δ 函数，即 $E\delta(t)$（在用图形表示时，可将此强度 E 注于箭头旁）。

以上为利用矩形脉冲系列的极限来表示冲激函数（这种极限不同于一般的极限概念，可称为广义极限）。为了引出冲激函数，规则函数系列的选取不限于矩形，也可换为其他形式。

2）由三角形脉冲演变为冲激函数

图 2.1.12(a)所示为一组底宽为 2τ，高为 $\frac{1}{\tau}$ 的三角形脉冲系列，若保持其面积等于 1，取 $\tau\to 0$ 的极限，同样可定义冲激函数。

3）由双边指数脉冲、钟形脉冲、抽样函数演变为冲激函数

这些函数系列分别如图 2.1.12(b)、(c)、(d)所示，它们的表达式如下。

双边指数脉冲：

$$\delta(t)=\lim_{\tau\to 0}\left\{\frac{1}{2\tau}\mathrm{e}^{-\frac{|t|}{\tau}}\right\} \tag{2.1.24}$$

钟形脉冲：

$$\delta(t)=\lim_{\tau\to 0}\left\{\frac{1}{\tau}\mathrm{e}^{-\pi\left(\frac{t}{\tau}\right)^2}\right\} \tag{2.1.25}$$

抽样函数：

$$\delta(t)=\lim_{k\to 0}\left\{\frac{k}{\pi}\mathrm{Sa}(kt)\right\} \tag{2.1.26}$$

在式(2.1.26)中，k 越大，函数的振幅越大，且离开原点时函数振荡越快，衰减越迅速。曲线下的净面积保持 1。当 $k\to\infty$ 时，得到冲激函数。

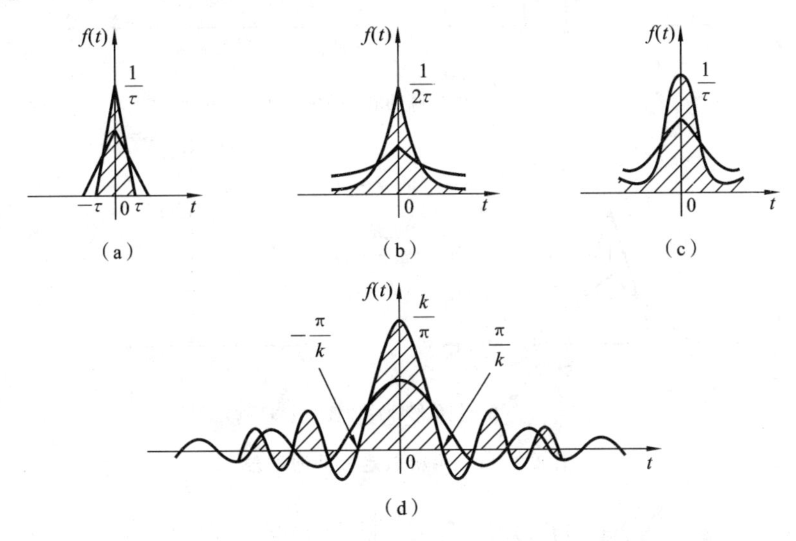

图 2.1.12　由三角形脉冲、双边指数脉冲、钟形脉冲以及抽样函数演变为冲击函数

4）狄拉克函数

狄拉克给出 δ 函数的另一种定义方式：

$$\begin{cases}\int_{-\infty}^{\infty}\delta(t)\,\mathrm{d}t=1\\ \delta(t)=0\,(t\neq 0)\end{cases} \tag{2.1.27}$$

有时 δ 函数又称为狄拉克函数。

同理可以定义 $\delta(t-t_0)$，如图 2.1.13 所示，即

$$\begin{cases}\int_{-\infty}^{\infty}\delta(t-t_0)\,\mathrm{d}t=1\\ \delta(t-t_0)=0\,(t\neq t_0)\end{cases} \tag{2.1.28}$$

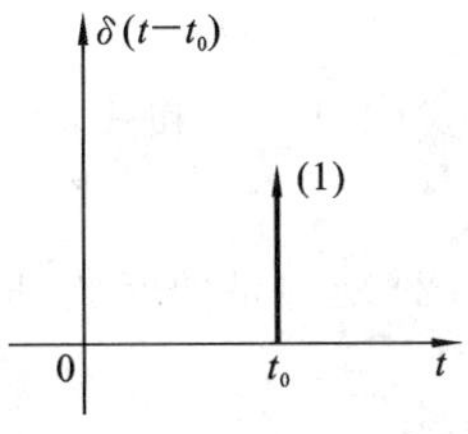

图 2.1.13　冲激 $\delta(t-t_0)$

5）用极限定义

我们可以用对各种规则函数系列求极限的方法来定义冲激函数 $\delta(t)$。

(1) 用矩形脉冲取极限定义，如图 2.1.14(a)所示，表达式如下：

$$\delta(t)=\lim_{\tau\to 0}\frac{1}{\tau}\left[u\left(t+\frac{\tau}{2}\right)-u\left(t-\frac{\tau}{2}\right)\right] \tag{2.1.29}$$

(2) 用三角形脉冲取极限定义，如图 2.1.14(b)所示，表达式如下：

$$\delta(t)=\lim_{\tau\to 0}\left\{\frac{1}{\tau}\left(1-\frac{|t|}{\tau}\right)[u(t+\tau)-u(t-\tau)]\right\} \tag{2.1.30}$$

2. 性质

(1) 冲激函数具有如下抽样特性：

$$f(t)\delta(t)=f(0)\delta(t)$$

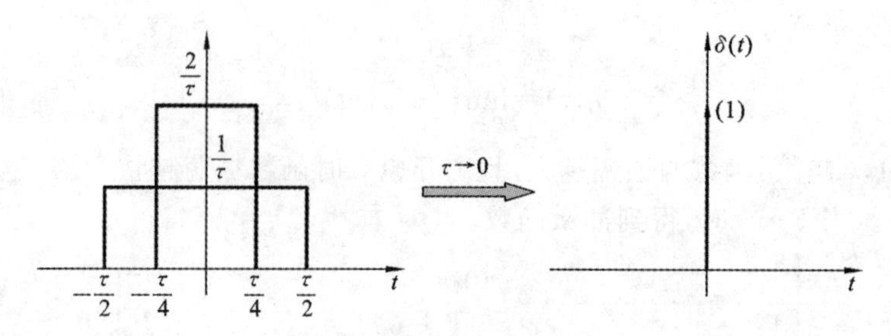

(a) 矩形脉冲取极限定义

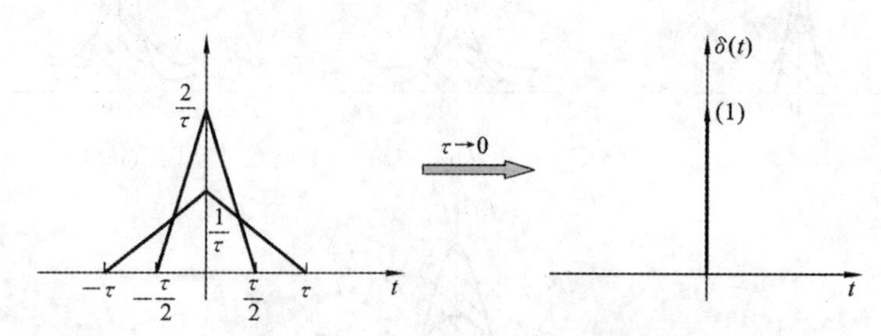

(b) 三角形脉冲取极限定义

图 2.1.14 用极限定义冲激函数

$$\int_{-\infty}^{\infty}\delta(t)f(t)\mathrm{d}t = f(0)\int_{-\infty}^{\infty}\delta(t)\mathrm{d}t = f(0) \tag{2.1.31}$$

$$f(t)\delta(t-t_0)=f(t_0)\delta(t-t_0)$$

$$\int_{-\infty}^{\infty}\delta(t-t_0)f(t)\mathrm{d}t = f(t_0) \tag{2.1.32}$$

式(2.1.31)和式(2.1.32)表明冲激函数可以把冲激所在位置处的函数值抽取(筛选)出来。

(2) $\delta(t)$是偶函数,即

$$\delta(t)=\delta(-t) \tag{2.1.33}$$

(3) 冲激函数的积分等于阶跃函数:

$$u(t)=\int_{-\infty}^{t}\delta(\tau)\mathrm{d}\tau=\begin{cases}0 & (t<0)\\ 1 & (t>0)\end{cases} \tag{2.1.34}$$

(4) 阶跃函数的微分应等于冲激函数:

$$\frac{\mathrm{d}}{\mathrm{d}t}u(t)=\delta(t) \tag{2.1.35}$$

2.1.2.4 冲激偶函数

1. 定义

冲激函数的微分(阶跃函数的二阶导数)将呈现正、负极性的一对冲激,称为冲激偶函数,以 $\delta'(t)$表示。

可以利用规则函数系列取极限的概念引出 $\delta'(t)$,在此借助三角形脉冲系列,波形如图 2.1.15(a)所示。三角形脉冲 $s(t)$的底宽为 2τ,高度为$\frac{1}{\tau}$,当 $\tau\to 0$ 时,$s(t)$成为单位冲激函数

$\delta(t)$，如图 2.1.15(b)所示。

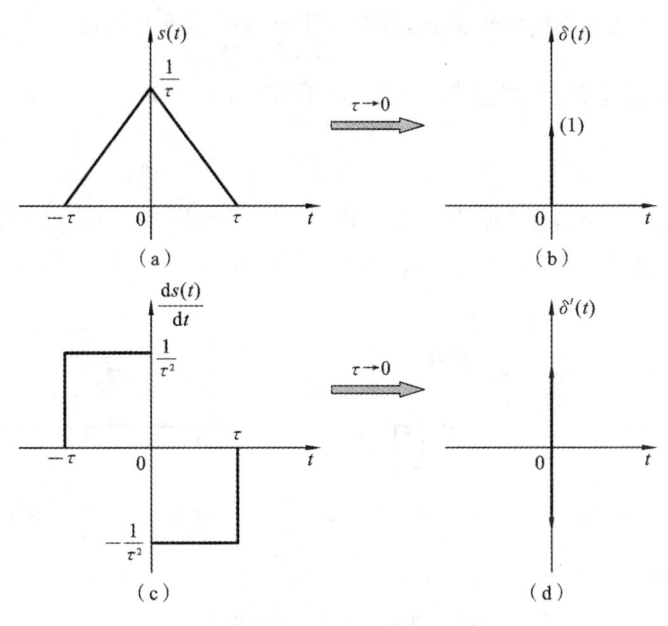

图 2.1.15　冲激偶的形成

图 2.1.15(c)所示为$\frac{\mathrm{d}s(t)}{\mathrm{d}t}$的波形，它是正、负极性的两个矩形脉冲，称为脉冲偶对，其宽度为 τ，高度为$\pm\frac{1}{\tau^2}$，面积为$\frac{1}{\tau}$。随着 τ 减小，脉冲偶对宽度变窄，幅度增高，面积为$\frac{1}{\tau}$。当 $\tau\rightarrow 0$ 时，$\frac{\mathrm{d}s(t)}{\mathrm{d}t}$是正、负极性的两个冲激函数，其强度均为无限大，如图 2.1.15(d)所示，这就是冲激偶 $\delta'(t)$。

2. 性质

冲激偶具有如下性质：

$$\delta'(-t)=-\delta'(t) \tag{2.1.36}$$

$$\int_{-\infty}^{\infty}\delta'(t)f(t)\mathrm{d}t=-f'(0) \tag{2.1.37}$$

$$\int_{-\infty}^{\infty}\delta'(t-t_0)f(t)\mathrm{d}t=-f'(t_0) \tag{2.1.38}$$

$$\int_{-\infty}^{\infty}\delta'(t)\mathrm{d}t=0 \tag{2.1.39}$$

至此介绍了斜变函数、阶跃函数、冲激函数和冲激偶函数，可由依次求导的方法将它们引出。

2.2　连续时间信号的基本运算

在信号的传输与处理过程中往往需要进行信号的运算，包括信号的平移、反转、尺度变换、微分、积分以及两信号的相加或相乘。某些物理器件可直接实现这些运算功能。我们需要熟悉在运算过程中表达式对应的波形变化，并初步了解这些运算的物理背景。

2.2.1　连续信号的尺度变换、反转与平移

1. 尺度变换

如果将信号 $f(t)$的自变量 t 乘以正实系数 a，则信号波形 $f(at)$将是 $f(t)$波形的压缩($a>1$)或展宽($a<1$)。这种运算称为时间轴的尺度倍乘或尺度变换，也可简称尺度，波形如图 2.2.1 所示。

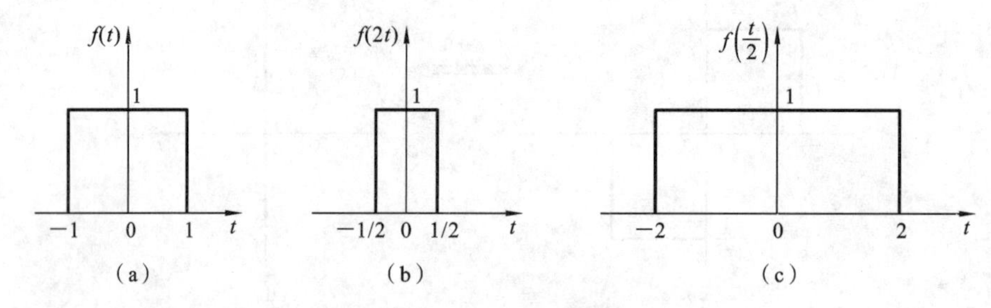

图 2.2.1　信号的尺度变换

2. 反转

信号反转又称为信号反褶，表示将 $f(t)$的自变量更换为 $-t$，此时 $f(-t)$的波形相当于将 $f(t)$以 $t=0$ 为轴反转过来，如图 2.2.2 所示。此运算也称为时间轴反转。

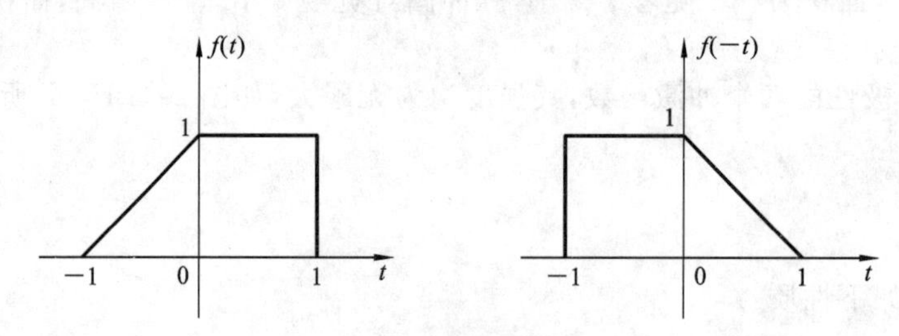

图 2.2.2　信号的反转

3. 平移

若 $f(t)$表达式的自变量 t 更换为$(t+t_0)$(t_0 为正或负实数)，则 $f(t+t_0)$相当于 $f(t)$波形在 t 轴上的整体移动，当 $t_0>0$ 时，波形左移；当 $t_0<0$ 时，波形右移，如图 2.2.3 所示($t_0>0$)。

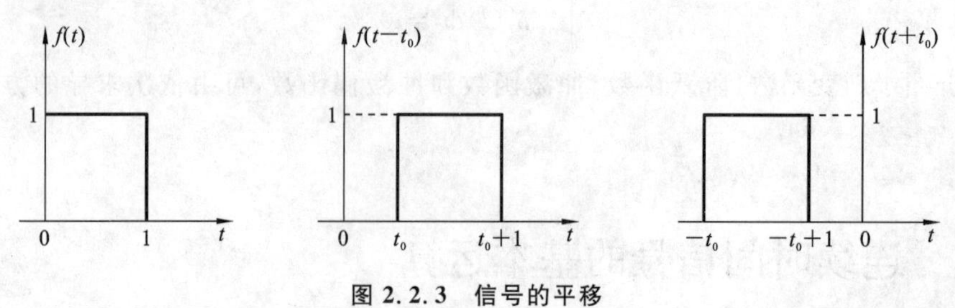

图 2.2.3　信号的平移

在雷达、声呐以及地震信号检测等问题中容易找到信号平移现象的实例。如在通信系统

中，在长距离传输电话信号中，可能听到回波，这是幅度衰减的话音延时信号。

2.2.2 连续信号的相加、相乘、微分与积分

1. 相加

两个信号的和(或差)仍然是一个信号，它在任意时刻的值等于两信号在该时刻的值之和(或差)，即

$$f(t)=f_1(t)\pm f_2(t) \tag{2.2.1}$$

2. 相乘

两个信号的积仍然是一个信号，它在任意时刻的值等于两信号在该时刻的值之积，即

$$f(t)=f_1(t)f_2(t) \tag{2.2.2}$$

3. 微分

信号 $f(t)$ 的微分运算是指 $f(t)$ 对 t 取导数，它仍然是一个信号，表示信号随时间变化的变化率，即

$$f'(t)=\frac{\mathrm{d}f(t)}{\mathrm{d}t} \tag{2.2.3}$$

图 2.2.4(a)中的信号为

$$f(t)=t[u(t)-u(t-1)]$$

图 2.2.4(b)中的信号为

$$f'(t)=[u(t)-u(t-1)]+t[\delta(t)-\delta(t-1)]=[u(t)-u(t-1)]-\delta(t-1) \tag{2.2.4}$$

4. 积分

信号 $f(t)$ 的积分运算指 $f(\tau)$ 在 $(-\infty,t)$ 区间内的定积分，即

$$\int_{-\infty}^{t} f(\tau)\mathrm{d}\tau \tag{2.2.5}$$

也可写作 $f^{(-1)}(t)$，其仍然是一个信号，它在任意时刻的值等于从 $-\infty$ 到 t 区间内 $f(t)$ 与时间轴所包围的面积。

图 2.2.5(a)中的信号为

$$f(t)=2[u(t)-u(t-1)]$$

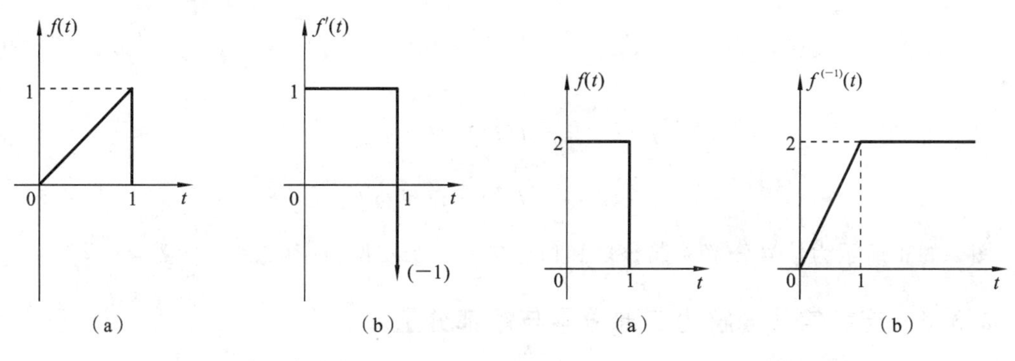

图 2.2.4　信号的微分　　图 2.2.5　信号的积分

图 2.2.5(b)中的信号为

$$f^{(-1)}(t)=2t[u(t)-u(t-1)]+2u(t-1)=2tu(t)-2(t-1)u(t-1) \tag{2.2.6}$$

2.3 连续确定信号的时域分解

为便于研究信号传输与信号处理的问题,往往将一些信号分解为比较简单的(基本的)信号分量之和,犹如在力学问题中将任一方向的力分解为几个分力一样。信号可以从不同角度进行分解。

2.3.1 连续信号分解为直流分量与交流分量

信号平均值即信号的直流分量。从原信号中去掉直流分量即得信号的交流分量。设原信号为 $f(t)$,分解为直流分量 f_D 与交流分量 $f_A(t)$ 表示为

$$f(t)=f_D+f_A(t) \tag{2.3.1}$$

若此时间函数为电流信号,则在时间间隔 T 内流过单位电阻所产生的平均功率应为

$$\begin{aligned}P&=\frac{1}{T}\int_{-\frac{T}{2}}^{\frac{T}{2}}f^2(t)\mathrm{d}t=\frac{1}{T}\int_{-\frac{T}{2}}^{\frac{T}{2}}[f_D+f_A(t)]^2\mathrm{d}t\\&=\frac{1}{T}\int_{-\frac{T}{2}}^{\frac{T}{2}}[f_D^2+2f_Df_A(t)+f_A^2(t)]\mathrm{d}t\\&=f_D^2+\frac{1}{T}\int_{-\frac{T}{2}}^{\frac{T}{2}}f_A^2(t)\mathrm{d}t\end{aligned} \tag{2.3.2}$$

在推导过程中用到 $f_Df_A(t)$的积分等于 0。由此式可见,一个信号的平均功率等于直流功率与交流功率之和。

2.3.2 连续信号分解为奇分量与偶分量

偶分量定义为

$$f_e(t)=f_e(-t) \tag{2.3.3}$$

奇分量定义为

$$f_o(t)=-f_o(-t) \tag{2.3.4}$$

任意信号可分解为偶分量与奇分量之和,即

$$f(t)=f_e(t)+f_o(t) \tag{2.3.5}$$

$$f(-t)=f_e(t)-f_o(t) \tag{2.3.6}$$

则有

$$f_e(t)=\frac{1}{2}[f(t)+f(-t)] \tag{2.3.7}$$

$$f_o(t)=\frac{1}{2}[f(t)-f(-t)] \tag{2.3.8}$$

图 2.3.1 所示为信号分解为偶分量和积分量的一个实例。

2.3.3 连续信号分解为实部分量与虚部分量

瞬时值为复数的信号 $f(t)$可分解为实部、虚部两个部分之和:

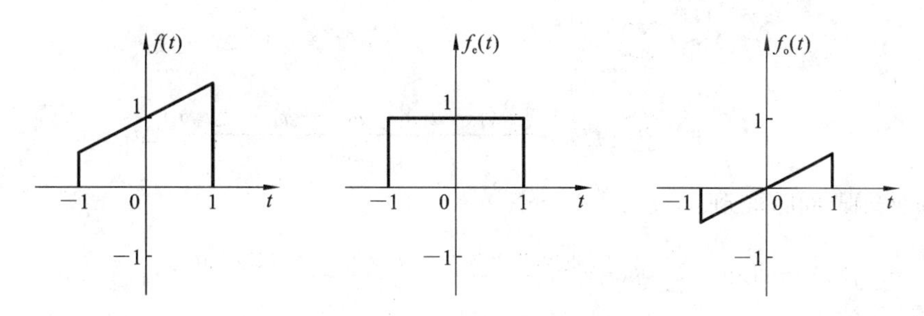

图 2.3.1 信号的偶分量和奇分量

$$f(t)=f_r(t)+jf_i(t) \tag{2.3.9}$$

它的共轭复函数为

$$f^*(t)=f_r(t)-jf_i(t) \tag{2.3.10}$$

于是实部和虚部的表达式为

$$f_r(t)=\frac{1}{2}[f(t)+f^*(t)] \tag{2.3.11}$$

$$jf_i(t)=\frac{1}{2}[f(t)-f^*(t)] \tag{2.3.12}$$

还可利用 $f(t)$与 $f^*(t)$来求$|f(t)|^2$：

$$|f(t)|^2=f(t)f^*(t)=f_r^2(t)+f_i^2(t) \tag{2.3.13}$$

虽然实际产生的信号都为实信号，但常借助复信号来研究某些实信号的问题，可以建立某些有益的概念或简化运算。复信号常用于表示正、余弦信号，在通信系统、网络理论、数字信号处理等方面，复信号的应用日益广泛。

2.3.4 连续信号分解为冲激信号的线性组合

一个信号可近似分解为许多脉冲分量之和。这里分为两种情况。

(1) 分解为矩形窄脉冲分量，窄脉冲组合的极限就是冲激信号的迭加，见图 2.3.2(a)。将函数 $f(t)$近似写作窄脉冲信号的叠加，设在 t_1 时刻被分解的矩形脉冲的高度为 $f(t_1)$，宽度为 Δt_1，于是此窄脉冲的表达式就为

$$f(t_1)[u(t-t_1)-u(t-t_1-\Delta t_1)] \tag{2.3.14}$$

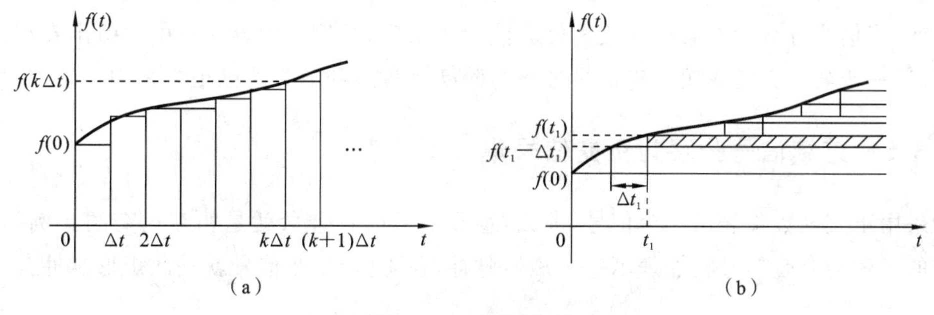

图 2.3.2 信号分解

从 $t_1=-\infty$到∞将许多这样的矩形脉冲单元叠加，即得 $f(t)$的近似表达式：

$$f(t) \approx \sum_{t_1=-\infty}^{\infty} f(t_1)[u(t-t_1)-u(t-t_1-\Delta t_1)]$$
$$= \sum_{t_1=-\infty}^{\infty} f(t_1)\frac{[u(t-t_1)-u(t-t_1-\Delta t_1)]}{\Delta t_1}\Delta t_1 \tag{2.3.15}$$

取 $\Delta t_1 \to 0$ 的极限,可以得到:

$$f(t) = \lim_{\Delta t_1 \to 0} \sum_{t_1=-\infty}^{\infty} f(t_1)\frac{[u(t-t_1)-u(t-t_1-\Delta t_1)]}{\Delta t_1}\Delta t_1$$
$$= \lim_{\Delta t_1 \to 0} \sum_{t_1=-\infty}^{\infty} f(t_1)\delta(t-t_1)\Delta t_1 = \int_{-\infty}^{\infty} f(t_1)\delta(t-t_1)\mathrm{d}t_1 \tag{2.3.16}$$

若将此积分式中的变量 t_1 改以 t 表示,而将所观察时刻 t 以 t_0 表示,则式(2.3.16)改写为

$$f(t_0) = \int_{-\infty}^{\infty} f(t)\delta(t_0-t)\mathrm{d}t \tag{2.3.17}$$

注意到冲激函数是偶函数,$\delta(\tau)=\delta(-\tau)$,将 $\delta(t_0-t)$ 用 $\delta(t-t_0)$ 替换,于是有

$$f(t_0) = \int_{-\infty}^{\infty} f(t)\delta(t-t_0)\mathrm{d}t \tag{2.3.18}$$

此结果与前节式(2.1.32)完全一致。

(2) 分解为阶跃信号分量之和,见图 2.3.2(b)。

不失一般,为使以下推导简洁,假定当 $t<0$ 时 $f(t)=0$。由图可见,$t=0$ 时出现的第一个阶跃信号为 $f(0)u(t)$,此后,在任一时刻 t_1 所产生的分解阶跃信号为

$$[f(t_1)-f(t_1-\Delta t_1)]u(t-t_1) \tag{2.3.19}$$

于是,$f(t)$可近似写作

$$f(t) \approx f(0)u(t) + \sum_{t_1=\Delta t_1}^{\infty} [f(t_1)-f(t_1-\Delta t_1)]u(t-t_1)$$
$$= f(0)u(t) + \sum_{t_1=\Delta t_1}^{\infty} \frac{[f(t_1)-f(t_1-\Delta t_1)]}{\Delta t_1}u(t-t_1)\Delta t_1 \tag{2.3.20}$$

取 $\Delta t_1 \to 0$ 之极限,可导出它的积分形式:

$$f(t) \approx f(0)u(t) + \int_0^{\infty} \frac{\mathrm{d}f(t_1)}{\mathrm{d}t_1}u(t-t_1)\mathrm{d}t_1 \tag{2.3.21}$$

目前,将信号分解为冲激信号之和的方法应用很广,在后面内容中将由此引出卷积积分的概念,并进一步研究它的应用。将信号分解为阶跃信号之和的方法已很少采用。

2.3.5 连续信号分解为正交信号集

如果用正交函数集表示一个信号,那么,组成信号的各分量就是相互正交的。例如,用各次谐波的正弦与余弦信号叠加表示一个矩形脉冲,各正弦、余弦信号就是此矩形脉冲信号的正交函数分量。

把信号分解为正交函数分量的研究方法在信号与系统理论中占有重要地位,后续章节会介绍傅里叶级数和傅里叶变换的理论与应用,并讨论信号的正交函数分解理论。

2.4 连续线性非时变系统的描述及特点

一个系统只要初始状态不变，则系统的响应与激励有关，而与激励接入的时刻无关，即具有时不变特性。响应和激励之间呈现线性关系，激励和响应信号均为连续信号，这样的系统称为连续线性非时变(时不变)系统，一般简称 LTI 系统，具有以下特性。

1. 线性

若系统的激励 $x(t)$ 所引起的响应为 $y(t)$，则可简记为

$$y(t)=\mathrm{T}[x(t)] \tag{2.4.1}$$

式中，T 为运算法则，简称算子。

若系统的激励变为原来的 a(a 为任意常数)倍，它所引起的响应也变为原来的 a 倍，即

$$\mathrm{T}[ax(t)]=a\mathrm{T}[x(t)] \tag{2.4.2}$$

则称系统满足均匀性或齐次性。

若系统的激励 $x_1(t)$、$x_2(t)$ 之和的响应等于各个激励所引起的响应之和，即

$$\mathrm{T}[x_1(t)+x_2(t)]=\mathrm{T}[x_1(t)]+\mathrm{T}[x_2(t)] \tag{2.4.3}$$

则称该系统满足可加性或叠加性。

若系统既是齐次的又是可加的，则称该系统是线性的，即

$$\mathrm{T}[ax_1(t)+bx_2(t)]=a\mathrm{T}[x_1(t)]+b\mathrm{T}[x_2(t)] \tag{2.4.4}$$

对于由常系数线性微分方程描述的系统，如果起始状态为零，则系统满足叠加性和齐次性(均匀性)。若起始状态为非零，则必须将外加激励信号与起始状态的作用分别处理才能满足叠加性与齐次性，否则可能引起混淆。

动态系统的响应不仅取决于系统的激励 $\{x(t)\}$(多个激励时用集合符号表示，简记为 $\{x(t)\}$)，而且与系统的初始状态 $\{x(0)\}$(多个初始状态时用集合符号表示，简记为 $\{x(0)\}$)有关。初始状态有时称为内部激励。为了简便，不妨设初始时刻为 $t=t_0=0$。于是，系统在任意时刻 t 的响应 $y(t)$ 由初始状态 $\{x(0)\}$ 和 $[0,t]$ 上的激励 $\{x(t)\}$ 完全确定。

系统的全响应 $y(t)$ 为

$$y(t)=T[\{x(0)\},\{x(t)\}] \tag{2.4.5}$$

初始状态可以看作是系统的另一种激励，这样，系统的响应将取决于两种不同的激励：输入信号 $\{x(t)\}$ 和初始状态 $\{x(0)\}$。

若令系统的输入信号全为零，则仅由系统的初始状态所引起的响应称为零输入响应，用 $y_{zi}(t)$ 表示，即

$$y_{zi}(t)=T[\{x(0)\},0] \tag{2.4.6}$$

若令系统的初始状态全为零，则仅由系统的输入信号所引起的响应称为零状态响应，用 $y_{zs}(t)$ 表示，即

$$y_{zs}(t)=T[0,\{x(t)\}] \tag{2.4.7}$$

根据线性性质，线性系统的全响应是 $\{x(t)\}$ 与 $\{x(0)\}$ 单独作用于系统引起的响应之和，即

$$y(t)=y_{zi}(t)+y_{zs}(t) \tag{2.4.8}$$

由式(2.4.8)可见,线性系统的全响应 $y(t)$可分解成两个分量 $y_{zi}(t)$和 $y_{zs}(t)$,即零输入响应与零状态响应之和。线性系统的这一性质称为分解性。

当系统有多个输入信号、多个初始状态时,它必须对所有的输入信号、初始状态均呈现线性。即当所有的初始状态均为0时,系统的零状态响应须对各输入信号呈现线性,这称为零状态线性;当所有的输入信号均为0时,系统的零输入响应须对各初始状态呈现线性,这称为零输入线性。当动态系统同时满足分解性、零状态线性、零输入线性时,称其为线性系统,否则其为非线性系统。

2. 时不变特性

对于时不变系统,由于系统参数本身不随时间改变,因此,在同样起始状态之下,系统响应与激励施加于系统的时刻无关。写成数学表达式的形成,若激励为 $x(t)$,产生响应 $y(t)$,则当激励为 $x(t-t_0)$时,响应为 $y(t-t_0)$。此特性示于图2.4.1中,它表明当激励延迟一段时间 t_0 时,其输出响应也同样延迟时间 t_0,波形形状不变。

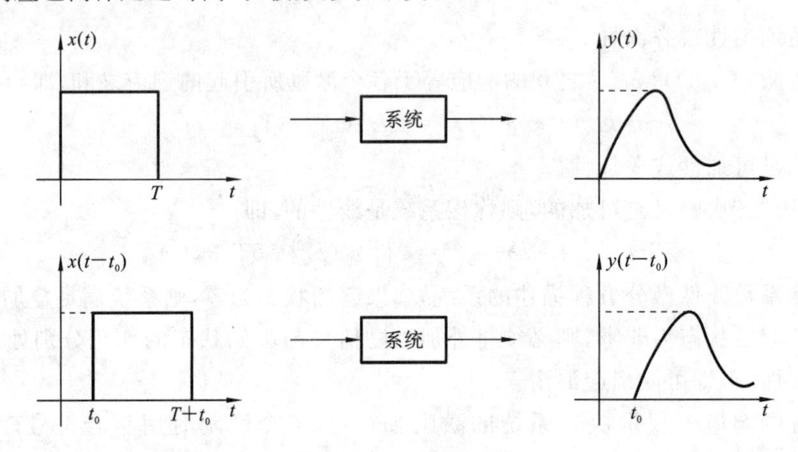

图 2.4.1 时不变特性

3. 微分特性

LTI系统满足如下微分特性:若系统在激励 $x(t)$作用下产生响应 $y(t)$,则当激励为$\dfrac{\mathrm{d}x(t)}{\mathrm{d}t}$时,响应为$\dfrac{\mathrm{d}y(t)}{\mathrm{d}t}$。

根据线性与时不变性容易证明此结论。首先由时不变性可知,激励 $x(t)$对应输出$y(t)$,则在激励 $x(t-\Delta t)$作用下产生响应 $y(t-\Delta t)$。再由叠加性与均匀性可知,若激励为$\dfrac{x(t)-x(t-\Delta t)}{\Delta t}$,则响应为$\dfrac{y(t)-y(t-\Delta t)}{\Delta t}$,取 $\Delta t\to 0$ 的极限,得到导数关系。若激励为

$$\lim_{\Delta t\to 0}\frac{x(t)-x(t-\Delta t)}{\Delta t}=\frac{\mathrm{d}x(t)}{\mathrm{d}t} \tag{2.4.9}$$

则响应为

$$\lim_{\Delta t\to 0}\frac{y(t)-y(t-\Delta t)}{\Delta t}=\frac{\mathrm{d}y(t)}{\mathrm{d}t} \tag{2.4.10}$$

这表明,当系统的输入由原激励信号改为其导数时,输出也由原响应函数变成其导数。显

然，此结论可扩展至高阶导数与积分。图 2.4.2 示意这一结果。

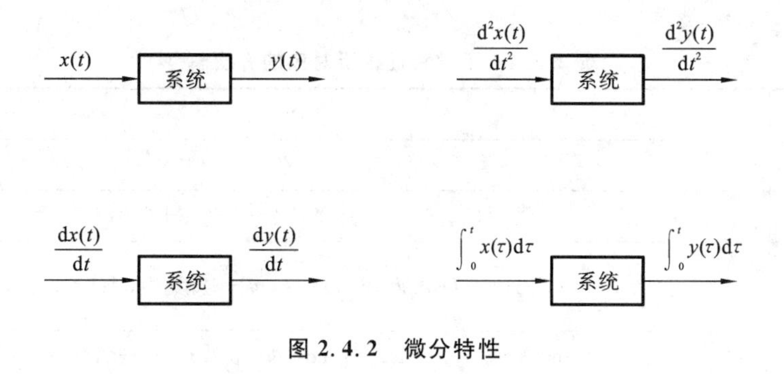

图 2.4.2 微分特性

2.5 连续时间 LTI 系统的响应

连续系统的时域分析指在给定外界激励的情况下，通过数学手段去求解系统的响应。本节采用输入—输出法，即在给定外界激励的情况下通过系统的微分方程去求得系统的响应。

这一节将在用经典法求解微分方程的基础上，讨论零输入响应和零状态响应的求解。在此基础上进一步讨论系统的冲激响应，并借助数学的卷积积分求得系统的零状态响应：零状态响应等于冲激响应与激励的卷积积分。

2.5.1 连续时间系统的零输入响应

对于单输入—单输出 n 阶 LTI 连续系统，设其激励为 $x(t)$，所引起的响应为 $y(t)$，则描述该系统的微分方程的一般形式为

$$a_n y^{(n)}(t)+a_{n-1}y^{(n-1)}(t)+\cdots+a_1 y^{(1)}(t)+a_0 y(t)$$
$$=b_m x^{(m)}(t)+b_{m-1}x^{(m-1)}(t)+\cdots+b_1 x^{(1)}(t)+b_0 x(t) \tag{2.5.1}$$

简写为

$$\sum_{i=0}^{n} a_i y^{(i)}(t) = \sum_{j=0}^{m} b_j x^{(j)}(t) \tag{2.5.2}$$

上式称为 n 阶常系数线性微分方程。式中，$a_i(i=0,1,2,\cdots,n)$ 和 $b_j(j=0,1,2,\cdots,m)$ 为常数，且 $a_n=1$；$y^{(n)}(t)$ 为响应的 n 阶导数；$x^{(m)}(t)$ 为激励的 m 阶导数。解此微分方程就可得到系统的响应 $y(t)$。

由数学微分方程理论可知，微分方程的完全解应为微分方程的齐次解和特解之和，即

$$y(t)=y_{\mathrm{h}}(t)+y_{\mathrm{p}}(t) \tag{2.5.3}$$

式中，$y(t)$ 为微分方程的完全解；$y_{\mathrm{h}}(t)$ 为微分方程的齐次解；$y_{\mathrm{p}}(t)$ 为微分方程的特解。

齐次解是齐次微分方程

$$y^{(n)}(t)+a_{n-1}y^{(n-1)}(t)+\cdots+a_1 y^{(1)}(t)+a_0 y(t)=0 \tag{2.5.4}$$

的解。根据微分方程理论，对于式(2.5.4)应先求解该方程的特征方程。设其特征根为 λ，则相应的特征方程为

$$\lambda^n+a_{n-1}\lambda^{n-1}+\cdots+a_1\lambda+a_0=0 \tag{2.5.5}$$

其 n 个根 $\lambda_1,\lambda_2,\cdots,\lambda_n$ 为微分方程的特征根。不同的特征根，决定齐次解的不同形式，如表 2.5.1 所列。

表 2.5.1 不同特征根所对应的齐次解

特征根 λ	齐次解
单实根	$Ce^{\lambda t}$
r 重实根	$(C_{r-1}t^{r-1}+C_{r-2}t^{r-2}+\cdots+C_1t+C_0)e^{\lambda t}$
一对共轭复根 $\lambda_{1,2}=\alpha\pm j\beta$	$e^{\alpha t}(C\cos\beta t+D\sin\beta t)$ 或 $Ae^{j\theta}\cos(\beta t-\theta)$，其中，$Ae^{j\theta}=C+jD$
r 重共轭复根	$[A_{r-1}t^{r-1}\cos(\beta t+\theta_{r-1})+A_{r-2}t^{r-2}\cos(\beta t+\theta_{r-2})+\cdots+A_0t^0\cos(\beta t+\theta_0)]e^{\alpha t}$

注：A、B、C、D 为待定系数，由系统初始条件决定。

系统的特解则与激励的函数形式有关，由激励的形式确定，如表 2.5.2 所列。

表 2.5.2 不同激励所对应的特解

激励信号	特解
E(常数)	B
t^p	$B_1t^p+B_2t^{p-1}+\cdots+B_pt+B_{p+1}$
$e^{\alpha t}$(特征根 $\lambda\neq\alpha$)	$Be^{\alpha t}$
$e^{\alpha t}$(特征根 $\lambda=\alpha$)	$Bte^{\alpha t}$
$\cos\omega t$	$B_1\cos\omega t+B_2\sin\omega t$
$\sin\omega t$	

例 2.5.1 已知描述某系统的微分方程为

$$y''(t)+7y'(t)+12y(t)=x(t)$$

求：(1) 当 $x(t)=2e^{-t}$，$t\geqslant 0$；$y(0)=2$，$y'(0)=-1$ 时的全解；(2) 当 $x(t)=e^{-3t}$，$t\geqslant 0$；$y(0)=1$，$y'(0)=0$ 时的全解。

解 (1) 特征方程为 $\lambda^2+7\lambda+12=0$，特征根为 $\lambda_1=-3$，$\lambda_2=-4$。

由表 2.5.1 可知，齐次解为

$$y_h(t)=C_1e^{-3t}+C_2e^{-4t}$$

由表 2.5.2 可知，当 $x(t)=2e^{-t}$时，其特解可设为

$$y_p(t)=Pe^{-t}$$

将特解代入微分方程，得

$$Pe^{-t}+7(-Pe^{-t})+12Pe^{-t}=2e^{-t}$$

解得 $P=1/3$，于是特解为

$$y_p(t)=\frac{1}{3}e^{-t}$$

全解为

$$y(t)=y_h(t)+y_p(t)=C_1e^{-3t}+C_2e^{-4t}+\frac{1}{3}e^{-t}$$

其中，待定常数 C_1、C_2 由初始条件确定：

$$y(0)=C_1+C_2+\frac{1}{3}=2$$

$$y'(0)=-3C_1-4C_2-\frac{1}{3}=-1$$

解得 $C_1=6, C_2=-\frac{13}{3}$。

最后得全解为

$$y(t)=6\mathrm{e}^{-3t}-\frac{13}{3}\mathrm{e}^{-4t}+\frac{1}{3}\mathrm{e}^{-t},\quad t\geqslant 0$$

(2) 对于同一形式的微分方程,所对应的特征方程相同,特征根相同,故齐次解形式相同。当激励 $x(t)=\mathrm{e}^{-3t}$ 时,由于其指数与特征根之一相重,故由表 2.5.2 知其特解为

$$y_{\mathrm{p}}(t)=(P_1t+P_0)\mathrm{e}^{-3t}$$

代入微分方程,可得

$$(9P_1-21P_1+12P_1)t\mathrm{e}^{-3t}+(-6P_1+9P_0+7P_1-21P_0+12P_0)\mathrm{e}^{-3t}=\mathrm{e}^{-3t}$$

化简得

$$P_1\mathrm{e}^{-3t}=\mathrm{e}^{-3t}$$

所以 $P_1=1$,但 P_0 不能求得。

全解为

$$y(t)=C_1\mathrm{e}^{-3t}+C_2\mathrm{e}^{-4t}+t\mathrm{e}^{-3t}+P_0\mathrm{e}^{-3t}=(C_1+P_0)\mathrm{e}^{-3t}+C_2\mathrm{e}^{-4t}+t\mathrm{e}^{-3t}$$

将初始条件代入,得

$$y(0)=(C_1+P_0)+C_2=1$$

$$y'(0)=-3(C_1+P_0)-4C_2+1=0$$

解得 $C_1+P_0=3, C_2=-2$,最后得微分方程的全解为

$$y(t)=3\mathrm{e}^{-3t}-2\mathrm{e}^{-4t}+t\mathrm{e}^{-3t},\quad t\geqslant 0$$

上式第一项的系数 $C_1+P_0=3$,不能区分 C_1 和 P_0,因而也不能区分自由响应和强迫响应。

显然,齐次解的函数形式仅与系统本身的特性有关,由微分方程的特征根确定。而特解的形式由激励的形式确定。因为齐次解仅与系统本身有关,而与激励 $x(t)$ 无关,故称为系统的固有响应或自由响应;特解的函数形式由激励确定,称为强迫响应。

LTI 连续系统微分方程全响应求解步骤可归纳如下:

(1) 据微分方程写特征方程,求出特征根,根据表 2.5.1 写出齐次解形式;

(2) 由激励形式,根据表 2.5.2 写出特解形式;

(3) 将特解代入微分方程,求出特解系数,将齐次解+特解=全解代入初始条件,求出齐次解系数;

(4) 写出全解。

在用经典法解微分方程时,一般输入 $x(t)$ 是在 $t=0$(或 $t=t_0$)时接入系统的,那么方程的解也适用于 $t>0$(或 $t>t_0$)。为确定解的待定系数所需的一组初始值是指 $t=0_+$(或 $t=t_{0+}$)时刻的值,即 $y^{(j)}(0_+)$(或 $y^{(j)}(t_{0+})$, $(j=0,1,\cdots,n-1)$),简称为 0_+ 值。在 $t=0_-$ 时,激励尚未接入,因而响应及其各阶导数在该时刻的值 $y^{(j)}(0_-)$ 或 $y^{(j)}(t_{0-})$ 反映了系统的历史情况而与激励无关,它们为求得 $t>0$(或 $t>t_0$)时的响应 $y(t)$ 提供了以往历史的全部信息,称这些在 $t=$

0_-（或 $t=t_{0-}$）时刻的值为初始状态，简称 0_- 值。通常，对于具体的系统，初始状态 0_- 值常容易求得。如果激励中含有冲激函数及其导数，那么当激励接入系统时，响应及其导数从 $y^{(j)}(0_-)$ 值到 $y^{(j)}(0_+)$ 值可能发生跃变。这样，求解描述 LTI 系统的微分方程时，就需要从已知的 $y^{(j)}(0_-)$ 或 $y^{(j)}(t_{0-})$ 设法求得 $y^{(j)}(0_+)$ 或 $y^{(j)}(t_{0+})$。

下面以二阶系统为例说明其求解方法。

例 2.5.2 描述某 LTI 系统的微分方程为

$$y''(t)+2y'(t)+y(t)=x''(t)+2x(t) \tag{2.5.6}$$

已知 $y(0_-)=1, y'(0_-)=-1, x(t)=\delta(t)$，求 $y(0_+)$ 和 $y'(0_+)$。

解 将输入 $x(t)=\delta(t)$ 代入微分方程，得

$$y''(t)+2y'(t)+y(t)=\delta''(t)+2\delta(t) \tag{2.5.7}$$

因式(2.5.7)对所有的 t 成立，故等号两端 $\delta(t)$ 及其各阶导数的系数应分别相等，于是知式(2.5.7)中 $y''(t)$ 必含有 $\delta''(t)$，即 $y''(t)$ 含有冲激函数导数的最高阶为二阶，故令

$$y''(t)=a\delta''(t)+b\delta'(t)+c\delta(t)+r_0(t) \tag{2.5.8}$$

式中，a、b、c 为待定常数，函数中不含 $\delta(t)$ 及其各阶导数。对式(2.5.8)等号两端从 $-\infty$ 到 t 积分，得

$$y'(t)=a\delta'(t)+b\delta(t)+r_1(t) \tag{2.5.9}$$

上式中

$$r_1(t)=cu(t)+\int_{-\infty}^{t} r_0(x)\mathrm{d}x$$

它不含 $\delta(t)$ 及其各阶导数。

对式(2.5.9)等号两端从 $-\infty$ 到 t 积分，得

$$y(t)=a\delta(t)+r_2(t) \tag{2.5.10}$$

式中

$$r_2(t)=bu(t)+\int_{-\infty}^{t} r_1(x)\mathrm{d}x$$

它也不含 $\delta(t)$ 及其各阶导数。将式(2.5.8)、式(2.5.9)、式(2.5.10)代入到微分方程式(2.5.7)并稍加整理，得

$$a\delta''(t)+(2a+b)\delta'(t)+(a+2b+c)\delta(t)+[r_0(t)+2r_1(t)+r_2(t)]=\delta''(t)+2\delta(t) \tag{2.5.11}$$

上式中等号两端 $\delta(t)$ 及其各阶导数的系数应分别相等，故得

$$\begin{cases} a=1 \\ 2a+b=0 \\ a+2b+c=2 \end{cases}$$

解得 $a=1, b=-2, c=5$。将 a、b 代入式(2.5.9)，并对等号两端从 0_- 到 0_+ 进行积分，有

$$y(0_+)-y(0_-)=\int_{0_-}^{0_+}\delta'(t)\mathrm{d}t-2\int_{0_-}^{0_+}\delta(t)\mathrm{d}t+\int_{0_-}^{0_+}r_1(t)\mathrm{d}t$$

由于 $r_1(t)$ 不含 $\delta(t)$ 及其各阶导数，而且积分是在无穷小区间$[0_-,0_+]$内进行的，故 $\int_{0_-}^{0_+}r_1(t)\mathrm{d}t=0$，而

$$\int_{0_-}^{0_+}\delta'(t)\mathrm{d}t=\delta(0_+)-\delta(0_-)=0$$

$$\int_{0_-}^{0_+}\delta(t)\mathrm{d}t = 1$$

故有

$$y(0_+)-y(0_-)=-2$$

已知 $y(0_-)=1$，得

$$y(0_+)=y(0_-)-2=-1$$

同样地，将 a、b、c 代入到式(2.5.8)，并对等号两端从 0_- 到 0_+ 进行积分，得

$$y'(0_+)-y'(0_-)=\int_{0_-}^{0_+}\delta''(t)\mathrm{d}t-2\int_{0_-}^{0_+}\delta'(t)\mathrm{d}t+5\int_{0_-}^{0_+}\delta(t)\mathrm{d}t+\int_{0_-}^{0_+}r_0(t)\mathrm{d}t$$

由于在$[0_-,0_+]$区间内 $\delta''(t)$、$\delta'(t)$及 $r_0(t)$的积分均为0，故得

$$y'(0_+)-y'(0_-)=c=5$$

将 $y'(0_-)=-1$ 代入上式得

$$y'(0_+)=y'(0_-)+5=4$$

由上可见，将激励代入方程中，若右边不含冲激函数及其各阶导数，则 0_- 与 0_+ 相等。当微分方程等号右端含有冲激函数及其各阶导数时，响应 $y(t)$及其各阶导数由 0_- 到 0_+ 的瞬间将发生跃变。这时可按下述步骤由 0_- 值求得 0_+ 值(以二阶系统为例)。

(1) 将输入 $x(t)$代入微分方程，如等号右端含有 $\delta(t)$及其各阶导数，根据微分方程等号两端奇异函数的系数相等的原理，可知方程左端 $y(t)$的最高阶导数包含右端 $\delta(t)$的最高阶次，其中包含待定系数，并且不含有冲激函数及其各阶导数的一般函数用 $r(t)$表示。

(2) 将(1)中的表示式从 $-\infty$到 t 取积分，得到 $y(t)$及其各阶导数的表达式，代入原方程，可以确定系数。

(3) 对确定系数后的 $y(t)$及其各阶导数的表达式两边从 0_- 到 0_+ 进行积分，依次求得各 0_+ 时刻与 0_- 时刻值之间的关系。

(4) 由已知的 0_- 值求解 0_+ 值。

LTI系统的全响应 $y(t)$也可分为零输入响应和零状态响应。零输入响应是激励为零时仅由系统的初始状态$\{x(0)\}$所引起的响应，用 $y_{zi}(t)$表示。在零输入条件下，微分方程式(2.5.2)等号右端为零，化为齐次方程，即

$$\sum_{i=0}^{n}a_i y^{(i)}(t)=0 \tag{2.5.12}$$

若其特征根均为单根，则其零输入响应

$$y_{zi}(t)=\sum_{j=1}^{n}C_{zij}\mathrm{e}^{\lambda_j t} \tag{2.5.13}$$

式中，C_{zij}为待定常数。由于输入为零，故初始值

$$y_{zi}^{(j)}(0_+)=y_{zi}^{(j)}(0_-)=y^{(j)}(0_-)\quad (j=0,1,2,\cdots,n-1) \tag{2.5.14}$$

由给定的初始状态即可确定式(2.5.13)中的各待定常数。

例2.5.3 描述某系统的微分方程为

$$y''(t)+4y'(t)+4y(t)=x'(t)+3x(t)$$

已知 $y(0_-)=1$，$y'(0_-)=2$，$x(t)=\mathrm{e}^{-t}u(t)$。求该系统的零输入响应。

解 对于零输入响应 $y_{zi}(t)$，其微分方程及各初始状态为

$$\begin{cases} y''_{zi}(t)+4y'_{zi}(t)+4y_{zi}(t)=0 \\ y_{zi}(0_+)=y_{zi}(0_-)=y(0_-)=1 \\ y'_{zi}(0_+)=y'_{zi}(0_-)=y'(0_-)=2 \end{cases}$$

该微分方程的特征方程为

$$\lambda^2+4\lambda+4=0$$

特征根为 $\lambda_1=\lambda_2=-2$。由表 2.5.1 可知，齐次解（系统的零输入响应）为

$$y_{zi}(t)=y_{zih}(t)=C_{zi1}\mathrm{e}^{-2t}+C_{zi2}t\mathrm{e}^{-2t}$$

代入初始值，得

$$y_{zi}(0_+)=C_{zi1}=1$$

$$y'_{zi}(0_+)=-2C_{zi1}+C_{zi2}=2$$

解得系数 $C_{zi1}=1, C_{zi2}=4$，则系统的零输入响应为

$$y_{zi}(t)=C_{zi1}\mathrm{e}^{-2t}+C_{zi2}t\mathrm{e}^{-2t}=\mathrm{e}^{-2t}+4t\mathrm{e}^{-2t} \quad (t\geqslant 0)$$

2.5.2 连续时间系统的零状态响应

零状态响应是系统初始状态为 0 时，仅由外部激励 $x(t)$ 所引起的响应，即 $y_{zs}(t)$。这时方程式(2.5.2)仍是非齐次方程，即

$$\sum_{i=0}^{n} a_i y^{(i)}(t) = \sum_{j=0}^{m} b_j x^{(j)}(t) \tag{2.5.15}$$

初始状态 $y_{zs}^{(i)}(0_-)=0$。若微分方程的特征根均为单根，则其零状态响应为

$$y_{zs}(t) = \sum_{j=1}^{n} C_{zsj}\mathrm{e}^{\lambda_j t} + y_p(t) \tag{2.5.16}$$

式中，C_{zsj} 为待定常数，$y_p(t)$ 为方程的特解。

例 2.5.4 对于例 2.5.3 中的系统输入 $x(t)=\mathrm{e}^{-t}u(t)$，求该系统的零状态响应。

解 该系统的零状态响应满足方程

$$y''_{zs}(t)+4y'_{zs}(t)+4y_{zs}(t)=\delta(t)\mathrm{e}^{-t}+u(t)\mathrm{e}^{-t} \tag{2.5.17}$$

及初始状态为

$$y_{zs}(0_-)=y'_{zs}(0_-)=0$$

由上述 0_- 值求解 0_+ 值的方法可得

$$y_{zs}(0_+)=0, \quad y'_{zs}(0_+)=1$$

根据例 2.5.3 中的齐次解得到微分方程式(2.5.17)的齐次解为

$$y_{zsh}(t)=C_{zs1}\mathrm{e}^{-2t}+C_{zs2}t\mathrm{e}^{-2t}$$

根据激励的形式，由表 2.5.2 不难求得其特解为 $2\mathrm{e}^{-t}$，故零状态响应为

$$y_{zs}(t)=C_{zs1}\mathrm{e}^{-2t}+C_{zs2}t\mathrm{e}^{-2t}+2\mathrm{e}^{-t} \quad (t\geqslant 0)$$

代入初始条件求得 $C_{zs1}=-2, C_{zs2}=-1$，则系统的零状态响应为

$$y_{zs}(t)=-2\mathrm{e}^{-2t}-t\mathrm{e}^{-2t}+2\mathrm{e}^{-t} \quad (t\geqslant 0)$$

前面已提到过系统的自由响应即齐次解，强迫响应即特解，这里再补充一下瞬态响应和稳态响应的概念。

当输入是阶跃信号或有始的周期信号时，系统的全响应也可分为瞬态响应和稳态响应。瞬态响应：当激励接入以后，全响应中暂出现的分量，随着时间的增长，它将消失。也就是说，

全响应中指数衰减的各项组成瞬态响应。稳态响应:全响应中减去瞬态响应就是稳态响应,它通常是由阶跃函数和周期函数组成的。

2.5.3 连续时间系统的冲激响应

对于线性时不变系统,冲激响应 $h(t)$ 的性质可以表示系统的因果性和稳定性,$h(t)$ 的变换域表示更是分析线性时不变系统的重要手段,因而对冲激响应 $h(t)$ 的分析是系统分析中极为重要的问题。

冲激响应 $h(t)$ 定义为:系统在单位冲激信号 $\delta(t)$ 的激励下产生的零状态响应。同样,阶跃响应 $g(t)$ 定义为:系统在单位阶跃信号 $u(t)$ 的激励下产生的零状态响应。由于任意信号可以用冲激信号的组合表示,即

$$\mathrm{e}(t)=\int_{-\infty}^{\infty}\mathrm{e}(\tau)\delta(t-\tau)\mathrm{d}\tau \tag{2.5.18}$$

若把它作用到冲激响应为 $h(t)$ 的线性时不变系统,则系统的响应为

$$\begin{aligned}r(t)&=H[\mathrm{e}(t)]=H\left[\int_{-\infty}^{\infty}\mathrm{e}(\tau)\delta(t-\tau)\mathrm{d}\tau\right]=\int_{-\infty}^{\infty}\mathrm{e}(\tau)H[\delta(t-\tau)]\mathrm{d}\tau\\&=\int_{-\infty}^{\infty}\mathrm{e}(\tau)h(t-\tau)\mathrm{d}\tau\end{aligned} \tag{2.5.19}$$

这就是卷积积分。由于 $h(t)$ 是在零状态下定义的,因而式(2.5.16)表示的响应是系统的零状态响应 $r_{zs}(t)$。关于卷积积分的计算及其性质将在下节介绍。

考虑到冲激信号 $\delta(t)$ 与单位阶跃信号 $u(t)$ 间存在微分与积分关系,因而对于 LTI 系统,$h(t)$ 和 $g(t)$ 间也同样存在微分与积分关系,即

$$\begin{cases}h(t)=g'(t)\\g(t)=\int_{-\infty}^{t}h(\tau)\mathrm{d}\tau\end{cases} \tag{2.5.20}$$

对于用线性常系数微分方程描述的系统,它的冲激响应 $h(t)$ 满足微分方程

$$\begin{aligned}&C_0h^{(n)}(t)+C_1h^{(n-1)}(t)+\cdots+C_{n-1}h'(t)+C_nh(t)\\&=E_0\delta^{(m)}(t)+E_1\delta^{(m-1)}(t)+\cdots+E_{m-1}\delta'(t)+E_m\delta(t)\end{aligned} \tag{2.5.21}$$

及起始状态 $h^{(k)}(0_-)=0(k=0,1,\cdots,n-1)$。由于 $\delta(t)$ 及其各阶导数在 $t\geqslant 0_+$ 时都等于零,因而式(2.5.21)右端在 $t\geqslant 0_+$ 时的自由项恒等于零,这样冲激响应 $h(t)$ 的形式与齐次解的形式相同,且在 $n>m$ 时 $h(t)$ 可以表示为

$$h(t)=\left(\sum_{j=1}^{n}C_j\mathrm{e}^{\lambda_j t}\right)u(t) \tag{2.5.22}$$

若 $n\leqslant m$,则表达式还将含有 $\delta(t)$ 及其相应阶的导数 $\delta^{(m-n)}(t),\delta^{(m-n-1)}(t),\cdots,\delta'(t)$ 等项。其中,可以通过冲激函数匹配法求出相应的 $h^{(k)}(0_+)$ 值,从而求得 C_j 各值。

例 2.5.5 设描述某二阶 LTI 系统的微分方程为

$$y''(t)+7y'(t)+10y(t)=x''(t)+6x'(t)+4x(t)$$

求其冲激响应 $h(t)$。

解 系统冲激响应 $h(t)$ 满足方程

$$h''(t)+7h'(t)+10h(t)=\delta''(t)+6\delta'(t)+4\delta(t)$$

它的齐次解形式为

$$h(t)=C_1\mathrm{e}^{-2t}+C_2\mathrm{e}^{-5t}\quad(t\geqslant 0_+)$$

利用冲激函数匹配法求 $h(0_+)$ 和 $h'(0_+)$，由于方程右端自由项 $\delta(t)$ 的最高阶导数为 $\delta''(t)$，所以设

$$\begin{cases}h''(t)=a\delta''(t)+b\delta'(t)+c\delta(t)+d\Delta u(t)\\h'(t)=a\delta'(t)+b\delta(t)+c\Delta u(t)\\h(t)=a\delta(t)+b\Delta u(t)\end{cases}\quad(0_-<t<0_+)$$

代入方程

$$[a\delta''(t)+b\delta'(t)+c\delta(t)+d\Delta u(t)]+7[a\delta'(t)+b\delta(t)+c\Delta u(t)]+10[a\delta(t)+b\Delta u(t)]$$
$$=\delta''(t)+6\delta'(t)+4\delta(t)$$

得

$$\begin{cases}a=1\\b+7a=6\\c+7b+10a=4\end{cases}$$

因而有

$$\begin{cases}a=1\\b=-1\\c=1\end{cases}$$

代入 $h(t)$，得

$$\begin{cases}h(0_+)=b+h(0_-)=-1\\h'(0_+)=c+h'(0_-)=1\end{cases}$$

$$\begin{cases}C_1+C_2=-1\\-2C_1-5C_2=1\end{cases}$$

解得

$$\begin{cases}C_1=-\dfrac{4}{3}\\C_2=\dfrac{1}{3}\end{cases}$$

考虑到 $a=1$，即 $h(t)$ 中有一项 $a\delta(t)$，因而得出要求的冲激响应为

$$h(t)=\delta(t)+\left(-\frac{4}{3}\mathrm{e}^{-2t}+\frac{1}{3}\mathrm{e}^{-5t}\right)u(t)$$

系统的阶跃响应 $g(t)$ 满足方程

$$C_0g^{(n)}(t)+C_1g^{(n-1)}(t)+\cdots+C_{n-1}g'(t)+C_ng(t)$$
$$=E_0u^{(m)}(t)+E_1u^{(m-1)}(t)+\cdots+E_{m-1}u'(t)+E_mu(t)\qquad(2.5.23)$$

起始状态 $g^{(k)}(0_-)=0(k=0,1,\cdots,n-1)$。可以看出方程右端的自由项含有 $\delta(t)$ 及其各阶导数，同时还包含阶跃函数 $u(t)$，因而阶跃响应表达式中，除了含齐次解形式之外，还应增加特解项。

例 2.5.6 设描述某二阶 LTI 系统的微分方程为

$$y''(t)+7y'(t)+10y(t)=x''(t)+6x'(t)+4x(t)$$

求其阶跃响应 $g(t)$。

解 系统阶跃响应 $g(t)$ 满足方程

$$g''(t)+7g'(t)+10g(t)=\delta'(t)+6\delta(t)+4u(t)$$

起始状态 $g(0_-)=g'(0_-)=0$。其解的形式为

$$g(t)=C_1\mathrm{e}^{-2t}+C_2\mathrm{e}^{-5t}+B \quad (t\geqslant 0_+)$$

求特解 B,对 $t\geqslant 0_+$ 代入方程

$$10B=4$$

得

$$B=\frac{2}{5}$$

利用冲激函数匹配法求常数 A_1、A_2。设

$$\begin{cases}g''(t)=a\delta'(t)+b\delta(t)+c\Delta u(t)\\ g'(t)=a\delta(t)+b\Delta u(t)\\ g(t)=a\Delta u(t)\end{cases} \qquad (0_-<t<0_+)$$

代入原方程

$$[a\delta'(t)+b\delta(t)+c\Delta u(t)]+7[a\delta(t)+b\Delta u(t)]+10a\Delta u(t)=\delta'(t)+6\delta(t)+4\Delta u(t)$$

得

$$\begin{cases}a=1\\ b+7a=6\\ c+7b+10a=4\end{cases}$$

求出

$$\begin{cases}a=1\\ b=-1\\ c=1\end{cases}$$

因而有

$$\begin{cases}g(0_+)=a+g(0_-)=1\\ g'(0_+)=b+g'(0_-)=-1\end{cases}$$

代入方程

$$\begin{cases}C_1+C_2+\dfrac{2}{5}=1\\ -2C_1-5C_2=-1\end{cases}$$

解得

$$\begin{cases}C_1=\dfrac{2}{3}\\ C_2=-\dfrac{1}{15}\end{cases}$$

因而要求的系统阶跃响应为

$$g(t)=\left(\frac{2}{3}\mathrm{e}^{-2t}-\frac{1}{15}\mathrm{e}^{-5t}+\frac{2}{5}\right)u(t)$$

所得的 $g(t)$ 也可以通过对 $h(t)$ 积分得出。

上面介绍了用时域法求系统的冲激响应 $h(t)$ 和阶跃响应 $g(t)$。应该说明的是,在学习拉普拉斯变换后,用变换域方法求 $h(t)$ 和 $g(t)$ 更简洁方便。这里用的方法比较直观,物理概念

明确,也是以后学习变换域分析的基础。

2.5.4 连续信号卷积

近代,随着信号与系统理论研究的深入及计算机技术的发展,不仅卷积方法得到了广泛应用,反卷积的问题也越来越受到重视。反卷积是卷积的逆运算。在现代地震勘探、超声诊断、光学成像、系统辨识及其他诸多信号处理领域中,卷积和反卷积无处不在,而且许多都是有待深入开发研究的课题。本节先对连续信号卷积积分的运算方法做一定说明,然后阐述卷积的性质及其应用。

式(2.5.19)表示了卷积积分的物理意义。卷积方法的原理就是将信号分解为冲激信号之和,借助系统的冲激响应 $h(t)$ 求解系统对任意激励信号的零状态响应。

对于任意两个信号 $f_1(t)$ 和 $f_2(t)$,两者做卷积运算定义为

$$f(t)=\int_{-\infty}^{\infty} f_1(\tau)f_2(t-\tau)\mathrm{d}\tau \tag{2.5.24}$$

做一变量代换,不难证明:

$$f(t)=\int_{-\infty}^{\infty} f_2(\tau)f_1(t-\tau)\mathrm{d}\tau = f_1(t) * f_2(t) = f_2(t) * f_1(t) \tag{2.5.25}$$

式中,$f_1(t) * f_2(t)$ 是两函数做卷积运算的简写,也可以写成 $f_1(t)\otimes f_2(t)$。

这里的积分限取 $-\infty$ 和 ∞,这是由于对 $f_1(t)$ 和 $f_2(t)$ 的作用时间范围没有加以限制。实际由于系统的因果性或激励信号存在时间的局限性,其积分限会有变化,这一点借助卷积的图形解释可以看得很清楚。可以说卷积积分中积分限的确定是非常关键的,请务必在运算时注意。

用图解方法说明卷积运算可以把一些抽象的关系形象化,便于理解卷积的概念及方便运算。

设系统的激励信号为 $e(t)$,如图 2.5.1(a)所示,冲激响应为 $h(t)$,如图 2.5.1(b)所示,则系统的零状态响应为

$$r(t)=e(t) * h(t)=\int_{-\infty}^{\infty} e(\tau)h(t-\tau)\mathrm{d}\tau \tag{2.5.26}$$

分析式(2.5.26)可以看出,卷积积分变量为 τ。$h(t-\tau)$ 说明,在 τ 的坐标系中,$h(\tau)$ 有反转和平移的过程,如图 2.5.1(c)和(d)所示,然后两者重叠部分相乘做积分。这样对两信号做卷积积分运算需要五个步骤。

(1) 换元:将函数的自变量 t 用 τ 替换;

(2) 反转:把其中一个信号反转(见图 2.5.1(c));

(3) 把反转后的信号做平移,移位量是 t,这样 t 是一个参变量,在 τ 坐标系中,$t>0$ 图形右移,$t<0$ 图形左移(见图 2.5.1(d));

(4) 两信号重叠部分相乘,即为 $e(\tau)h(t-\tau)$;

(5) 完成相乘后图形的积分。

按上述步骤完成的卷积积分结果如下。

(1) $-\infty<t<-\frac{1}{2}$,如图 2.5.2(a)所示,有

$$e(t) * h(t)=0$$

(2) $-\frac{1}{2}\leqslant t\leqslant 1$,如图 2.5.2(b)所示,有

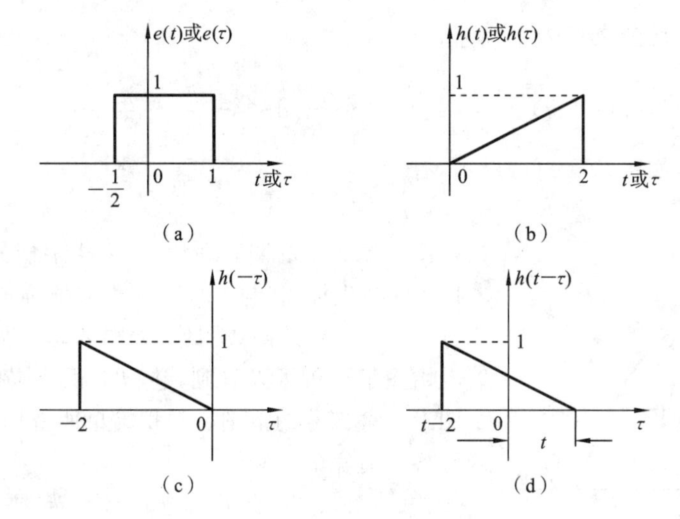

图 2.5.1 卷积的图形解释

$$e(t) * h(t) = \int_{-\frac{1}{2}}^{t} 1 \times \frac{1}{2}(t-\tau)\mathrm{d}\tau = \frac{t^2}{4} + \frac{t}{4} + \frac{1}{16}$$

(3) $1 < t \leqslant \frac{3}{2}$,如图 2.5.2(c)所示,有

$$e(t) * h(t) = \int_{-\frac{1}{2}}^{1} 1 \times \frac{1}{2}(t-\tau)\mathrm{d}\tau = \frac{3}{4}t - \frac{3}{16}$$

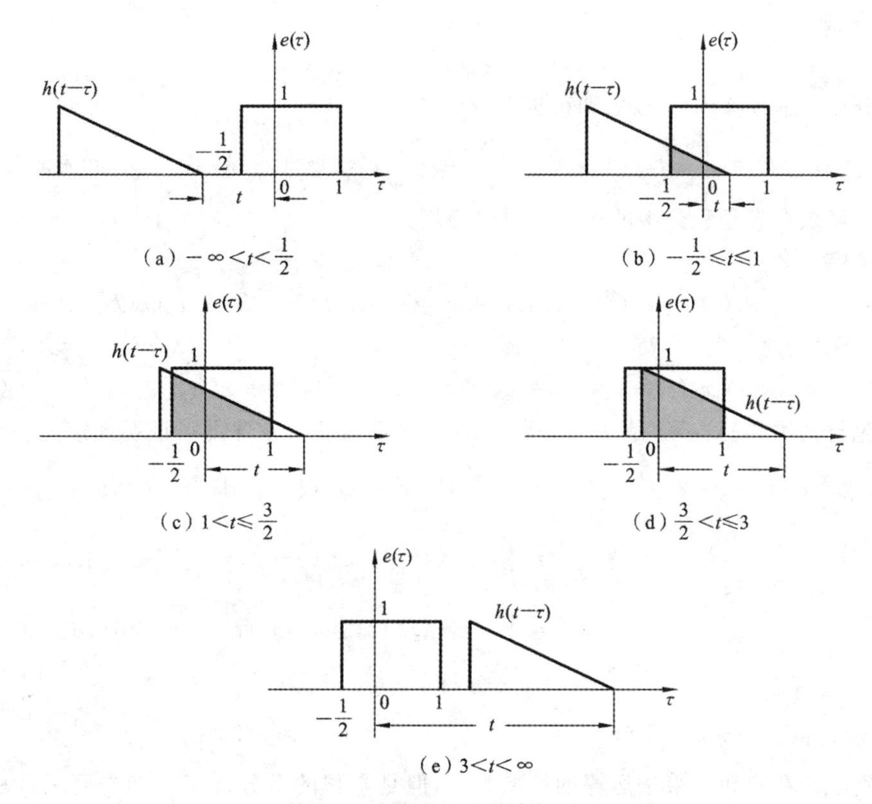

图 2.5.2 卷积积分的求解过程

(4) $\frac{3}{2}<t\leqslant 3$，如图 2.5.2(d)所示，有

$$e(t)*h(t)=\int_{t-2}^{1}1\times\frac{1}{2}(t-\tau)\mathrm{d}\tau=-\frac{t^2}{4}+\frac{t}{2}+\frac{3}{4}$$

(5) $3<t<\infty$，如图 2.5.2(e)所示，有

$$e(t)*h(t)=0$$

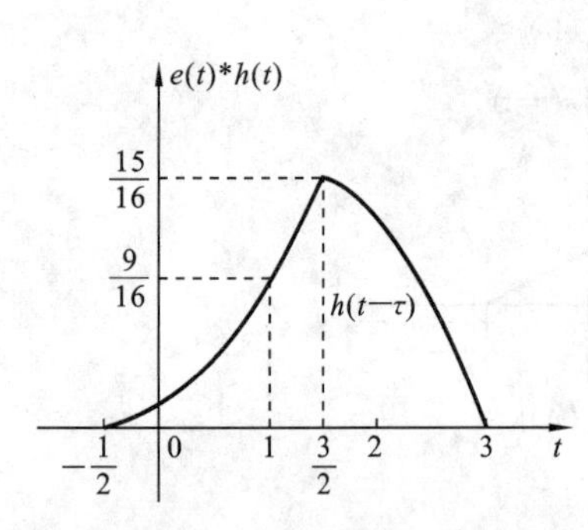

图 2.5.3　卷积积分结果

图 2.5.2 中的阴影面积，即为相乘积分的结果。最后，若以 t 为横坐标，将与 t 对应的积分值描成曲线，就是卷积积分 $e(t)*h(t)$ 的函数图像，如图 2.5.3 所示。

由图解分析可以看到，卷积中积分限的确定取决于两个图形交叠部分的范围。卷积结果所占用的时宽等于两个函数各自时宽的总和。

按式(2.5.25)也可以把 $e(t)$ 反转、平移，再进行计算，得到的结果相同，读者可自行完成。

卷积积分是一种数学运算，它有许多重要的性质(运算规则)，利用这些性质能简化卷积运算。以下的讨论均设卷积积分是收敛的(或存在的)，这时二重积分的次序可以交换，导数与积分的次序也可交换。

1. 卷积代数定律

通常乘法运算中的某些代数定律也适用于卷积运算。

1) 交换律

$$x_1(t)*x_2(t)=x_2(t)*x_1(t)$$

把积分变量 τ 改换为$(t-\lambda)$，即可证明此定律：

$$x_1(t)*x_2(t)=\int_{-\infty}^{\infty}x_1(\tau)x_2(t-\tau)\mathrm{d}\tau=\int_{-\infty}^{\infty}x_2(\lambda)x_1(t-\lambda)\mathrm{d}\lambda=x_2(t)*x_1(t)$$

这意味着两函数在卷积积分中的次序是可以交换的。

2) 分配率

$$x_1(t)*[x_2(t)+x_3(t)]=x_1(t)*x_2(t)+x_1(t)*x_3(t) \tag{2.5.27}$$

3) 结合律

$$[x_1(t)*x_2(t)]*x_3(t)=x_1(t)*[x_2(t)*x_3(t)] \tag{2.5.28}$$

这里包含两次卷积运算，是一个二重积分，只要改换积分次序即可证明此定律。

$$\begin{aligned}[x_1(t)*x_2(t)]*x_3(t)&=\int_{-\infty}^{\infty}\left[\int_{-\infty}^{\infty}x_1(\lambda)x_2(\tau-\lambda)\mathrm{d}\lambda\right]x_3(t-\tau)\mathrm{d}\tau\\&=\int_{-\infty}^{\infty}x_1(\lambda)\left[\int_{-\infty}^{\infty}x_2(\tau-\lambda)x_3(t-\tau)\mathrm{d}\tau\right]\mathrm{d}\lambda\\&=\int_{-\infty}^{\infty}x_1(\lambda)\left[\int_{-\infty}^{\infty}x_2(\tau)x_3(t-\tau-\lambda)\mathrm{d}\tau\right]\mathrm{d}\lambda\\&=x_1(t)*[x_2(t)*x_3(t)]\end{aligned}$$

2. 卷积的微分与积分

上述卷积代数定律与乘法运算的性质类似，但是卷积的微分或积分却与两函数相乘的微分或积分性质不同。

两个函数卷积后的导数等于其中一函数之导数与另一函数之卷积，其表示式为

$$\frac{\mathrm{d}}{\mathrm{d}t}[x_1(t) * x_2(t)] = x_1(t) * \frac{\mathrm{d}x_2(t)}{\mathrm{d}t} = \frac{\mathrm{d}x_1(t)}{\mathrm{d}t} * x_2(t) \tag{2.5.29}$$

由卷积定义可证明此关系式：

$$\frac{\mathrm{d}}{\mathrm{d}t}[x_1(t) * x_2(t)] = \frac{\mathrm{d}}{\mathrm{d}t}\int_{-\infty}^{\infty} x_1(\tau)x_2(t-\tau)\mathrm{d}\tau = \int_{-\infty}^{\infty} x_1(\tau) * \frac{\mathrm{d}x_2(t-\tau)}{\mathrm{d}t} \tag{2.5.30}$$

同样可以证得

$$\frac{\mathrm{d}}{\mathrm{d}t}[x_2(t) * x_1(t)] = x_2(t) * \frac{\mathrm{d}x_1(t)}{\mathrm{d}t} \tag{2.5.31}$$

显然，$x_2(t) * x_1(t)$也即 $x_1(t) * x_2(t)$，故式(2.5.31)成立。

两函数卷积后的积分等于其中一函数之积分与另一函数之卷积。其表示式为

$$\int_{-\infty}^{t} [x_1(\lambda) * x_2(\lambda)]\mathrm{d}\lambda = x_1(t) * \int_{-\infty}^{t} x_2(\lambda)\mathrm{d}\lambda = x_2(t) * \int_{-\infty}^{t} x_1(\lambda)\mathrm{d}\lambda \tag{2.5.32}$$

证明如下：

$$\begin{aligned}\int_{-\infty}^{t} [x_1(\lambda) * x_2(\lambda)]\mathrm{d}\lambda &= \int_{-\infty}^{t}\left[\int_{-\infty}^{\infty} x_1(\tau)x_2(\lambda-\tau)\mathrm{d}\tau\right]\mathrm{d}\lambda = \int_{-\infty}^{\infty} x_1(\tau)\left[\int_{-\infty}^{t} x_2(\lambda-\tau)\mathrm{d}\lambda\right]\mathrm{d}\tau \\ &= x_1(t) * \int_{-\infty}^{t} x_2(\lambda)\mathrm{d}\lambda\end{aligned} \tag{2.5.33}$$

借助卷积交换律同样可求得 $x_2(t)$与 $x_1(t)$之积分相卷积的形式，于是式(2.5.32)得到证明。

应用类似的推演可以导出卷积的高阶导数或多重积分之运算规律。

设 $s(t)=[x_1(t) * x_2(t)]$，则有

$$s^{(i)}(t) = x_1^{(j)}(t) * x_2^{(i-j)}(t) \tag{2.5.34}$$

此处，当 i,j 取正整数时为导数的阶次，取负整数时为重积分的次数。读者可自行证明。一个简单的例子是：

$$\frac{\mathrm{d}x_1(t)}{\mathrm{d}t} * \int_{-\infty}^{t} x_2(\lambda)\mathrm{d}\lambda = x_1(t) * x_2(t) \tag{2.5.35}$$

3. 与冲激函数或阶跃函数的卷积

函数 $x(t)$与单位冲激函数 $\delta(t)$卷积的结果仍然是函数 $x(t)$本身。根据卷积定义以及冲激函数的特征(第 2.1.2 节式(2.1.32))容易证明：

$$x(t) * \delta(t) = \int_{-\infty}^{\infty} x(\tau)\delta(t-\tau)\mathrm{d}\tau = \int_{-\infty}^{\infty} x(\tau)\delta(\tau-t)\mathrm{d}\tau = x(t) \tag{2.5.36}$$

这里用到 $\delta(x)=\delta(-x)$，因此 $\delta(t-\tau)=\delta(\tau-t)$。

此结论对我们并不陌生，在前文中将信号分解为冲激函数的叠加时，曾导出类似的式(2.3.18)。今后将要看到，在信号与系统分析中，此性质应用广泛。

进一步有

$$x(t) * \delta(t-t_0) = \int_{-\infty}^{\infty} x(\tau)\delta(t-t_0-\tau)\mathrm{d}\tau = x(t-t_0) \tag{2.5.37}$$

这表明，与 $\delta(t-t_0)$信号相卷积的结果，相当于把函数本身延迟 t_0。

利用卷积的微分、积分特性，不难得到以下一系列结论。

对于冲激偶函数 $\delta'(t)$，有

$$x(t) * \delta'(t) = x'(t) \tag{2.5.38}$$

对于单位阶跃函数 $u(t)$，可以求得

$$x(t) * u(t) = \int_{-\infty}^{t} x(\lambda)\mathrm{d}\lambda \tag{2.5.39}$$

推广到一般情况可得

$$x(t) * \delta^{(k)}(t) = x^{(k)}(t) \tag{2.5.40}$$

$$x(t) * \delta^{(k)}(t-t_0) = x^{(k)}(t-t_0) \tag{2.5.41}$$

式中，k 表示求导或取重积分的次数，当 k 取正整数时表示导数阶次，k 取负整数时为重积分的次数，例如 $\delta^{(-1)}(t)$ 即 $\delta(t)$ 的积分——单位阶跃函数 $u(t)$，$u(t)$ 与 $x(t)$ 的卷积得到 $x^{(-1)}(t)$，即 $x(t)$ 的一次积分式，这就是式(2.5.39)。

卷积的性质可以用来简化卷积运算，以图 2.5.1 所示的两函数卷积运算为例，利用式(2.5.35)可得

$$r(t) = e(t) * h(t) = \frac{\mathrm{d}}{\mathrm{d}t}e(t) * \int_{-\infty}^{t} h(\lambda)\mathrm{d}\lambda$$

其中

$$\frac{\mathrm{d}}{\mathrm{d}t}e(t) = \delta\left(t+\frac{1}{2}\right) - \delta(t-1)$$

$$\begin{aligned}
h^{(-1)}(t) &= \int_{-\infty}^{t} h(\lambda)\mathrm{d}\lambda - \int_{-\infty}^{t} \frac{1}{2}\lambda[u(\lambda) - u(\lambda-2)]\mathrm{d}\lambda \\
&= \left(\int_{0}^{t} \frac{1}{2}\lambda\mathrm{d}\lambda\right)u(t) - \left(\int_{2}^{t} \frac{1}{2}\lambda\mathrm{d}\lambda\right)u(t-2) \\
&= \frac{1}{4}t^2u(t) - \frac{1}{4}(t^2-4)u(t-2) \\
&= \frac{1}{4}t^2[u(t) - u(t-2)] + u(t-2)
\end{aligned}$$

$$\begin{aligned}
\frac{\mathrm{d}}{\mathrm{d}t}e(t) * \int_{-\infty}^{t} h(\lambda)\mathrm{d}\lambda &= \frac{1}{4}\left(t+\frac{1}{2}\right)^2\left[u\left(t+\frac{1}{2}\right) - u\left(t-\frac{3}{2}\right)\right] + u\left(t-\frac{3}{2}\right) \\
&\quad - \left\{\frac{1}{4}(t-1)^2[u(t-1) - u(t-3)] + u(t-3)\right\} \\
&= \begin{cases}
\frac{1}{4}\left(t+\frac{1}{2}\right)^2 & -\frac{1}{2} \leqslant t < 1 \\
\frac{1}{4}\left(t+\frac{1}{2}\right)^2 - \frac{1}{4}(t-1)^2 = \frac{3}{4}\left(t-\frac{1}{4}\right) & 1 \leqslant t < \frac{3}{2} \\
1 - \frac{1}{4}(t-1)^2 & \frac{3}{2} \leqslant t < 3
\end{cases}
\end{aligned}$$

可以得出，如果对某一信号微分后出现冲激信号，则卷积最终结果是另一信号对应积分后平移叠加的结果。需要注意的是，常数信号 $x(t)=E(-\infty<t<\infty)$ 经微分变成零，这种情况需要特殊考虑。

2.6 冲激响应表示的系统特性

由于系统不同，其冲激响应 $h(t)$ 也不同，于是我们可以利用 $h(t)$ 表示连续系统的时域

特性。

2.6.1 级联系统的冲激响应

如有冲激响应分别为 $h_1(t)$和 $h_2(t)$的两个系统相级联，则级联系统的冲激响应为

$$r(t)=e(t)*h_1(t)*h_2(t)$$

根据卷积积分的结合律性质，有

$$r(t)=e(t)*h_1(t)*h_2(t)=e(t)*[h_1(t)*h_2(t)]=e(t)*[h_2(t)*h_1(t)]$$

所以级联系统的冲激响应等于两个子系统冲激响应的卷积，即 $h(t)=h_1(t)*h_2(t)$，如图 2.6.1所示。交换两个级联系统的先后连接次序不影响系统总的冲激响应。

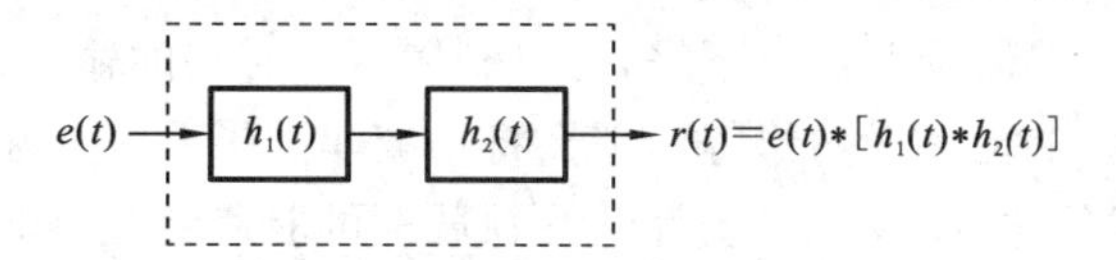

图 2.6.1 串联系统的冲激响应

2.6.2 并联系统的冲激响应

如有冲激响应分别为 $h_1(t)$和 $h_2(t)$的两个系统相并联，则并联系统的冲激响应为

$$r(t)=e(t)*h_1(t)+e(t)*h_2(t)$$

根据卷积积分的分配律性质，有

$$r(t)=e(t)*h_1(t)+e(t)*h_2(t)=e(t)*[h_1(t)+h_2(t)]$$

所以并联系统的冲激响应等于两个子系统冲激响应之和，即 $h(t)=h_1(t)+h_2(t)$，如图 2.6.2 所示。

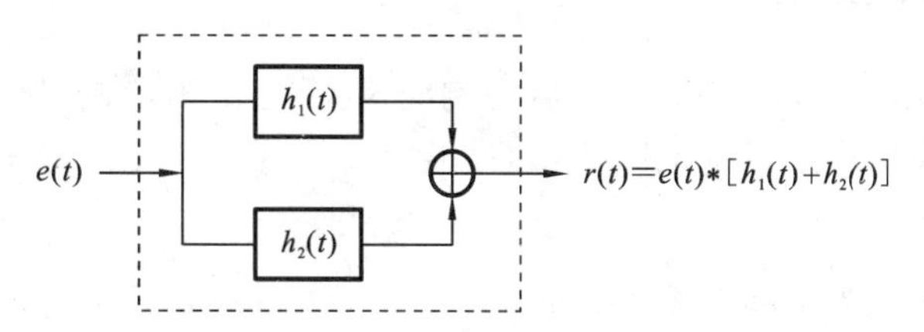

图 2.6.2 并联系统的冲激响应

例 2.6.1 求图 2.6.3 所示系统的冲激响应。其中，$h_1(t)=e^{-3t}u(t)$，$h_2(t)=\delta(t-1)$，$h_3(t)=u(t)$。

解 由图可见，子系统 $h_1(t)$与 $h_2(t)$是级联关系，$h_3(t)$支路与 $h_1(t)$和 $h_2(t)$ 组成的支路是并联关系，因此有

$$\begin{aligned}h(t)&=h_1(t)*h_2(t)+h_3(t)\\&=\delta(t-1)*e^{-3t}u(t)+u(t)\\&=e^{-3(t-1)}u(t-1)+u(t)\end{aligned}$$

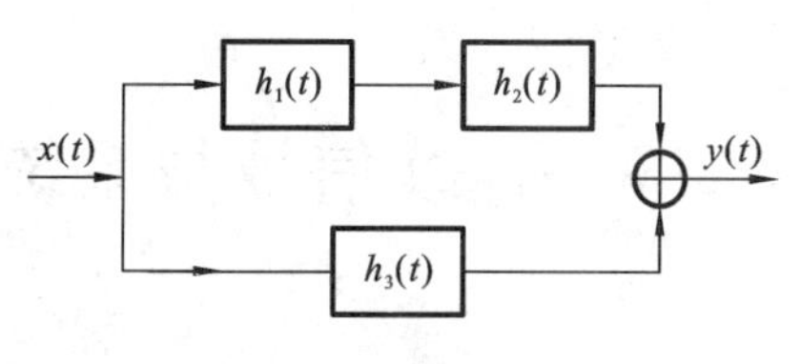

图 2.6.3 例 2.6.1 图

2.6.3 因果连续系统

因果系统是指在 t_0 时刻的响应只与 $t=t_0$ 和 $t<t_0$ 时刻的输入有关的系统，否则，即为非因果系统。也就是说，激励是产生响应的原因，响应是激励引起的后果，这种特性称为因果性。

例如，系统模型若为

$$y_1(t)=x_1(t-1) \tag{2.6.1}$$

则此系统是因果系统，如果

$$y_2(t)=x_2(t+1) \tag{2.6.2}$$

则为非因果系统。

通常由电阻、电感线圈、电容构成的实际物理系统都是因果系统，而在信号处理技术领域中，待处理的时间信号已被记录并保存下来，可以利用后一时刻的输入来决定前一时刻的输出（例如信号的压缩、展宽、求统计平均值等），那么将构成非因果系统。在股票市场分析、语音信号处理、地球物理学、气象学，以及人口统计学等领域都可能遇到此类非因果系统。

如果信号的自变量不是时间（例如在图像处理的某些问题中），那么研究系统的因果性显得不很重要。由常系数线性微分方程描述的系统若在 $t<t_0$ 时不存在任何激励，在 t_0 时刻起始状态为零，则系统具有因果性。

某些非因果系统的模型虽然不能直接由物理系统实现，然而它们的性能分析对于因果系统的研究具有重要的指导意义。

借“因果”这一名词，常把 $t=0$ 时接入系统的信号（在 $t<0$ 时 $y(t)=0$）称为因果信号（或有始信号）。对于因果系统，在因果信号的激励下，响应也为因果信号。

因果连续系统的单位冲激响应必须满足 $h(t)=0(t<0)$，它表明一个因果连续系统的冲激响应在冲激出现之前必须为零。

2.6.4 稳定连续系统

如果对于有界的激励 $x(t)$，系统的零状态响应 $y_{zs}(t)$ 也是有界的，则称该系统为有界输入有界输出稳定系统，简称稳定系统。即若 $|x(t)|<\infty$，有

$$|y_{zs}(t)|<\infty \tag{2.6.3}$$

则称系统是稳定的，否则为不稳定系统。如 $y_{zs}(t)=\int_{-\infty}^{t}x(\tau)\mathrm{d}\tau$ 是不稳定系统，因为当 $x(t)=u(t)$ 时有界，但 $y_{zs}(t)=\int_{-\infty}^{t}u(x)\mathrm{d}x=tu(t)$ 在 $t<\infty$ 时为无界的，故该系统为不稳定系统。

稳定连续系统的单位冲激响应必须满足条件 $\int_{-\infty}^{\infty}|h(\tau)|\mathrm{d}\tau<\infty$。

2.7 连续信号与系统的 MATLAB 实现

2.7.1 连续信号的 MATLAB 表示

表示连续时间信号有两种方法，一种是用向量来表示，另一种则是用符号运算来表示。向

量表示法是指定义某一时间范围和抽样时间间隔，然后调用该函数计算这些点的函数值，得到两组数值矢量，可用绘图语句画出其波形图；符号运算表示法利用了 MATLAB 的符号运算功能，需定义符号变量和符号函数，运算结果是符号表达的解析式，也可用绘图语句画出其波形图。

MATLAB 提供了大量生成基本信号的函数，用于生成常用的信号波形，例如指数信号、正余弦信号、抽样信号。在采用适当的 MATLAB 语句表示出信号后，就可以利用 MATLAB 中的绘图命令绘制出直观的信号波形了。下面介绍连续时间信号的 MATLAB 表示及其波形绘制方法。

2.7.1.1 向量表示法

对于连续时间信号 $f(t)$，可以用两个行向量 $\boldsymbol{f}$ 和 $\boldsymbol{t}$ 来表示，其中，向量 $\boldsymbol{t}$ 是用形如 $\boldsymbol{t}=t_1:p:t_2$ 的命令定义的时间范围向量，t_1 为信号起始时间，t_2 为终止时间，p 为时间（抽样）间隔。向量 $\boldsymbol{f}$ 为连续信号 $f(t)$ 在向量 $\boldsymbol{t}$ 所定义的时间点上的样值。例如：对于连续信号 $f(t)=\mathrm{Sa}(t)=\dfrac{\sin(t)}{t}$，我们可以将它表示成行向量形式，同时用绘图命令 plot() 函数绘制其波形。其程序如下：

```
t1=-10:0.5:10;          %定义时间 t 的取值范围：-10~10，抽样间隔为 0.5
                        %则 t1 是一个维数为 41 的行向量
f1=sin(t1)./t1;         %定义信号表达式，求出对应取样点上的样值
                        %同时生成与向量 t1 维数相同的行向量 f1
figure(1);              %打开图形窗口 1，如图 2.7.1 所示
plot(t1,f1);            %以 t1 为横坐标，f1 为纵坐标绘制 f1 的波形
t2=-10:0.1:10;          %定义时间 t 的取值范围：-10~10，抽样间隔为 0.1
                        %则 t2 是一个维数为 201 的行向量
f2=sin(t2)./t2;         %定义信号表达式，求出对应取样点上的样值
                        %同时生成与向量 t2 维数相同的行向量 f2
figure(2);              %打开图形窗口 2，如图 2.7.2 所示
plot(t2,f2);            %以 t2 为横坐标，f2 为纵坐标绘制 f2 的波形
```

运行结果如图 2.7.1 和图 2.7.2 所示。

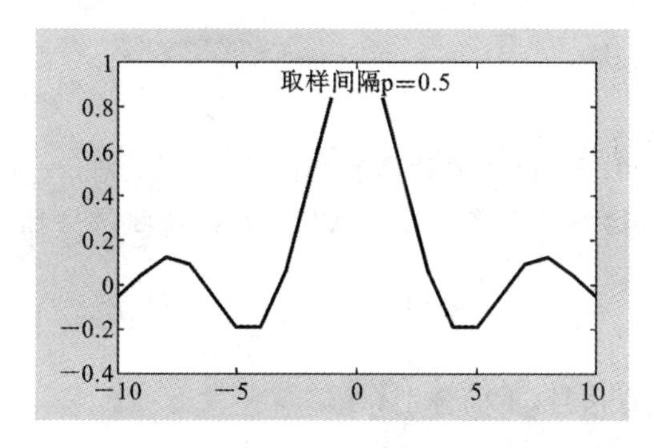

图 2.7.1　$f(t)=\dfrac{\sin(t_1)}{t_1}$ 波形

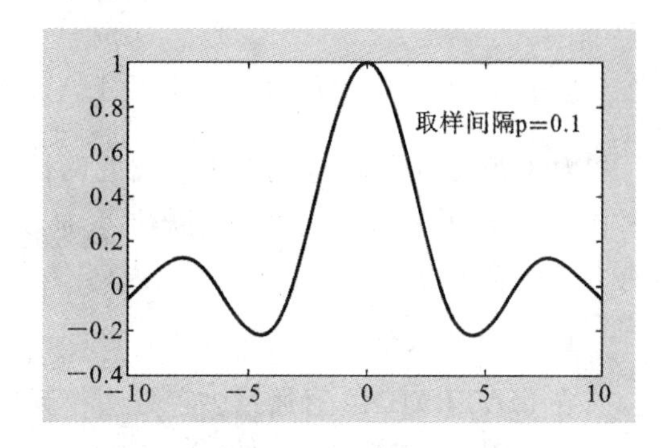

图 2.7.2　$f(t)=\dfrac{\sin(t_2)}{t_2}$ 波形

注意,plot()是常用的绘制连续信号波形的函数。严格说来,MATLAB不能表示连续信号,所以,在用plot( )命令绘制波形时,要对自变量 t 进行取值,MATLAB会分别计算对应点上的函数值,然后将各个数据点通过折线连接起来绘制图形,从而形成连续的曲线。因此,绘制的只是近似波形,而且,其精度取决于 t 的抽样间隔。t 的抽样间隔越小,即点与点之间的距离越小,则近似程度越好,曲线越光滑。例如:图2.7.1是在抽样间隔 $p=0.5$ 时绘制的波形,而图2.7.2是在抽样间隔 $p=0.1$ 时绘制的波形,两相对照,可以看出图2.7.2要比图2.7.1光滑得多。

在上面的f=sin(t)./t语句中,必须用点除符号,以表示是两个函数对应点上的值相除。

2.7.1.2 符号运算表示法

如果一个信号或函数可以用符号表达式来表示,那么我们就可以用符号函数专用绘图命令ezplot()等函数来绘出信号的波形。例如:对于连续信号 $f(t)=\mathrm{Sa}(t)=\dfrac{\sin(t)}{t}$,我们也可以用符号表达式来表示它,同时用ezplot()命令绘出其波形。其MATLAB程序如下:

```
syms t;                    % 符号变量说明
f= sin(t)/t;               % 定义函数表达式
ezplot(f,[-10,10]);        % 绘制波形,并且设置坐标轴显示范围
```

运行结果如图2.7.3所示。

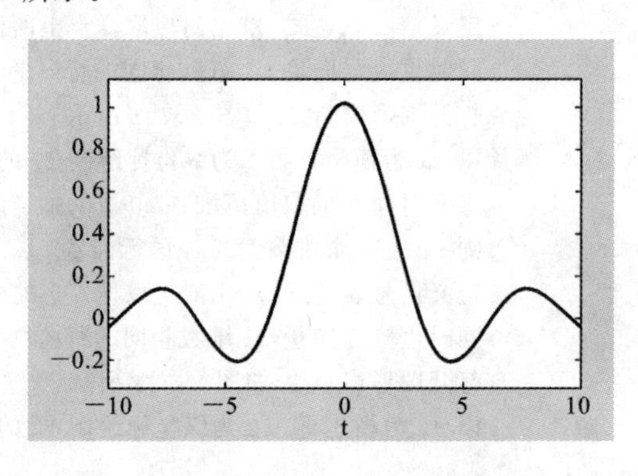

图2.7.3 $f(t)=\dfrac{\sin(t)}{t}$ 波形

2.7.1.3 常见信号的MATLAB表示

对于普通的信号,应用以上介绍的两种方法即可完成函数值计算或波形绘制,但是对于一些比较特殊的信号,比如单位阶跃信号 $u(t)$、符号函数 $\mathrm{sgn}(t)$ 等,在MATLAB中这些信号都有专门的表示方法。

1. 单位阶跃信号

在MATLAB中,可通过多种方法得到单位阶跃信号,下面分别介绍。

1) 方法一:调用Heaviside()函数

在MATLAB的Symbolic Math Toolbox中,有专门用于表示单位阶跃信号的函数,即Heaviside()函数,用它即可方便地表示出单位阶跃信号以及延时的单位阶跃信号,并且可以

方便地参加有关的各种运算过程。

首先定义函数 Heaviside() 的 m 函数文件，该文件名应与函数名同名，即 Heaviside. m。

```
%定义函数文件，函数名为 Heaviside，输入变量为 x，输出变量为 y
function y=Heaviside(t)
y=(t>0);        %定义函数体，即函数所执行指令
%此处定义 t>0 时 y=1，t<=0 时 y=0，注意与实际的阶跃信号定义的区别
```

例 2.7.1 用 MATLAB 画出单位阶跃信号的波形，其程序如下：

```
ut= sym('Heaviside(t)');        % 定义单位阶跃信号(要用符号运算表示法)
ezplot(ut,[-2,10])              % 绘制单位阶跃信号在-2～10 范围内的波形
```

运行结果如图 2.7.4 所示。

例 2.7.2 用 MATLAB 画出信号 $f(t)=u(t+2)-3u(t-5)$的波形，其程序如下：

```
f=sym('Heaviside(t+2)-3*Heaviside(t-5)');     %定义函数表达式
ezplot(f,[-4,20])                             %绘制函数在-4～20 范围内的波形
```

运行结果如图 2.7.5 所示。

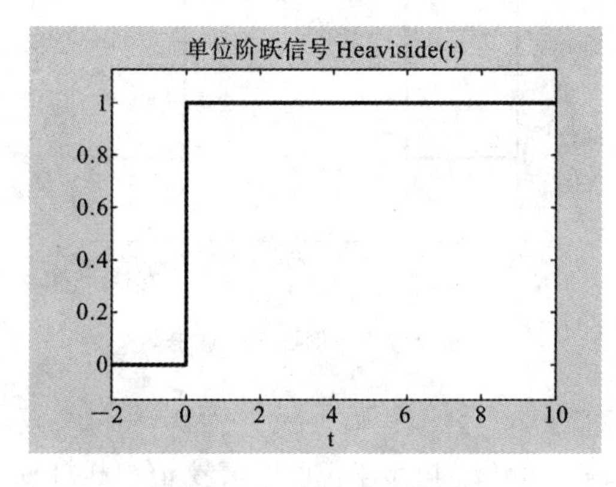

图 2.7.4 例 2.7.1 波形

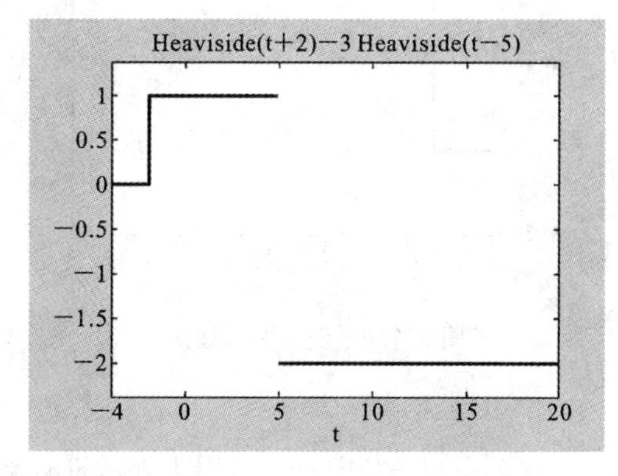

图 2.7.5 例 2.7.2 波形

2）方法二：数值计算法

在 MATLAB 中，有一个专门用于表示单位阶跃信号的函数，即 stepfun( )函数，它是用数值计算法表示的单位阶跃信号 $\varepsilon(t)$。其调用格式为

```
stepfun(t,t0)
```

其中，**t** 是以向量形式表示的变量，t0 表示信号发生突变的时刻，t0 以前，函数值小于零；t0 以后，函数值大于零。有趣的是它同时还可以表示单位阶跃序列 $u(k)$，这只要将自变量以及抽样间隔设定为整数即可。有关单位阶跃序列 $u(k)$的表示方法，在后面有专门论述，下面通过一个例子来说明如何调用 stepfun( )函数来表示单位阶跃信号。

例 2.7.3 用 stepfun( )函数表示单位阶跃信号，并绘出其波形，程序如下：

```
t=-1:0.01:4;              % 定义时间样本向量
t0=0;                     % 指定信号发生突变的时刻
ut=stepfun(t,t0);         % 产生单位阶跃信号
plot(t,ut)                % 绘制波形
```

```
axis([-1,4,-0.5,1.5])                  % 设定坐标轴范围
```

运行结果如图 2.7.6 所示。

例 2.7.4　绘出门函数 $f(t)=u(t+2)-u(t-2)$ 的波形，程序如下：

```
t=-4:0.01:4;                           % 定义时间样本向量
t1=-2;                                 % 指定信号发生突变的时刻
u1=stepfun(t,t1);                      % 产生左移位的阶跃信号
t2=2;                                  % 指定信号发生突变的时刻
u2=stepfun(t,t2);                      % 产生右移位的阶跃信号
g=u1-u2;                               % 表示门函数
plot(t,g)                              % 绘制门函数的波形
axis([-4,4,-0.5,1.5])                  % 设定坐标轴范围-4<x<4,-0.5<y<1.5
```

运行结果如图 2.7.7 所示。

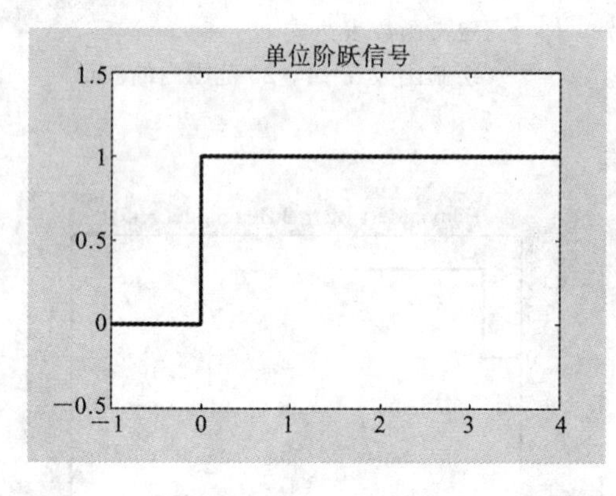

图 2.7.6　例 2.7.3 波形

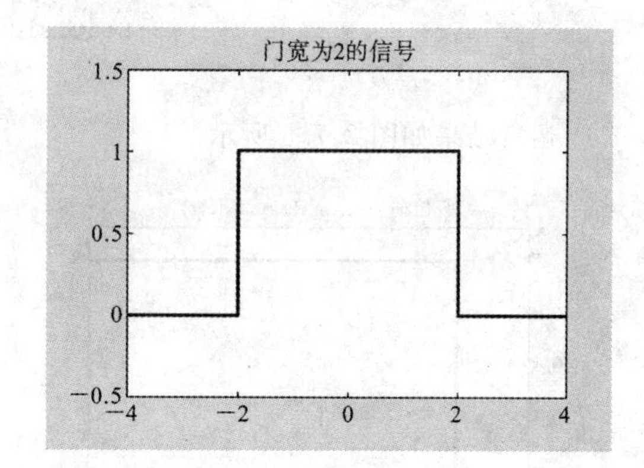

图 2.7.7　例 2.7.4 波形

2. 符号函数

在 MATLAB 中有专门用于表示符号函数的函数 sign() ，由于单位阶跃信号 $u(t)$ 和符号函数两者之间存在以下关系：$u(t)=\frac{1}{2}+\frac{1}{2}\mathrm{sgn}(t)$，因此，利用这个函数就可以很容易地生成单位阶跃信号。下面举个例子来说明如何利用 sign() 函数生成单位阶跃信号，并同时绘制其波形。

例 2.7.5　利用 sign() 函数生成单位阶跃信号，并分别绘出两者的波形，程序如下：

```
t=-5:0.01:5;                           % 定义自变量取值范围及间隔,生成行向量 t
f=sign(t);                             % 定义符号函数表达式,生成行向量 f
figure(1);                             % 打开图形窗口,如图 2.7.8 所示
plot(t,f),                             % 绘制符号函数的波形
axis([-5,5,-1.5,1.5])                  % 定义坐标轴显示范围
s=1/2+1/2*f;                           % 生成单位阶跃信号
figure(2);                             % 打开图形窗口 2,如图 2.7.9 所示
plot(t,s),
axis([-5,5,-0.5,1.5])                  % 定义坐标轴显示范围
```

运行结果如图 2.7.8 和图 2.7.9 所示。

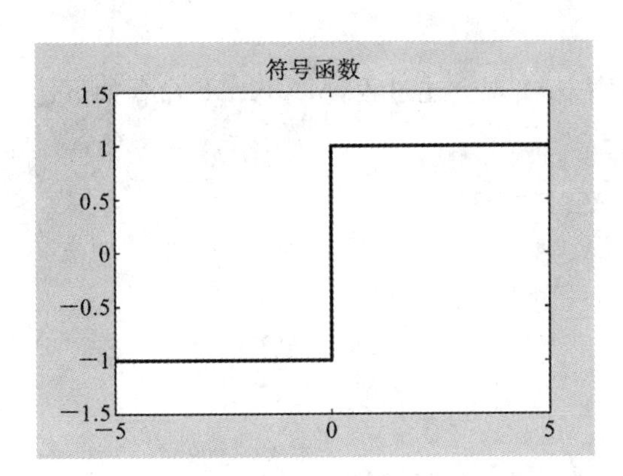

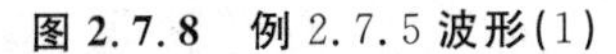
图 2.7.8 例 2.7.5 波形(1)

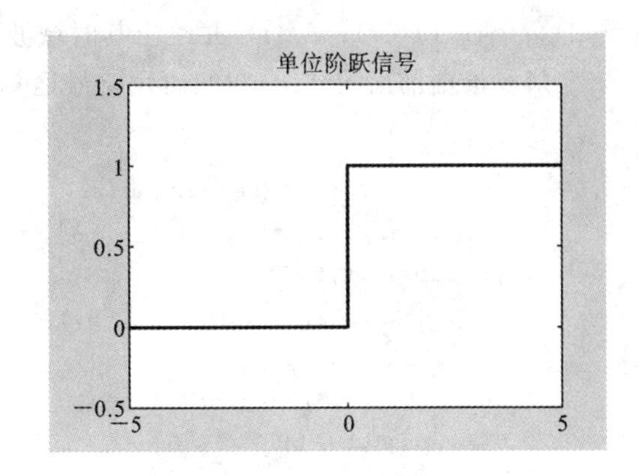

图 2.7.9 例 2.7.5 波形(2)

2.7.2 连续信号基本运算的 MATLAB 实现

信号的时域运算包括信号的相加、相乘,信号的时域变换包括信号的平移、反转及信号的尺度变换。下面介绍连续时间信号的各种时域运算、时域变换及 MATLAB 实现。

如前所述,MATLAB 有两种用来表示连续信号的方法。用这两种方法均可实现连续信号的时域运算和变换,但用符号运算表示法较为简便。

1. 相加

```
s=symadd(f1,f2)       % 或 s=f1+f2;
ezplot(s)
```

2. 相乘

```
w=symmul(f1,f2)       % 或 w=f1*f2;
ezplot(w)
```

3. 平移

```
y=subs(f,t,t-t0);
ezplot(y)
```

4. 反转

```
y=subs(f,t,-t);
ezplot(y)
```

5. 尺度变换

```
y=subs(f,t,a*t);
ezplot(y)
```

对于以上命令,可在画图命令之后加入坐标轴的调整命令 axis()等,以使画出的图形更清晰、直观。

例 2.7.6 设信号 $f(t)=\left(1+\frac{t}{2}\right)\times[u(t+2)-u(t-2)]$,用 MATLAB 求 $f(t+2)$,$f(t$

$-2)$，$f(-t)$，$f(2t)$，$-f(t)$，并绘出其时域波形。

解 根据前面的介绍，我们可用符号运算表示法来实现上述过程，MATLAB 命令如下：

```
syms t
f=sym('(t/2+1)*(Heaviside(t+2)-Heaviside(t-2))')
subplot(2,3,1),ezplot(f,[-3,3]) %f(t)
y1=subs(f,t,t+2)
subplot(2,3,2),ezplot(y1,[-5,1]) %f(t+2)
y2=subs(f,t,t-2)
subplot(2,3,3),ezplot(y2,[-1,5]) %f(t-2)
y3=subs(f,t,-t)
subplot(2,3,4),ezplot(y3,[-3,3]) %f(-t)
y4=subs(f,t,2*t)
subplot(2,3,5),ezplot(y4,[-2,2]) %f(2t)
y5=-f
subplot(2,3,6),ezplot(y5,[-3,3]) %-f(t)
```

运行结果如图 2.7.10 所示。

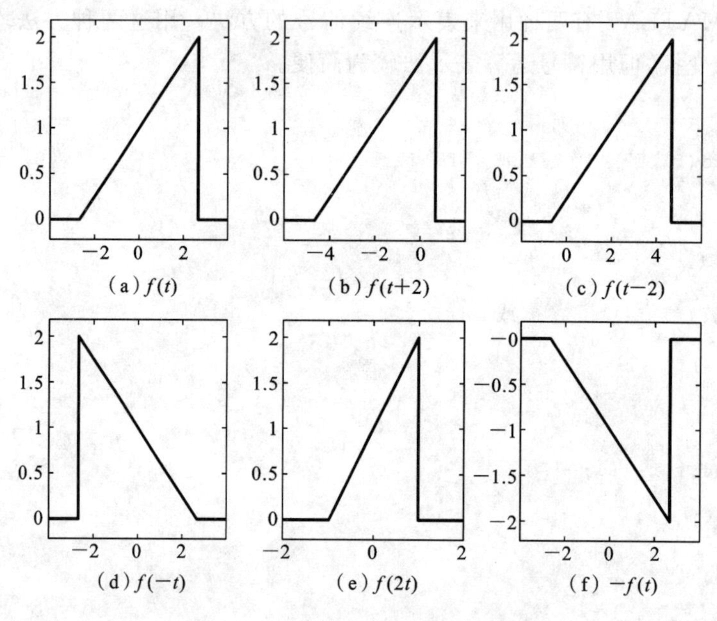

图 2.7.10 例 2.7.6 的运行结果

2.7.3 利用 MATLAB 进行连续系统的时域分析

在 MATLAB 中，控制系统工具箱提供了一个用于求解零初始条件微分方程数值解的函数 lsim()。其调用格式为

```
y=lsim(sys,f,t)
```

式中，t 表示计算系统响应的抽样点向量，f 是系统输入信号向量，sys 是 LTI 系统模型，用来表示微分方程、差分方程或状态方程。其调用格式为

```
sys=tf(b,a)
```

式中,b 和 a 分别是微分方程的右端和左端系数向量。例如,对于以下方程:

$$a_3y'''(t)+a_2y''(t)+a_1y'(t)+a_0y(t)=b_3x'''(t)+b_2x''(t)+b_1x'(t)+b_0x(t)$$

可用 a=$[a_3,a_2,a_1,a_0]$,b=$[b_3,b_2,b_1,b_0]$,sys=tf(b,a)获得其 LTI 模型。

注意,如果微分方程的左端或右端表达式中有缺项,则其 a 或 b 中的对应元素应为零,不能省略不写,否则会出错。

1. 连续时间系统零状态响应的数值计算

例 2.7.7 已知某 LTI 系统的微分方程为

$$y''(t)+2y'(t)+100y(t)=x(t)$$

其中,$y(0)=y'(0)=0$,$x(t)=10\sin(2\pi t)$,求系统的输出 $y(t)$。

解 显然,这是一个求系统零状态响应的问题。其 MATLAB 计算程序如下:

```
ts=0;te=5;dt=0.01;
sys=tf([1],[1,2,100]);
t=ts:dt:te;
f=10*sin(2*pi*t);
y=lsim(sys,f,t);
plot(t,y);
xlabel('Time(sec)');
ylabel('y(t)');
```

2. 连续时间系统冲激响应和阶跃响应的求解

在 MATLAB 中,对于连续 LTI 系统的冲激响应和阶跃响应,可分别用控制系统工具箱提供的函数 impluse()和 step()来求解。其调用格式为

```
y=impluse(sys,t)
y=step(sys,t)
```

式中,t 表示计算系统响应的抽样点向量,sys 是 LTI 系统模型。

例 2.7.8 已知某 LTI 系统的微分方程为

$$y''(t)+2y'(t)+100y(t)=10x(t)$$

求系统的冲激响应和阶跃响应的波形。

解 计算程序如下:

```
ts=0;te=5;dt=0.01;
sys=tf([10],[1,2,100]);
t=ts:dt:te;
h=impluse(sys,t);
figure;
plot(t,h);
xlabel('Time(sec)');
ylabel('h(t)');
g=step(sys,t);
figure;
```

```
plot(t,g);
xlabel('Time(sec)');
ylabel('g(t)');
```

3. 用 MATLAB 实现连续时间信号的卷积

一般情况,卷积积分的运算比较困难,但在 MATLAB 中则变得十分简单,在 MATLAB 中是利用 conv()函数来实现卷积的。

实现两个函数 $f_1(t)$和 $f_2(t)$的卷积的格式如下:

```
g= conv(f1,f2)
```

说明:f1,f2 表示 $f_1(t)$和 $f_2(t)$两个函数,g 表示两个函数的卷积结果 $g(t)$。

例 2.7.9 已知两信号 $f_1(t)=u(t-1)-u(t-2)$,$f_2(t)=u(t-2)-u(t-3)$,求卷积$g(t)=f_1(t)*f_2(t)$。

解 MATLAB 程序如下:

```
t1=1:0.01:2; t2=2:0.01:3;
t3=3:0.01:5;                    % 两信号卷积结果自变量 t 区间应为[两信号起始时刻
                                % 之和~两信号终止时刻之和],请自行推导该结论
f1=ones(size(t1));              % 高度为 1 的门函数,时间从 t=1 到 t=2
f2=ones(size(t2));              % 高度为 1 的门函数,时间从 t=2 到 t=3
g=conv(f1,f2);                  % 对 f1 和 f2 进行卷积
subplot(3,1,1),plot(t1,f1);     % 画 f1 的波形
subplot(3,1,2),plot(t2,f2);     % 画 f2 的波形
subplot(3,1,3),plot(t3,g);      % grid on; 画 g 的波形
```

习　　题

2.1 写出图中所示各波形的函数式。

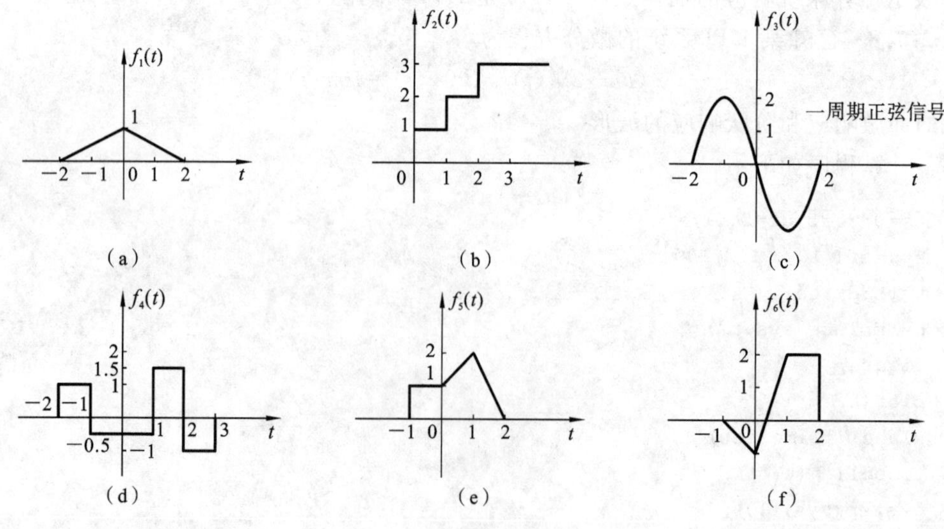

题 2.1 图

2.2 已知信号 $f(t)$ 的波形如图所示。试画出下列各函数对应的波形。

(1) $f(-t)$； (2) $f(-t+2)$； (3) $f(-t-2)$；

(4) $f(2t)$； (5) $f\left(\frac{1}{2}t\right)$； (6) $f(t-2)$；

(7) $f\left(-\frac{1}{2}t+1\right)$； (8) $\frac{\mathrm{d}}{\mathrm{d}t}\left[f\left(\frac{1}{2}t+1\right)\right]$； (9) $\int_{-\infty}^{t} f(2-\tau)\mathrm{d}\tau$。

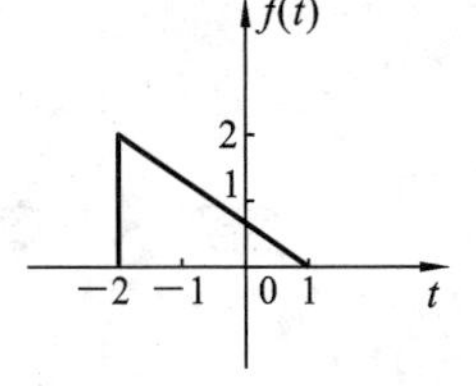

题 2.2 图

2.3 简略画出下列各函数的波形，并说明它们之间的区别（$t_0>0$）。

(1) $f_1(t)=\sin\omega t u(t)$； (2) $f_2(t)=\sin\omega t u(t-t_0)$；

(3) $f_3(t)=\sin\omega(t-t_0)u(t)$； (4) $f_4(t)=\sin\omega(t-t_0)u(t-t_0)$。

2.4 画出图(a)、(b)所示两信号奇分量 $f_o(t)$ 与偶分量 $f_e(t)$ 的波形。

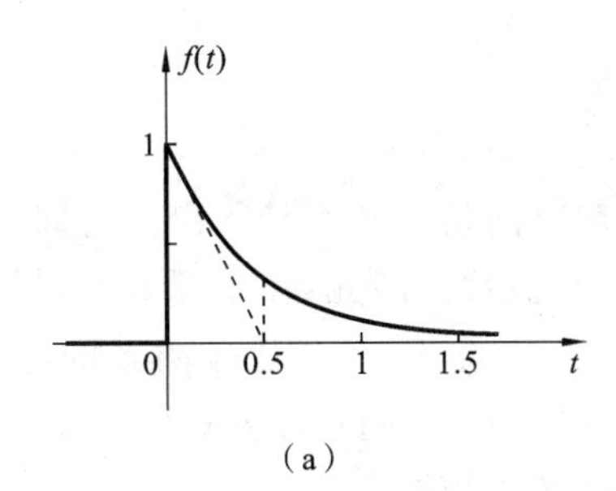

(a)

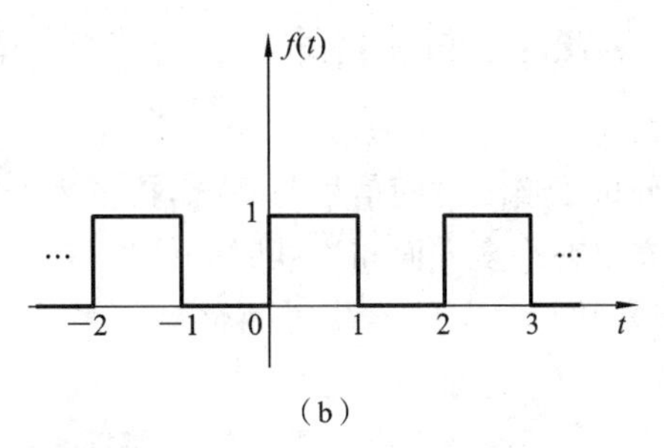

(b)

题 2.4 图

2.5 设 $x(t)$ 和 $y(t)$ 分别为各系统的激励和响应，试根据下列输入—输出关系，确定下列各系统是否具有线性和时不变的性质。

(1) $y(t)=[x(t)]^2$； (2) $y(t)=|x(t)|$；

(3) $y(t)=x(2t)$； (4) $y(t)=\frac{\mathrm{d}}{\mathrm{d}t}x(t)$；

(5) $y(t)=t+x(t)+x(t-2)$； (6) $y(t)=x(t-1)-x(1-t)$；

(7) $y(t)=x(t)+x(t-3)$； (8) $y(t)=ax(t)+b$。

第3章　离散信号与系统的时域分析

【内容简介】 本章主要介绍离散时间信号的时域描述和基本运算，接着对离散信号的时域分解和离散时间 LTI 系统的响应进行了介绍，最后利用 MATLAB 软件，对离散信号进行表示和实现基本运算，以及对离散系统进行时域分析。

3.1　离散时间信号的时域描述

前面分析了连续时间信号与系统，接下来研究离散时间信号与系统。离散时间信号与系统的分析方法在许多方面和连续时间信号与系统有着相似性。因此，在学习离散时间信号与系统时，应常常与对应的连续时间信号与系统的分析方法联系起来，比较两者的异同(见表3.1.1)。只有这样，才能更好地掌握离散系统某些独特的性能，巩固和加深对连续系统的理解。

表 3.1.1　离散系统与连续系统的比较

比较内容	连续系统	离散系统
数学模型	微分方程	差分方程
核心运算	卷积积分	卷积和
基本信号	$\delta(t)$	$\delta(n)$
频域分析	连续傅里叶变换	离散傅里叶变换
复频域分析	拉普拉斯变换	z 变换

由于连续时间信号与系统和离散时间信号与系统的研究各有其应用背景，因此两者沿着各自的道路平行地发展。连续时间信号与系统主要是在物理学和电路理论方面得到发展，同时离散时间信号与系统的分析越来越受到人们的重视。

3.1.1　离散时间信号的表示

3.1.1.1　离散时间信号的概念

实际上，按照信号的定义域和值域是连续的还是离散的，信号可以细分为如下两大类(四种)。

连续时间信号，简称连续信号，是指时间轴上取值连续的信号，即定义域连续的信号。若幅度也连续，称为模拟信号；若幅度离散，称为量化信号，如图 3.1.1 所示。

离散时间信号，简称离散信号，是指时间轴上取值不连续的信号。若幅度也离散，称为数字信号；若幅度连续，称为抽样信号，如图 3.1.2 所示。

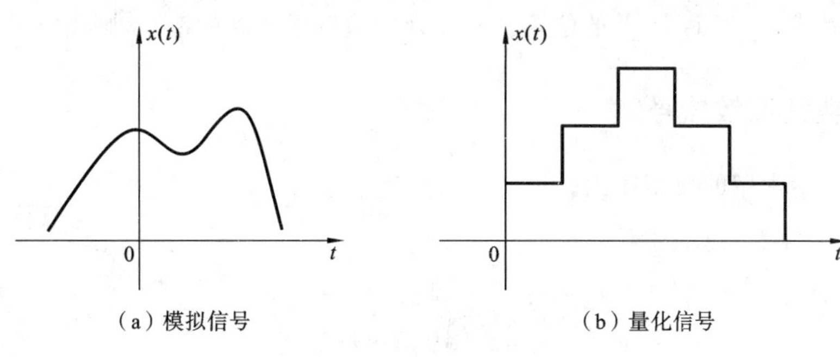

(a) 模拟信号　　(b) 量化信号

图 3.1.1 连续信号

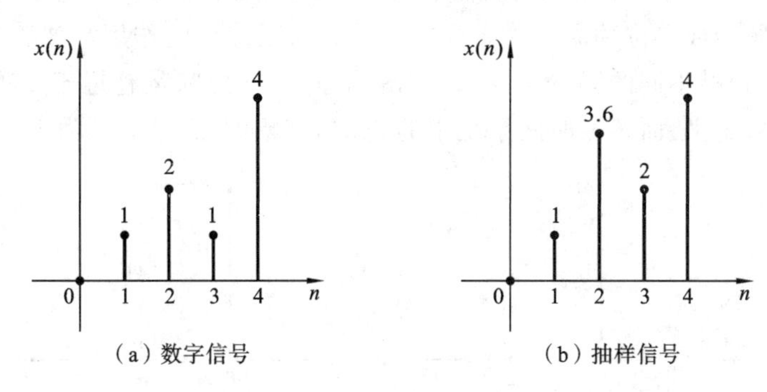

(a) 数字信号　　(b) 抽样信号

图 3.1.2 离散信号

在实际应用中，模拟信号和连续信号、数字信号和离散信号常不区分。

本章节主要讨论的是离散信号，其特点是只在离散的时间点上有函数值，其余时间点没有定义。离散信号可以是自然产生的，如每年高考的人数、学生的成绩等，也可以由连续信号，如语音、图像等信号抽样得到。只讨论对 $x(t)$ 进行等间隔抽样的情况，设抽样间隔为 T_s，则离散信号只在 $t=nT_s$ 时有定义，记作 $x(nT_s)$。为简便起见，抽样间隔可以不写，把 $x(nT_s)$ 简记为 $x(n)$，$x(n)$ 可以称为序列。

3.1.1.2 离散时间信号的描述

离散时间信号只在离散瞬时给出函数值，因此，它是时间上不连续的“序列”。通常，给出函数值的离散时刻之间的间隔是均匀的。离散信号的描述有三种形式：数学解析式、图形和序列。

1. 数学解析式

$$x(n)=\begin{cases} n, & 0\leqslant n\leqslant 4 \\ 0, & \text{其他} \end{cases}$$

2. 图形

离散时间信号也常用图形（即波形）表示，线段的长短代表着各序列值的大小，有时也可以将其端点连接起来。图 3.1.3 所示为 $x(n)$ 的图形表示。

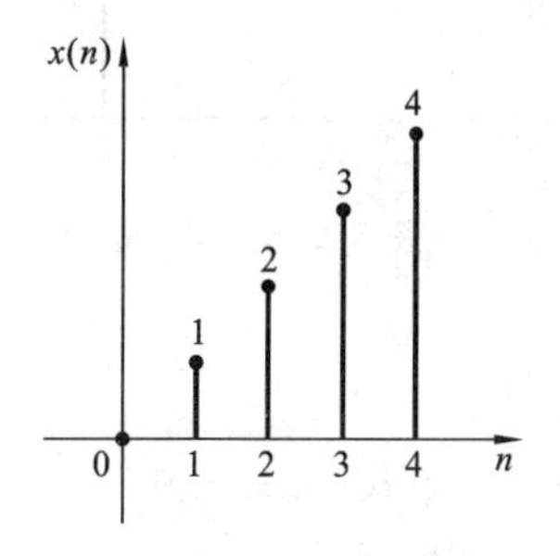

图 3.1.3 $x(n)$ 的图形

3. 序列

离散时间信号的第三种表示方式为用序列来表示，即 $x(n)=$

$\{\underset{\uparrow}{0},1,2,3,4\}$，其中，↑表示 $k=0$ 的位置。若序列一边有无穷大的范围，则用“…”表示。

3.1.2 典型离散信号

下面介绍一些常用的典型序列。

1. 单位样值信号

$$\delta(n)=\begin{cases}1, & n=0\\0, & n\neq 0\end{cases} \tag{3.1.1}$$

该序列只在 $n=0$ 时取单位值 1，其余点取值均为 0，如图 3.1.4(a)所示，也可将该序列称为单位抽样、单位脉冲或单位冲激。该序列在离散时间系统里的作用类似于连续时间系统中的单位冲激函数 $\delta(t)$。不同的是，$\delta(t)$ 可以理解为是 $t=0$ 处脉宽趋近于 0，幅度无限大的信号，或者由广义函数定义；而离散时间系统中的 $\delta(n)$，其幅度在 $n=0$ 处为 1。

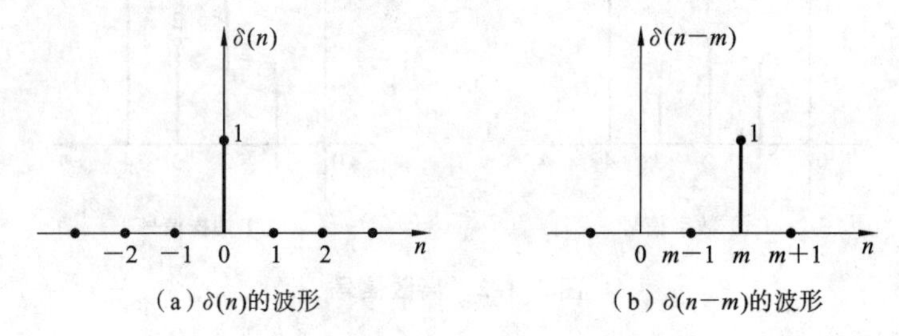

(a) δ(n)的波形　　(b) δ(n−m)的波形

图 3.1.4 单位样值信号

若将 $\delta(n)$ 平移 m 位，如图 3.1.4(b)所示(其中，$m>0$)，得

$$\delta(n-m)=\begin{cases}1, & n=m\\0, & n\neq m\end{cases} \tag{3.1.2}$$

由于 $\delta(n-m)$ 只在 $n=m$ 处值为 1，而 n 取其他值时结果均为 0，故有：

$$f(n)\delta(n-m)=f(m)\delta(n-m) \tag{3.1.3}$$

上式也称为 $\delta(n)$ 的抽样性质。

2. 单位阶跃信号

$$u(n)=\begin{cases}1, & n\geqslant 0\\0, & n<0\end{cases} \tag{3.1.4}$$

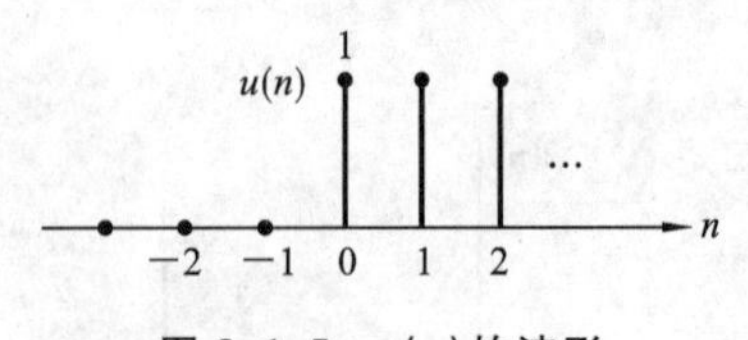

图 3.1.5 $u(n)$ 的波形

其图形如图 3.1.5 所示，类似于连续时间系统里的单位阶跃信号 $u(t)$。但 $u(t)$ 在 $t=0$ 时刻发生跳变，此处无定义(或定义为 1/2)，而 $u(n)$ 在 $n=0$ 处明确规定了数值为 1。

$\delta(n)$ 与 $u(n)$ 的关系式如式(3.1.5)、式(3.1.6)所示。

$$\delta(n)=u(n)-u(n-1) \tag{3.1.5}$$

$$u(n)=\sum_{k=0}^{\infty}\delta(n-k) \tag{3.1.6}$$

其中，令式(3.1.6)中 $n-k=m$，得到

$$u(n)=\sum_{m=-\infty}^{n}\delta(m) \tag{3.1.7}$$

3. (实)指数序列

$$x(n)=r^n u(n) \tag{3.1.8}$$

其中,r 为实数。若$|r|>1$,则 $x(n)$的幅度随着 n 的增大而增大,序列是发散的;若$|r|<1$,则 $x(n)$的幅度随着 n 的增大而减小,序列是收敛的。若 $r>0$,序列均为正值;若 $r<0$,序列在正、负值之间摆动,如图 3.1.6 所示。

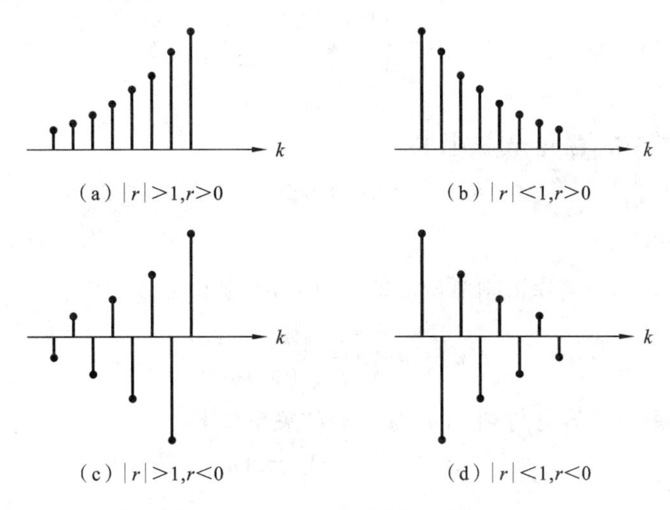

图 3.1.6 实指数序列

4. 复指数序列

$$x(n)=\mathrm{e}^{(\sigma+\mathrm{j}\omega_0)n}=\mathrm{e}^{\sigma n}\mathrm{e}^{\mathrm{j}\omega_0 n}=\mathrm{e}^{\sigma n}[\cos(\omega_0 n)+\mathrm{j}\sin(\omega_0 n)] \tag{3.1.9}$$

所以有

$$|x(n)|=\mathrm{e}^{\sigma n}$$

$$\arg[x(n)]=\omega_0 n$$

5. 正弦序列

$$x(n)=\sin(\omega_0 n) \tag{3.1.10}$$

其中,ω_0 是正弦序列的数字域频率,单位是 rad,它表示序列变化的速率,或者相邻的两个序列值之间变化的弧度数。

对模拟信号中的正弦波抽样,可得到正弦序列。例如,若模拟信号为

$$x(t)=\sin(\Omega t) \tag{3.1.11}$$

抽样周期为 T_s,则其抽样信号为

$$x(t)\big|_{t=nT_s=\sin(\Omega nT_s)} \tag{3.1.12}$$

而离散序列为 $x(n)=\sin(\omega_0 n)$,对于相同的 n,序列值与抽样信号值相等,所以数字频率 ω_0 与模拟角频率 Ω 之间满足

$$\omega_0=\Omega T_s \tag{3.1.13}$$

上式具有普遍意义,它表示凡是由模拟信号抽样得到的序列,模拟信号角频率 Ω 与序列数字频率 ω_0 之间满足线性关系。由于抽样周期 T_s 与抽样频率 f_s 互为倒数,式(3.1.13)也可表示成

$$\omega_0=\frac{\Omega}{f_s} \tag{3.1.14}$$

余弦序列 $x(n)=\cos(\omega_0 n)$的相关内容可参考正弦序列。

6. 矩形序列

长度为 N 的矩形序列 $R_N(n)$定义如下：

$$R_N(n)=\begin{cases}1, & 0\leqslant n\leqslant N-1\\0, & \text{其他}\end{cases} \tag{3.1.15}$$

图形如图 3.1.7 所示。

容易得到 $u(n)$与 $R_N(n)$的关系如下：

$$R_N(n)=u(n)-u(n-N) \tag{3.1.16}$$

7. 单位斜坡序列

对单位斜坡信号 $r(t)$采样得到单位斜坡序列 $r(n)$，其定义式如下：

$$r(n)=nu(n)=\begin{cases}n, & n\geqslant 0\\0, & n<0\end{cases} \tag{3.1.17}$$

其图形如图 3.1.8 所示。容易得到 $u(n)$与 $r(n)$的关系如下：

$$u(n)=r(n+1)-r(n) \tag{3.1.18}$$

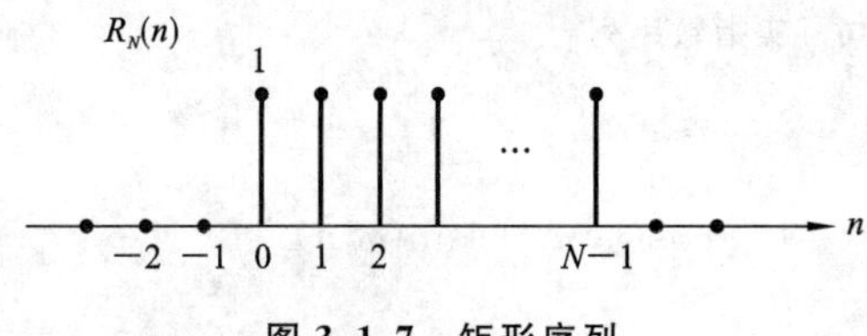

图 3.1.7 矩形序列

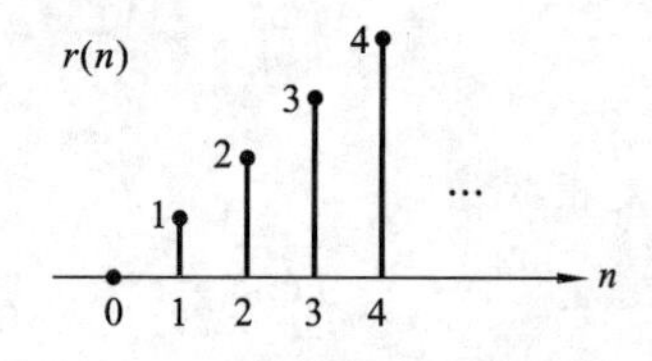

图 3.1.8 单位斜坡序列

3.2 离散时间信号的基本运算

与连续信号类似，离散信号的基本运算也有反转、移位、尺度变换、相加、相乘、差分和求和。

3.2.1 序列的反转、移位与尺度变换

1. 反转

将离散信号 $x(n)$的自变量 n 变为 $-n$，得到 $x(-n)$，这一过程称为反转。从图 3.2.1 上看，反转就是把原信号沿纵轴旋转 180°。

2. 移位

与连续信号类似，由 $x(n)$沿 n 轴平移 m 个单位得到 $x(n-m)$。若 $m>0$，则 $x(n)$向右平移，否则向左平移，如图 3.2.2 所示。

需要说明的是，当反转和移位结合时，注意都是对自变量 n 作运算。

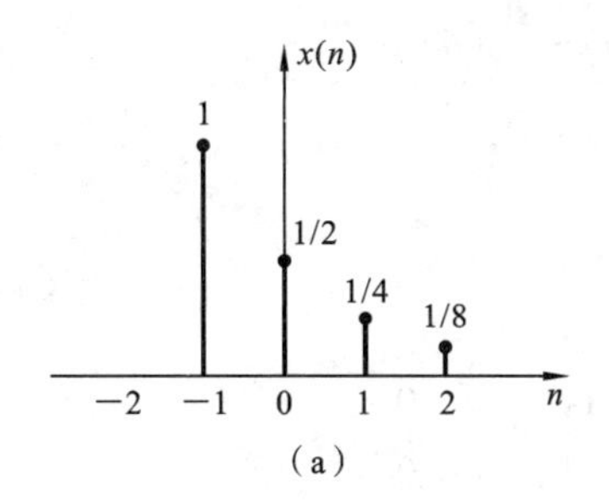

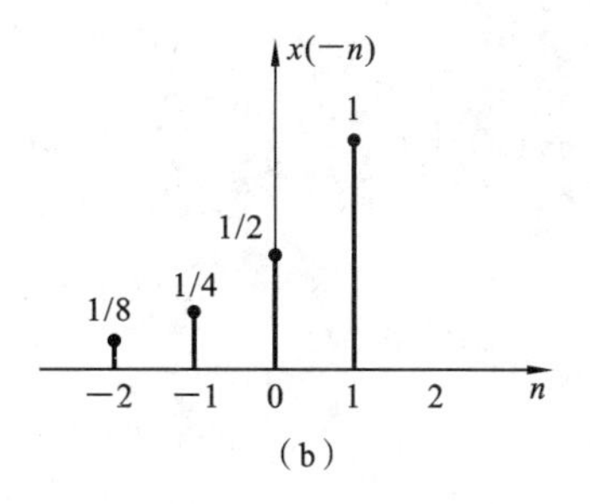

图 3.2.1　$x(n)$与$x(-n)$的图形

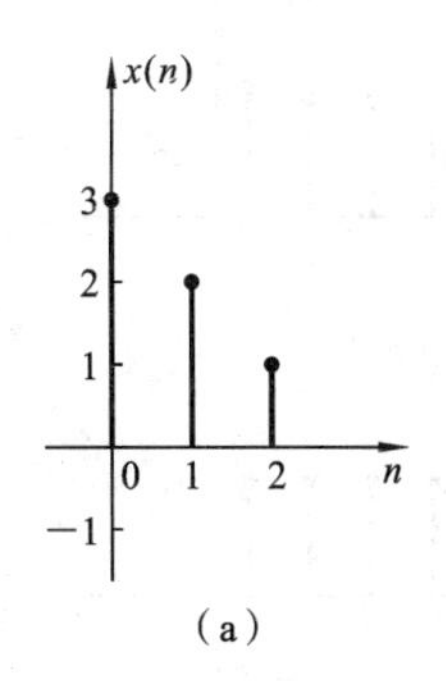

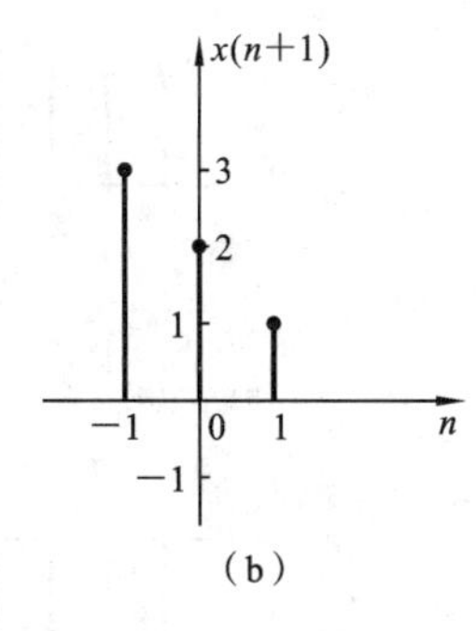

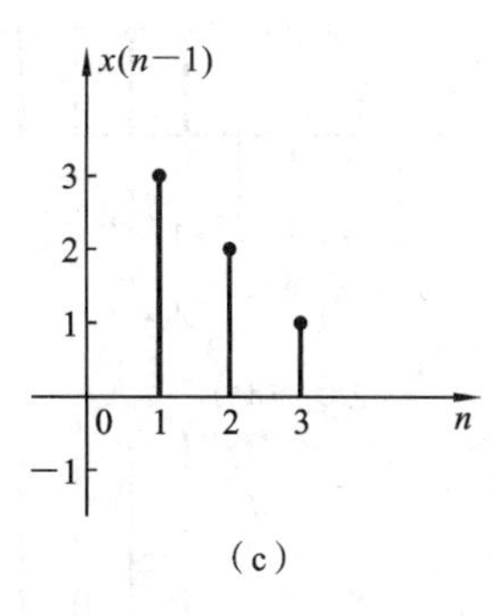

图 3.2.2　$x(n)$、$x(n+1)$和$x(n-1)$的图形

3. 尺度变换

已知离散序列$x(n)$，其尺度变换序列为$x\left(\frac{n}{m}\right)$或$x(nm)$，其中，$m$为正整数。需要指出的是，它不同于连续信号在时间轴上简单地展宽或压缩m倍，而是以m为频率抽取或内插。

从图 3.2.3 可以看出，$x\left(\frac{n}{2}\right)$是$x(n)$每相邻两点间插入一个零值点后得到的序列；$x(2n)$是$x(n)$每两点抽取一点后的序列。

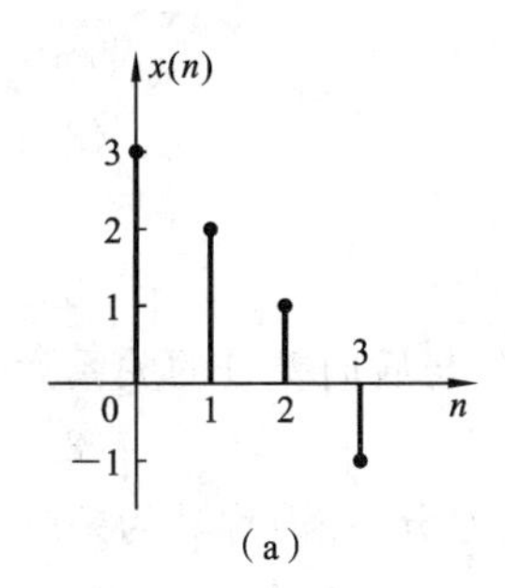

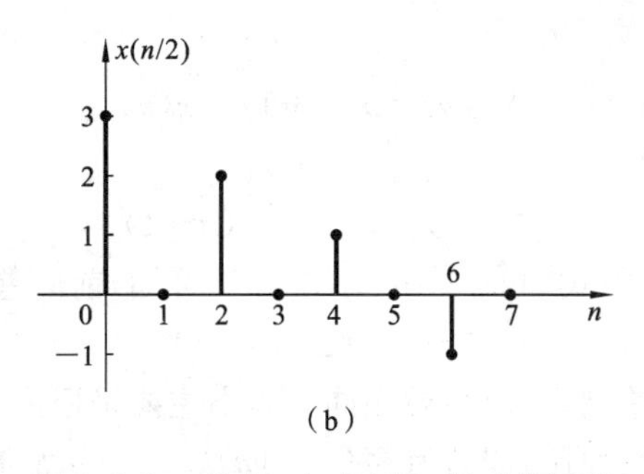

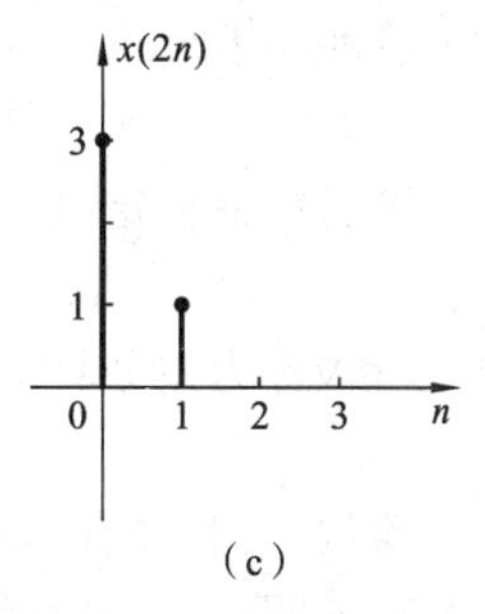

图 3.2.3　$x(n)$、$x(n/2)$和$x(2n)$的图形

3.2.2　序列的相加、相乘、差分与求和

1. 相加、相乘

序列的相加、相乘指将若干离散序列序号相同的数值相加、相乘，即

$$y(n)=x_1(n)+x_2(n)+\cdots+x_n(n)$$

$$y(n)=x_1(n)x_2(n)\cdots x_n(n)$$

例如,若 $x_1(n)=\begin{cases}1, & n\geqslant 0\\ -1, & n<0\end{cases}$, $x_2(n)=1$,则有

$$x_1(n)+x_2(n)=\begin{cases}2, & n\geqslant 0\\ 0, & n<0\end{cases}$$

$$x_1(n)\cdot x_2(n)=\begin{cases}1, & n\geqslant 0\\ -1, & n<0\end{cases}$$

图 3.2.4 可形象地表示此关系。

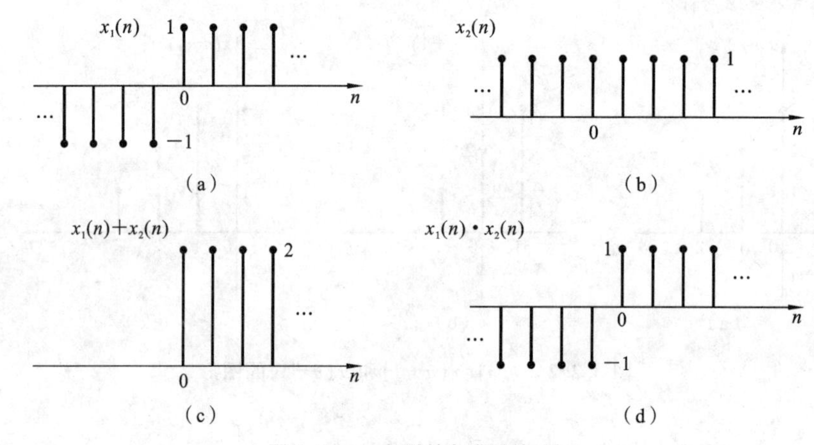

图 3.2.4 序列的相加和相乘

2. 差分、求和

1) 差分

若在差分方程中,各未知序列的序号由 n 以递减的形式给出,则称其为后向形式(向右移序)的差分方程。也可以由 n 以递增方式给出,即由 $x(n),x(n+1),x(n+2),\cdots,x(n+N)$ 等项组成,称其为前向形式(向左移序)的差分方程。

一阶前向差分定义为

$$\Delta x(n)=x(n+1)-x(n) \tag{3.2.1}$$

一阶后向差分定义为

$$\nabla x(n)=x(n)-x(n-1) \tag{3.2.2}$$

式中,Δ 和∇称为差分算子。由式(3.2.1)和式(3.2.2)可知,前向差分与后向差分的关系为

$$\nabla x(n)=\Delta x(n-1) \tag{3.2.3}$$

二者仅移位不同,没有本质差别,因而性质相同。本书主要采用后向差分,并简称其为差分。

容易证明,差分具有线性性质,即若有序列 $x_1(n)$、$x_2(n)$和常数 a_1,a_2,则有

$$\nabla[a_1x_1(n)+a_2x_2(n)]=a_1\nabla x_1(n)+a_2\nabla x_2(n) \tag{3.2.4}$$

例 3.2.1 已知 $x(n)$的波形,画出前向差分 $\Delta x(n)$和后向差分$\nabla x(n)$的波形。

解 由前向差分与后向差分的定义式,可得结果如图 3.2.5 所示。

2) 求和

序列 $x(n)$的求和运算为

$$y(n)=\sum_{i=-\infty}^{n}x(i) \tag{3.2.5}$$

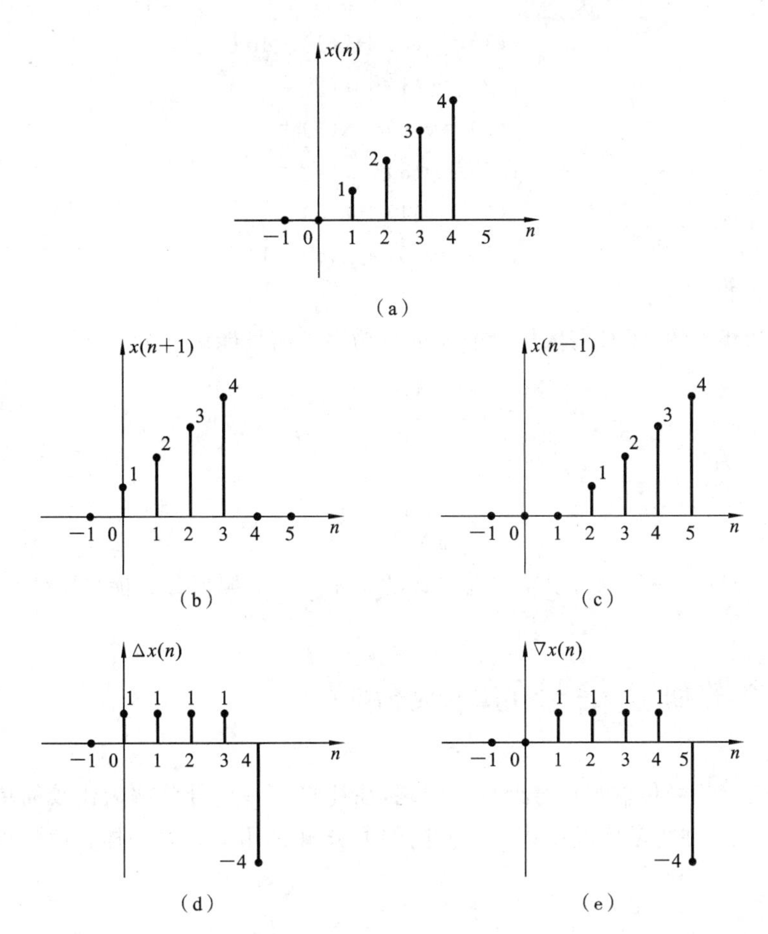

图 3.2.5 差分运算

注意：求和的上限为自变量 n。

例 3.2.2 已知 $x(n)$ 的波形(见图 3.2.6(a))，画出其求和运算 $y(n)$ 的波形。

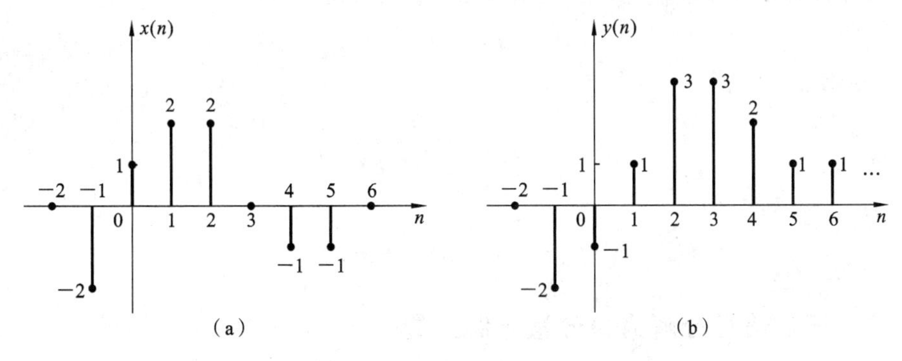

图 3.2.6 求和运算

解 由求和运算定义，有

$$y(-2)=0$$

$$y(-1)=x(-2)+x(-1)=-2$$

$$y(0)=x(-2)+x(-1)+x(0)=-1$$

$$y(1)=y(0)+x(1)=1$$
$$y(2)=y(1)+x(2)=3$$
$$y(3)=y(2)+x(3)=3$$
$$y(4)=y(3)+x(4)=2$$
$$y(5)=y(4)+x(5)=1$$
$$y(6)=y(5)+x(6)=1$$

结果如图 3.2.6(b)所示。

与序列求和相关的，还有离散信号的能量与功率。信号能量 E 定义为

$$E \overset{\text{def}}{=\!=\!=} \sum_{i=-\infty}^{\infty} |x(i)|^2 \tag{3.2.6}$$

信号功率 P 定义为

$$P \overset{\text{def}}{=\!=\!=} \lim_{N\to\infty} \frac{1}{2N+1} \sum_{i=-N}^{N} |x(i)|^2 \tag{3.2.7}$$

与连续信号对应，序列也可以根据能量或功率是否为有限值分为能量序列与功率序列。

3.3 离散确定信号的时域分解

为了便于研究信号传输与信号处理的问题，往往将一些信号分解为比较简单的(基本的)信号分量之和，犹如在力学问题中将任一方向的力分解为几个分力一样。信号可以从不同角度进行分解。

3.3.1 离散信号分解为直流分量与交流分量

信号平均值即信号的直流分量。从原信号中去掉直流分量即得信号的交流分量。设原信号为 $f(n)$，分解为直流分量 $f_{DC}(n)$与交流分量 $f_{AC}(n)$，表示为

$$f(n)=f_{DC}(n)+f_{AC}(n) \tag{3.3.1}$$

其中，直流分量为

$$f_{DC}(n)=\frac{1}{N_2-N_1+1}\sum_{n=N_1}^{N_2} f(n) \tag{3.3.2}$$

交流分量为

$$f_{AC}(n)=f(n)-f_{DC}(n)$$

3.3.2 离散信号分解为奇分量与偶分量

偶分量定义为

$$f_e(n)=f_e(-n) \tag{3.3.3}$$

奇分量定义为

$$f_o(n)=-f_o(-n) \tag{3.3.4}$$

任意信号可分解为偶分量与奇分量之和，即

$$f(n)=f_e(n)+f_o(n) \tag{3.3.5}$$

$$f(-n)=f_e(n)-f_o(n) \tag{3.3.6}$$

则有

$$f_e(n)=\frac{1}{2}[f(n)+f(-n)] \tag{3.3.7}$$

$$f_o(t)=\frac{1}{2}[f(n)-f(-n)] \tag{3.3.8}$$

图 3.3.1 所示为信号分解为偶分量和奇分量的一个实例。

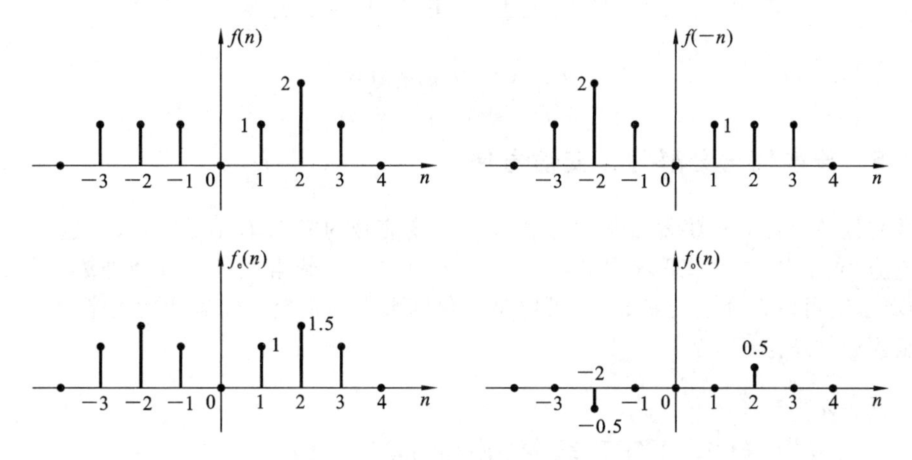

图 3.3.1 信号的偶分量和奇分量

3.3.3 离散信号分解为实部分量与虚部分量

瞬时值为复数的信号 $f(n)$ 可分解为实、虚两个部分之和：

$$f(n)=f_r(n)+\mathrm{j}f_i(n) \tag{3.3.9}$$

它的共轭复函数为

$$f^*(n)=f_r(n)-\mathrm{j}f_i(n) \tag{3.3.10}$$

于是实部和虚部的表达式为

$$f_r(n)=\frac{1}{2}[f(n)+f^*(n)] \tag{3.3.11}$$

$$\mathrm{j}f_i(n)=\frac{1}{2}[f(n)-f^*(n)] \tag{3.3.12}$$

还可利用 $f(n)$ 与 $f^*(n)$ 来求 $|f(n)|^2$：

$$|f(n)|^2=f(n)f^*(n)=f_r^2(n)+f_i^2(n) \tag{3.3.13}$$

虽然实际产生的信号都为实信号，但常借助复信号来研究某些实信号的问题，可以建立某些有益的概念或简化运算。复信号常用于表示正、余弦信号，在通信系统、网络理论、数字信号处理等方面，复信号的应用日益广泛。

3.3.4 离散信号分解为单位脉冲序列的线性组合

任意序列可以分解为单位脉冲序列及其移位的加权和，即

$$f(n)=\sum_{m=-\infty}^{\infty}f(m)\delta(n-m) \tag{3.3.14}$$

例如图 3.3.2 所示的图形，离散序列可分解为

$$f(n)=\cdots+f(-1)\delta(n+1)+f(0)\delta(n)+f(1)\delta(n-1)+\cdots+f(m)\delta(n-m)+\cdots$$

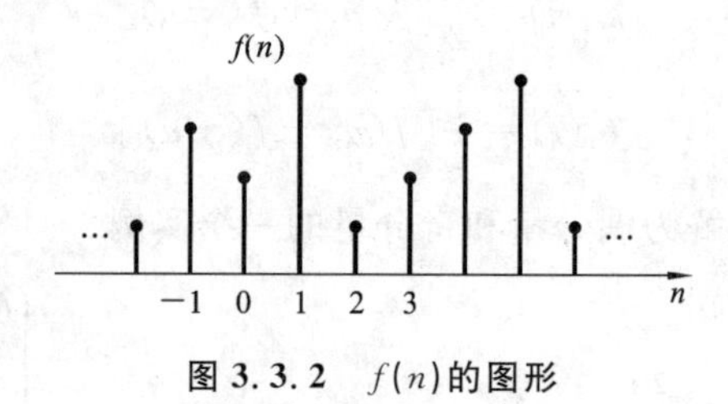

图 3.3.2　$f(n)$的图形

3.3.5　离散信号分解为正交信号集

信号的分解过程为先将复杂信号分解成组成该信号的简单单元函数，求得这些信号分量的系统响应，再利用叠加原理求得总响应。单元函数从时域角度可以选择冲激函数、阶跃函数；从频域角度可以选择正交函数集，可以是三角函数集和指数函数集。后续章节会讨论信号的正交函数分解理论。

3.4　离散时间 LTI 系统的响应

若系统的输入和输出均为离散时间信号，则为离散时间系统，简称离散系统。离散系统的时域分析指在给定的外界激励下，通过数学手段去求解系统的响应。本节采用系统的差分方程来求系统的响应。

与连续时间系统的情况相同，本节在用经典法求解差分方程的基础上，讨论零输入响应和零状态响应的求解，在此基础上进一步讨论系统的单位样值响应，并借助数学的卷积和求得系统的零状态响应。零状态响应等于单位脉冲响应与激励的卷积和。

3.4.1　离散时间系统的零输入响应

3.4.1.1　离散时间系统的描述

连续系统用微分方程描述，而离散系统用差分方程描述。以二阶方程为例，对微分与差分方程作一下对比(见表 3.4.1)。

表 3.4.1　微分方程与差分方程的比较

比较内容	微分方程	差分方程
方程形式	$a_2y''(t)+a_1y'(t)+a_0y(t)=bx(t)$	$a_2y(n)+a_1y(n-1)+a_0y(n-2)=bx(n)$
函数比较	含有 $y''(t),y'(t),y(t)$	含有 $y(n),y(n-1),y(n-2)$
阶次	输出函数导数的最高次数	输出函数自变量序号的最高与最低之差
初始状态	$y'(0_-),y(0_-)$	$y(-1),y(-2)$

下面从实际问题出发，讨论如何建立差分方程。

例 3.4.1 在观测信号时，所得的观测值不仅包含有用信号，还混杂有噪声，为滤除数据中的噪声，常采用滤波处理。设第 n 次观测值为 $x(n)$，经处理后估计值为 $y(n)$，若本次估计值为本次观测数据与上次估计值的平均值，试列出差分方程。

解 第 n 次观测值为 $x(n)$，第 $n-1$ 次估计值为 $y(n-1)$，第 n 次估计值为 $y(n)$。根据题意，有

$$y(n)=\frac{1}{2}[x(n)+y(n-1)]$$

或写为

$$y(n)-\frac{1}{2}y(n-1)=\frac{1}{2}x(n)$$

又如，设某地区第 n 年的人口为 $y(n)$，人口的正常出生率和死亡率分别为 α 和 β，而第 n 年从外地迁入该地区的人口为 $x(n)$，那么第 n 年该地区的人口总数为

$$y(n)=y(n-1)+\alpha y(n-1)-\beta y(n-1)+x(n)$$

整理得

$$y(n)-(1+\alpha-\beta)y(n-1)=x(n)$$

这也是一个一阶差分方程。要求得该方程的解，除系数 α、β 和 $x(n)$ 外，还需要已知初始条件，即起始年($n=0$)该地区的总人口数 $y(0)$。

除了用差分方程外，还可以用框图描述，离散系统中的迟延单元与连续系统中的延时器的功能相似，相加、相乘等其他基本运算部件都是相同的(见图 3.4.1)。

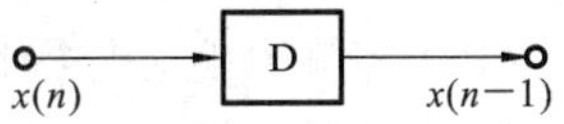

D
$x(n)$ $x(n-1)$

图 3.4.1 迟延单元

例 3.4.2 已知系统的框图如图 3.4.2 所示，写出系统的差分方程。

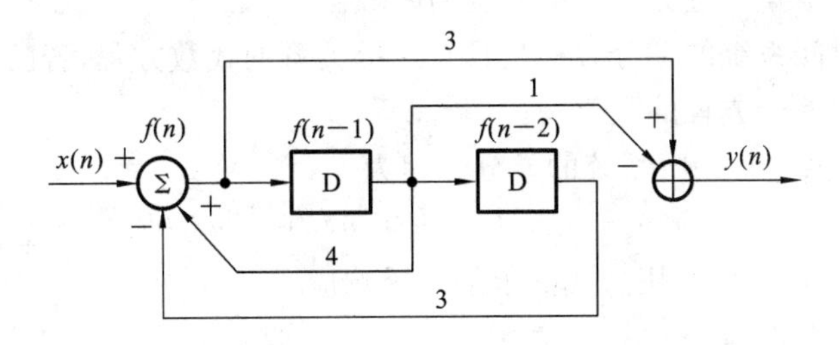

图 3.4.2 例 3.4.2 框图

解 设一中间变量 $f(n)$ 为左边加法器的输出，由左边加法器列方程得

$$f(n)=x(n)+4f(n-1)-3f(n-2)$$

整理得

$$f(n)-4f(n-1)+3f(n-2)=x(n)$$

由右边加法器列方程得

$$y(n)=3f(n)-f(n-1)$$

消去中间变量，得

$$y(n)-4y(n-1)+3y(n-2)=3x(n)-x(n-1)$$

3.4.1.2 差分方程的经典解

离散系统的数学模型是常系数线性差分方程。分析信号通过系统的响应可以采用求解差分方程的经典方法。

常系数线性差分方程的一般形式可表示为

$$\begin{aligned}&a_0y(n)+a_1y(n-1)+\cdots+a_{N-1}y(n-N+1)+a_Ny(n-N)\\&=b_0x(n)+b_1x(n-1)+\cdots+b_{M-1}x(n-M+1)+b_Mx(n-M)\end{aligned}\tag{3.4.1}$$

式中，a 和 b 是常数，通常 $a_0=1$。

已知序列 $x(n)$的移位阶次是 M，未知序列 $y(n)$的移位阶次是 N，N 即表示此差分方程的阶次。利用求和符号，可将式(3.4.1)缩写为

$$\sum_{k=0}^{N}a_ky(n-k)=\sum_{r=0}^{M}b_rx(n-r)\tag{3.4.2}$$

求解此常系数线性差分方程的方法如下。

(1) 迭代法。包括手算逐次代入求解或利用计算机求解。这种方法概念清楚，也比较简便，但只能得到其数值解，不能直接给出一个完整的解析式(也称闭合式)。

(2) 时域经典法。与微分方程的时域经典法类似，先分别求齐次解与特解，然后代入初始条件求待定系数。这种方法便于从物理概念说明各响应分量之间的关系，但求解过程比较麻烦，在解决具体问题时不宜采用。

(3) 零输入响应与零状态响应求解法。可以利用求齐次解的方法得到零输入响应，利用卷积和的方法求零状态响应。与连续系统的情况类似，卷积方法在离散系统分析中同样占有十分重要的地位。

另外也可以利用 z 变换在变换域求解差分方程的解，此方法有许多优点，也是实际应用中简便而有效的方法。本章着重分析离散系统的时域法。

由于描述离散时间系统的差分方程是具有递推关系的代数方程，若已知初始状态和激励，则可以利用迭代法求差分方程的数值解。

例 3.4.3 已知描述某一阶系统的差分方程为

$$y(n)-0.5y(n-1)=u(n),\quad n\geqslant 0$$

设初始状态 $y(-1)=1$，试用迭代法求解系统响应。

解 将差分方程变形为

$$y(n)=u(n)+0.5y(n-1)$$

代入初始状态 $y(-1)=1$，可得

$$y(0)=u(0)+0.5y(-1)=1.5$$

类似可得

$$y(1)=u(1)+0.5y(0)=1.75$$
$$y(2)=u(2)+0.5y(1)=1.875$$
$$\cdots$$

对于 N 阶常系数线性差分方程描述的 N 阶离散系统，当已知 N 个初始状态$\{y(-1),y(-2),\cdots,y(-N)\}$和输入 $x(n)$时，利用迭代法就可以计算出系统的输出。

用迭代法求解差分方程思路清楚，便于编写计算程序，能得到方程的数值解，但不易得到

解析形式的解。

与微分方程的经典解类似，差分方程的解由齐次解和特解两部分组成。齐次解用 $y_{\mathrm{h}}(n)$ 表示，特解用 $y_{\mathrm{p}}(n)$ 表示，即

$$y(n)=y_{\mathrm{h}}(n)+y_{\mathrm{p}}(n)$$

1）齐次解

当式(3.4.1)中 $x(n)$ 及其各移位项均为零时，齐次差分方程

$$y(n)+a_1y(n-1)+\cdots+a_{N-1}y(n-N+1)+a_Ny(n-N)=0 \tag{3.4.3}$$

的解称为齐次解。它的齐次解由形式为 $C\lambda^n$ 的序列组合而成，将 $C\lambda^n$ 代入到式(3.4.3)中，得

$$C\lambda^n+a_1\lambda^{n-1}+\cdots+a_{N-1}C\lambda^{n-N+1}+a_NC\lambda^{n-N}=0 \tag{3.4.4}$$

整理得

$$\lambda^N+a_1\lambda^{N-1}+\cdots+a_{N-1}\lambda+a_N=0 \tag{3.4.5}$$

上式称为差分方程式(3.4.1)的特征方程，它的 N 个根称为特征方程的特征根。依据特征根的不同，差分方程齐次解的形式见表3.4.2。其中，C、D、A、θ 均为待定常数。

表3.4.2　不同特征根所对应的齐次解

特征根 λ	齐次解
单实根	$C\lambda^n$
r 重实根	$(C_{r-1}n^{r-1}+C_{r-2}n^{r-2}+\cdots+C_1n+C_0)\lambda^n$
一对共轭复根 $\lambda_{1,2}=a\pm \mathrm{j}b=\rho\mathrm{e}^{\pm\mathrm{j}\omega}$	$\rho^n[C\cos\omega n+D\sin\omega n]$ 或 $A\rho^n\cos(\omega n-\theta)$，其中，$A\mathrm{e}^{\mathrm{j}\theta}=C+\mathrm{j}D$
r 重共轭复根	$\rho^n[A_{r-1}n^{r-1}\cos(\omega n-\theta_{r-1})+A_{r-2}n^{r-2}\cos(\omega n-\theta_{r-2})+\cdots+A_0\cos(\omega n-\theta_0)]$

2）特解

特解的函数形式与激励的函数形式有关，表3.4.3列出来几种典型激励所对应的特解。选定特解后代入原差分方程，求出其待定系数 C、D、A、θ 等，就可得出方程的特解。

表3.4.3　不同激励所对应的特解

激励信号	特　解
P(常数)	A(常数)
n^k	$A_kn^k+A_{k-1}n^{k-1}+\cdots+A_1n+A_0$，所有特征根均不等于1； $n^r[A_kn^k+A_{k-1}n^{k-1}+\cdots+A_1n+A_0]$，$r$ 重等于1的特征根
a^n	Aa^n，当 a 不等于特征根时 $[A_1n+A_0]a^n$，当 a 是特征单根时
$\cos\omega n$ 或 $\sin\omega n$	$C\cos\omega n+D\sin\omega n$ 或 $A\cos(\omega n-\theta)$，其中，$A\mathrm{e}^{\mathrm{j}\theta}=C+\mathrm{j}D$，所有特征根均不等于 $\mathrm{e}^{\pm\mathrm{j}\omega}$

3）全解

线性方程的全解是齐次解和特解之和。其中，齐次解中的待定系数由初始条件确定。如果激励信号是在 $n=0$ 时接入的，则差分方程的解适合于 $n\geqslant 0$。对于 N 阶差分方程，用给定的 N 个初始条件 $y(0),y(1),\cdots,y(N-1)$ 就可以确定全部的待定系数。

例3.4.4　若描述某系统的差分方程为

$$y(n)+4y(n-1)+4y(n-2)=x(n)$$

已知初始条件 $y(0)=0$，$y(1)=-1$；激励 $x(n)=2^n$，$n\geqslant 0$。求方程的全解。

解 首先求齐次解。上述差分方程的特征方程为

$$\lambda^2+4\lambda+4=0$$

可解得特征根 $\lambda_1=\lambda_2=-2$，其齐次解为

$$y_h(n)=(C_1n+C_0)(-2)^n$$

再求特解。由表 3.4.3，根据激励的形式可设特解为

$$y_p(n)=A\cdot 2^n,\quad n\geqslant 0$$

代入差分方程，得

$$A\cdot 2^n+4A\cdot 2^{n-1}+4A\cdot 2^{n-2}=2^n$$

解得

$$A=1/4$$

所以得特解

$$y_p(n)=2^{n-2},\quad n\geqslant 0$$

故全解为

$$y(n)=(C_1n+C_0)(-2)^n+2^{n-2},\quad n\geqslant 0$$

代入初始条件，解得

$$C_1=1,\quad C_0=-1/4$$

最后得方程的全解为

$$y(n)=\left(n-\frac{1}{4}\right)(-2)^n+\frac{1}{4}(2)^n,\quad n\geqslant 0$$

同连续 LTI 系统一样，离散 LTI 系统的全响应也可以由初始状态与输入激励分别单独作用于系统产生的响应叠加，分别称为零输入响应和零状态响应，记作 $y_{zi}(n)$ 和 $y_{zs}(n)$。因此，有

$$y(n)=y_{zi}(n)+y_{zs}(n) \tag{3.4.6}$$

即系统的全响应为零输入响应与零状态响应之和。

零输入响应 $y_{zi}(n)$ 是指系统的激励为零，仅由系统的初始状态引起的响应。在零输入条件下，式(3.4.2)等号右端为零，化为齐次方程，即

$$\sum_{k=0}^{N}a_k y_{zi}(n-k)=0 \tag{3.4.7}$$

一般设定激励是在 $n=0$ 时接入系统的，在 $n<0$ 时，激励尚未接入，故式(3.4.7)的几个初始状态满足

$$\begin{cases} y_{zi}(-1)=y(-1) \\ y_{zi}(-2)=y(-2) \\ \quad\vdots \\ y_{zi}(-N)=y(-N) \end{cases} \tag{3.4.8}$$

式(3.4.8)中的 $y(-1),y(-2),\cdots,y(-N)$ 为系统的初始状态，由式(3.4.7)和式(3.4.8)可求得零输入响应 $y_{zi}(n)$。

例 3.4.5 若描述某离散系统的差分方程为

$$y(n)+3y(n-1)+2y(n-2)=x(n) \tag{3.4.9}$$

已知 $f(n)=0,n<0$，初始条件 $y(-1)=0,y(-2)=1/2$，求该系统的零输入响应。

解 根据定义，零输入响应满足

$$y_{zi}(n)+3y_{zi}(n-1)+2y_{zi}(n-2)=0 \tag{3.4.10}$$

其初始状态为

$$y_{zi}(-1)=y(-1)=0$$
$$y_{zi}(-2)=y(-2)=1/2$$

首先求出初始值 $y_{zi}(0),y_{zi}(1)$，式(3.4.10)可写为

$$y_{zi}(n)=-3y_{zi}(n-1)-2y_{zi}(n-2)$$

令 $n=0$、1，并将 $y_{zi}(-1),y_{zi}(-2)$ 代入，得

$$y_{zi}(0)=-3y_{zi}(-1)-2y_{zi}(-2)=-1$$
$$y_{zi}(1)=-3y_{zi}(0)-2y_{zi}(-1)=3$$

式(3.4.9)的特征方程为

$$\lambda^2+3\lambda+2=0$$

其特征根为 $\lambda_1=-1,\lambda_2=-2$，其齐次解为

$$y_{zi}(n)=C_{zi1}(-1)^n+C_{zi2}(-2)^n \tag{3.4.11}$$

将初始值代入得

$$y_{zi}(0)=C_{zi1}+C_{zi2}=-1$$
$$y_{zi}(1)=-C_{zi1}-2C_{zi2}=3$$

可解得 $C_{zi1}=1$、$C_{zi2}=-2$，于是得系统的零输入响应为

$$y_{zi}(n)=(-1)^n-2\times(-2)^n,\quad n\geqslant 0$$

实际上，式(3.4.11)满足齐次方程式(3.4.10)，而初始值 $y_{zi}(0),y_{zi}(1)$ 也是由该方程递推出的，因而直接用 $y_{zi}(-1),y_{zi}(-2)$ 确定待定常数 C_{zi1}、C_{zi2} 将更加简便。即在式(3.4.11)中，令 $n=-1$、-2，有

$$y_{zi}(-1)=-C_{zi1}-0.5C_{zi2}=0$$
$$y_{zi}(-2)=C_{zi1}+0.25C_{zi2}=0.5$$

可解得 $C_{zi1}=1$、$C_{zi2}=-2$，与前述结果相同。

3.4.2 离散时间系统的零状态响应

零状态响应是指系统的初始状态为零，仅由激励 $x(n)$ 所产生的响应。在零状态情况下，式(3.4.2)仍是非齐次方程，其初始状态为零，即零状态响应满足

$$\begin{cases}\sum_{k=0}^{N}a_k y_{zs}(n-k)=\sum_{r=0}^{M}b_r x(n-r)\\ y_{zs}(-1)=y_{zs}(-2)=\cdots=y_{zs}(-n)=0\end{cases} \tag{3.4.12}$$

若其特征根均为单根，则其零状态响应为

$$y_{zs}(n)=\sum_{k=0}^{N}C_{zsk}\lambda_k^n+y_p(n) \tag{3.4.13}$$

式中，C_{zsk} 为待定常数，$y_p(n)$ 为特解。需要指出，零状态响应的初始状态 $y_{zs}(-1),y_{zs}(-2),\cdots,y_{zs}(-n)$ 为零，但其初始值 $y_{zs}(0),y_{zs}(1),\cdots,y_{zs}(n-1)$ 不一定为零。

例 3.4.6 若例 3.4.5 中的离散系统

$$y(n)+3y(n-1)+2y(n-2)=x(n)$$

中的 $x(n)=2^n, n\geqslant 0$，求该系统的零状态响应。

解 根据定义，零状态响应满足

$$\begin{cases} y_{zs}(n)+3y_{zs}(n-1)+2y_{zs}(n-2)=x(n) \\ y_{zs}(-1)=y_{zs}(-2)=0 \end{cases} \tag{3.4.14}$$

首先求出初始值 $y_{zs}(0)$、$y_{zs}(1)$，将式(3.4.14)改写为

$$y_{zs}(n)=-3y_{zs}(n-1)-2y_{zs}(n-2)+x(n)$$

令 $n=0$、1，并代入 $y_{zs}(-1)=y_{zs}(-2)=0$ 和 $x(0)$，$x(1)$，得

$$\begin{cases} y_{zs}(0)=-3y_{zs}(-1)-2y_{zs}(-2)+x(0)=1 \\ y_{zs}(1)=-3y_{zs}(0)-2y_{zs}(-1)+x(1)=-1 \end{cases} \tag{3.4.15}$$

式(3.4.15)为非齐次差分方程，其特征根 $\lambda_1=-1$，$\lambda_2=-2$，不难求得其特解 $y_p(n)=\frac{1}{3}\times 2^n$，故零状态响应为

$$y_{zs}(n)=C_{zs1}(-1)^n+C_{zs2}(-2)^n+\frac{1}{3}\times 2^n$$

将式(3.4.15)的初始值代入上式，有

$$y_{zs}(0)=C_{zs1}+C_{zs2}+\frac{1}{3}=1$$

$$y_{zs}(1)=-C_{zs1}-2C_{zs2}+\frac{2}{3}=-1$$

可解得 $C_{zs1}=-\frac{1}{3}$，$C_{zs2}=1$，于是得零状态响应为

$$y_{zs}(n)=-\frac{1}{3}\times(-1)^n+(-2)^n+\frac{1}{3}\times 2^n, \quad n\geqslant 0$$

根据式(3.4.6)，若特征根均为单根，则全响应为

$$y(n)=\underbrace{\sum_{k=0}^{N}C_{zik}\lambda_k^n}_{\text{零输入响应}}+\underbrace{\sum_{k=0}^{N}C_{zsk}\lambda_k^n+y_p(n)}_{\text{零状态响应}}=\underbrace{\sum_{k=0}^{N}C_k\lambda_k^n}_{\text{自由响应}}+\underbrace{y_p(n)}_{\text{强迫响应}} \tag{3.4.16}$$

式中

$$\sum_{k=0}^{N}C_k\lambda_k^n=\sum_{k=0}^{N}C_{zik}\lambda_k^n+\sum_{k=0}^{N}C_{zsk}\lambda_k^n \tag{3.4.17}$$

可见，系统的全响应有两种分解方式：可以分解为自由响应和强迫响应，也可分解为零输入响应和零状态响应。这两种分解方式有明显的区别。虽然自由响应与零输入响应都是齐次解的形式，但它们的系数并不相同，C_{zik} 仅由系统的初始状态所决定，而 C_k 是由初始状态和激励共同决定的。

如果激励 $x(n)$是在 $n=0$ 时接入系统的，根据零状态响应的定义，有

$$y_{zs}(n)=0, \quad n<0 \tag{3.4.18}$$

由式(3.4.6)有

$$y_{zi}(n)=y(n), \quad n<0 \tag{3.4.19}$$

系统的初始状态是指 $y(-1)$，$y(-2)$，…，$y(-N)$，给出了该系统以往历史的全部信息。

根据系统的初始状态和 $n\geqslant 0$ 时的激励，可以求得系统的全响应。

例 3.4.7 求例 3.4.5 和例 3.4.6 中的离散系统

$$y(n)+3y(n-1)+2y(n-2)=x(n)$$

的全响应。

解 该离散系统的零输入响应为

$$y_{zi}(n)=(-1)^n-2\times(-2)^n,\quad n\geqslant 0$$

该离散系统的零状态响应为

$$y_{zs}(n)=-\frac{1}{3}\times(-1)^n+(-2)^n+\frac{1}{3}\times 2^n,\quad n\geqslant 0$$

该系统的全响应为

$$y(n)=y_{zi}(n)+y_{zs}(n)=\frac{2}{3}\times(-1)^n-(-2)^n+\frac{1}{3}\times 2^n,\quad n\geqslant 0$$

以上都是以后向差分方程为例进行讨论的，如果描述系统的是前向差分方程，则其求解方法相同，需要注意的是，要根据已知条件细心、正确地确定初始值 $y_{zi}(k)$ 和 $y_{zs}(k)$（$k=0,1,\cdots,N-1$）。也可将前向差分方程转换为后向差分方程求解。

3.4.3 离散时间系统的单位样值响应

单位样值序列 $\delta(n)$ 作用于离散 LTI 系统所产生的零状态响应称为单位样值响应，用符号 $h(n)$ 表示，它的作用与连续系统的单位冲激响应 $h(t)$ 的相同。

单位样值序列 $\delta(n)$ 在 $n=0$ 处为 1，当 $n>0$ 时，$x(n)=\delta(n)=0$，此时描述系统的差分方程变成齐次方程，这样就转化为求解齐次方程的问题，由此即可得到 $h(n)$ 的解析式。$h(n)$ 在 $n=0$ 时的值可以根据差分方程和零状态条件 $h(-1)=h(-2)=\cdots=h(-N)=0$ 递推求出。下面举例说明这种方法。

例 3.4.8 求图 3.4.3 所示的离散系统的单位样值响应 $h(n)$。

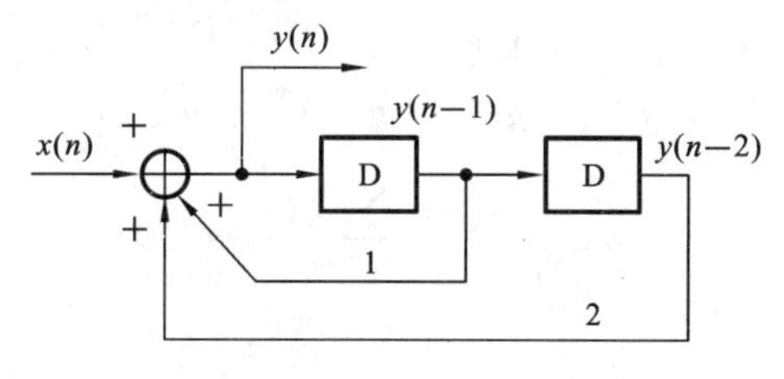

图 3.4.3 例 3.4.8 图

解 (1)列写差分方程，求初始值。

根据图 3.4.3，左端加法器的输出为 $y(n)$，相应迟延单元的输出为 $y(n-1)$、$y(n-2)$。由加法器的输出可列出系统的方程为

$$y(n)=y(n-1)+2y(n-2)+x(n)$$

或写为

$$y(n)-y(n-1)-2y(n-2)=x(n)$$

根据单位样值响应 $h(n)$ 的定义，它应满足方程

$$h(n)-h(n-1)-2h(n-2)=\delta(n) \tag{3.4.20}$$

且初始状态 $h(-1)=h(-2)=0$。将上式移项有

$$h(n)=h(n-1)+2h(n-2)+\delta(n)$$

令 $n=0$、1,并考虑 $\delta(0)=1,\delta(1)=0$,可求得单位样值响应 $h(n)$ 的初始值:

$$\begin{cases}h(0)=h(-1)+2h(-2)+\delta(0)=1\\h(1)=h(0)+2h(-1)+\delta(1)=1\end{cases}\tag{3.4.21}$$

(2) 求 $h(n)$。

对于 $n>0$,由式(3.4.20)知,$h(n)$ 满足齐次方程

$$h(n)-h(n-1)-2h(n-2)=0$$

其特征方程为

$$\lambda^2-\lambda-2=0$$

其特征根 $\lambda_1=-1$、$\lambda_2=2$,得方程的齐次解为

$$h(n)=C_1(-1)^n+C_2\times 2^n,\quad n>0$$

将初始值式(3.4.21)代入,有

$$h(0)=C_1+C_2=1$$
$$h(1)=-C_1+2C_2=1$$

请注意,这时已将 $h(0)$ 代入,因此方程的解也满足 $n=0$。可解得

$$C_1=\frac{1}{3},\quad C_2=\frac{2}{3}$$

于是得系统的单位样值响应为

$$h(n)=\frac{1}{3}\times(-1)^n+\frac{2}{3}\times 2^n,\quad n\geqslant 0$$

由于 $h(n)=0(n<0)$,因此 $h(n)$ 可写为

$$h(n)=\left[\frac{1}{3}\times(-1)^n+\frac{2}{3}\times 2^n\right]u(n)\tag{3.4.22}$$

另外,与连续系统的单位阶跃响应对应,离散系统的单位阶跃响应是激励为 $u(n)$ 时的零状态响应,用 $g(n)$ 表示,其与 $h(n)$ 具有如下关系:

$$h(n)=\nabla g(n)=g(n)-g(n-1)\tag{3.4.23}$$

$$h(n)=\sum_{i=-\infty}^{n}h(i)\tag{3.4.24}$$

3.4.4 序列卷积和

3.4.4.1 卷积和的定义

在离散时间系统中,可以采用类似连续时间系统的方法进行分析,由于离散时间信号本身就是一个不连续的序列,因此,激励信号分解为单位序列的工作就很容易完成。对应每个样值激励,系统得到对应样值的响应,每一响应也是一个离散时间序列,把这些序列叠加起来即得零状态响应。因为离散量的叠加无需进行积分,因此,叠加过程表现为求卷积和。

$$y(n)=\sum_{i=-\infty}^{\infty}x(i)\delta(n-i)\tag{3.4.25}$$

如果 LTI 系统的单位序列响应为 $h(n)$,那么由线性系统的齐次性和时不变系统的移位不

变性可知，系统对 $x(i)\delta(n-i)$ 的响应为 $x(i)h(n-i)$。根据系统的零状态线性性质，式(3.4.25)的序列 $y(n)$ 作用于系统引起的零状态响应 $y_{zs}(n)$ 应为

$$y_{zs}(n)=\sum_{i=-\infty}^{\infty}x(i)h(n-i) \tag{3.4.26}$$

上式称为序列 $x(n)$ 与 $h(n)$ 的卷积和，简称为卷积。卷积常用符号“ * ”表示。即

$$y_{zs}(n)=x(n)*h(n)=\sum_{i=-\infty}^{\infty}x(i)h(n-i) \tag{3.4.27}$$

式(3.4.27)表明，LTI 系统对于任意激励的零状态响应是激励 $x(n)$ 与系统单位序列响应 $h(n)$ 的卷积和。

一般而言，若有两个序列 $x_1(n)$ 和 $x_2(n)$，其卷积和为

$$y(n)=x_1(n)*x_2(n)=\sum_{i=-\infty}^{\infty}x_1(i)x_2(n-i) \tag{3.4.28}$$

如果序列 $x_1(n)$ 是因果序列，即有 $n<0$，$x_1(n)=0$，则式(3.4.28)中求和下限可改写为零，即若 $n<0$，$x_1(n)=0$，则

$$x_1(n)*x_2(n)=\sum_{i=0}^{\infty}x_1(i)x_2(n-i) \tag{3.4.29}$$

如果 $x_1(n)$ 不受限制，而 $x_2(n)$ 为因果序列，那么式(3.4.28)中，当 $n-i<0$，即 $i>n$ 时，$x_2(n-i)=0$，因而求和的上限可改写为 n，即若 $n<0$，$x_2(n)=0$，则

$$x_1(n)*x_2(n)=\sum_{i=-\infty}^{n}x_1(i)x_2(n-i) \tag{3.4.30}$$

如果 $x_1(n)$、$x_2(n)$ 均为因果序列，即若 $n<0$，$x_1(n)=x_2(n)=0$，则

$$x_1(n)*x_2(n)=\sum_{i=0}^{n}x_1(i)x_2(n-i) \tag{3.4.31}$$

3.4.4.2 卷积和的解法

1. 图解法

离散卷积的图解法与连续系统的卷积十分相似，主要分为自变量替换、反转、移位、相乘和相加几步，具体如下。

(1) 将序列 $x_1(n)$ 和 $x_2(n)$ 的自变量 n 用 i 代替，得到 $x_1(i)$ 和 $x_2(i)$。

(2) 将其中一个序列 $x_2(i)$ 以纵轴为轴线反转，得到 $x_2(-i)$。

(3) 将 $x_2(-i)$ 移位 n，得到 $x_2(n-i)$，其中，$n>0$ 时，序列右移；$n<0$ 时，序列左移。

(4) 将 $x_1(i)$ 与 $x_2(n-i)$ 相同的 i 序列值对应相乘，再相加。

例 3.4.9 已知两序列 $x_1(n)=\{\underset{\uparrow}{1},2,3,4\}$，$x_2(n)=\{\underset{\uparrow}{2},3,1\}$，求两个序列的卷积和 $x(n)=x_1(n)*x_2(n)$。

解 将 $x_1(n)$ 和 $x_2(n)$ 的自变量 n 用 i 代替，将 $x_2(i)$ 以纵轴为轴线反转，得到 $x_1(i)$ 和 $x_2(-i)$，如图 3.4.4(a)、(b)所示。

当 $n<0$ 时，$x_1(i)$ 和 $x_2(n-i)$ 无重叠区域，故 $x(n)=x_1(n)*x_2(n)=0$；

当 $n=0$ 时，$x_1(i)$ 和 $x_2(0-i)$ 对应相乘相加，由图 3.4.4(a)、(b)得 $x(0)=1\times2=2$；

当 $n=1$ 时，$x_1(i)$ 和 $x_2(1-i)$ 对应相乘相加，由图 3.4.4(a)、(c)得 $x(1)=1\times3+2\times2$

$=7$；

当 $n=2$ 时，$x_1(i)$ 和 $x_2(2-i)$ 对应相乘相加，由图 3.4.4(a)、(d)得 $x(2)=1\times1+2\times3+3\times2=13$；

当 $n=3$ 时，$x_1(i)$ 和 $x_2(3-i)$ 对应相乘相加，由图 3.4.4(a)、(e)得 $x(3)=2\times1+3\times3+4\times2=19$；

当 $n=4$ 时，$x_1(i)$ 和 $x_2(4-i)$ 对应相乘相加，由图 3.4.4(a)、(f)得 $x(4)=3\times1+4\times3=15$；

当 $n=5$ 时，$x_1(i)$ 和 $x_2(5-i)$ 对应相乘相加，由图 3.4.4(a)、(g)得 $x(5)=4\times1=4$；

当 $n\geqslant6$ 时，$x_1(i)$ 和 $x_2(n-i)$ 对应相乘相加，由图 3.4.4(a)、(h)得 $x(n)=x_1(n)*x_2(n)=0$。

所以 $x(n)=\{\underset{\uparrow}{2},7,13,19,15,4\}$。

2. 不进位乘法

例 3.4.10 已知 $x_1(n)=\{\underset{\uparrow}{2},2,2\}x_2(n)=\{\underset{\uparrow}{0},1,4,9\}$，求其卷积和 $x(n)=x_1(n)*x_2(n)$。

解 将两序列样值以各自的 n 最高值按右端对齐，进行不进位乘法，对位如下：

$$\begin{array}{cccccc}
 & & & 2 & 2 & 2 \\
 & & \times & 1 & 4 & 9 \\
\hline
 & & & 18 & 18 & 18 \\
 & & 8 & 8 & 8 & \\
+ & 2 & 2 & 2 & & \\
\hline
 & 2 & 10 & 28 & 26 & 18
\end{array}$$

所以 $x(n)=\{\underset{\uparrow}{0},2,10,28,26,18\}$。

不难发现，不进位乘法实质上是将图解法的反转与移位用乘法排列来表示。

3. 解析法

对于无限长序列，若需要得到卷积的解析式，就必须按照定义式求解，这时确定求和的上下限很关键。

例 3.4.11 设有 $x_1(n)=(0.5)^n u(n)$，$x_2(n)=1$，$x_3(n)=u(n)$，$-\infty<n<\infty$，求：(1) $x_1(n)*x_2(n)$；(2) $x_2(n)*x_3(n)$。

解 (1) 由卷积和的定义式(3.4.28)，考虑到 $x_2(n-i)=1$，得

$$x_1(n)*x_2(n)=\sum_{i=-\infty}^{\infty}(0.5)^i u(i)\times1$$

式中，$i<0$ 时，$u(i)=0$，故从 $-\infty$ 到 -1 的和等于零，因而求和下限可改为 $i=0$；$i\geqslant0$ 时，$u(i)=1$，于是有

$$x_1(n)*x_2(n)=\sum_{i=0}^{\infty}(0.5)^i=\frac{1}{1-0.5}=2$$

上式对 n 没有限制，故可写为

$$x_1(n)*x_2(n)=(0.5)^n u(n)*1=2,\quad -\infty<n<\infty$$

(2) 由卷积和的定义知：

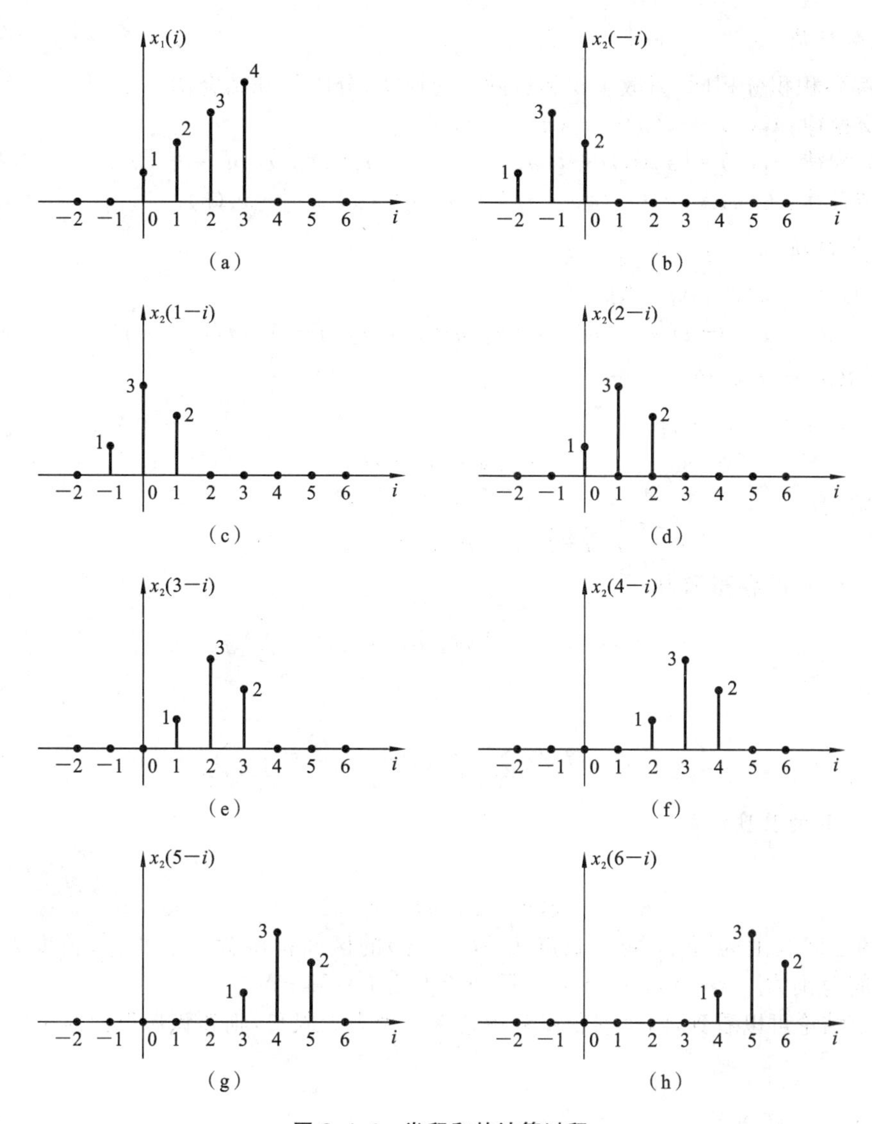

图 3.4.4　卷积和的计算过程

$$x_1(n) * x_3(n) = \sum_{i=-\infty}^{\infty} (0.5)^i u(i) u(n-i)$$

式中，当 $i<0$ 时，$u(i)=0$，故求和下限可改写为 0；当 $n-i<0$，即 $i>n$ 时，$u(n-i)=0$，因而从 $n+1$ 到 ∞ 的和为零，故求和上限可改写为 n；而对于 $0\leqslant i\leqslant n$ 区间，$u(i)=u(n-i)=1$，于是上式可写为

$$x_1(n) * x_3(n) = \sum_{i=0}^{n} (0.5)^i = \frac{1-(0.5)^{n+1}}{1-0.5} = 2[1-(0.5)^{n+1}]$$

显然，上式中 $n\geqslant 0$，故应写为

$$x_1(n) * x_3(n) = (0.5)^n u(n) * u(n) = 2[1-(0.5)^{n+1}]u(n)$$

3.4.4.3　卷积和的性质

卷积和的性质和卷积积分的类似，只是把积分变成求和。

1. 代数性质

与连续卷积积分相同，离散卷积和也满足交换律、分配律和结合律。

(1) 交换律：$x_1(n)*x_2(n)=x_2(n)*x_1(n)$。

(2) 分配律：$x_1(n)*[x_2(n)+x_3(n)]=x_1(n)*x_2(n)+x_1(n)*x_3(n)$。

(3) 结合律：$x_1(n)*[x_2(n)*x_3(n)]=[x_1(n)*x_2(n)]*x_3(n)$。

2. 移位性质

若 $x(n)=x_1(n)*x_2(n)$，则

$$x_1(n-i)*x_2(n-j)=x_1(n-j)*x_2(n-i)=x(n-i-j) \tag{3.4.32}$$

3. 与 $\delta(n)$ 和 $u(n)$ 的卷积和

(1) 与 $\delta(n)$ 的卷积和为

$$x(n)*\delta(n)=x(n)$$

由移位性质，有

$$x(n-i)*\delta(n-j)=x(n-i-j) \tag{3.4.33}$$

(2) 与 $u(n)$ 的卷积和为

$$x(n)*u(n)=\sum_{i=-\infty}^{\infty}x(i)u(n-i)=\sum_{i=-\infty}^{n}x(i) \tag{3.4.34}$$

则有

$$x(n)*u(n-j)=\sum_{i=-\infty}^{\infty}x(i)u(n-j-i)=\sum_{i=-\infty}^{n-j}x(i) \tag{3.4.35}$$

4. 卷积和的长度

若有

$$x(n)=x_1(n)*x_2(n)$$

设 $x_1(n)$ 的区间范围为 $[N_1,N_2]$，长度为 M，$x_2(n)$ 的区间范围为 $[N_3,N_4]$，长度为 N，则有 $x(n)$ 的区间范围为 $[N_1+N_3,N_2+N_4]$，区间长度为 $L=M+N-1$。

由这个结论可以看到，两个卷积序列中若有一个为无限长，则卷积后得到的序列也是无限长的。

3.4.4.4 解卷积

在前面的讨论中，若给定系统的激励 $x(n)(n\geqslant 0)$ 和单位序列响应 $h(n)$，则系统的零状态响应为

$$y_{zs}(n)=h(n)*x(n)=\sum_{i=0}^{n}h(i)x(n-i) \tag{3.4.36}$$

而在一些实际应用（如地震信号处理、地质勘探或考古勘探等）中，往往是对待测目标发送信号 $x(n)$，测得反射回波 $y_{zs}(n)$，由此计算被测目标的特性 $h(n)$。也就是说，给定 $x(n)$ 和 $y_{zs}(n)$，求 $h(n)$，这称为反卷积，也称为解卷积或逆卷积。

由式(3.4.36)得

$$\begin{cases} y_{zs}(0)=h(0)x(0) \\ y_{zs}(1)=h(0)x(1)+h(1)x(0) \\ y_{zs}(2)=h(0)x(2)+h(1)x(1)+h(2)x(0) \\ \quad\vdots \end{cases} \tag{3.4.37}$$

由式(3.4.37)得

$$\begin{cases} h(0)=y_{zs}(0)/x(0) \\ h(1)=[y_{zs}(1)-h(0)x(1)]/x(0) \\ h(2)=[y_{zs}(2)-h(0)x(2)-h(1)x(1)]/x(0) \\ \quad\vdots \end{cases} \tag{3.4.38}$$

由式(3.4.38)可知，求 $h(n)$ 的过程是一个递推的过程，由 $h(0),h(1),\cdots$，逐步求出各时刻的 $h(n)$ 值。依此规律递推，可以求出 $h(n)$ 的表达式为

$$h(n)=\left[y_{zs}(n)-\sum_{i=0}^{n-1}h(i)x(n-i)\right]\Big/x(0) \tag{3.4.39}$$

式(3.4.39)也可以这样推得，即由式(3.4.36)，得

$$y_{zs}(n)=\sum_{i=0}^{n}h(i)x(n-i)=h(n)x(0)+\sum_{i=0}^{n-1}h(i)x(n-i) \tag{3.4.40}$$

由上式不难求得式(3.4.39)。

同理可通过给定的 $h(n)$、$y_{zs}(n)$，求 $x(n)$ 的表达式：

$$x(n)=\left[y_{zs}(n)-\sum_{i=0}^{n-1}x(i)h(n-i)\right]\Big/h(0) \tag{3.4.41}$$

式(3.4.41)也称为反卷积。利用计算机可以方便地求得式(3.4.39)和式(3.4.41)的数值解。

反卷积技术常用于“系统识别”，以寻找系统模型。

例 3.4.12 已知某系统的激励 $x(n)=u(n)$，其零状态响应为

$$y_{zs}(n)=2[1-(0.5)^{n+1}]u(n)$$

求该系统的单位序列响应 $h(n)$。

解 由式(3.4.39)可知：

$$h(0)=y_{zs}(0)/x(0)=1$$

$$h(1)=[y_{zs}(1)-h(0)x(1)]/x(0)=\frac{3}{2}-1\times1=\frac{1}{2}$$

$$h(2)=[y_{zs}(2)-h(0)x(2)-h(1)x(1)]/x(0)=\frac{7}{4}-1-\frac{1}{2}=\frac{1}{4}$$

$$h(3)=[y_{zs}(3)-h(0)x(3)-h(1)x(2)-h(2)x(1)]/x(0)=\frac{15}{8}-1-\frac{1}{2}-\frac{1}{4}=\frac{1}{8}$$

以此类推，不难归纳出

$$h(n)=(0.5)^n u(n)$$

3.5 单位样值响应表示的系统特性

3.5.1 级联系统

由于系统不同，其单位样值响应 $h(n)$ 也不同，于是我们可以利用 $h(n)$ 表示离散系统的时域特性。

如单位样值响应分别为 $h_1(n)$ 和 $h_2(n)$ 的两个系统相级联，则级联系统的单位样值响应为

$$r(n)=e(n)*h_1(n)*h_2(n)$$

根据卷积和的交换律和结合律性质，有

$$r(n)=e(n)*h_1(n)*h_2(n)=e(n)*[h_1(n)*h_2(n)]=e(n)*[h_2(n)*h_1(n)]$$

所以，级联系统的单位样值响应等于两个子系统单位样值响应的卷积和，即 $h(n)=h_1(n)*h_2(n)$，如图 3.5.1 所示。交换两个级联系统的先后连接次序不影响系统总的单位样值响应。

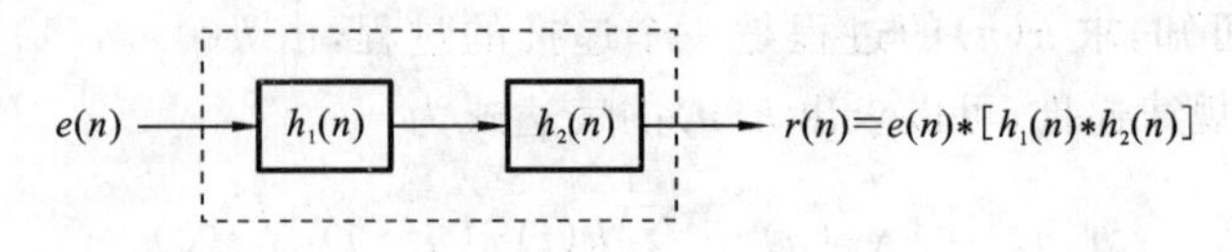

图 3.5.1 级联系统

3.5.2 并联系统

如单位样值响应分别为 $h_1(n)$和 $h_2(n)$的两个系统相并联，则并联系统的单位样值响应为

$$r(n)=e(n)*h_1(n)+e(n)*h_2(n)$$

根据卷积和的分配律性质，有

$$r(n)=e(n)*h_1(n)+e(n)*h_2(n)=e(n)*[h_1(n)+h_2(n)]$$

所以并联系统的单位样值响应等于两个子系统单位样值响应之和，即 $h(n)=h_1(n)+h_2(n)$，如图 3.5.2 所示。

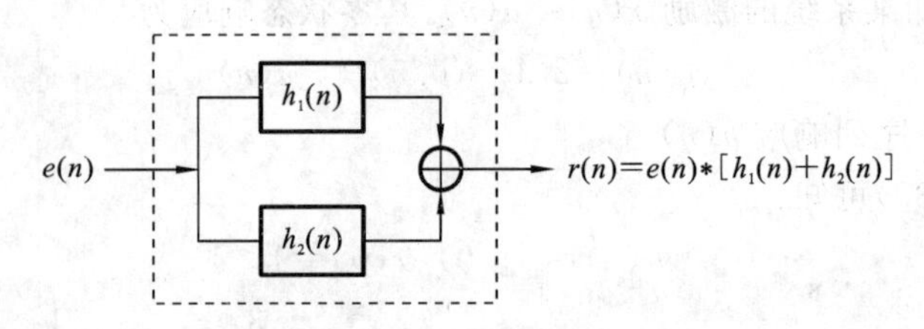

图 3.5.2 并联系统

3.5.3 因果离散系统

所谓因果离散系统，就是输出变化不领先于输入变化的系统。响应 $y(n)$只取决于此时，以及此时以前的激励，即 $x(n),x(n-1),x(n-2),\cdots$。

如果 $y(n)$不仅取决于当前及过去的输入，而且还取决于未来的输入 $x(n+1),x(n+2),\cdots$，那么在时间上就违背了因果关系，因而是非因果系统，也即不可实现的系统。

离散线性时不变系统是因果系统的充分必要条件是

$$h(n)=0,\quad n<0 \tag{3.5.1}$$

也可以表示为

$$h(n)=h(n)u(n) \tag{3.5.2}$$

满足上式的序列称为因果序列，因果系统的单位脉冲响应必然是因果序列。因果系统的条件从概念上也容易理解，因为单位样值响应是输入为 $\delta(n)$的零状态响应，在 $n=0$ 时刻以前，即 $n<0$ 时，没有加入信号，输出只能等于零。

3.5.4 稳定离散系统

对于离散时间系统，稳定系统的充分必要条件是单位样值响应绝对可积（或称绝对可和），即

$$\sum_{n=-\infty}^{\infty} |h(n)| \leqslant M$$

式中，M 为有界正值。既满足稳定条件又满足因果条件的系统是我们的主要研究对象，这种系统的单位样值响应 $h(n)$ 是单边且有界的。

$$\begin{cases} h(n) = h(n)u(n) \\ \sum_{n=-\infty}^{\infty} |h(n)| \leqslant M \end{cases}$$

3.6 离散信号与系统的 MATLAB 实现

3.6.1 离散信号的 MATLAB 表示

在 MATLAB 中，离散信号的表示方法与连续信号的不同，离散信号无法用符号运算法来表示，而只能采用数值计算法表示，由于 MATLAB 中元素的个数是有限的，因此，MATLAB 无法表示无限序列。另外，在绘制离散信号时必须使用专门用于绘制离散数据的命令，即 stem() 函数，而不能用 plot() 函数。

下面通过一些常用离散信号来说明如何用 MATLAB 来实现离散信号的表示，以及可视化。

1. 单位序列 $\delta(n)$

$$\delta(n) = \begin{cases} 1, & n=0 \\ 0, & n\neq 0 \end{cases}$$

下面是绘制单位序列 $\delta(n)$ 的 MATLAB 程序：

```
k1=-5;k2=5;                 % 定义自变量的取值范围
k=k1:k2;                    % 定义自变量的取值范围及抽样间隔(默认为 1),并生成行向量
n=length(k);                % 取向量的维数
f=zeros(1,n);               % 生成与向量 k 的维数相同的零矩阵,给函数赋值
f(1,6)=1;                   % 在 k=0 时刻,信号赋值为 1
stem(k,f,'filled')          % 绘制波形
                            % 'filled'定义点的形状,可通过 help 文件查询其他形状的描述
axis([k1,k2,0,1.5])         % 定义坐标轴显示范围
```

运行结果如图 3.6.1 所示。

如果要绘制移位的单位序列 $\delta(n+n_0)$ 的波形，只要对以上程序略加修改即可，例如要绘制信号 $\delta(n+2)$ 的图形，可将以上程序改为：

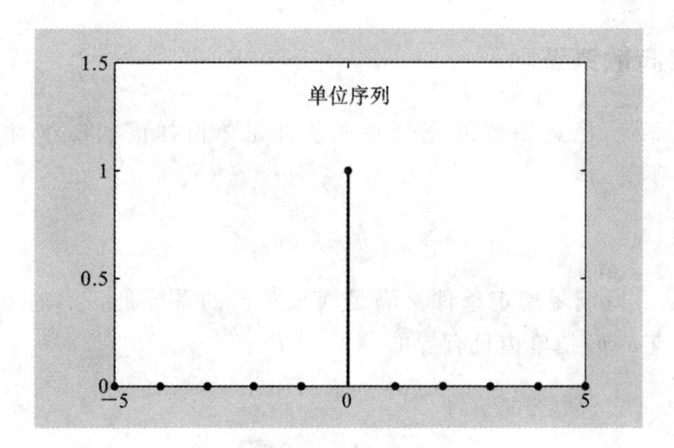

图 3.6.1　$\delta(n)$波形

```
k1=-5;k2=5;                  % 定义自变量的取值范围
k0=2;                        % 定义平移量
k=k1:k2;                     % 定义自变量的取值范围及抽样间隔(默认为 1),并生成行向量
n=length(k);                 % 取向量的维数
f=zeros(1,n);                % 生成与向量 k 的维数相同的零矩阵,给函数赋值
f(1,-k0-k1+1)=1;             % 在 k=k0 时刻,信号赋值为 1
stem(k,f,'filled')           % 绘制波形
axis([k1,k2,0,1.5])          % 定义坐标轴显示范围
```

2. 单位阶跃序列 $u(n)$

$$u(n)=\begin{cases}1, & n\geqslant 0\\ 0, & n<0\end{cases}$$

下面是绘制单位阶跃序列 $u(n)$的 MATLAB 程序：

```
k1=-3;k2=10; k0=0;                % 定义起止时刻和跃变时刻
k=k1:-k0-1;  kk=-k0:k2;
n=length(k);                      % 取 k=k0 点以前向量的维数
nn=length(kk);                    % 取 k=k0 点以后(含 k=k0 点)向量的维数
u=zeros(1,n);                     % 在 k=k0 以前,信号赋值为 0
uu=ones(1,nn);                    % 在 k=k0 以后,信号赋值为 1
stem(k,u,'filled')                % 绘制 k=k0 以前信号的波形
hold on                           % 保持图形窗口,以便在同一图形窗口绘制多个图形
stem(kk,uu,'filled')              % 绘制 k=k0 以后(含 k=k0 点)信号的波形
hold off                          % 图形窗口解冻
axis([k1,k2,0,1.5])               % 设置坐标轴显示范围
```

运行结果如图 3.6.2 所示。

3.6.2　离散信号基本运算的 MATLAB 实现

对于离散序列来说，序列相加、相乘是指将两序列对应时间序号的值逐项相加或相乘，移位、反转及尺度变换与连续信号的定义完全相同，这里就不再赘述。但需要注意，与连续信号

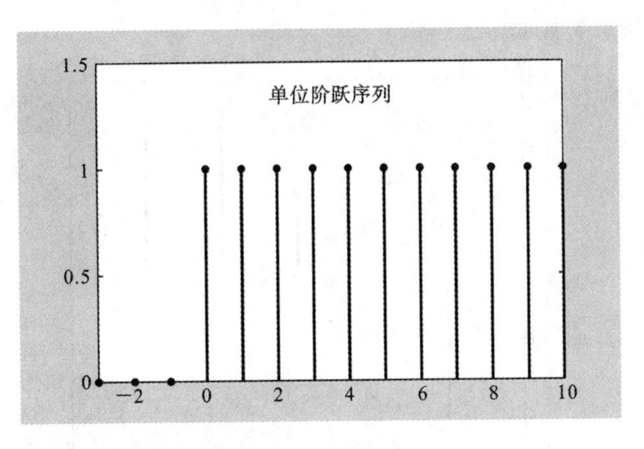

图 3.6.2　$u(n)$波形

不同的是，在 MATLAB 中，离散序列的时域运算和变换不能用符号运算来实现，而必须用向量表示的方法，即在 MATLAB 中，离散序列的相加、相乘需表示成两个向量的相加、相乘，因而参加运算的两序列向量必须具有相同的维数。

1. 离散序列的相加

在该运算中，要将进行相加运算的二序列向量通过补零的方式转为同维数的二序列向量，因而在调用对应函数时，要进行相加运算的二序列向量维数可以不同：

```
function[f,k]=lsxj(f1,f2,k1,k2);
    % 实现 f(k)=f(k)1+f(k)2, f1、f2、k1、k2 是参加运算的二离散序列及其对应的时间序列
    % 向量,f 和 k 为返回的和序列及其时间序列向量
k=min(min(k1),min(k2)):max(max(k1),max(k2));          % 构造和序列的长度
s1=zeros(1,length(k));s2=s1;                         % 初始化新向量
s1(find((k>=min(k1))&(k<=max(k1))==1))=f1;            % 将 f1 中在和序列范围内但又
                                                     % 无定义的点赋值为零
s2(find((k>=min(k2))&(k<=max(k2))==1))=f2;            % 将 f2 中在和序列范围内但又
                                                     % 无定义的点赋值为零
f=s1+s2;                                             % 对两长度相等的序列求和
stem(k,f,'filled')
axis([(min(min(k1),min(k2))-1),(max(max(k1),max(k2))+1),(min(f)-0.5),(max(f)+0.5)]);
                                                     % 坐标轴显示范围
```

例 3.6.1　求下列两序列的和序列：$f_1(n)=\{\underset{\uparrow}{-2},-1,0,1,2\}$，$f_2(n)=\{1,\underset{\uparrow}{1},1\}$。

MATLAB 程序为：

```
f1=-2:2;
k1=-2:2;
f2=[1 1 1];
k2=-1:1;
stem(k1,f1),axis(- 3,3,-2.5,2.5);
stem(k2,f2),axis(- 3,3,-2.5,2.5);
[f,k]=lsxj(f1,f2,k1,k2);
```

运行结果如图 3.6.3 所示。

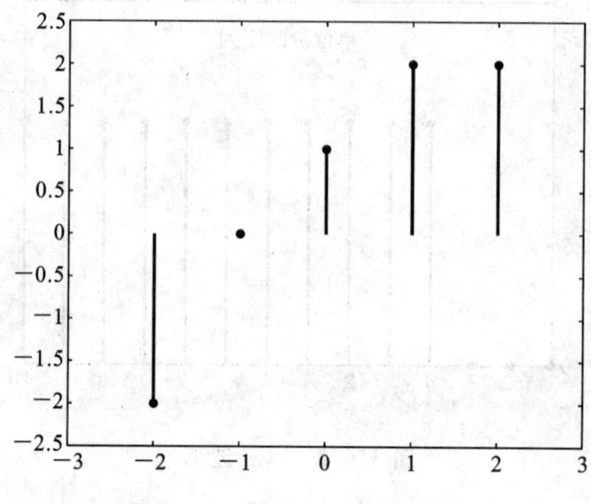

图 3.6.3　例 3.6.1 运行结果

2. 离散序列的相乘

与离散序列的相加类似，离散序列的相乘用以下函数实现：

```
function[f,k]=lsxc(f1,f2,k1,k2);
k=min(min(k1),min(k2)):max(max(k1),max(k2));
s1=zeros(1,length(k));s2=s1;
s1(find((k>=min(k1))&(k<=max(k1))==1))=f1;
s2(find((k>=min(k2))&(k<=max(k2))==1))=f2;
f=s1.*s2;
stem(k,f,'filled');
axis([(min(min(k1),min(k2))-1),(max(max(k1),max(k2))+1),(min(f)-0.5),(max(f)
+0.5)]);
```

该程序的调用方法与上例相同。

3. 离散序列的反转

向量的反转，即是将表示离散序列的两向量以零时刻的取值为基准点，以纵轴为对称轴反转，向量的反转可用 MATLAB 中的 fliplr()函数来实现。下面是其子函数：

```
function[f,k]=lsfz(f1,k1);
f=fliplr(f1);k=-fliplr(k1);
stem(k,f,'filled');
axis([min(k)-1,max(k)+1,min(f)-0.5,max(f)+0.5]);
```

例 3.6.2　已知 $f(n)=2^n$，$-3\leqslant n\leqslant 3$，画出 $f(-n)$ 波形。

其调用函数命令为：

```
k=-3:3;
f=2.^k;
stem(k,f),axis([-4,4,-0.5,8.5]);
lsfz(f,k);
```

运行结果如图 3.6.4 所示，注意比较两次出现的波形的异同。

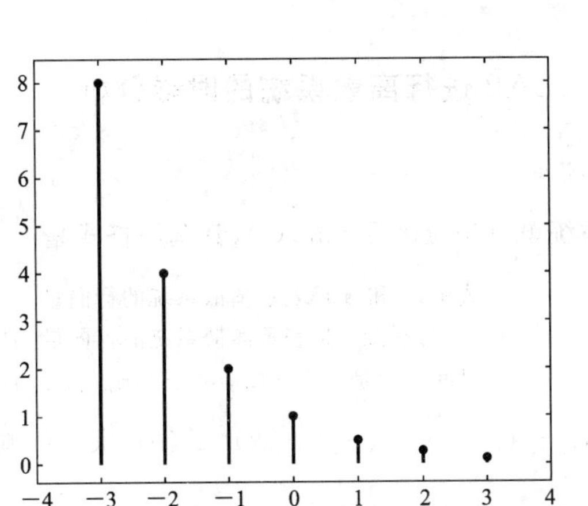

图 3.6.4　例 3.6.2 运行结果

4. 离散序列的移位

离散序列的移位可看作时间离散序列的时间序号向量移位，而表示对应时间序号点的序列样值不变，当序列向左移动 k0 个单位时，所有时间序号向量都减少 k0 个单位，反之则增加 k0 个单位。可用下面的子函数实现：

```
function[f,k]=lsyw(ff,kk,k0);
k=kk+k0;
f=ff;
stem(k,f,'filled');
axis([min(k)-1,max(k)+1,min(f)-0.5,max(f)+0.5]);
```

例 3.6.3　已知 $f(n)=n^2,-4\leqslant n\leqslant 4$，画出 $f(n-2)$ 波形。

其调用函数命令为：

```
k=-4:4;
f=k.^2;
stem(k,f),axis([-5,5,-0.5,16.5]);
lsyw(f,k,2);
```

运行结果如图 3.6.5 所示。

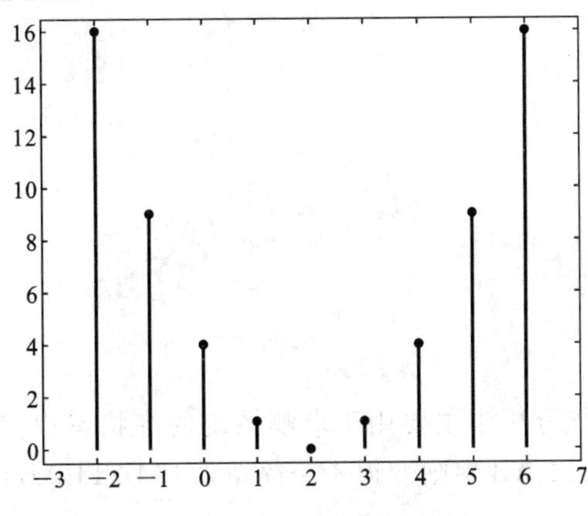

图 3.6.5　例 3.6.3 运行结果

3.6.3 利用 MATLAB 进行离散系统的时域分析

1. 离散系统的单位响应

MATLAB 提供了系统单位响应函数 impz( )，其调用格式是

```
impz(b,a)            % 式中，b 和 a 是表示离散系统的行向量
impz(b,a,n)          % 式中，b 和 a 是表示离散系统的行向量，时间范围是 0～n
impz(b,a,n1,n2)      % 时间范围是 n1～n2;y=impz(b,a,n1,n2)，由 y 给出数值序列
```

例 3.6.4 已知 $y(n)-y(n-1)+0.9y(n-2)=x(n)$，求单位响应。

MATLAB 程序为：

```
a=[1,-1,0.9];
b=[1];
impz(b,a);
impz(b,a,60);
impz(b,a,-10:40);
```

2. 离散系统的零状态响应

MATLAB 提供了求离散系统零状态响应数值的解函数 filter( )，调用格式为

```
filter(b,a,x)          % 其中，b 和 a 是表示离散系统的向量，x 是输入序列非零样值点行
                       % 向量，输出向量序号同 x 一样
```

例 3.6.5 已知 $y(n)-0.25y(n-1)+0.5y(n-2)=f(n)+f(n-1)$，$f(n)=\left(\frac{1}{2}\right)^n u(n)$，求零状态响应，范围为 0～20。

MATLAB 程序为：

```
a=[1 -0.25 0.5];
b=[1 1];
t=0:20;
x=(1/2).^t;
y=filter(b,a,x);
subplot(2,1,1);
stem(t,x);
title('输入序列');
subplot(2,1,2);
stem(t,y);
title('响应序列');
```

3. 离散信号的卷积

信号的卷积运算在系统分析中主要用于求解系统的零状态响应。一般情况下，卷积积分的运算比较困难，但在 MATLAB 中则变得十分简单，在 MATLAB 中是利用 conv()函数来实现卷积的。

功能：实现两个函数 $f_1(t)$ 和 $f_2(t)$ 的卷积。

格式：g=conv(f1,f2)

说明：f1=$f_1(t)$，f2=$f_2(t)$ 表示两个函数，g=$g(t)$ 表示两个函数的卷积结果。

例 3.6.6 已知两信号 $f_1(t)=u(t-1)-u(t-2)$，$f_2(t)=u(t-2)-u(t-3)$，求卷积 $g(t)=f_1(t)*f_2(t)$。

MATLAB 程序如下：

```
t1=1:0.01:2;
t2=2:0.01:3;
t3=3:0.01:5;                      % 两信号卷积结果自变量 t 的区间应为[两信号起始时刻
                                  % 之和,两信号终止时刻之和],请自行推导该结论
f1=ones(size(t1));                % 高度为 1 的门函数,时间从 t=1 到 t=2
f2=ones(size(t2));                % 高度为 1 的门函数,时间从 t=2 到 t=3
g=conv(f1,f2);                    % 对 f1 和 f2 进行卷积
subplot(3,1,1),plot(t1,f1);       % 画 f1 的波形
subplot(3,1,2),plot(t2,f2);       % 画 f2 的波形
subplot(3,1,3),plot(t3,g);        %  grid on; 画 g 的波形
```

习　　题

3.1 画出下列各序列的波形。

(1) $f_1(k)=ku(k+2)$；

(2) $f_2(k)=(2^{-k}+1)u(k+1)$；

(3) $f_3(k)=\begin{cases} k+2, & k\geqslant 0; \\ 3(2)^k, & k<0; \end{cases}$

(4) $f_4(k)=f_2(k)+f_3(k)$；

(5) $f_5(k)=f_1(k)f_3(k)$；

(6) $f_6(k)=f_1(2-k)$。

3.2 判断以下序列（A、B 为正数）是否为周期序列，若是周期序列，试求其周期。

(1) $f(n)=B\cos\left(\frac{3\pi}{7}n-\frac{\pi}{8}\right)$；　(2) $f(n)=\mathrm{e}^{\mathrm{j}\left(\frac{n}{8}-\pi\right)}$；　(3) $f(n)=A\sin\omega_0 nu(n)$。

3.3 设 $x(0)$，$f(k)$ 和 $y(k)$ 分别表示离散时间系统的初始状态、输入序列和输出序列，试判断以下各系统是否为线性时不变系统。

(1) $y(k)=f(k)\sin\left(\frac{2\pi}{7}k+\frac{\pi}{6}\right)$；

(2) $y(k)=\sum\limits_{i=-\infty}^{k} f(i)$；

(3) $y(k)=6x(0)+8kf(k)$；

(4) $y(k)=6x(0)+8f^2(k)$。

3.4 试求由下列差分方程描述的离散系统的响应。

(1) $y(k)+3y(k-1)+2y(k-2)=0$，$y(-2)=2$，$y(-1)=1$；

(2) $y(k)+2y(k-1)+2y(k-2)=0$，$y(-2)=0$，$y(-1)=1$；

(3) $y(k)-\frac{1}{4}y(k-1)-\frac{1}{8}y(k-2)=2u(k)+u(k-1)$，$y(k)=0(k<0)$；

(4) $y(k)-y(k-2)=\delta(k-2)+k-2$，$y(k)=0(k<0)$。

3.5 某离散时间系统的输入输出关系可由二阶常系数线性差分方程描述，且已知该系统单位阶跃序列响应为 $y(k)=[2^k+3\ (5)^k+10]u(k)$。

(1) 求此二阶差分方程;

(2) 若激励为 $f(k)=2u(k)-2u(k-10)$,求响应 $y(k)$。

3.6　求下列差分方程所描述的离散时间系统的单位序列响应。

(1) $y(k)+y(k-2)=f(k-2)$;

(2) $y(k)-7y(k-1)+6y(k-2)=6f(k)$;

(3) $y(k)+3y(k-1)+3y(k-2)+y(k-3)=f(k)+f(k-2)+f(k-3)$;

(4) $y(k)=b_0f(k)+b_1f(k-1)+\cdots+b_mf(k-m)$。

3.7　求下列序列的卷积和。

(1) $u(k)*u(k)$;　(2) $0.5^ku(k)*u(k)$;　(3) $2^ku(k)*3^ku(k)$;　(4) $ku(k)*\delta(k-1)$。

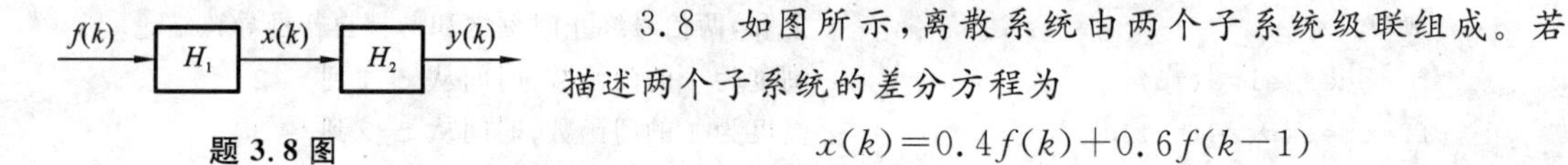

题 3.8 图

3.8　如图所示,离散系统由两个子系统级联组成。若描述两个子系统的差分方程为

$$x(k)=0.4f(k)+0.6f(k-1)$$

$$y(k)=3y(k-1)+x(k-2)$$

试分别求出两个子系统及整个系统的单位序列响应。

3.9　已知系统的单位序列响应 $h(k)$ 和激励 $f(k)$ 如下,试求各系统的零状态响应 $y(k)$,并画出其波形。

(1) $f(k)=h(k)=u(k)-u(k-4)$;

(2) $f(k)=u(k),h(k)=\delta(k)-\delta(k-3)$;

(3) $f(k)=\left(\frac{1}{2}\right)^ku(k),h(k)=\left[2\left(\frac{1}{2}\right)^k-\left(\frac{1}{4}\right)^k\right]u(k)$;

(4) $f(k)=u(k)$, $h(k)=u(k)$。

第4章　连续信号与系统的频域分析

【内容简介】 本章主要介绍连续周期信号和非周期信号的频域分析及其频谱、连续Fourier级数和Fourier变换的性质、频率响应、在频域中求解连续LTI系统响应的方法。最后讨论通信系统中频域分析法的具体应用，介绍无失真传输系统、理想低通滤波器和幅度调制与解调。

从本章开始，连续系统的分析方法从时域分析转换到变换域分析。本章讨论频域分析法，即Fourier分析法，包括周期与非周期信号的频谱分析、Fourier变换的性质、描述系统频率特性的系统函数以及在频域中求解系统响应的方法。

4.1　连续周期信号的频域分析

周期信号是定义在$(-\infty,\infty)$区间内，每隔时间T按照相同规律重复变化的信号，可以表示为

$$f(t)=f(t+mT) \tag{4.1.1}$$

式中，m是任意整数，信号的周期为T，角频率$\Omega=\frac{2\pi}{T}$。

4.1.1　周期信号的Fourier级数表示

由复变函数课程可知，周期信号$f(t)$在区间(t_0,t_0+T)内可以展开成三角函数或者指数函数的无穷级数，分别称为三角型Fourier级数或者指数型Fourier级数。

4.1.1.1　三角型Fourier级数

周期信号$f(t)$可以表示为三角函数的线性组合

$$\begin{aligned}f(t)&=\frac{a_0}{2}+a_1\cos(\Omega t)+b_1\sin(\Omega t)+a_2\cos(2\Omega t)+b_2\sin(2\Omega t)+\cdots\\&=\frac{a_0}{2}+\sum_{n=1}^{\infty}[a_n\cos(n\Omega t)+b_n\sin(n\Omega t)]\end{aligned} \tag{4.1.2}$$

其中，直流分量为

$$a_0=\frac{2}{T}\int_{t_0}^{t_0+T}f(t)\,\mathrm{d}t \tag{4.1.3}$$

余弦分量为

$$a_n=\frac{2}{T}\int_{t_0}^{t_0+T}f(t)\cos(n\Omega t)\,\mathrm{d}t \tag{4.1.4}$$

正弦分量为

$$b_n = \frac{2}{T}\int_{t_0}^{t_0+T} f(t)\sin(n\Omega t)\,dt \tag{4.1.5}$$

式(4.1.3)、式(4.1.4)和式(4.1.5)中，Ω 是周期信号的角频率，也称为基频。a_0、a_n 和 b_n 称为 Fourier 级数的系数。其中，a_0 是常数项，表示的是直流分量。a_n 和 b_n 是 $n\Omega$ 的函数（n 为整数），表示的是谐波成分，展开式中与基频相同的正余弦分量 a_1、b_1 称为基波分量，基频整数倍的正余弦分量 a_2、b_2、a_3、b_3……称为谐波分量，依次为二次谐波、三次谐波……

式(4.1.2)表明，周期信号可以分解为直流分量和许多正弦分量、余弦分量。但并非任意周期信号都可分解为式(4.1.2)的 Fourier 级数形成，能分解为式(4.1.2)的 Fourier 级数的信号必须满足狄利克雷(Dirichlet)条件，即：

(1) 在一个周期内，信号是绝对可积的，即 $\int_{t_0}^{t_0+T} |f(t)|\,dt < \infty$，通常遇到的周期信号都满足此条件，以后不再特别说明；

(2) 在一个周期内，信号是连续的，如果有间断点存在，则只有有限个第一类间断点；

(3) 在一个周期内，信号是有界的，在一个周期内有有限个极大值和极小值。

将式(4.1.2)中同频率的项合并，得

$$f(t) = \frac{a_0}{2} + \sum_{n=1}^{\infty}\sqrt{a_n^2+b_n^2}\left[\frac{a_n}{\sqrt{a_n^2+b_n^2}}\cos(n\Omega t) + \frac{b_n}{\sqrt{a_n^2+b_n^2}}\sin(n\Omega t)\right]$$

令 $A_0 = a_0$，$A_n = \sqrt{a_n^2+b_n^2}$，$\tan\varphi_n = -\frac{b_n}{a_n}$，则

$$f(t) = \frac{A_0}{2} + \sum_{n=1}^{\infty} A_n[\cos(n\Omega t + \varphi_n)] \tag{4.1.6}$$

式(4.1.6)称为幅度相位形式的 Fourier 级数。其中，A_0 是直流分量，A_n 表示 n 次谐波的幅度，φ_n 表示 n 次谐波的相位。

例 4.1.1 将图 4.1.1 所示的方波信号 $f(t)$ 展开成 Fourier 级数。

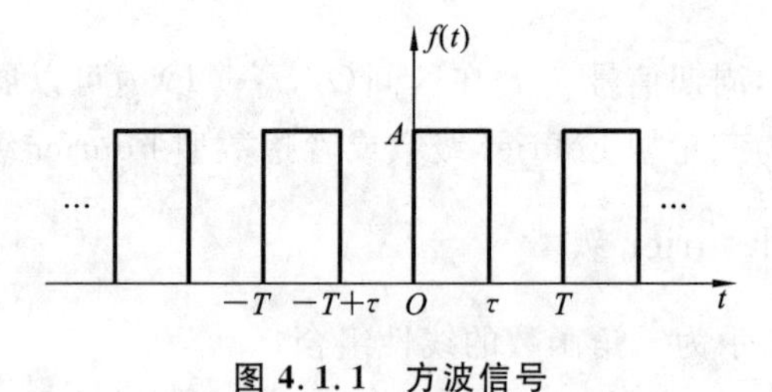

图 4.1.1 方波信号

解 由式(4.1.3)、式(4.1.4)和式(4.1.5)可得各傅里叶系数为

$$a_0 = \frac{2}{T}\int_0^T f(t)\,dt = \frac{2}{T}\int_0^{\tau} A\,dt = \frac{2A\tau}{T}$$

$$a_n = \frac{2}{T}\int_0^T f(t)\cos(n\Omega t)\,dt = \frac{2}{T}\int_0^{\tau} A\cos(n\Omega t)\,dt = \frac{A}{n\pi}\sin(n\Omega\tau)$$

$$b_n = \frac{2}{T}\int_0^T f(t)\sin(n\Omega t)\,dt = \frac{2}{T}\int_0^{\tau} A\sin(n\Omega t)\,dt = \frac{A}{n\pi}[1-\cos(n\Omega\tau)]$$

所以 $f(t)$ 可以展开为

$$f(t)=\frac{a_0}{2}+\sum_{n=1}^{\infty}[a_n\cos(n\Omega t)+b_n\sin(n\Omega t)]$$

$$=\frac{A\tau}{T}+\sum_{n=1}^{\infty}\frac{A}{n\pi}\sin(n\Omega\tau)\cos(n\Omega t)+\sum_{n=1}^{\infty}\frac{A}{n\pi}[1-\cos(n\Omega\tau)]\sin(n\Omega t)$$

4.1.1.2 指数型 Fourier 级数

周期信号 $f(t)$除了可以展开成三角型 Fourier 级数外，还可以表示为复指数函数 $e^{jn\Omega t}$ 的线性组合。根据欧拉公式，可知

$$\cos\theta=\frac{e^{j\theta}+e^{-j\theta}}{2}$$

所以，式(4.1.6)可以写为

$$f(t)=\frac{A_0}{2}+\sum_{n=1}^{\infty}\frac{A_n}{2}[e^{j(n\Omega t+\varphi_n)}+e^{-j(n\Omega t+\varphi_n)}]=\frac{A_0}{2}+\frac{1}{2}\sum_{n=1}^{\infty}A_n e^{jn\Omega t}e^{j\varphi_n}+\frac{1}{2}\sum_{n=1}^{\infty}A_n e^{-jn\Omega t}e^{-j\varphi_n}$$

将上式第三项中的 n 用 $-n$ 代换，并且 A_n 是 n 的偶函数，φ_n 是 n 的奇函数，即 $A_{-n}=A_n$，$\varphi_{-n}=-\varphi_n$，则上式可写为

$$f(t)=\frac{A_0}{2}+\frac{1}{2}\sum_{n=1}^{\infty}A_n e^{jn\Omega t}e^{j\varphi_n}+\frac{1}{2}\sum_{n=-1}^{-\infty}A_{-n}e^{jn\Omega t}e^{-j\varphi_{-n}}=\frac{A_0}{2}+\frac{1}{2}\sum_{n=1}^{\infty}A_n e^{jn\Omega t}e^{j\varphi_n}+\frac{1}{2}\sum_{n=-1}^{-\infty}A_n e^{jn\Omega t}e^{j\varphi_n}$$

将上式中的 A_0 写成 $A_0e^{j\varphi_0}e^{j0\Omega t}$（其中，$\varphi_0=0$），则

$$f(t)=\frac{1}{2}\sum_{n=-\infty}^{\infty}A_n e^{jn\Omega t}e^{j\varphi_n}$$

令$\frac{1}{2}A_n e^{j\varphi_n}=|F_n|e^{j\varphi_n}=F_n$，称为复 Fourier 系数，简称 Fourier 系数。Fourier 级数的指数形式为

$$f(t)=\sum_{n=-\infty}^{\infty}F_n e^{jn\Omega t} \tag{4.1.7}$$

其中，系数为

$$F_n=\frac{1}{T}\int_{t_0}^{t_0+T}f(t)e^{-jn\Omega t}dt \tag{4.1.8}$$

式(4.1.7)表明，周期信号 $f(t)$可分解为许多不同频率的虚指数信号之和，其各分量的幅度为 F_n。

例 4.1.2 求周期矩形脉冲信号的 Fourier 系数（见图 4.1.2）。

解 信号 $f(t)$的周期是 T，基波频率 $\Omega=\frac{2\pi}{T}$。当 $n=0$ 时，有

$$F_0=\frac{1}{T}\int_{-T/2}^{T/2}f(t)dt=\frac{1}{T}\int_{-T_1}^{T_1}1dt=-\frac{2T_1}{T}$$

当 $n\neq0$ 时，由式(4.1.8)可得

$$F_n=\frac{1}{T}\int_{-T/2}^{T/2}f(t)e^{-jn\Omega t}dt=\frac{1}{T}\int_{-T_1}^{T_1}e^{-jn\Omega t}dt$$

$$=-\frac{1}{jn\Omega T}e^{-jn\Omega t}\Big|_{-T_1}^{T_1}=\frac{2}{n\Omega T}\left[\frac{e^{jn\Omega T_1}-e^{-jn\Omega T_1}}{2j}\right]$$

$$=\frac{2\sin(n\Omega T_1)}{n\Omega T}=\frac{\sin(n\Omega T_1)}{n\pi}$$

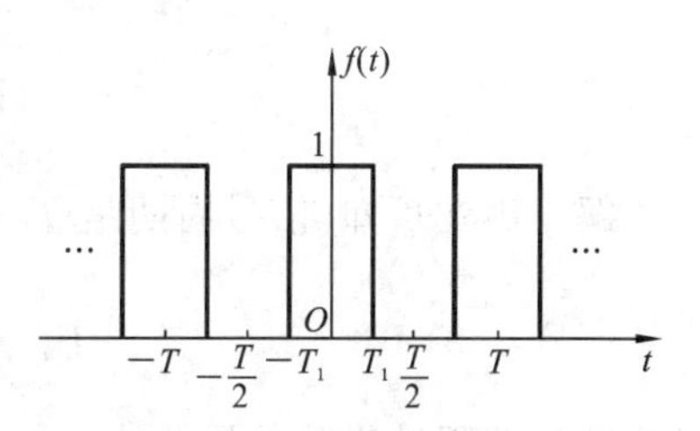

图 4.1.2 周期矩形脉冲信号

4.1.1.3 Fourier 级数展开式中各系数之间的关系

由式(4.1.2)、式(4.1.6)和式(4.1.7)可知

$$f(t)=\sum_{n=-\infty}^{\infty}F_n\mathrm{e}^{\mathrm{j}n\Omega t}=\frac{a_0}{2}+\sum_{n=1}^{\infty}[a_n\cos(n\Omega t)+b_n\sin(n\Omega t)]$$
$$=\frac{A_0}{2}+\sum_{n=1}^{\infty}A_n[\cos(n\Omega t+\varphi_n)]$$

并且

$$F_n=\frac{1}{T}\int_{-T/2}^{T/2}f(t)\mathrm{e}^{-\mathrm{j}n\Omega t}\mathrm{d}t=\frac{1}{T}\int_{-T/2}^{T/2}f(t)\cos(n\Omega t)\mathrm{d}t-\mathrm{j}\frac{1}{T}\int_{-T/2}^{T/2}f(t)\sin(n\Omega t)\mathrm{d}t$$
$$=\frac{1}{2}a_n-\mathrm{j}\frac{1}{2}b_n$$

F_n 一般是复数,可以表示成实部和虚部的形式,也可以表示成模和相位的形式:

$$F_n=|F_n|\mathrm{e}^{\mathrm{j}\varphi_n}$$
$$F_n=\mathrm{Re}F_n+\mathrm{Im}F_n$$

由此可得各系数之间的关系为

$$A_n=\sqrt{a_n^2+b_n^2}$$
$$\varphi_n=-\arctan\frac{b_n}{a_n}$$
$$|F_n|=\frac{A_n}{2}=\frac{1}{2}\sqrt{a_n^2+b_n^2}$$
$$a_n=A_n\cos\varphi_n=2\mathrm{Re}F_n$$
$$b_n=-A_n\sin\varphi_n=-2\mathrm{Im}F_n$$

由此可见,指数型傅里叶级数和三角型傅里叶级数的表达形式虽然不同,但实质都是将信号表示为直流分量和许多谐波分量之和。

例 4.1.3 求周期性冲激信号 $\delta_T(t)=\sum_{n=-\infty}^{\infty}\delta(t-nT)$ 的傅里叶级数展开式(见图 4.1.3)。

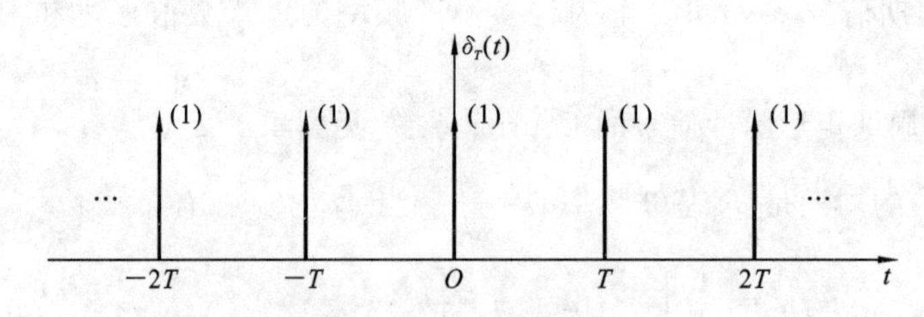

图 4.1.3 周期性冲激信号

解 由题可知,信号周期是 T,基波频率 $\Omega=\frac{2\pi}{T}$。指数型傅里叶级数的系数为

$$F_n=\frac{1}{T}\int_{-T/2}^{T/2}\delta(t)\mathrm{e}^{-\mathrm{j}n\Omega t}\mathrm{d}t=\frac{1}{T}$$

则指数型傅里叶级数的展开式为

$$\delta_T(t)=\sum_{n=-\infty}^{\infty}\frac{1}{T}e^{jn\Omega t}$$

三角型傅里叶级数展开式的系数为

$$a_0=F_0=\frac{1}{T}$$

$$a_n=2\mathrm{Re}F_n=\frac{2}{T}$$

$$b_n=-2\mathrm{Im}F_n=0$$

则三角型傅里叶级数为

$$\delta_T(t)=\frac{1}{T}+\sum_{n=1}^{\infty}\left[\frac{2}{T}\cos(n\Omega t)\right]$$

4.1.2 周期信号的频谱

由前所述，对于周期信号，其幅度相位形式的 Fourier 级数展开式为

$$f(t)=\frac{A_0}{2}+\sum_{n=1}^{\infty}A_n[\cos(n\Omega t+\varphi_n)]$$

指数形式的 Fourier 级数展开式为

$$f(t)=\sum_{n=-\infty}^{\infty}F_n e^{jn\Omega t},\quad F_n=|F_n|e^{j\varphi_n}$$

它们表明周期信号可以分解成一系列不同频率的正弦信号或虚指数信号之和。为了直观地表示信号所含各频率分量，以角频率为横坐标，以不同频率成分的幅度和相位为纵坐标绘成图形，称之为信号的频谱图。其中，幅度 A_n、$|F_n|$ 与频率 ω 之间的关系称为幅度(振幅)频谱，简称幅度谱；相位 φ_n 与频率 ω 之间的关系称为相位频谱，简称相位谱。

对于指数形式的 Fourier 级数展开式，其 $|F_n|$ 和 ω，φ_n 和 ω 的关系即为指数形式的幅度频谱和相位频谱，也称双边谱，如图 4.1.4 所示。

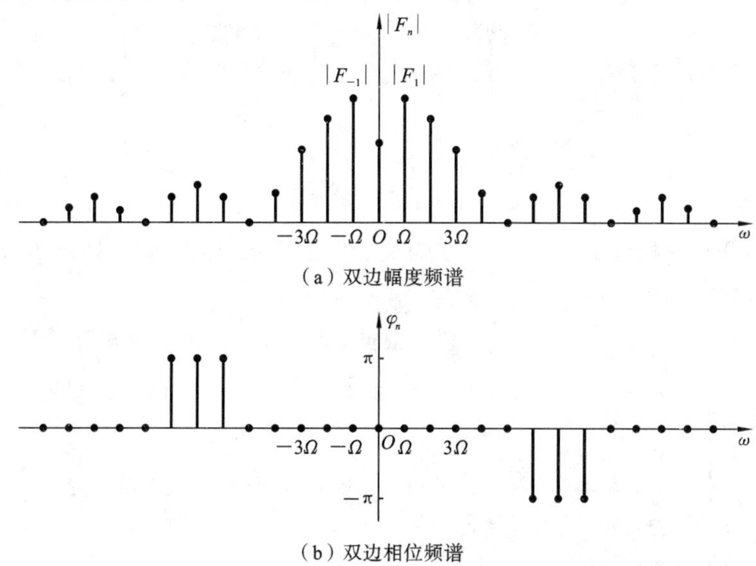

图 4.1.4 指数形式的频谱

对于幅度相位形式的 Fourier 级数展开式，其 A_n 和 ω，φ_n 和 ω 的关系即为三角形式的幅度频谱和相位频谱，也称单边谱，如图 4.1.5 所示。

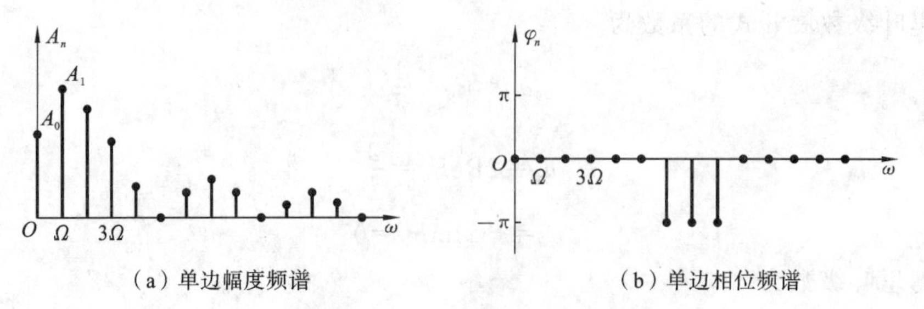

（a）单边幅度频谱　　（b）单边相位频谱

图 4.1.5　三角形式的频谱

例 4.1.4　已知周期信号

$$f(t)=1-\frac{1}{2}\cos\left(\frac{\pi}{4}t-\frac{2\pi}{3}\right)+\frac{1}{4}\sin\left(\frac{\pi}{3}t-\frac{\pi}{6}\right)$$

试求该信号的周期 T，基波角频率 Ω，并画出其单边谱。

解　首先应用三角公式改写 $f(t)$ 的表达式，即

$$f(t)=1+\frac{1}{2}\cos\left(\frac{\pi}{4}t-\frac{2\pi}{3}+\pi\right)+\frac{1}{4}\cos\left(\frac{\pi}{3}t-\frac{\pi}{6}-\frac{\pi}{2}\right)$$

可见，$f(t)$ 的周期 $T=24$，基波的角频率 $\Omega=\frac{2\pi}{T}=\frac{\pi}{12}$，1 是直流分量，$\frac{1}{2}\cos\left(\frac{\pi}{4}t+\frac{\pi}{3}\right)$ 是 $f(t)$ 的三次谐波分量，$\frac{1}{4}\cos\left(\frac{\pi}{3}t-\frac{2\pi}{3}\right)$ 是 $f(t)$ 的四次谐波分量。

$f(t)$ 的幅度频谱、相位频谱如图 4.1.6 所示。

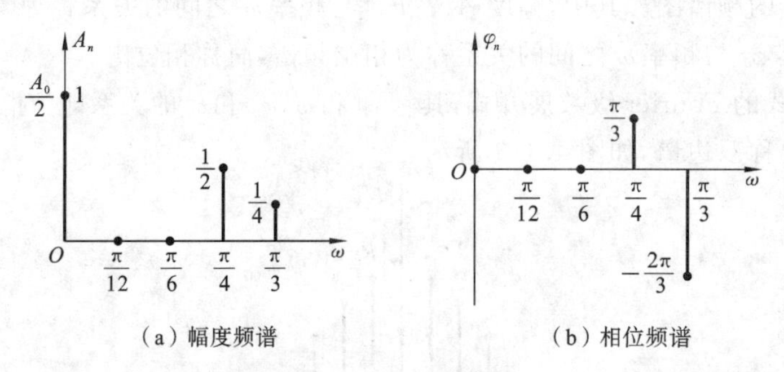

（a）幅度频谱　　（b）相位频谱

图 4.1.6　$f(t)$ 的频谱图

例 4.1.5　设有一幅度为 1，脉冲宽度为 τ 的周期矩形脉冲，其周期为 T，如图 4.1.7 所示，求其频谱。

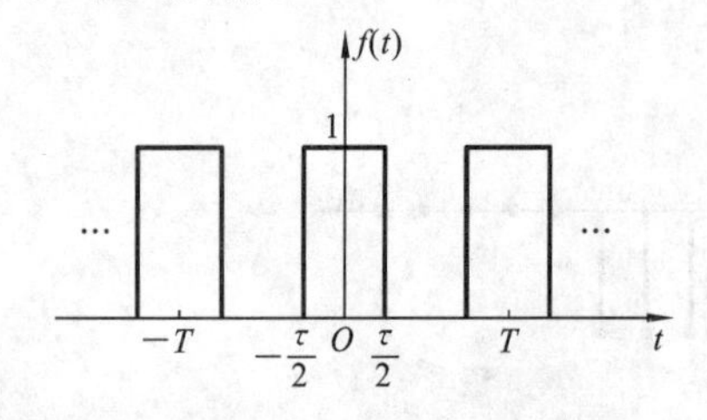

图 4.1.7　周期矩形脉冲

解　根据式(4.1.8)可求其傅里叶系数

$$F_n=\frac{1}{T}\int_{-T/2}^{T/2}f(t)\mathrm{e}^{-\mathrm{j}n\Omega t}\mathrm{d}t=\frac{1}{T}\int_{-\frac{\tau}{2}}^{\frac{\tau}{2}}1\mathrm{e}^{-\mathrm{j}n\Omega t}\mathrm{d}t$$

$$=\frac{1}{T}\frac{\mathrm{e}^{\mathrm{j}n\Omega t}}{-\mathrm{j}n\Omega}\bigg|_{-\frac{\tau}{2}}^{\frac{\tau}{2}}=\frac{2}{T}\frac{\sin\left(\frac{n\Omega\tau}{2}\right)}{n\Omega}$$

令 $\mathrm{Sa}(x)=\frac{\sin x}{x}$，得

$$F_n=\frac{\tau}{T}\mathrm{Sa}\left(\frac{n\Omega\tau}{2}\right)=\frac{\tau}{T}\mathrm{Sa}\left(\frac{n\pi\tau}{T}\right)$$

图 4.1.8 画出了 $T=4\tau$ 时的周期矩形脉冲的频谱，由于 F_n 为实数，故未另外画出相位谱。

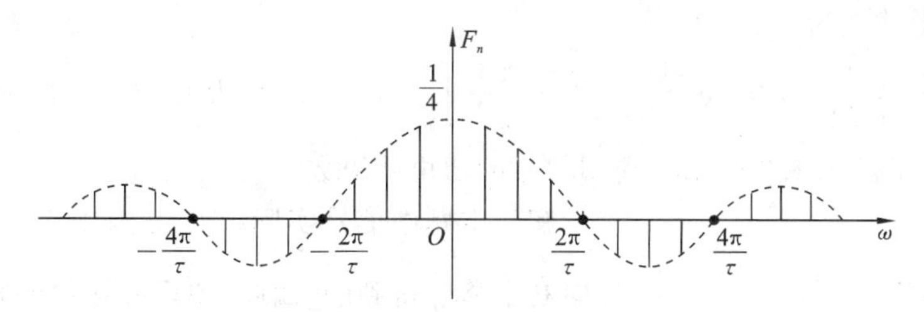

图 4.1.8　周期矩形脉冲的频谱

通过对周期矩形脉冲的频谱进行分析，可以归纳出周期信号的频谱的一般特点。

(1) 周期信号的频谱由许多频率离散的谱线组成，称为离散频谱或线谱。谱线的间隔 $\Omega=\frac{2\pi}{T}$，谱线（谐波分量）只存在于基波频率 Ω 的整数倍上。

(2) 谱线的幅度总体呈收敛性或衰减性，也就是说，信号的能量主要集中在低频段，对于周期矩形脉冲而言，其能量主要集中在第一个过零点以内。

(3) 信号的频带宽度。我们把能量主要集中的频率范围称为有效频带宽度，简称带宽。如周期矩形脉冲的带宽为

$$B=\frac{2\pi}{\tau}\ (\mathrm{rad/s})$$

(4) 信号的时间特性和频率特性之间的关系。对于周期矩形脉冲，时域中脉冲持续时间越短，频域中信号占有的频带越宽。

(5) 谱线密度与周期 T 的关系。谱线的间隔 $\Omega=\frac{2\pi}{T}$，当周期 T 变大时，谱线间隔变小，谱线变密，当周期 $T\to\infty$ 时，周期信号变为非周期信号，相邻谱线间隔趋近于零，周期信号的离散频谱过渡到非周期信号的连续频谱。

4.1.3　连续 Fourier 级数的基本性质

连续时间周期信号的 Fourier 级数具有很多重要的性质，这些性质揭示了周期信号的时域与频域之间的内在联系，有助于深入理解 Fourier 级数的数学概念和物理概念。

4.1.3.1　线性特性

由式(4.1.8)可知，Fourier 级数的系数 F_n 与时间信号 $f(t)$ 之间的积分运算是一种线性运算，因此 Fourier 级数的系数满足叠加性和齐次性。

如果 $f_1(t)$ 的 Fourier 级数的系数为 F_{1n}，$f_2(t)$ 的 Fourier 级数的系数为 F_{2n}，则 $K_1f_1(t)+K_2f_2(t)$ 的 Fourier 级数的系数为 $K_1F_{1n}+K_2F_{2n}$。

4.1.3.2　移位特性

如果 $f(t)$ 的 Fourier 级数的系数为 F_n，则 $f(t-\tau)$ 的 Fourier 级数的系数为 $F_n\mathrm{e}^{-\mathrm{j}n\Omega\tau}$。

证明：根据 Fourier 级数的系数公式，$f(t-\tau)$的 Fourier 级数的系数为

$$G_n = \frac{1}{T}\int_{t_0}^{t_0+T} f(t-\tau)\mathrm{e}^{-\mathrm{j}n\Omega t}\mathrm{d}t$$

令 $x=t-\tau$，则上式变为

$$G_n = \frac{1}{T}\int_{t_0}^{t_0+T} f(x)\mathrm{e}^{-\mathrm{j}n\Omega(x+\tau)}\mathrm{d}t = \left[\frac{1}{T}\int_{t_0}^{t_0+T} f(x)\mathrm{e}^{-\mathrm{j}n\Omega x}\mathrm{d}t\right]\mathrm{e}^{-\mathrm{j}n\Omega\tau} = F_n\mathrm{e}^{-\mathrm{j}n\Omega\tau}$$

例 4.1.6 求图 4.1.9 所示的周期信号的傅里叶级数。

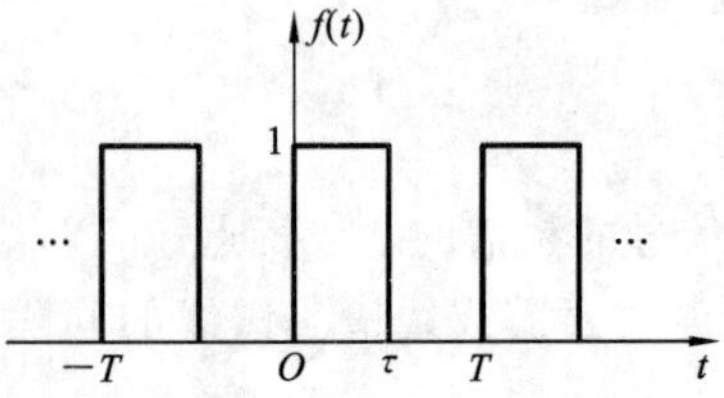

图 4.1.9 例 4.1.6 图

解 本题中信号实际上是由例 4.1.5 中对称矩形信号向右平移$\frac{\tau}{2}$得到的，因此，傅里叶级数的系数为

$$F_n = \frac{\tau}{T}\mathrm{Sa}\left(\frac{n\Omega\tau}{2}\right)\mathrm{e}^{-\frac{\mathrm{j}n\Omega\tau}{2}}$$

则 $f(t)$的 Fourier 级数展开式为

$$f(t) = \sum_{n=-\infty}^{\infty}\left[\frac{\tau}{T}\mathrm{Sa}\left(\frac{n\Omega\tau}{2}\right)\mathrm{e}^{-\frac{\mathrm{j}n\Omega\tau}{2}}\right]\mathrm{e}^{\mathrm{j}n\Omega t}$$

$$= \sum_{n=-\infty}^{\infty}\frac{\tau}{T}\mathrm{Sa}\left(\frac{n\Omega\tau}{2}\right)\mathrm{e}^{\mathrm{j}n\Omega\left(t-\frac{\tau}{2}\right)}$$

4.1.3.3 时域微分性质

如果 $f(t)$的 Fourier 级数的系数为 F_n，则其导数$\frac{\mathrm{d}}{\mathrm{d}t}f(t)$的 Fourier 级数的系数为 $\mathrm{j}n\Omega F_n$。

证明：若 $f(t)$的周期为 T，则其导数$\frac{\mathrm{d}}{\mathrm{d}t}f(t)$也必然是周期为 T 的周期信号，$\frac{\mathrm{d}}{\mathrm{d}t}f(t)$的 Fourier 级数的系数为

$$G_n = \frac{1}{T}\int_{t_0}^{t_0+T} f'(t)\mathrm{e}^{-\mathrm{j}n\Omega t}\mathrm{d}t = \frac{1}{T}\left[f(t)\mathrm{e}^{-\mathrm{j}n\Omega t}\right]\Big|_{t_0}^{t_0+T} + \frac{1}{T}\int_{t_0}^{t_0+T}\mathrm{j}n\Omega f(t)\mathrm{e}^{-\mathrm{j}n\Omega t}\mathrm{d}t$$

$$= \mathrm{j}n\Omega\left[\frac{1}{T}\int_{t_0}^{t_0+T} f(t)\mathrm{e}^{-\mathrm{j}n\Omega t}\mathrm{d}t\right] = \mathrm{j}n\Omega F_n$$

不难证明，对于高阶导数$\frac{\mathrm{d}^k}{\mathrm{d}t^k}f(t)$，其 Fourier 级数的系数为$(\mathrm{j}n\Omega)^k F_n$。

有些信号求导后可能会出现简单信号甚至冲激函数的形式，对这类信号应用微分性质求 Fourier 级数会简化运算。需要注意的是，直流分量要特别考虑。

4.1.3.4 时域奇偶对称性

1. 奇对称信号

奇对称信号满足 $f(t)=-f(-t)$，即 $f(t)$是奇函数，可求得其 Fourier 级数的系数为

$$a_n = \frac{2}{T}\int_{-T/2}^{T/2} f(t)\cos(n\Omega t)\,\mathrm{d}t = 0$$

$$a_0 = \frac{2}{T}\int_{-T/2}^{T/2} f(t)\,\mathrm{d}t = 0$$

所以，奇对称信号的 Fourier 级数展开式为

$$f(t)=\sum_{n=1}^{\infty}b_n\sin(n\Omega t)$$

即奇对称信号中不含直流分量，也不含余弦分量，仅仅含有正弦分量。

2. 偶对称信号

偶对称信号满足 $f(t)=f(-t)$，即 $f(t)$ 是偶函数，可求得其 Fourier 级数的系数为

$$b_n=\frac{2}{T}\int_{-T/2}^{T/2}f(t)\sin(n\Omega t)\mathrm{d}t=0$$

所以，偶对称信号的 Fourier 级数展开式为

$$f(t)=a_0+\sum_{n=1}^{\infty}a_n\cos(n\Omega t)$$

即偶对称信号只含有直流分量和余弦分量，不含有正弦分量。

3. 奇谐对称信号

奇谐对称信号满足 $f(t)=-f(t\pm T/2)$，如图 4.1.10 所示。信号平移半个周期后，上下反转，与原信号完全重合。奇谐信号的 Fourier 级数只包含奇次谐波分量，不含直流分量，也不含偶次谐波分量。

4. 偶谐对称信号

偶谐对称信号满足 $f(t)=f(t\pm T/2)$，如图 4.1.11 所示。信号平移半个周期后与原信号完全重合。实际上偶谐对称信号等同于周期为 $T/2$ 的偶对称信号。

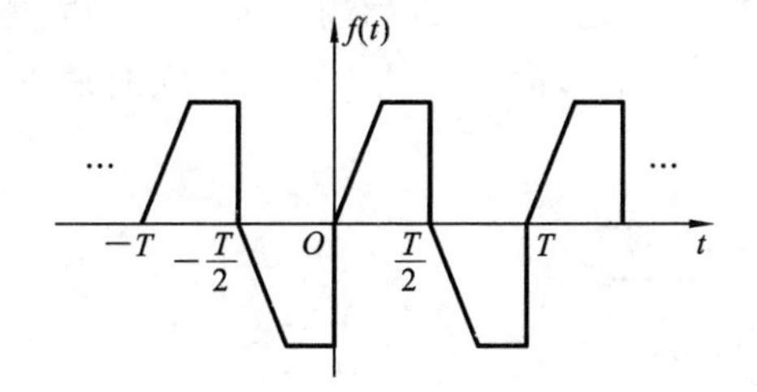

图 4.1.10　奇谐对称信号

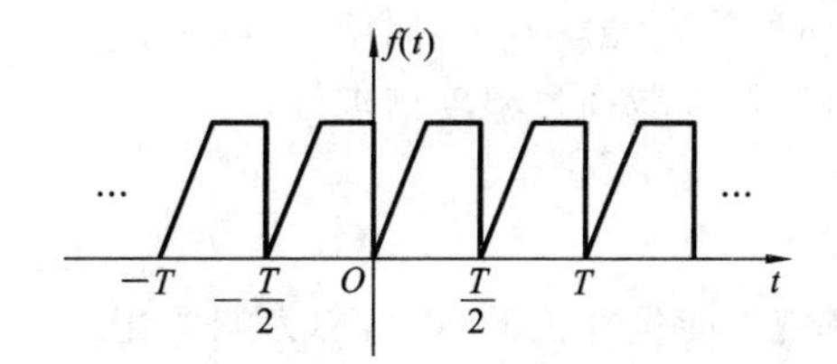

图 4.1.11　偶谐对称信号

由于周期为 $T/2$，基本角频率为 2Ω，谐波成分是基本角频率的整数倍，即 $2n\Omega$，故这种对称信号的 Fourier 级数只包含偶次谐波分量。

例 4.1.7　求图 4.1.12 所示的周期矩形信号的 Fourier 级数展开式。

解　该信号是奇谐对称信号，因此其傅里叶级数展开式只含有奇次谐波分量。该信号在半个周期内可表示为

$$f(t)=A\quad\left(0\leqslant t\leqslant\frac{T}{2}\right)$$

则 Fourier 级数的系数为

$$a_n=\frac{2}{T}\int_{-T/2}^{T/2}f(t)\cos(n\Omega t)\mathrm{d}t=0$$

$$b_n=\frac{4}{T}\int_{0}^{T/2}A\sin(n\Omega t)\mathrm{d}t=\begin{cases}\dfrac{4A}{n\pi} & (n=1,3,5,\cdots)\\ 0 & (n=2,4,6,\cdots)\end{cases}$$

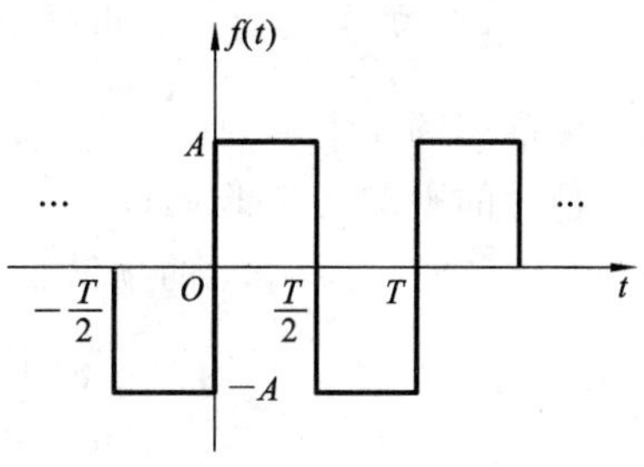

图 4.1.12　例 4.1.7 图

因此，周期矩形信号的 Fourier 级数展开式为

$$f(t)=\frac{4A}{\pi}\left[\sin(\Omega t)+\frac{1}{3}\sin(3\Omega t)+\frac{1}{5}\sin(5\Omega t)+\cdots\right]$$

4.1.4 连续周期信号的功率谱

对于周期为 T 的周期信号 $f(t)$，其时域功率表达式为

$$P=\frac{1}{T}\int_{t_0}^{t_0+T}|f(t)|^2\mathrm{d}t=\frac{1}{T}\int_{t_0}^{t_0+T}f(t)f^*(t)\mathrm{d}t$$

将 $f(t)$ 的 Fourier 级数展开式代入上式，得

$$\begin{aligned}P&=\frac{1}{T}\int_{t_0}^{t_0+T}|f(t)|^2\mathrm{d}t=\frac{1}{T}\int_{t_0}^{t_0+T}\sum_{n=-\infty}^{\infty}F_n\mathrm{e}^{\mathrm{j}n\Omega t}\left(\sum_{n=-\infty}^{\infty}F_n\mathrm{e}^{\mathrm{j}n\Omega t}\right)^*\mathrm{d}t\\&=\sum_{n=-\infty}^{\infty}F_n\sum_{m=-\infty}^{\infty}F_m^*\frac{1}{T}\int_{t_0}^{t_0+T}\mathrm{e}^{\mathrm{j}(n-m)\Omega t}\mathrm{d}t\end{aligned}$$

其中

$$\frac{1}{T}\int_{t_0}^{t_0+T}\mathrm{e}^{\mathrm{j}(n-m)\Omega t}\mathrm{d}t=\begin{cases}1, & m=n\\0, & m\neq n\end{cases}$$

所以

$$P=\sum_{n=-\infty}^{\infty}F_nF_n^*=\sum_{n=-\infty}^{\infty}|F_n|^2 \tag{4.1.9}$$

式(4.1.9)是周期信号功率的频域求解公式，周期信号的平均功率等于频域中直流分量、基波分量以及各次谐波分量的平均功率之和。$|F_n|^2$ 与 $n\Omega$ 的关系称为周期信号的功率频谱，简称功率谱。显然，周期信号的功率谱也是离散谱。信号的平均功率既可以在时域求得，也可以在频域通过幅度谱求得。即

$$P=\frac{1}{T}\int_{t_0}^{t_0+T}|f(t)|^2\mathrm{d}t=\sum_{n=-\infty}^{\infty}|F_n|^2 \tag{4.1.10}$$

这体现了能量守恒的概念，称为帕塞瓦尔(Parseval)定理。

例 4.1.8 周期电流信号 $i(t)=1-\sin(\pi t)+\cos(\pi t)+\frac{1}{\sqrt{2}}\cos\left(2\pi t+\frac{\pi}{6}\right)$，单位为 A，试画出该信号的频谱和功率谱，并计算平均功率。

解 将信号进行整理，得

$$i(t)=1+\sqrt{2}\cos\left(\pi t+\frac{\pi}{4}\right)+\frac{1}{\sqrt{2}}\cos\left(2\pi t+\frac{\pi}{6}\right)$$

可知，直流成分 $A_0=1$；基波角频率 $\Omega=\pi$，$A_1=\sqrt{2}$，$\varphi_1=\frac{\pi}{4}$；二次谐波 $2\Omega=2\pi$，$A_2=\frac{1}{\sqrt{2}}$，$\varphi_2=\frac{\pi}{6}$。信号频谱如图 4.1.13 所示。

信号的平均功率既可以在时域求，也可以在频域求。本题只有有限的频率成分，应用 Parseval 定理，利用信号的频谱成分求功率非常简单。功率谱如图 4.1.14 所示。

$$\begin{aligned}P&=A_0+\sum_{n=1}^{\infty}\left(\frac{A_n}{\sqrt{2}}\right)^2=A_0+\left(\frac{A_1}{\sqrt{2}}\right)^2+\left(\frac{A_2}{\sqrt{2}}\right)^2\\&=1+\left[\frac{\sqrt{2}}{\sqrt{2}}\right]^2+\left[\frac{1/\sqrt{2}}{\sqrt{2}}\right]^2=2.25\ (\mathrm{W})\end{aligned}$$

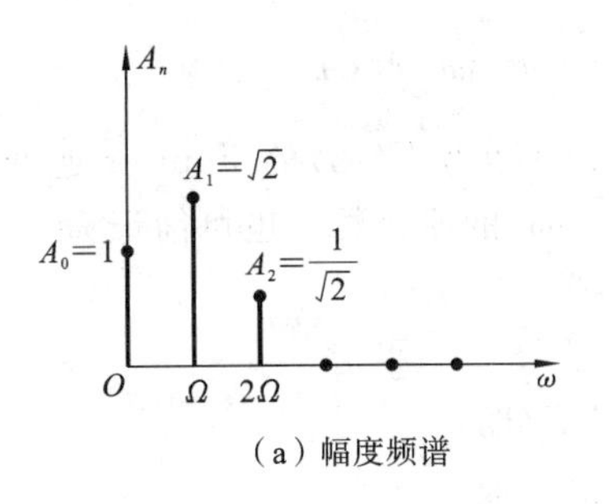

（a）幅度频谱

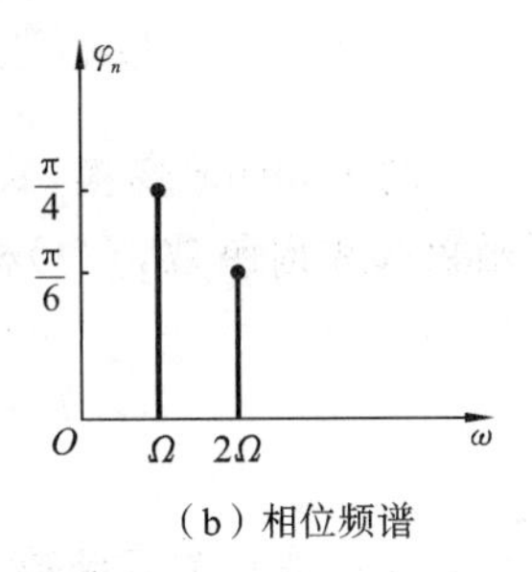

（b）相位频谱

图 4.1.13　例 4.1.8 信号频谱

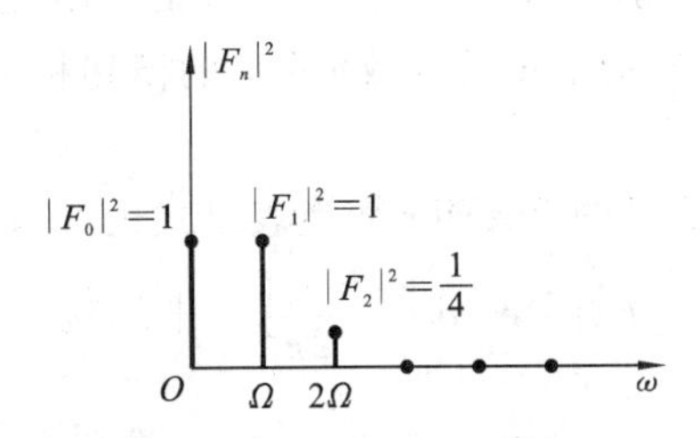

图 4.1.14　例 4.1.8 功率谱

4.2　连续非周期信号的频域分析

4.2.1　连续非周期信号的 Fourier 变换及其频谱

对于一个周期信号 $f_T(t)$，当其周期 T 趋近于无穷大时，其将变成非周期信号 $f(t)$。在前面的 Fourier 级数分析中已经知道，周期信号的频谱 F_n 是由一条条离散的谱线组成的，相邻谱线的间隔为 Ω。当周期 $T\to\infty$ 时，相邻谱线的间隔 $\Omega\to 0$，从而信号的离散谱线成为连续谱，同时各频率分量的幅度也都趋近于无穷小，不过这些无穷小量之间仍保持着一定的比例关系。为了描述非周期信号的频谱特性，引入频谱密度的概念。

令

$$F(\mathrm{j}\omega)=\lim_{T\to\infty}\frac{F_n}{1/T}=\lim_{T\to\infty}F_nT \tag{4.2.1}$$

$F(\mathrm{j}\omega)$ 称为频谱密度函数。由式(4.1.7)和式(4.1.8)可得

$$F_nT=\int_T f(t)\mathrm{e}^{-\mathrm{j}n\Omega t}\,\mathrm{d}t \tag{4.2.2}$$

$$f(t)=\sum_{n=-\infty}^{\infty}F_nT\mathrm{e}^{\mathrm{j}n\Omega t}\,\frac{1}{T} \tag{4.2.3}$$

当 T 趋近于无穷大时，Ω 趋近于无穷小，表示为 $\mathrm{d}\omega$，$\frac{1}{T}=\frac{\Omega}{2\pi}$ 将趋近于 $\frac{\mathrm{d}\omega}{2\pi}$，当 $\Omega\neq 0$ 时，$n\Omega$ 是离散值，当 Ω 趋近于无穷小时，它成为连续变量 ω，同时求和应改为积分。因此，当 $T\to\infty$ 时，式(4.2.2)和式(4.2.3)为

$$F(\mathrm{j}\omega)=\lim_{T\to\infty}F_nT\overset{\mathrm{def}}{=\!=\!=}\int_{-\infty}^{\infty}f(t)\mathrm{e}^{-\mathrm{j}\omega t}\,\mathrm{d}t \tag{4.2.4}$$

$$f(t) \xlongequal{\text{def}} \frac{1}{2\pi}\int_{-\infty}^{\infty} F(\mathrm{j}\omega)\mathrm{e}^{\mathrm{j}\omega t}\mathrm{d}\omega \tag{4.2.5}$$

式(4.2.4)称为 $f(t)$ 的 Fourier 变换,式(4.2.5)称为 $F(\mathrm{j}\omega)$ 的 Fourier 逆变换。$F(\mathrm{j}\omega)$ 称为 $f(t)$ 的频谱密度函数或频谱函数,$f(t)$ 称为 $F(\mathrm{j}\omega)$ 的原函数。也可简记为

$$F(\mathrm{j}\omega)=\mathscr{F}[f(t)]$$

$$f(t)=\mathscr{F}^{-1}[F(\mathrm{j}\omega)]$$

$$f(t)\leftrightarrow F(\mathrm{j}\omega)$$

频谱密度函数 $F(\mathrm{j}\omega)$ 是一个复函数,它可以写成

$$F(\mathrm{j}\omega)=|F(\mathrm{j}\omega)|\mathrm{e}^{\mathrm{j}\varphi(\omega)}=R(\omega)+\mathrm{j}X(\omega) \tag{4.2.6}$$

式(4.2.6)中,$|F(\mathrm{j}\omega)|$ 和 $\varphi(\omega)$ 分别是频谱函数 $F(\mathrm{j}\omega)$ 的模和相位。$R(\omega)$ 和 $X(\omega)$ 分别是 $F(\mathrm{j}\omega)$ 的实部和虚部。

与周期信号类似,非周期信号的 Fourier 变换表示式也可写成三角函数的形式:

$$\begin{aligned} f(t) &= \frac{1}{2\pi}\int_{-\infty}^{\infty} F(\mathrm{j}\omega)\mathrm{e}^{\mathrm{j}\omega t}\mathrm{d}\omega = \frac{1}{2\pi}\int_{-\infty}^{\infty} |F(\mathrm{j}\omega)| \mathrm{e}^{\mathrm{j}[\omega t+\varphi(\omega)]}\mathrm{d}\omega \\ &= \frac{1}{2\pi}\int_{-\infty}^{\infty} |F(\mathrm{j}\omega)| \cos[\omega t+\varphi(\omega)]\mathrm{d}\omega \\ &\quad +\mathrm{j}\frac{1}{2\pi}\int_{-\infty}^{\infty} |F(\mathrm{j}\omega)| \sin[\omega t+\varphi(\omega)]\mathrm{d}\omega \end{aligned}$$

上式第二个积分中的被积函数是 ω 的奇函数,故积分值为零。第一个积分中的被积函数是 ω 的偶函数,故

$$f(t)=\frac{1}{\pi}\int_{0}^{\infty}|F(\mathrm{j}\omega)|\cos[\omega t+\varphi(\omega)]\mathrm{d}\omega \tag{4.2.7}$$

由上式可见,非周期信号也可以分解成许多不同频率的余弦分量,它包含了频率从零到无限大的一切频率分量,$\dfrac{|F(\mathrm{j}\omega)|\mathrm{d}\omega}{\pi}$ 相当于各分量的振幅,是无穷小量。与周期信号相比,非周期信号的基波频率趋于无穷小,各个余弦分量的振幅趋于无穷小,从而只能用密度函数来描述各分量的相对大小。

需要指出的是,并不是所有的信号都存在 Fourier 变换。如果 $f(t)$ 满足绝对可积条件,即 $\int_{-\infty}^{\infty}|f(t)|\mathrm{d}t=$ 有限值,其 Fourier 变换才存在。但这个条件是充分条件而不是必要条件。一些不满足绝对可积条件的函数也存在 Fourier 变换,除此之外,还有一些重要函数,例如冲激函数、阶跃函数、周期信号等,当引入 δ 信号之后,也存在相应的 Fourier 变换。

4.2.2 常见连续时间信号的频谱

4.2.2.1 矩形脉冲

图 4.2.1(a)所示信号为矩形脉冲,其宽度为 τ,幅度为 1。矩形脉冲又称为门函数,用符号 $g_\tau(t)$ 表示:

$$g_\tau(t)=\begin{cases}1, & |t|\leqslant\dfrac{\tau}{2}\\[2mm] 0, & |t|>\dfrac{\tau}{2}\end{cases}$$

其 Fourier 变换为

$$F(\mathrm{j}\omega)=\int_{-\infty}^{+\infty}f(t)\mathrm{e}^{-\mathrm{j}\omega t}\mathrm{d}t=\int_{-\tau/2}^{\tau/2}1\cdot\mathrm{e}^{-\mathrm{j}\omega t}\mathrm{d}t=\frac{\mathrm{e}^{-\mathrm{j}\tau/2}-\mathrm{e}^{\mathrm{j}\tau/2}}{-\mathrm{j}\omega}=\frac{2\sin\left(\frac{\omega\tau}{2}\right)}{\omega}=\tau\mathrm{Sa}\left(\frac{\omega\tau}{2}\right)$$

矩形脉冲的频谱如图 4.2.1(b)所示。由该图可知，信号的频谱分量主要集中在零到第一个过零点$\frac{2\pi}{\tau}$之间，即有效带宽 $B=\frac{2\pi}{\tau}$。脉冲宽度 τ 越窄，有效带宽越宽，高频分量越多。

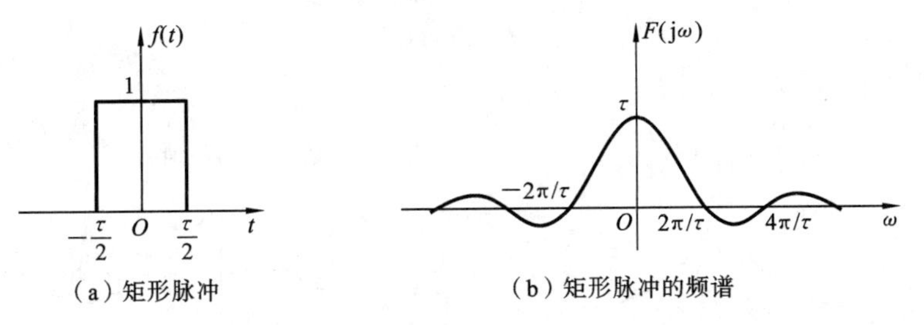

(a) 矩形脉冲　　(b) 矩形脉冲的频谱

图 4.2.1　矩形脉冲及其频谱

4.2.2.2　单边指数信号

图 4.2.2 所示单边指数信号的时域表达式为

$$f(t)=\mathrm{e}^{-\alpha t}\varepsilon(t),\quad \alpha>0$$

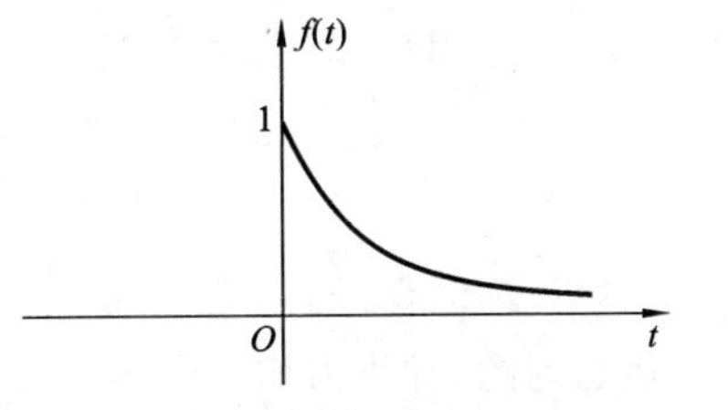

图 4.2.2　单边指数信号

根据 Fourier 变换公式，可得

$$F(\mathrm{j}\omega)=\int_{-\infty}^{+\infty}f(t)\mathrm{e}^{-\mathrm{j}\omega t}\mathrm{d}t=\int_{0}^{+\infty}\mathrm{e}^{-\alpha t}\mathrm{e}^{-\mathrm{j}\omega t}\mathrm{d}t=\int_{0}^{+\infty}\mathrm{e}^{-(\alpha+\mathrm{j}\omega)t}\mathrm{d}t$$

$$=\left.\frac{\mathrm{e}^{-(\alpha+\mathrm{j}\omega)t}}{-(\alpha+\mathrm{j}\omega)}\right|_{0}^{+\infty}=\frac{1}{\alpha+\mathrm{j}\omega}$$

这是一个复数表达式，其模和相位分别为

$$|F(\mathrm{j}\omega)|=\frac{1}{\sqrt{\alpha^2+\omega^2}}$$

$$\phi(\omega)=-\arctan\left(\frac{\omega}{\alpha}\right)$$

其幅度频谱和相位频谱如图 4.2.3 所示。

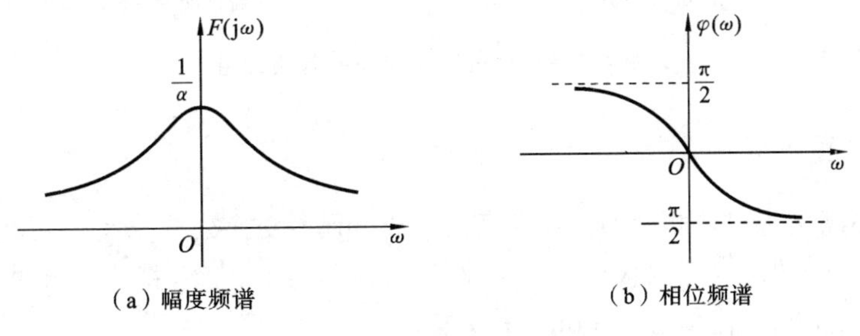

(a) 幅度频谱　　(b) 相位频谱

图 4.2.3　单边指数信号的频谱

4.2.2.3　双边指数信号

双边指数信号如图 4.2.4(a)所示，其时域表达式为

$$f(t)=\mathrm{e}^{-\alpha|t|},\quad \alpha>0$$

其 Fourier 变换为

$$F(\mathrm{j}\omega)=\int_{-\infty}^{0}\mathrm{e}^{\alpha t}\mathrm{e}^{-\mathrm{j}\omega t}\mathrm{d}t+\int_{0}^{+\infty}\mathrm{e}^{-\alpha t}\mathrm{e}^{-\mathrm{j}\omega t}\mathrm{d}t=\frac{2\alpha}{\alpha^2+\omega^2}$$

由于 $\alpha>0$,双边指数信号的 Fourier 变换是一个正实数,其模和相位分别为

$$|F(\mathrm{j}\omega)|=\frac{2\alpha}{\alpha^2+\omega^2}$$

$$\phi(\omega)=0$$

其频谱图如图 4.2.4(b)所示。

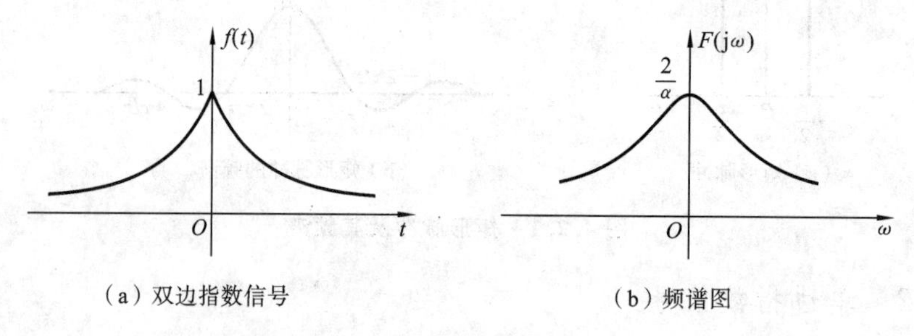

(a) 双边指数信号　　(b) 频谱图

图 4.2.4　双边指数信号及其频谱图

4.2.2.4　单位冲激信号

$$\mathscr{F}[\delta(t)]=\int_{-\infty}^{+\infty}\delta(t)\mathrm{e}^{-\mathrm{j}\omega t}\mathrm{d}t=1$$

单位冲激信号 $\delta(t)$的 Fourier 变换是常数 1,说明它等量地含有所有的频率成分,频谱密度是均匀的,常称为均匀谱或者白色谱,如图 4.2.5 所示。

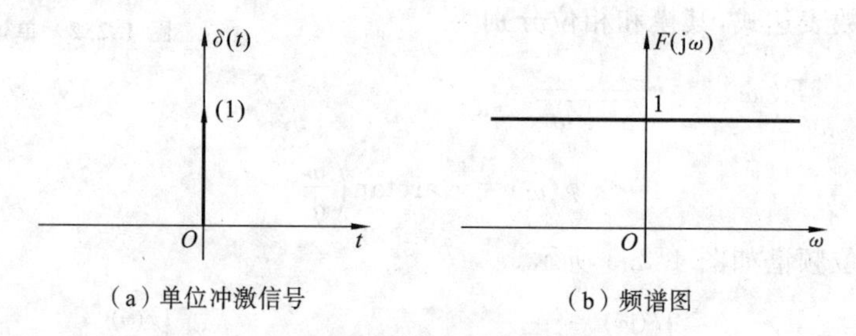

(a) 单位冲激信号　　(b) 频谱图

图 4.2.5　单位冲激信号及其频谱图

4.2.2.5　直流信号

直流信号不满足绝对可积条件,不能直接由 Fourier 变换公式求得。可借助矩形脉冲信号,当矩形脉冲信号的脉宽 τ 取极限时就可得到直流信号。因此,将矩形脉冲信号的 Fourier 变换取极限,即可得到直流信号的 Fourier 变换。

假设直流信号 $f(t)=1$,其 Fourier 变换为

$$\mathscr{F}[1]=\lim_{\tau\to\infty}\int_{-\tau/2}^{\tau/2}1\cdot\mathrm{e}^{-\mathrm{j}\omega t}\mathrm{d}t=\lim_{\tau\to\infty}\frac{\mathrm{e}^{-\mathrm{j}\tau/2}-\mathrm{e}^{\mathrm{j}\tau/2}}{-\mathrm{j}\omega}=\lim_{\tau\to\infty}\frac{2\sin\left(\frac{\omega\tau}{2}\right)}{\omega}=2\pi\lim_{\tau\to\infty}\frac{\tau}{\pi}\mathrm{Sa}(\omega\tau)$$

所以

$$\mathscr{F}[1]=2\pi\delta(\omega)$$

直流信号的 Fourier 变换是零频，如图 4.2.6 所示。

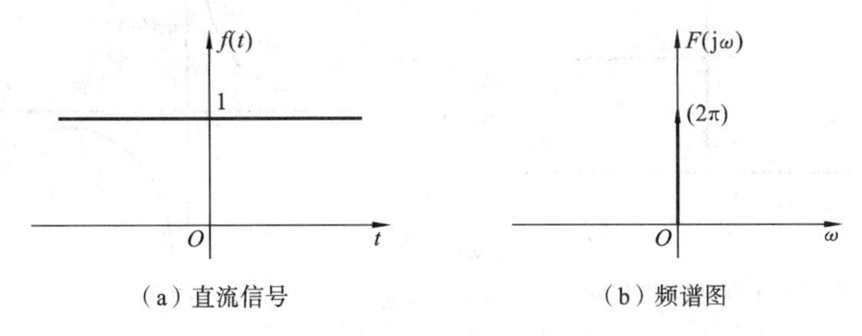

（a）直流信号　　（b）频谱图

图 4.2.6　直流信号及其频谱图

4.2.2.6　符号函数

符号函数同样不满足绝对可积条件，不能应用 Fourier 变换公式进行求解。

图 4.2.7 所示的符号函数可表示成如下的极限形式：

$$f(t)=\mathrm{sgn}(t)=\mathrm{e}^{-\alpha t}\mathrm{sgn}(t)\big|_{\alpha\to 0}=\lim_{\alpha\to 0}[\mathrm{e}^{-\alpha t}\varepsilon(t)-\mathrm{e}^{\alpha t}\varepsilon(-t)]$$

因此

$$F(\mathrm{j}\omega)=\lim_{\alpha\to 0}\left(\int_0^{+\infty}\mathrm{e}^{-\alpha t}\mathrm{e}^{-\mathrm{j}\omega t}\,\mathrm{d}t-\int_{-\infty}^{0}\mathrm{e}^{\alpha t}\mathrm{e}^{-\mathrm{j}\omega t}\,\mathrm{d}t\right)=\lim_{\alpha\to 0}\left(\frac{1}{\alpha+\mathrm{j}\omega}-\frac{1}{\alpha-\mathrm{j}\omega}\right)=\frac{2}{\mathrm{j}\omega}$$

符号函数的 Fourier 变换是一个纯虚数，其幅度频谱和相位频谱如图 4.2.8 所示。

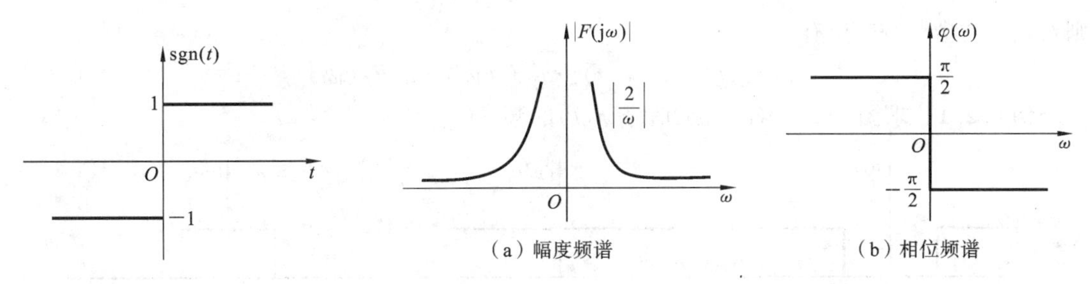

（a）幅度频谱　　（b）相位频谱

图 4.2.7　符号函数　　**图 4.2.8　符号函数的频谱**

4.2.2.7　单位阶跃信号

单位阶跃信号可以表示成直流信号和符号函数的叠加，即

$$\varepsilon(t)=\frac{1}{2}+\frac{1}{2}\mathrm{sgn}(t)$$

由直流信号和符号函数的 Fourier 变换可得

$$\mathscr{F}[\varepsilon(t)]=\pi\delta(\omega)+\frac{1}{\mathrm{j}\omega}=a(\omega)+\mathrm{j}b(\omega)$$

则

$$a(\omega)=\pi\delta(\omega)$$

$$b(\omega)=-\frac{1}{\omega}$$

单位阶跃信号及其频谱图如图 4.2.9 所示。

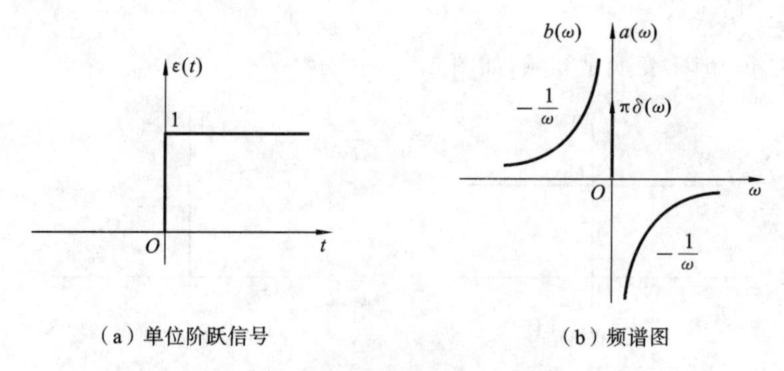

（a）单位阶跃信号　　（b）频谱图

图 4.2.9　单位阶跃信号及其频谱图

4.2.3　连续时间 Fourier 变换的性质

Fourier 变换建立了时间函数和频谱函数之间的转换关系。在实际信号分析中，经常需要对信号的时域和频域之间的对应关系及转换规律有一个清楚而深入的理解。因此有必要讨论 Fourier 变换的基本性质，并说明其应用。

4.2.3.1　线性

若

$$f_1(t) \leftrightarrow F_1(\mathrm{j}\omega),\quad f_2(t) \leftrightarrow F_2(\mathrm{j}\omega)$$

则对任意常数 a_1 和 a_2 有

$$a_1 f_1(t) + a_2 f_2(t) \leftrightarrow a_1 F_1(\mathrm{j}\omega) + a_2 F_2(\mathrm{j}\omega) \tag{4.2.8}$$

例 4.2.1　求图 4.2.10(a)所示信号 $f(t)$ 的频谱。

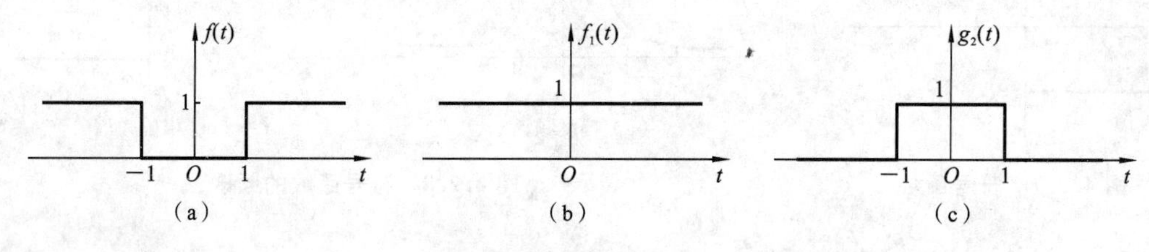

图 4.2.10　例 4.2.1 信号

解　由图 4.2.10(b)、(c)可得

$$f(t) = f_1(t) - g_2(t)$$

$$f_1(t) \leftrightarrow 2\pi\delta(\omega)$$

$$g_2(t) \rightarrow \tau\mathrm{Sa}(\omega)$$

由线性性质，得

$$f(t) \leftrightarrow 2\pi\delta(\omega) - \tau\mathrm{Sa}(\omega)$$

4.2.3.2　奇偶性

通常遇到的信号都是时间 t 的实函数，下面研究函数 $f(t)$ 与其频谱 $F(\mathrm{j}\omega)$ 之间的虚实、奇

偶关系。如果 $f(t)$是时间 t 的实函数，则 $f(t)$的频谱函数为

$$F(\mathrm{j}\omega)=\int_{-\infty}^{\infty}f(t)\mathrm{e}^{-\mathrm{j}\omega t}\mathrm{d}t=\int_{-\infty}^{\infty}f(t)\cos(\omega t)\mathrm{d}t-\mathrm{j}\int_{-\infty}^{\infty}f(t)\sin(\omega t)\mathrm{d}t$$
$$=R(\omega)+\mathrm{j}X(\omega)=|F(\mathrm{j}\omega)|\mathrm{e}^{\mathrm{j}\varphi(\omega)} \tag{4.2.9}$$

式中，频谱函数的实部和虚部可分别表示为

$$R(\omega)=\int_{-\infty}^{\infty}f(t)\cos(\omega t)\mathrm{d}t \tag{4.2.10}$$

$$X(\omega)=-\int_{-\infty}^{\infty}f(t)\sin(\omega t)\mathrm{d}t \tag{4.2.11}$$

频谱函数的模和相位分别为

$$|F(\mathrm{j}\omega)|=\sqrt{R^2(\omega)+X^2(\omega)} \tag{4.2.12}$$

$$\varphi(\omega)=\arctan\left[\frac{X(\omega)}{R(\omega)}\right] \tag{4.2.13}$$

由式(4.2.10)～式(4.2.13)可见，频谱函数 $F(\mathrm{j}\omega)$的实部 $R(\omega)$是角频率 ω 的偶函数，虚部 $X(\omega)$是 ω 的奇函数。$|F(\mathrm{j}\omega)|$是 ω 的偶函数，$\varphi(\omega)$是 ω 的奇函数。

如果 $f(t)$是时间 t 的实函数并且是偶函数，则 $f(t)\sin(\omega t)$是 t 的奇函数，式(4.2.11)的积分结果为零，即 $X(\omega)=0$；而 $f(t)\cos(\omega t)$是 t 的偶函数，于是

$$F(\mathrm{j}\omega)=R(\omega)=\int_{-\infty}^{\infty}f(t)\cos(\omega t)\ \mathrm{d}t=2\int_{0}^{\infty}f(t)\cos(\omega t)\ \mathrm{d}t$$

如果 $f(t)$是时间 t 的实函数并且是奇函数，则 $f(t)\cos(\omega t)$是 t 的奇函数，式(4.2.10)的积分结果为零，即 $R(\omega)=0$；而 $f(t)\sin(\omega t)$是 t 的偶函数，于是

$$F(\mathrm{j}\omega)=\mathrm{j}X(\omega)=-\mathrm{j}\int_{-\infty}^{\infty}f(t)\sin(\omega t)\ \mathrm{d}t=-\mathrm{j}2\int_{0}^{\infty}f(t)\sin(\omega t)\ \mathrm{d}t$$

此外，由式(4.2.4)可以求得 $f(-t)$的傅里叶变换为

$$\mathscr{F}[f(-t)]=\int_{-\infty}^{\infty}f(-t)\mathrm{e}^{-\mathrm{j}\omega t}\mathrm{d}t$$

令 $\tau=-t$，得

$$\mathscr{F}[f(-t)]=\int_{-\infty}^{\infty}f(\tau)\mathrm{e}^{\mathrm{j}\omega\tau}\mathrm{d}(-\tau)=\int_{-\infty}^{\infty}f(\tau)\mathrm{e}^{-\mathrm{j}(-\omega)\tau}\mathrm{d}\tau=F(-\mathrm{j}\omega)$$

又因为 $R(\omega)$是 ω 的偶函数，$X(\omega)$是 ω 的奇函数，所以

$$F(-\mathrm{j}\omega)=R(-\omega)+\mathrm{j}X(-\omega)=R(\omega)-\mathrm{j}X(\omega)=F^*(\mathrm{j}\omega)$$

将以上结论归纳如下。

如果 $f(t)$是时间 t 的实函数，且 $f(t)\leftrightarrow F(\mathrm{j}\omega)=|F(\mathrm{j}\omega)|\mathrm{e}^{\mathrm{j}\varphi(\omega)}=R(\omega)+\mathrm{j}X(\omega)$，则有：

(1) $R(\omega)=R(-\omega)$，$X(\omega)=-X(-\omega)$，$|F(\mathrm{j}\omega)|=|F(-\mathrm{j}\omega)|$，$\varphi(\omega)=-\varphi(-\omega)$；

(2) $f(-t)\leftrightarrow F(-\mathrm{j}\omega)=F^*(\mathrm{j}\omega)$；

(3) 如果 $f(t)=f(-t)$，则 $X(\omega)=0$，$F(\mathrm{j}\omega)=R(\omega)$；如果 $f(t)=-f(-t)$，则 $R(\omega)=0$，$F(\mathrm{j}\omega)=\mathrm{j}X(\omega)$。

4.2.3.3 对称性

若

$$f(t)\leftrightarrow F(\mathrm{j}\omega)$$

则

$$F(\mathrm{j}t) \leftrightarrow 2\pi f(-\omega)$$

上式表明，如果函数 $f(t)$ 的频谱函数是 $F(\mathrm{j}\omega)$，那么时间函数 $F(\mathrm{j}t)$ 的频谱函数是 $2\pi f(-\omega)$，这是Fourier变换的对称性，证明如下。

由于

$$f(t) = \frac{1}{2\pi}\int_{-\infty}^{\infty} F(\mathrm{j}\omega)\mathrm{e}^{\mathrm{j}\omega t}\mathrm{d}\omega$$

将上式中的自变量 t 换为 $-t$，得

$$f(-t) = \frac{1}{2\pi}\int_{-\infty}^{\infty} F(\mathrm{j}\omega)\mathrm{e}^{-\mathrm{j}\omega t}\mathrm{d}\omega$$

将上式中的 t 换为 ω，将上式中的 ω 换为 t，得

$$f(-\omega) = \frac{1}{2\pi}\int_{-\infty}^{\infty} F(\mathrm{j}t)\mathrm{e}^{-\mathrm{j}\omega t}\mathrm{d}t$$

即

$$2\pi f(-\omega) = \int_{-\infty}^{\infty} F(\mathrm{j}t)\mathrm{e}^{-\mathrm{j}\omega t}\mathrm{d}t$$

上式表明，时间函数 $F(\mathrm{j}t)$ 的Fourier变换为 $2\pi f(-\omega)$。例如，通过对称性可得

$$\delta(t) \leftrightarrow 1$$
$$1 \leftrightarrow 2\pi\delta(\omega)$$

例 4.2.2 求抽样函数 $\mathrm{Sa}(t)=\frac{\sin t}{t}$ 的频谱函数。

解 直接利用Fourier变换的公式不易求解，利用对称性则较为方便。宽度为 τ，幅度为1的门函数 $g_\tau(t)$ 的频谱函数为 $\tau\mathrm{Sa}\left(\frac{\omega\tau}{2}\right)$，即

$$g_\tau(t) \leftrightarrow \tau\mathrm{Sa}\left(\frac{\omega\tau}{2}\right)$$

根据线性性质，宽度为2，幅度为 $\frac{1}{2}$ 的门函数的Fourier变换为

$$\frac{1}{2}g_2(t) \leftrightarrow \mathrm{Sa}(\omega)$$

根据对称性，得

$$\mathrm{Sa}(t) \leftrightarrow 2\pi \times \frac{1}{2}g_2(-\omega) = \pi g_2(\omega)$$

其波形如图4.2.11所示。

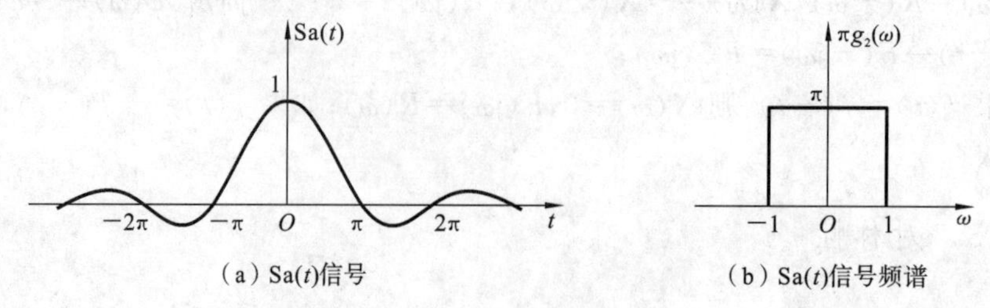

(a) Sa(t)信号　　(b) Sa(t)信号频谱

图 4.2.11　函数 Sa(t)及其频谱

4.2.3.4 尺度变换

信号 $f(t)$ 的波形沿 t 轴压缩到原来的 $\frac{1}{a}$，表示为 $f(at)$，这里 a 是实数。如果 $a>1$，则波形压缩；如果 $0<a<1$，则波形展宽；如果 $a<0$，则波形反转并压缩或展宽。尺度变换特性为，若

$$f(t)\leftrightarrow F(\mathrm{j}\omega)$$

则对于实常数 $a(a\neq 0)$，有

$$f(at)\leftrightarrow \frac{1}{|a|}F\left(\mathrm{j}\,\frac{\omega}{a}\right) \tag{4.2.14}$$

式(4.2.14)表明，若信号 $f(t)$ 在时间坐标上压缩到原来的 $\frac{1}{a}$，那么其频谱在频率坐标上将展宽 a 倍，同时其幅度减小为原来的 $\frac{1}{|a|}$。也就是说，信号在时域中的压缩对应其频谱在频域中的展宽，反之，信号在时域中的展宽对应其频谱在频域中的压缩。以门函数为例，具体如图 4.2.12 所示。

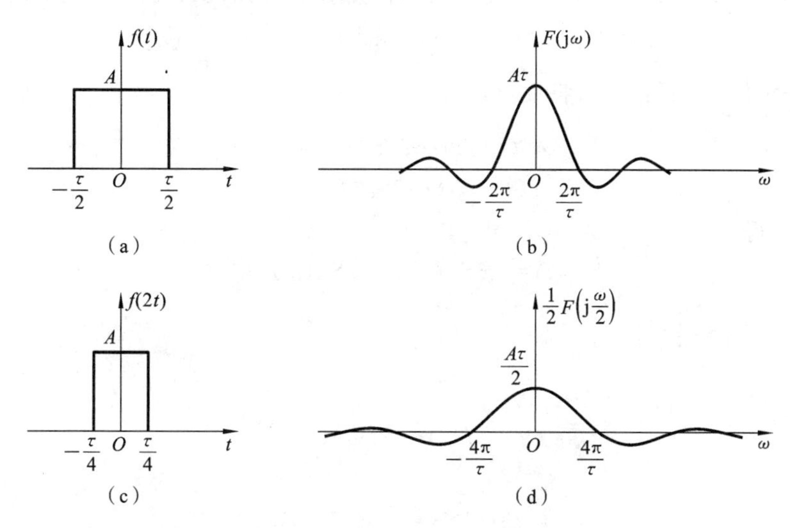

图 4.2.12 尺度变换

式(4.2.14)可证明如下。

令 $\tau=at$，则 $t=\frac{\tau}{a}$，$\mathrm{d}t=\frac{1}{a}\mathrm{d}\tau$，于是有

$$\mathscr{F}[f(at)]=\int_{-\infty}^{\infty}f(at)\mathrm{e}^{-\mathrm{j}\omega t}\mathrm{d}t=\frac{1}{a}\int_{-\infty}^{\infty}f(\tau)\mathrm{e}^{-\mathrm{j}\omega\frac{t}{a}}\mathrm{d}\tau=\frac{1}{a}\int_{-\infty}^{\infty}f(\tau)\mathrm{e}^{-\mathrm{j}\frac{\omega}{a}\tau}\mathrm{d}\tau=\frac{1}{a}F\left(\mathrm{j}\,\frac{\omega}{a}\right)$$

4.2.3.5 时移特性

若

$$f(t)\leftrightarrow F(\mathrm{j}\omega)$$

且 t_0 为常数，则有

$$f(t\pm t_0)\leftrightarrow \mathrm{e}^{\pm\mathrm{j}\omega t_0}F(\mathrm{j}\omega) \tag{4.2.15}$$

证明：

$$\mathscr{F}[f(t-t_0)]=\int_{-\infty}^{\infty}f(t-t_0)\mathrm{e}^{-\mathrm{j}\omega t}\mathrm{d}t\xlongequal{t-t_0=\tau}\mathrm{e}^{-\mathrm{j}\omega t_0}\int_{-\infty}^{\infty}f(\tau)\mathrm{e}^{-\mathrm{j}\omega\tau}\mathrm{d}\tau=\mathrm{e}^{-\mathrm{j}\omega t_0}F(\mathrm{j}\omega)$$

同理可得

$$\mathscr{F}[f(t+t_0)]=\mathrm{e}^{\mathrm{j}\omega t_0}F(\mathrm{j}\omega)$$

式(4.2.15)表明，信号在时域移位后，其幅度并没有改变，改变的是相位谱。即信号在时域中沿时间轴右移 t_0，其在频域中的所有频率分量相位应落后 ωt_0。

例 4.2.3 $f(t)$的波形如图 4.2.13(a)所示，求该信号的频谱函数。

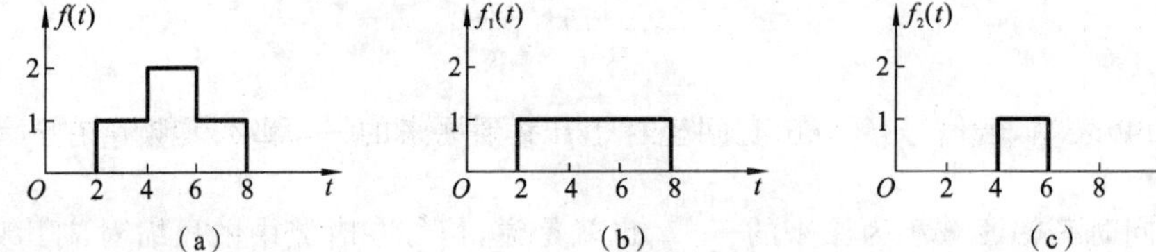

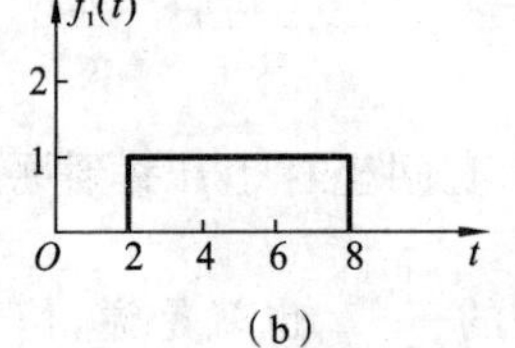

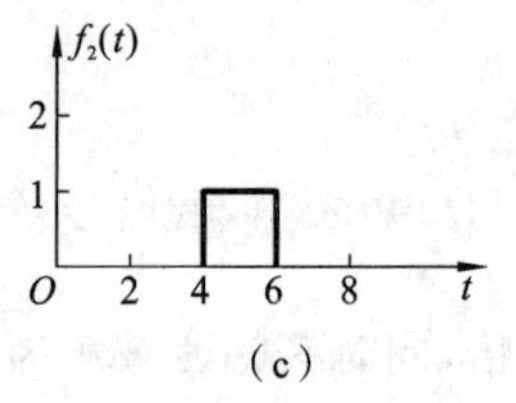

图 4.2.13 例 4.2.3 信号

解 $f(t)$可以看作函数 $f_1(t)$与 $f_2(t)$的和，如图 4.2.13(b)、(c)所示，即

$$f(t)=f_1(t)+f_2(t)=g_6(t-5)+g_2(t-5)$$

由于 $g_\tau(t)\leftrightarrow\tau\mathrm{Sa}\left(\frac{\omega\tau}{2}\right)$，根据时移特性，得

$$g_6(t-5)\leftrightarrow 6\mathrm{Sa}(3\omega)\mathrm{e}^{-\mathrm{j}5\omega}$$

$$g_2(t-5)\leftrightarrow 2\mathrm{Sa}(\omega)\mathrm{e}^{-\mathrm{j}5\omega}$$

根据线性性质，得

$$F(\mathrm{j}\omega)=[6\mathrm{Sa}(3\omega)+2\mathrm{Sa}(\omega)]\mathrm{e}^{-\mathrm{j}5\omega}$$

4.2.3.6 频移特性

若

$$f(t)\leftrightarrow F(\mathrm{j}\omega)$$

则

$$f(t)\mathrm{e}^{\pm\mathrm{j}\omega_0 t}\leftrightarrow F[\mathrm{j}(\omega\mp\omega_0)] \tag{4.2.16}$$

式中，ω_0 为常数。该式表明在时域中信号 $f(t)$乘以 $\mathrm{e}^{\mathrm{j}\omega_0 t}$，对应于在频域中将频谱函数沿 ω 轴右移 ω_0；在时域中信号 $f(t)$乘以 $\mathrm{e}^{-\mathrm{j}\omega_0 t}$，对应于在频域中将频谱函数沿 ω 轴左移 ω_0。

例 4.2.4 若已知信号 $f(t)$的 Fourier 变换为 $F(\mathrm{j}\omega)$，求信号 $\mathrm{e}^{\mathrm{j}4t}f(3-2t)$的 Fourier 变换。

解 已知 $f(t)\leftrightarrow F(\mathrm{j}\omega)$，利用时移特性，得

$$f(t+3)\leftrightarrow F(\mathrm{j}\omega)\mathrm{e}^{\mathrm{j}3\omega}$$

根据尺度变换特性，令 $a=-2$，得

$$f(3-2t)\leftrightarrow\frac{1}{|-2|}F\left(-\mathrm{j}\frac{\omega}{2}\right)\mathrm{e}^{\mathrm{j}3\left(-\frac{\omega}{2}\right)}$$

由频移特性，得

$$\mathrm{e}^{\mathrm{j}4t}f(3-2t)\leftrightarrow\frac{1}{2}F\left(-\mathrm{j}\frac{\omega-4}{2}\right)\mathrm{e}^{\mathrm{j}3\left(-\frac{\omega-4}{2}\right)}$$

频移特性在各类电子系统中应用广泛，信号调幅、同步解调等都是在频谱搬移基础上实现的，它将信号 $f(t)$（称为调制信号）在时域上乘以载波信号 $\cos(\omega_0 t)$ 或 $\sin(\omega_0 t)$，从而得到高频已调信号 $y(t)$。

$$y(t)=f(t)\cdot\cos(\omega_0 t)$$

若 $f(t)$ 为幅度为 1 的门函数 $g_\tau(t)$，则

$$g_\tau(t)\leftrightarrow\tau\mathrm{Sa}\left(\frac{\omega\tau}{2}\right)$$

$y(t)$ 又常称为高频脉冲信号，根据线性特性和频移特性，高频脉冲信号的频谱函数为

$$f(t)\cos\omega_0 t\leftrightarrow\frac{1}{2}\{F[\mathrm{j}(\omega-\omega_0)]+F[\mathrm{j}(\omega+\omega_0)]\}$$

$$y(t)=g_\tau(t)\cdot\cos\omega_0 t\leftrightarrow\frac{\tau}{2}\mathrm{Sa}\left[\frac{(\omega-\omega_0)\tau}{2}\right]+\frac{\tau}{2}\mathrm{Sa}\left[\frac{(\omega+\omega_0)\tau}{2}\right]$$

图 4.2.14(a)画出了门函数 $g_\tau(t)$ 及其频谱，图 4.2.14(b)画出了高频脉冲信号 $y(t)$ 及其频谱。

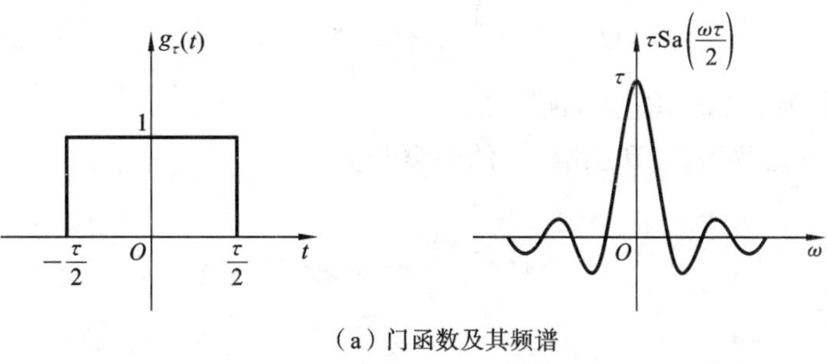

（a）门函数及其频谱

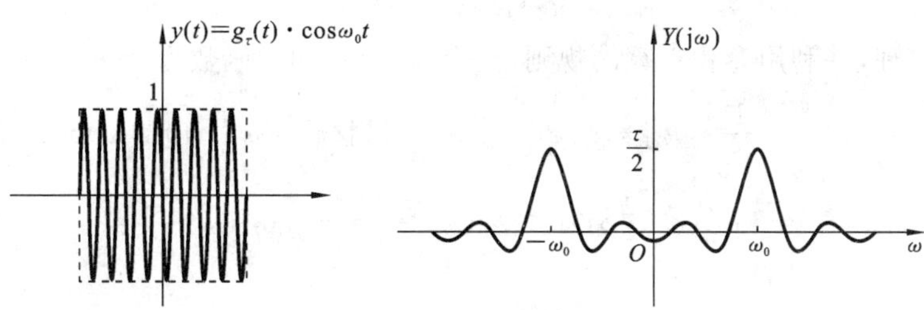

（b）高频脉冲及其频谱

图 4.2.14 高频脉冲的频谱

4.2.3.7 卷积定理

1. 时域卷积定理

若

$$f_1(t)\leftrightarrow F_1(\mathrm{j}\omega),\quad f_2(t)\leftrightarrow F_2(\mathrm{j}\omega)$$

则

$$f_1(t)*f_2(t)\leftrightarrow F_1(\mathrm{j}\omega)F_2(\mathrm{j}\omega)\tag{4.2.17}$$

上式表明，在时域中两个函数的卷积积分对应在频域中两个函数频谱的乘积。

时域卷积定理证明如下。

根据卷积积分的定义

$$f_1(t) * f_2(t) = \int_{-\infty}^{\infty} f_1(\tau) f_2(t-\tau) \mathrm{d}\tau$$

其 Fourier 变换为

$$\begin{aligned}\mathscr{F}[f_1(t) * f_2(t)] &= \int_{-\infty}^{\infty} \left[\int_{-\infty}^{\infty} f_1(\tau) f_2(t-\tau) \mathrm{d}\tau\right] \mathrm{e}^{-\mathrm{j}\omega t} \mathrm{d}t \\ &= \int_{-\infty}^{\infty} f_1(\tau) \left[\int_{-\infty}^{\infty} f_2(t-\tau) \mathrm{e}^{-\mathrm{j}\omega t} \mathrm{d}t\right] \mathrm{d}\tau \\ &= \int_{-\infty}^{\infty} f_1(\tau) F_2(\mathrm{j}\omega) \mathrm{e}^{-\mathrm{j}\omega\tau} \mathrm{d}\tau = F_1(\mathrm{j}\omega) F_2(\mathrm{j}\omega)\end{aligned}$$

2. 频域卷积定理

若

$$f_1(t) \leftrightarrow F_1(\mathrm{j}\omega), \quad f_2(t) \leftrightarrow F_2(\mathrm{j}\omega)$$

则

$$f_1(t) f_2(t) \leftrightarrow \frac{1}{2\pi} F_1(\mathrm{j}\omega) * F_2(\mathrm{j}\omega) \tag{4.2.18}$$

频域卷积定理的证明同时域卷积定理,证明略。

例 4.2.5 求斜升函数 $t\varepsilon(t)$ 和函数 $|t|$ 的频谱函数。

解 由于

$$1 \leftrightarrow 2\pi\delta(\omega)$$

根据时域微分特性,得

$$t \leftrightarrow \mathrm{j}2\pi\delta'(\omega)$$

根据频域卷积定理,并利用卷积运算的规则,可得 $t\varepsilon(t)$ 的频谱函数为

$$\begin{aligned}\mathscr{F}[t\varepsilon(t)] &= \frac{1}{2\pi} \mathscr{F}[t] * \mathscr{F}[\varepsilon(t)] = \frac{1}{2\pi} \times \mathrm{j}2\pi\delta'(\omega) * \left[\pi\delta(\omega) + \frac{1}{\mathrm{j}\omega}\right] \\ &= \mathrm{j}\pi\delta'(\omega) * \delta(\omega) + \delta'(\omega) * \frac{1}{\omega} = \mathrm{j}\pi\delta'(\omega) - \frac{1}{\omega^2}\end{aligned}$$

由于

$$|t| = t\varepsilon(t) + (-t)\varepsilon(-t)$$

利用上述结果和奇偶性,得

$$(-t)\varepsilon(-t) \leftrightarrow -\mathrm{j}\pi\delta'(\omega) - \frac{1}{\omega^2}$$

利用线性性质,得

$$|t| \leftrightarrow -\frac{1}{\omega^2}$$

4.2.3.8 时域微分和积分定理

1. 时域微分定理

若

$$f(t) \leftrightarrow F(\mathrm{j}\omega)$$

则

$$f^{(n)}(t)\leftrightarrow(\mathrm{j}\omega)^{n}F(\mathrm{j}\omega) \tag{4.2.19}$$

2. 时域积分定理

若

$$f(t)\leftrightarrow F(\mathrm{j}\omega)$$

则

$$f^{(-1)}(t)\leftrightarrow\pi F(0)\delta(\omega)+\frac{F(\mathrm{j}\omega)}{\mathrm{j}\omega} \tag{4.2.20}$$

其中，$F(0)=F(\mathrm{j}\omega)\big|_{\omega=0}$，也可以令 Fourier 变换定义式中的 $\omega=0$ 得到，即

$$F(0)=F(\mathrm{j}\omega)\big|_{\omega=0}=\int_{-\infty}^{\infty}f(t)\,\mathrm{d}t$$

如果 $F(0)=0$，则式(4.2.20)可以写为

$$f^{(-1)}(t)\leftrightarrow\frac{F(\mathrm{j}\omega)}{\mathrm{j}\omega} \tag{4.2.21}$$

证明：由卷积的微分运算知，$f(t)$的一阶导数可写为

$$f^{(1)}(t)=f^{(1)}(t)*\delta(t)=f(t)*\delta^{(1)}(t)$$

根据时域卷积定理，考虑 $\delta^{(1)}(t)\leftrightarrow\mathrm{j}\omega$，有

$$\mathscr{F}[f^{(1)}(t)]=\mathscr{F}[f(t)]\mathscr{F}[\delta^{(1)}(t)]=\mathrm{j}\omega F(\mathrm{j}\omega)$$

重复运用以上结果，得

$$\mathscr{F}[f^{(n)}(t)]=(\mathrm{j}\omega)^{n}F(\mathrm{j}\omega)$$

函数 $f(t)$的积分可写为

$$f^{(-1)}(t)=f^{(-1)}(t)*\delta(t)=f(t)*\varepsilon(t)$$

根据时域卷积定理并利用冲激函数的抽样性质，得

$$\mathscr{F}[f^{(-1)}(t)]=\mathscr{F}[f(t)]\mathscr{F}[\varepsilon(t)]=\mathrm{j}\omega F(\mathrm{j}\omega)\left[\pi\delta(\omega)+\frac{1}{\mathrm{j}\omega}\right]$$

$$=\pi F(0)\delta(\omega)+\frac{F(\mathrm{j}\omega)}{\mathrm{j}\omega}$$

例 4.2.6 求三角形脉冲 $f(t)$的频谱函数。

$$f(t)=\begin{cases}1-|t| & |t|\leqslant 1\\ 0 & |t|>1\end{cases}$$

解 三角形脉冲 $f(t)$及其一阶导数、二阶导数如图 4.2.15 所示。其中，二阶导数由三个

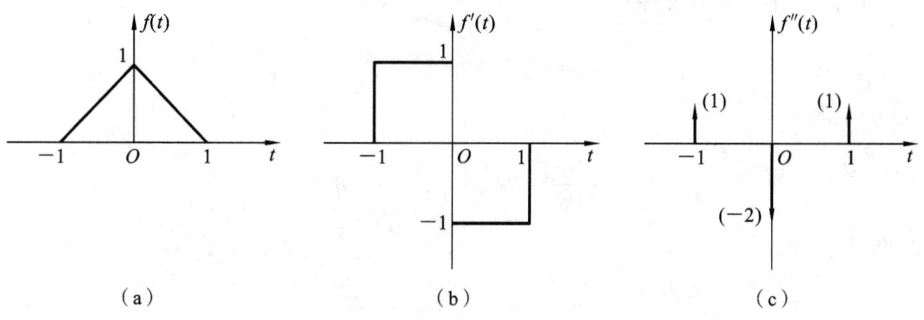

图 4.2.15 例 4.2.6 信号

冲激函数组成，其表达式为

$$f''(t)=\delta(t+1)-2\delta(t)+\delta(t-1)$$

根据时移特性，其频谱可以写为

$$\mathscr{F}[f''(t)]=e^{j\omega}-2+e^{-j\omega}=2\cos\omega-2$$

则 $f(t)$ 的频谱为

$$F(j\omega)=\frac{2\cos\omega-2}{(j\omega)^2}=\frac{2-2\cos\omega}{\omega^2}$$

4.2.3.9 频域微分和积分定理

1. 频域微分定理

若

$$f(t)\leftrightarrow F(j\omega)$$

则

$$(-jt)^{(n)}f(t)\leftrightarrow F^{(n)}(j\omega) \tag{4.2.22}$$

2. 频域积分定理

若

$$f(t)\leftrightarrow F(j\omega)$$

则

$$\pi f(0)\delta(\omega)+\frac{f(t)}{-jt}\leftrightarrow F^{(-1)}(j\omega) \tag{4.2.23}$$

式中，有

$$f(0)=\frac{1}{2\pi}\int_{-\infty}^{\infty}F(j\omega)d\omega$$

如果 $f(0)=0$，则有

$$\frac{f(t)}{-jt}\leftrightarrow F^{(-1)}(j\omega) \tag{4.2.24}$$

频域微分和积分的结果可用频域卷积定理证明，与时域类似，这里省略。

例 4.2.7 求斜坡函数 $t\varepsilon(t)$ 的频谱函数

解 单位阶跃函数的频谱函数为

$$\varepsilon(t)\leftrightarrow\pi\delta(\omega)+\frac{1}{j\omega}$$

由式(4.2.22)可得

$$-jt\varepsilon(t)\leftrightarrow\frac{d}{d\omega}\left[\pi\delta(\omega)+\frac{1}{j\omega}\right]=\pi\delta'(\omega)-\frac{1}{j\omega^2}$$

再根据线性性质，得

$$t\varepsilon(t)\leftrightarrow j\pi\delta'(\omega)-\frac{1}{\omega^2}$$

Fourier 变换的性质可归纳为表 4.2.1。

表 4.2.1 Fourier 变换的性质

名称	时域 $f(t)\leftrightarrow F(\mathrm{j}\omega)$	频域
定义	$f(t)=\frac{1}{2\pi}\int_{-\infty}^{\infty}F(\mathrm{j}\omega)\mathrm{e}^{\mathrm{j}\omega t}\mathrm{d}\omega$	$F(\mathrm{j}\omega)=\int_{-\infty}^{\infty}f(t)\mathrm{e}^{-\mathrm{j}\omega t}\mathrm{d}t$ $F(\mathrm{j}\omega)=\vert F(\mathrm{j}\omega)\vert \mathrm{e}^{\mathrm{j}\varphi(\omega)}=R(\omega)+\mathrm{j}X(\omega)$
线性	$a_1f_1(t)+a_1f_2(t)$	$a_1F_1(\mathrm{j}\omega)+a_2F_2(\mathrm{j}\omega)$
对称性	$F(\mathrm{j}t)$	$2\pi f(-\omega)$
尺度变换	$f(at),a\neq0$	$\frac{1}{\vert a\vert}F\left(\mathrm{j}\frac{\omega}{a}\right)$
时移	$f(t\pm t_0)$	$\mathrm{e}^{\pm\mathrm{j}\omega t_0}F(\mathrm{j}\omega)$
频移	$f(t)\mathrm{e}^{\pm\mathrm{j}\omega_0 t}$	$F[\mathrm{j}(\omega\mp\omega_0)]$
时域微分	$f^{(n)}(t)$	$(\mathrm{j}\omega)^nF(\mathrm{j}\omega)$
时域积分	$f^{(-1)}(t)$	$\pi F(0)\delta(\omega)+\frac{F(\mathrm{j}\omega)}{\mathrm{j}\omega}$
时域卷积	$f_1(t)*f_2(t)$	$F_1(\mathrm{j}\omega)F_2(\mathrm{j}\omega)$
频域卷积	$f_1(t)f_2(t)$	$\frac{1}{2\pi}F_1(\mathrm{j}\omega)*F_2(\mathrm{j}\omega)$
频域微分	$(-\mathrm{j}t)^nf(t)$	$F^{(n)}(\mathrm{j}\omega)$
频域积分	$\pi f(0)\delta(\omega)+\frac{f(t)}{-\mathrm{j}t}$	$F^{(-1)}(\mathrm{j}\omega)$

4.3 连续时间 LTI 系统的频域分析

根据连续时间 LTI 系统的时域描述可以得到系统的频域响应，并引入连续时间 LTI 系统的频率响应。通过对连续时间 LTI 系统的频率响应进行分析，可加深对连续信号与系统频域分析的物理概念的理解，并具体分析无失真传输系统和理想低通滤波器的时域特性和频域特性。

4.3.1 连续时间 LTI 系统的频率响应

连续时间 LTI 系统在时域上用 n 阶常系数线性微分方程来描述，即

$$a_ny^{(n)}(t)+\cdots+a_1y'(t)+a_0y(t)=b_mf^{(m)}(t)+\cdots+b_1f'(t)+b_0f(t) \qquad (4.3.1)$$

式中，$f(t)$是系统的输入激励，$y(t)$是系统的输出响应。

在零状态条件下，对式(4.3.1)两边进行 Fourier 变换，并利用 Fourier 变换的时域微分特性，可得

$$[a_n(\mathrm{j}\omega)^n+\cdots+a_1(\mathrm{j}\omega)+a_0]Y_{zs}(\mathrm{j}\omega)=[b_m(\mathrm{j}\omega)^m+\cdots+b_1(\mathrm{j}\omega)+b_0]F(\mathrm{j}\omega) \quad (4.3.2)$$

式(4.3.2)为连续时间 LTI 系统的频域描述。其中,$F(\mathrm{j}\omega)$是输入信号$f(t)$的 Fourier 变换,$Y_{zs}(\mathrm{j}\omega)$是输出响应$y_{zs}(t)$的 Fourier 变换。整理式(4.3.2)可得输出信号的频谱$Y_{zs}(\mathrm{j}\omega)$与输入信号的频谱$F(\mathrm{j}\omega)$之比,用符号$H(\mathrm{j}\omega)$表示:

$$H(\mathrm{j}\omega)=\frac{Y_{zs}(\mathrm{j}\omega)}{F(\mathrm{j}\omega)}=\frac{b_m(\mathrm{j}\omega)^m+\cdots+b_1(\mathrm{j}\omega)+b_0}{a_n(\mathrm{j}\omega)^n+\cdots+a_1(\mathrm{j}\omega)+a_0} \quad (4.3.3)$$

式(4.3.3)表明,$H(\mathrm{j}\omega)$是零状态条件下输出响应与输入激励的频谱函数之比,称为系统的频率响应。

系统频率响应$H(\mathrm{j}\omega)$表征了系统的频率特性,是系统特性的频域描述,只与系统本身的特性有关。在连续时间 LTI 的时域分析中,系统的冲激响应$h(t)$反映了系统的时域特性,也只与系统本身的特性有关。

假设连续时间 LTI 系统的冲激响应为$h(t)$,则利用式(4.3.3),得

$$H(\mathrm{j}\omega)=\frac{Y_{zs}(\mathrm{j}\omega)}{F(\mathrm{j}\omega)}=\frac{\mathscr{F}[h(t)]}{\mathscr{F}[\delta(t)]}=\mathscr{F}[h(t)]=\int_{-\infty}^{\infty}\mathrm{e}^{-\mathrm{j}\omega t}h(t)\mathrm{d}t \quad (4.3.4)$$

式(4.3.4)表明,系统的频率响应$H(\mathrm{j}\omega)$是冲激响应$h(t)$的 Fourier 变换。$H(\mathrm{j}\omega)$是频率的复函数,可写为

$$H(\mathrm{j}\omega)=|H(\mathrm{j}\omega)|\mathrm{e}^{\mathrm{j}\varphi(\omega)}$$

根据式(4.3.3)可知

$$|H(\mathrm{j}\omega)|=\frac{|Y_{zs}(\mathrm{j}\omega)|}{|F(\mathrm{j}\omega)|},\quad \phi(\omega)=\phi_{y_{zs}}(\omega)-\phi_{\mathrm{f}}(\omega)$$

可见,$|H(\mathrm{j}\omega)|$是角频率为ω的输出信号与输入信号幅度之比,称为幅频特性,$\varphi(\omega)$是输出信号与输入信号的相位差,称为相频特性。

例 4.3.1 如图 4.3.1(a)所示,$R=1\ \Omega$,$C=1\ \mathrm{F}$,$u_{\mathrm{s}}(t)$为电路输入,$u_{\mathrm{C}}(t)$为电路输出,求$h(t)$。

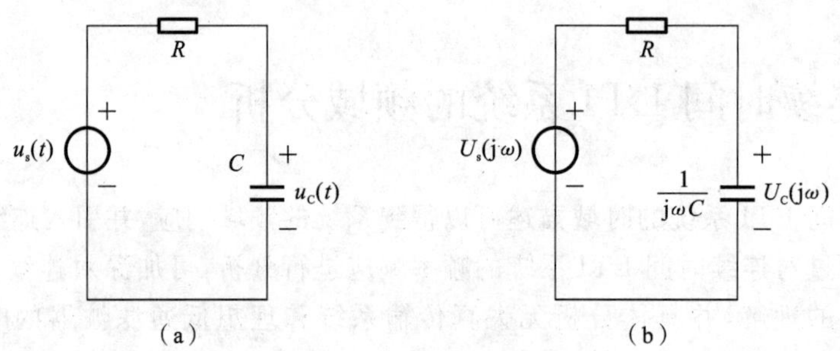

图 4.3.1 例 4.3.1 图

解 画出电路频域模型,如图 4.3.1(b)所示,根据题意有

$$H(\mathrm{j}\omega)=\frac{U_{\mathrm{C}}(\mathrm{j}\omega)}{U_{\mathrm{s}}(\mathrm{j}\omega)}=\frac{\frac{1}{\mathrm{j}\omega C}}{R+\frac{1}{\mathrm{j}\omega C}}=\frac{1}{\mathrm{j}\omega+1}$$

所以

$$h(t)=\mathrm{e}^{-t}\varepsilon(t)$$

4.3.2 连续非周期信号通过系统响应的频域分析

假设LTI系统的冲激响应为$h(t)$，当输入激励是角频率为ω的虚指数函数，即$f(t)=e^{j\omega t}$时，其零状态响应为

$$y_{zs}(t)=h(t)*f(t)$$

根据卷积积分的定义

$$y_{zs}(t)=\int_{-\infty}^{\infty}h(\tau)e^{j\omega(t-\tau)}d\tau=e^{j\omega t}\int_{-\infty}^{\infty}h(\tau)e^{-j\omega\tau}d\tau$$

因为$h(t)\leftrightarrow H(j\omega)$，则上式可以写为

$$y_{zs}(t)=H(j\omega)e^{j\omega t} \tag{4.3.5}$$

式(4.3.5)表明，当系统激励是幅度为1的虚指数函数$e^{j\omega t}$时，零状态响应是系数为$H(j\omega)$的同频率虚指数函数，系数$H(j\omega)$反映了$y_{zs}(t)$的幅度和相位特性。因此，$H(j\omega)$反映了连续时间LTI系统对不同频率信号的传输特性。

当激励为任意信号$f(t)$时，若$f(t)$存在Fourier变换，则可表示为

$$f(t)=\frac{1}{2\pi}\int_{-\infty}^{\infty}F(j\omega)e^{j\omega t}d\omega=\int_{-\infty}^{\infty}\frac{F(j\omega)d\omega}{2\pi}e^{j\omega t}$$

即信号可分解为无穷多不同频率的虚指数分量的和，其中，频率为ω的分量为$\frac{F(j\omega)d\omega}{2\pi}e^{j\omega t}$，由式(4.3.5)可知，系统对于该分量的响应为$\frac{F(j\omega)d\omega}{2\pi}H(j\omega)e^{j\omega t}$，将所有这些响应分量进行叠加，就得到系统的零状态响应，即

$$y_{zs}(t)=\int_{-\infty}^{\infty}\frac{F(j\omega)d\omega}{2\pi}H(j\omega)e^{j\omega t}=\frac{1}{2\pi}\int_{-\infty}^{\infty}F(j\omega)H(j\omega)e^{j\omega t}d\omega$$

则

$$Y_{zs}(j\omega)=F(j\omega)H(j\omega) \tag{4.3.6}$$

即信号$f(t)$作用于LTI系统的零状态响应$y_{zs}(t)$的频谱等于输入信号$f(t)$的频谱乘以系统的频率响应$H(j\omega)$。利用Fourier变换的卷积定理也可以得到此结论。

例4.3.2 某系统的微分方程为

$$y''(t)+3y'(t)+y(t)=2f'(t)+3f(t)$$

系统的输入激励为$f(t)=e^{-3t}\varepsilon(t)$，求系统的零状态响应$y_{zs}(t)$。

解 由于输入激励$f(t)$的频谱函数$F(j\omega)$为

$$F(j\omega)=\frac{1}{j\omega+3}$$

根据微分方程可得该系统的频率响应$H(j\omega)$为

$$H(j\omega)=\frac{2j\omega+3}{(j\omega)^2+3j\omega+2}=\frac{2j\omega+3}{(j\omega+1)(j\omega+2)}$$

故该系统的零状态响应$y_{zs}(t)$的频谱函数$Y_{zs}(j\omega)$为

$$Y_{zs}(j\omega)=F(j\omega)H(j\omega)=\frac{2j\omega+3}{(j\omega+1)(j\omega+2)(j\omega+3)}=\frac{1}{2}\times\frac{1}{j\omega+1}+\frac{1}{j\omega+2}-\frac{3}{2}\times\frac{1}{j\omega+3}$$

该系统的零状态响应$y_{zs}(t)$为

$$y_{zs}(t)=\left(\frac{1}{2}e^{-t}+e^{-2t}-\frac{3}{2}e^{-3t}\right)\varepsilon(t)$$

连续时间 LTI 系统的零状态响应的频域分析法可以将时域的卷积运算转化成频域的乘积运算，物理概念更加清晰，过程更加简洁。应用频域分析法的前提是输入信号的频谱 $F(j\omega)$、输出信号的频谱 $Y_{zs}(j\omega)$，以及频率响应 $H(j\omega)$ 都存在。

例 4.3.3 已知某连续时间 LTI 系统的输入激励 $f(t)=e^{-3t}\varepsilon(t)$，零状态响应为 $y_{zs}(t)=e^{-t}\varepsilon(t)+e^{-2t}\varepsilon(t)$，求该系统的频率响应 $H(j\omega)$ 和单位冲激响应 $h(t)$。

解 对 $f(t)$ 和 $y_{zs}(t)$ 分别进行 Fourier 变换，得

$$F(j\omega)=\frac{1}{j\omega+1}$$

$$Y_{zs}(j\omega)=\frac{1}{j\omega+1}+\frac{1}{j\omega+2}=\frac{2j\omega+3}{(j\omega+1)(j\omega+2)}$$

根据式(4.3.3)，得

$$H(j\omega)=\frac{Y_{zs}(j\omega)}{F(j\omega)}=\frac{2j\omega+3}{j\omega+2}=2-\frac{1}{j\omega+2}$$

对 $H(j\omega)$ 进行 Fourier 逆变换，即可求得系统的冲激响应 $h(t)$ 为

$$h(t)=2\delta(t)-e^{-2t}\varepsilon(t)$$

4.3.3 连续周期信号通过系统响应的频域分析

当激励为连续周期信号 $f(t)$ 时，其 Fourier 级数可表示为

$$f(t)=\sum_{n=-\infty}^{\infty}F_n e^{jn\Omega t}$$

若能分别求出每个谐波分量 $F_n e^{jn\Omega t}$ 作用于 LTI 系统的响应，再将这些响应叠加起来即可得到 $f(t)$ 作用于系统的响应 $y_{zs}(t)$。由式(4.3.5)和系统线性性质可得周期信号 $f(t)$ 通过频率响应为 $H(j\omega)$ 的系统的响应为

$$y_{zs}(t)=\sum_{n=-\infty}^{\infty}F_n H(jn\Omega)e^{jn\Omega t} \tag{4.3.7}$$

若 $f(t)$ 和系统冲激响应 $h(t)$ 都是实信号，则有

$$F_n=F_{-n}^{*}$$
$$H(j\omega)=H^{*}(-j\omega)$$

式(4.3.7)可进一步表示为

$$\begin{aligned}y_{zs}(t)&=\sum_{n=-\infty}^{\infty}F_n H(jn\Omega)e^{jn\Omega t}=F_0H(j0)+\sum_{n=-\infty}^{-1}F_nH(jn\Omega)e^{jn\Omega t}+\sum_{n=1}^{\infty}F_nH(jn\Omega)e^{jn\Omega t}\\&=F_0H(j0)+\sum_{n=1}^{\infty}[F_nH(jn\Omega)e^{jn\Omega t}+F_{-n}H(-jn\Omega)e^{-jn\Omega t}]\\&=F_0H(j0)+2\sum_{n=1}^{\infty}\mathrm{Re}[F_nH(jn\Omega)e^{jn\Omega t}]\end{aligned}$$

例 4.3.4 某 LTI 系统的幅频特性 $|H(j\omega)|$ 和相频特性 $\varphi(\omega)$ 如图 4.3.2 所示，若 $f(t)=2+4\cos(5t)+4\cos(10t)$，求系统的响应。

解 信号 $f(t)$ 的基波频率 $\Omega=5$ rad/s。利用欧拉公式，输入信号 $f(t)$ 可写为

$$f(t)=2+4\cos(5t)+4\cos(10t)=\sum_{n=-2}^{2}2\mathrm{e}^{\mathrm{j}n\Omega t}$$

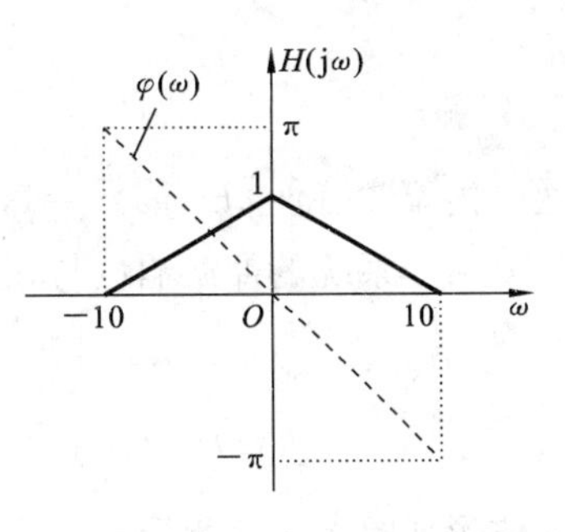

图 4.3.2 例 4.3.4 图

由图 4.3.2 可得

$$H(\mathrm{j}0)=1$$

$$H(\mathrm{j}\Omega)=0.5\mathrm{e}^{-\mathrm{j}0.5\pi}$$

$$H(\mathrm{j}2\Omega)=0$$

根据式(4.3.7)可得

$$y_{zs}(t)=2+4\times0.5\cos(\Omega t-0.5\pi)=2+2\sin(5t)$$

4.3.4 无失真传输系统

信号无失真传输是指系统的输出信号与输入信号相比，只有幅度的大小和出现时间的先后不同，而没有波形上的变化。

设输入信号为 $f(t)$，经过无失真传输后，输出信号应该是

$$y(t)=Kf(t-t_d) \tag{4.3.8}$$

即输出信号 $y(t)$ 的幅度是输入信号的 K 倍，时间上比输入信号延时了 t_d 秒。其频谱函数为

$$Y(\mathrm{j}\omega)=KF(\mathrm{j}\omega)\mathrm{e}^{-\mathrm{j}\omega t_d} \tag{4.3.9}$$

因此，无失真传输系统的频率响应为

$$H(\mathrm{j}\omega)=K\mathrm{e}^{-\mathrm{j}\omega t_d} \tag{4.3.10}$$

其幅频特性和相频特性分别为

$$|H(\mathrm{j}\omega)|=K$$

$$\varphi(\omega)=-\omega t_d$$

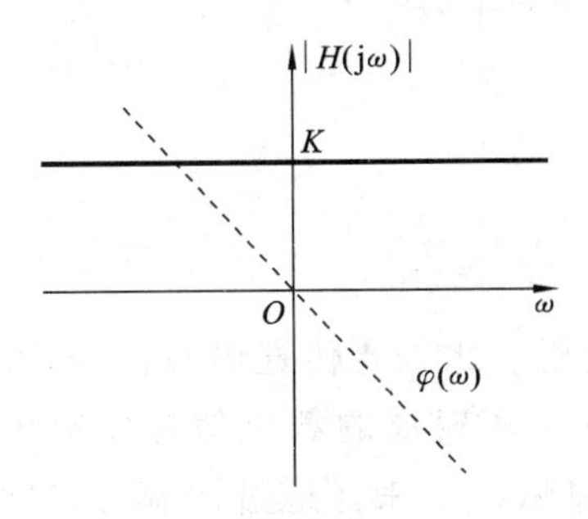

图 4.3.3 无失真传输系统的频率响应

因此，为使信号无失真传输，频率响应函数应满足以下两点。

(1) 在全部频带内，系统的幅频特性是一常数；

(2) 在全部频带内，相频特性为过原点的直线。

无失真传输系统的频率响应如图 4.3.3 所示。

该条件是信号无失真传输的理想条件，实际情况可根据信号传输的具体要求适当放宽，比如在传输有限带宽的信号时，只要在信号占有的频带内，系统的幅频特性、相频特性满足以上条件即可。

4.3.5 理想低通滤波器

具有图 4.3.4 所示幅频特性和相频特性的系统称为理想低通滤波器，它将小于等于某一角频率 ω_c 的信号无失真地传送，而阻止角频率高于 ω_c 的信号通过，其中，ω_c 称为截止角频率。信号能通过的频率范围称为通带；阻止信号通过的频率范围称为阻带。

理想低通滤波器的频率响应可写为

$$H(\mathrm{j}\omega)=\begin{cases}\mathrm{e}^{-\mathrm{j}\omega t_d} & |\omega|\leqslant\omega_c \\ 0 & |\omega|>\omega_c\end{cases} \tag{4.3.11}$$

通带内幅频特性 $|H(\mathrm{j}\omega)|=1$，相频特性 $\varphi(\omega)=-\omega t_d$。

由于系统的冲激响应与频率响应为一对 Fourier 变换对，所以理想低通滤波器的冲激响应为

$$h(t)=\mathscr{F}^{-1}[H(\mathrm{j}\omega)]=\mathscr{F}^{-1}[g_{2\omega_c}(t)\cdot\mathrm{e}^{-\mathrm{j}\omega t_d}]=\frac{\omega_c}{\pi}\mathrm{Sa}[\omega_c(t-t_0)] \tag{4.3.12}$$

其波形如图 4.3.5 所示。

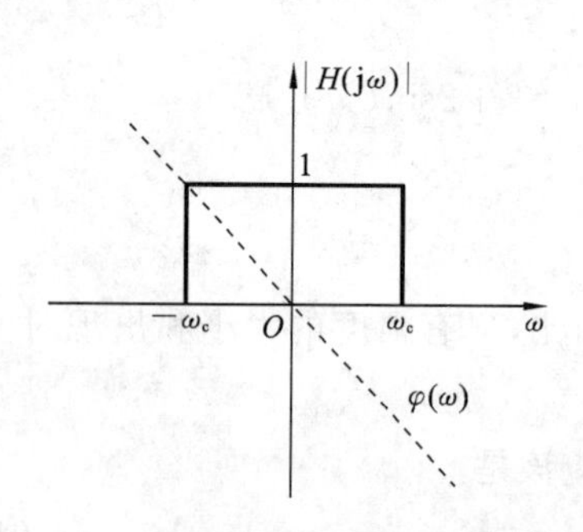

图 4.3.4　理想低通滤波器的频率响应图

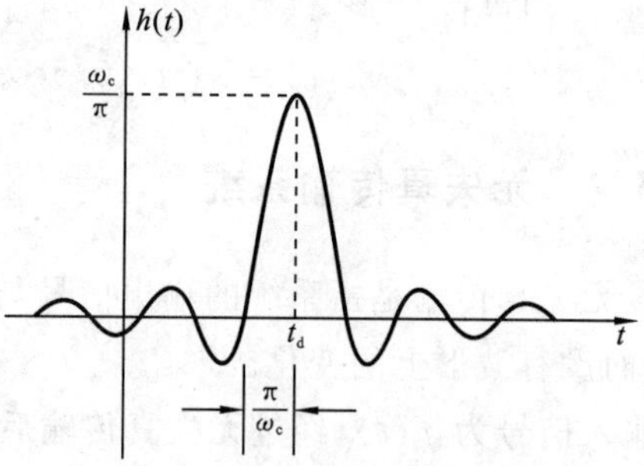

图 4.3.5　理想低通滤波器的冲激响应

由图 4.3.5 可见，与输入信号 $\delta(t)$ 相比，理想低通滤波器冲激响应的峰值出现的时间延迟了 t_d。从图中还可见，$\delta(t)$ 仅仅作用于 $t=0$ 时刻，但 $h(t)$ 在 $t<0$ 时不为 0，这显然是违背因果关系的，所以理想低通滤波器在物理上是无法实现的。

虽然理想低通滤波器在物理上不可实现，但它的特性与实际滤波器的相类似，对于实际系统具有指导意义，关于各种滤波器电路的分析与设计将在后续课程中研究。

4.4　连续信号的幅度调制与解调

调制就是用一个信号去控制另一个信号的某一参数的过程。比如要传送语音信号，可将语音信号作为调制信号，通过调制把它所携带的信息通过频率较高的载波信号辐射出去，到达接收端后再通过解调从已经调制的载波信号中把信息恢复出来。通过调制可将所传送的信号以不同频率传送，就可以实现在同一信道传送多路信号而信号间互不干扰，提高传输效率。

4.4.1　连续信号幅度调制

连续时间信号的幅度调制是通信系统中经常使用的调制方式，其利用 Fourier 变换的频移特性实现信号的调制。设 $f(t)$ 为待传输的信号，$c(t)=\cos\omega_c t$ 为载波信号，ω_c 为载波频率，则发送端的调幅信号 $y(t)$ 为

$$y(t)=f(t)\cdot\cos\omega_c t \tag{4.4.1}$$

设 $f(t)\leftrightarrow F(\mathrm{j}\omega)$，$y(t)\leftrightarrow Y(\mathrm{j}\omega)$，则有

$$Y(\mathrm{j}\omega)=\frac{1}{2\pi}F(\mathrm{j}\omega)*\pi[\delta(\omega+\omega_c)+\delta(\omega-\omega_c)]$$

$$=\frac{1}{2}\{F[\mathrm{j}(\omega+\omega_c)]+F[\mathrm{j}(\omega-\omega_c)]\} \qquad (4.4.2)$$

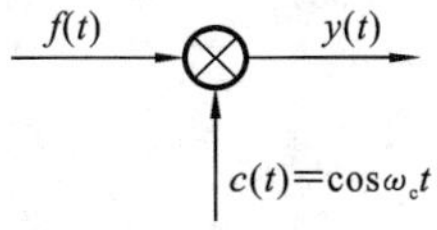

图 4.4.1　幅度调制的方框图

幅度调制的方框图及频谱变换关系如图 4.4.1 和图 4.4.2 所示。由图 4.4.2(c)可见，原信号频谱 $F(\mathrm{j}\omega)$经过调制被搬移到$\pm\omega_c$处，成为已调的高频信号，这样很容易以电磁波形式辐射。

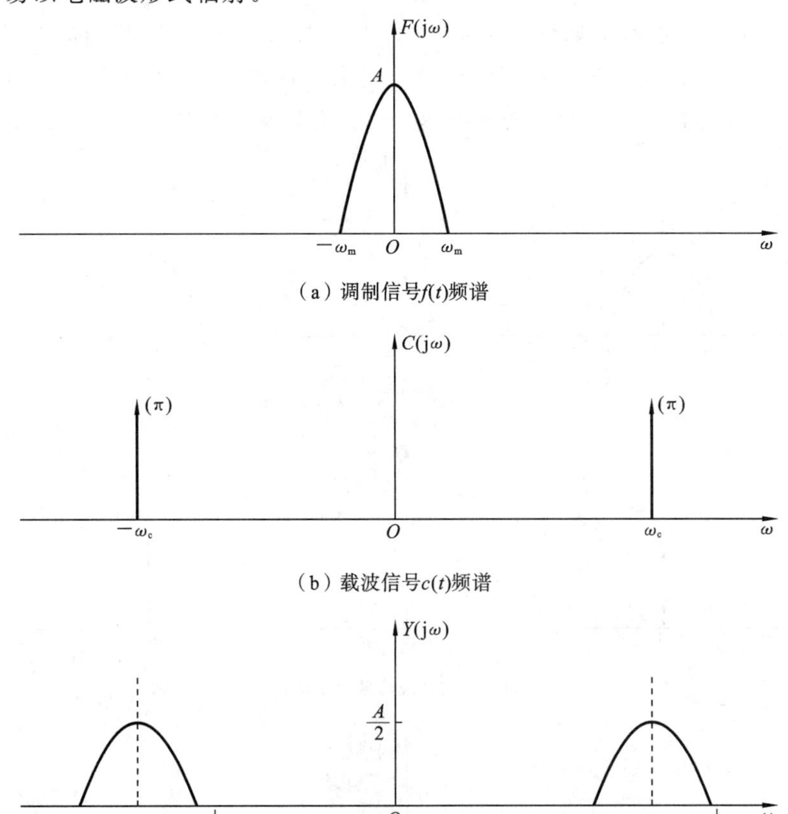

(a) 调制信号$f(t)$频谱

(b) 载波信号$c(t)$频谱

(c) 已调信号$y(t)$频谱

图 4.4.2　幅度调制中各信号频谱

4.4.2　同步解调

由已调制的信号 $y(t)$恢复出原信号 $f(t)$的过程称为解调。图 4.4.3 是实现信号解调的原理框图。由图 4.4.3 可知

$$f_1(t)=y(t)\cdot\cos\omega_c t=f(t)\cdot\cos^2\omega_c t=\frac{1}{2}f(t)(1+\cos 2\omega_c t) \qquad (4.4.3)$$

设 $f_1(t)\leftrightarrow F_1(\mathrm{j}\omega)$，则有

$$F_1(\mathrm{j}\omega)=\frac{1}{2}F(\mathrm{j}\omega)+\frac{1}{4}F(\mathrm{j}\omega)*\pi[\delta(\omega+2\omega_c)+\delta(\omega-2\omega_c)]$$

$$=\frac{1}{2}F(\mathrm{j}\omega)+\frac{1}{4}\{F[\mathrm{j}(\omega+2\omega_c)]+F[\mathrm{j}(\omega-2\omega_c)]\} \qquad (4.4.4)$$

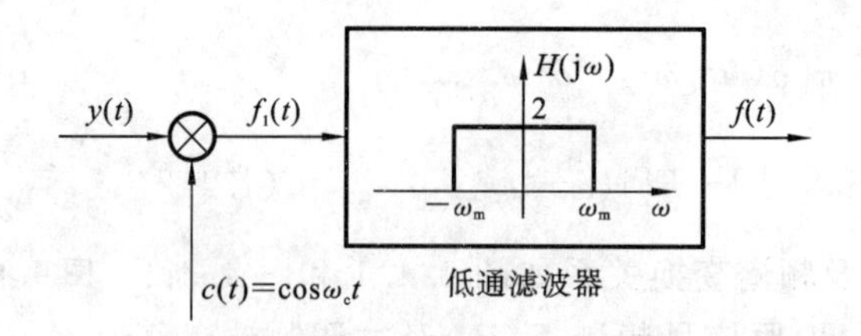

图 4.4.3　同步解调原理框图

解调过程中各信号的频谱如图 4.4.4 所示，由图 4.4.4(c)可知，$F_1(j\omega)$中除了包含原信号的全部信息 $F(j\omega)$外，还有附加的高频分量。在 $f_1(t)$后接一个低通滤波器，假设低通滤波器的幅频特性如图 4.4.3 所示，就能使小于等于 ω_m 的频率分量通过，抑制大于 ω_m 的频率分

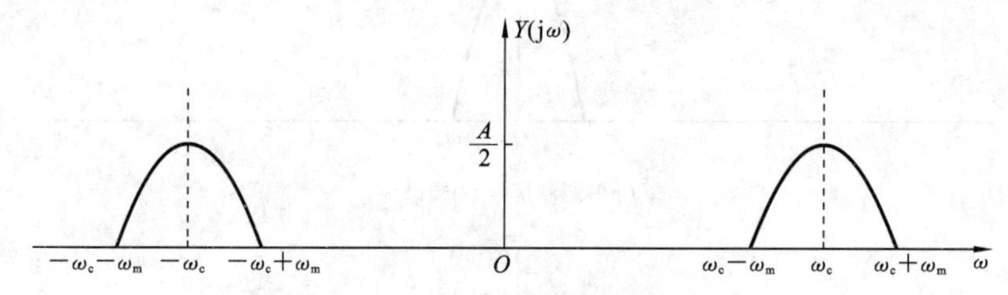

(a) 接收到的已调信号 $y(t)$ 频谱

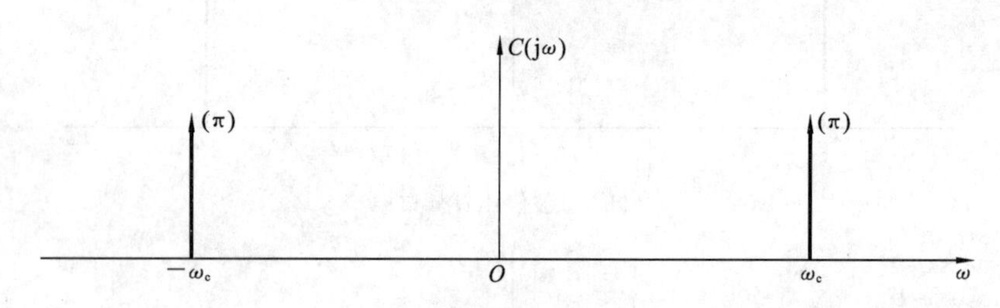

(b) 本地载波信号 $c(t)$ 频谱

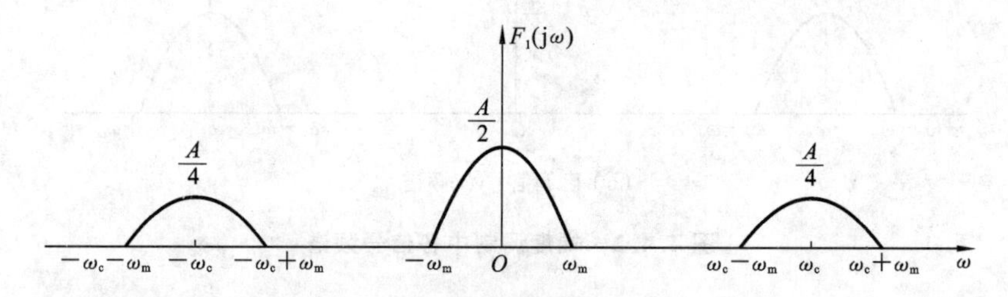

(c) 已调信号与本地载波信号的乘积 $f_1(t)$ 频谱

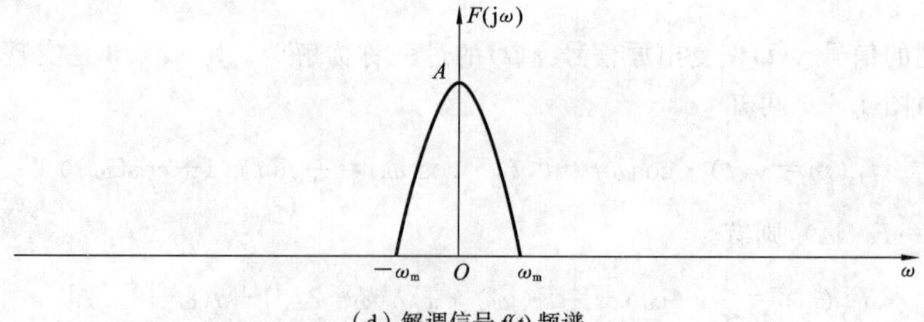

(d) 解调信号 $f(t)$ 频谱

图 4.4.4　解调过程中各信号频谱

量，从而滤去多余的高频分量，恢复调制信号 $f(t)$，完成解调的目的。当然，此时截止频率 ω_c 应满足 $\omega_m<\omega_c<2\omega_c-\omega_m$。

4.4.3 单边带幅度调制

单边带幅度调制原理框图如图 4.4.5 所示。在第 4.4.1 节连续信号幅度调制中，已调信号的频谱包含上、下 2 个边带，如图 4.4.6(b)所示，又称之为双边带调制(DSB)。双边带调制存在信息冗余，单边带调制(SSB)只保留和发送已调信号双边带中的单边带，可以节省信道资源，提高传输效率。在单边带幅度调制中，可以保留上边带，也可以保留下边带。

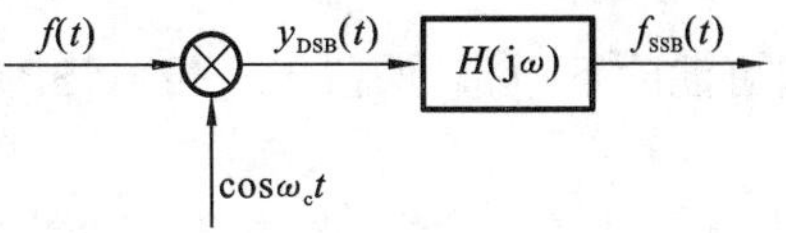

图 4.4.5 单边带幅度调制原理框图

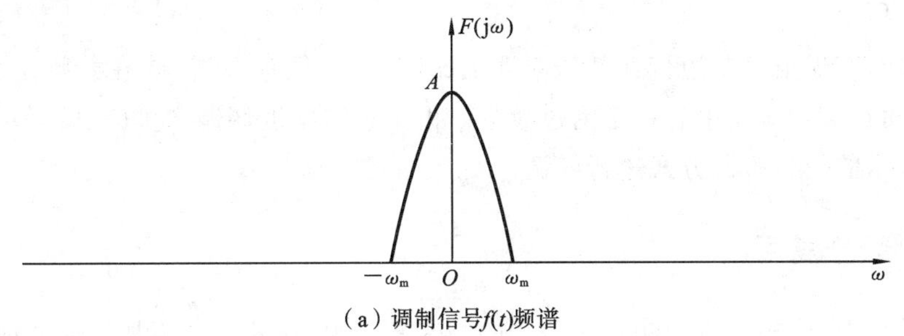

(a) 调制信号f(t)频谱

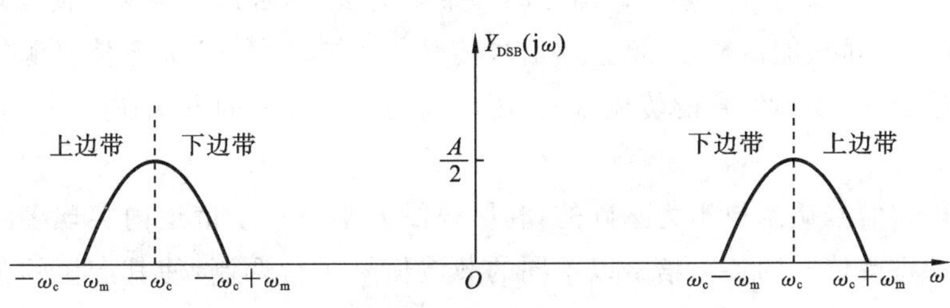

(b) 双边带调制后已调信号 $y_{DSB}(t)$ 频谱

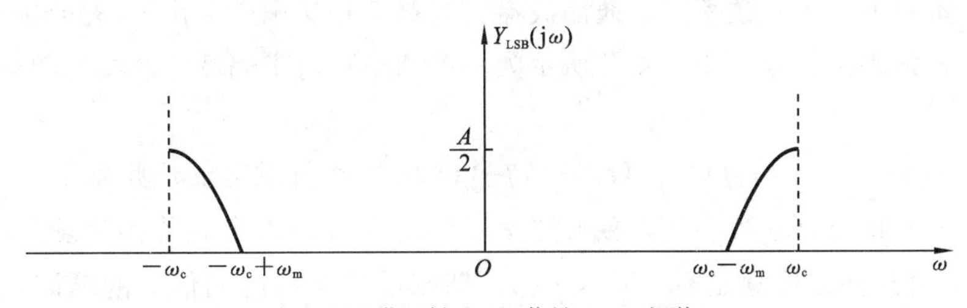

(c) 下边带调制后已调信号 $y_{LSB}(t)$ 频谱

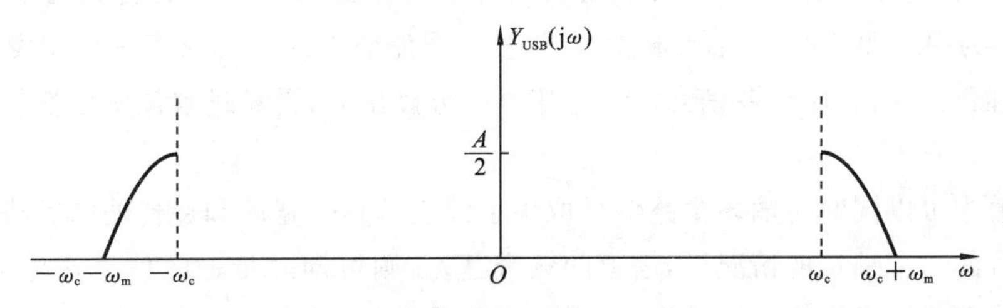

(d) 上边带调制后已调信号 $y_{USB}(t)$ 频谱

图 4.4.6 双边带和单边带幅度调制中各信号频谱

图 4.4.5 中,双边带调制信号 $y_{DSB}(t)=f(t)\cdot\cos(\omega_c t)$,其频谱 $Y_{DSB}(j\omega)$ 为

$$Y_{DSB}(j\omega)=\frac{1}{2}\{F[j(\omega+\omega_c)]+F[j(\omega-\omega_c)]\}$$

其中,$H(j\omega)$是单边带滤波器的频率响应,若 $H(j\omega)$具有如下理想高通特性:

$$H(j\omega)=H_{USB}(j\omega)=\begin{cases}1, & |\omega|>\omega_c \\ 0, & \text{其他}\end{cases}$$

则可滤除下边带,保留上边带(USB)。若 $H(j\omega)$具有如下理想低通特性:

$$H(j\omega)=H_{LSB}(j\omega)=\begin{cases}1, & |\omega|<\omega_c \\ 0, & \text{其他}\end{cases}$$

则可滤除上边带,保留下边带(LSB)。双边带幅度调制和单边带幅度调制对应的已调信号频谱如图 4.4.6 所示。

利用滤波器实现信号单边带调制从原理上比较直观、简单,但需要在载频 f_c 处具有陡峭的截止特性,而在实际应用中有一定的过渡带。由单边带幅度调制产生的已调信号,也可以采用图 4.4.3 所示的同步解调方式进行解调。

4.4.4 频分复用

在通信系统中,传输信道的频带比信号的频带要宽很多,若信号不加任何处理直接通过信道传输,则在同一时间只能传输一路信号,信号传输效率非常低,造成通信资源的浪费。为充分利用传输信道资源,提高信号的传输效率,可以利用频分复用的方式在同一信道中实现传输多路信号。

频分复用是以信号调制技术为基础的,利用频段分割在一个信道内实现多路通信的传输机制。在发送端将待传送的各路信号以不同的载波信号进行调制,使其产生的各路已调信号的频谱分别位于不同的频段,这些频段互不重叠,然后将它们送入同一信道中进行传输。在接收端则采用一系列不同中心频率的带通滤波器将各路信号从中提取出来,并分别进行解调,即可恢复原来的各路调制信号。图 4.4.7 所示为一个利用双边带幅度调制实现频分复用通信的原理框图。

从图 4.4.7(a)中可见,$f_1(t),f_2(t),\cdots,f_N(t)$为 N 路待发送的低频基带信号,通过幅度调制将各路信号的频谱分别搬移到以载波频率 $\omega_1,\omega_2,\cdots,\omega_N$ 为中心的各频段上,形成一个复用信号 $f(t)$,并且这些载频满足 $\omega_1<\omega_2<\cdots\omega_N$,调制后的各路已调信号的频谱互不重叠。复用信号 $f(t)$经过信道传输后,由接收端接收。接收到的复用信号 $y(t)$首先通过一组分别以 $\omega_1,\omega_2,\cdots,\omega_N$ 为中心频率的 N 路带通滤波器,各带通滤波器的中心频率对应于发送端的各路载波频率,从而可以将各路已调信号从复用信号中分离出来,再经过解调即可恢复原来的各路信号。

一个信道中可以同时传输多少路信号取决于信道的频带宽度和待传输的各路信号的有效带宽。在信号的频带一定的情况下,信道的频带越宽,则可同时传输的信号就越多。可见,信号调制是现代通信中的重要技术手段,在提高通信系统的传输效率,有效利用信道资源等方面有着重要意义。

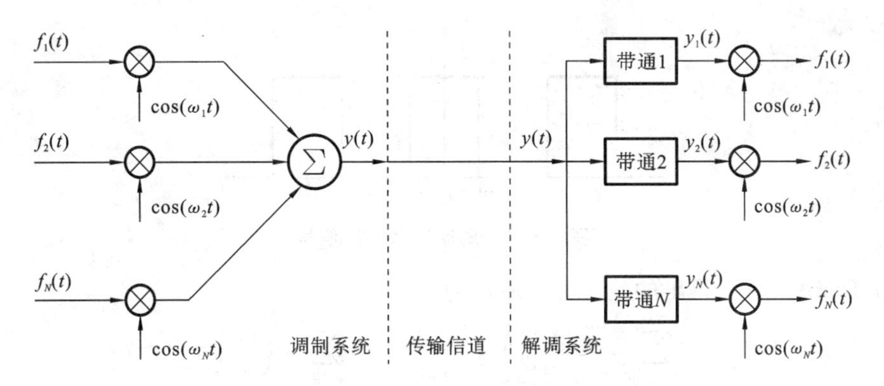

（a）信号调制、信道传输和信号解调示意图

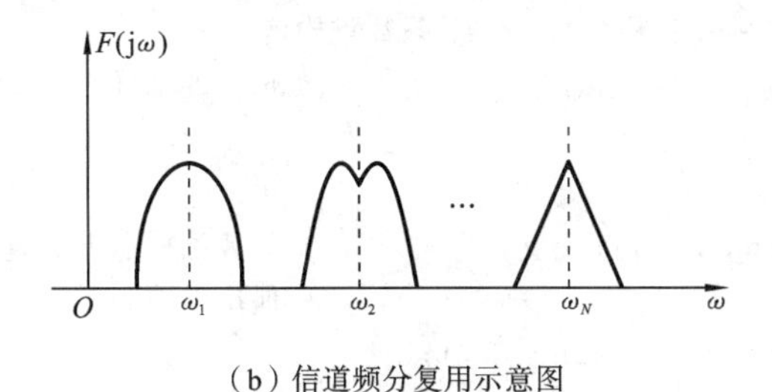

（b）信道频分复用示意图

图 4.4.7 频分复用通信原理框图

4.5 连续信号与系统的 MATLAB 频谱分析

4.5.1 利用 MATLAB 分析连续信号频谱

虽然 MATLAB 提供了函数 Fourier 用于计算连续信号的 Fourier 变换，但多数情况下用 Fourier 计算得到的结果非常烦琐。因此，在更多情况下，利用 MATLAB 提供的函数求信号频谱的数值解更为方便，MATLAB 提供的计算数值积分函数可以用来求信号频谱的数值解。其中常用的 2 个函数是 quad()和 quadl()，quadl()的调用格式如下：

```
Y=quadl('F',a,b)
Y=quadl('F',a,b,[ ],[ ],P)
```

其中，F 是一个字符串，表示被积函数的文件名。a、b 分别表示定积分的下限和上限，P 表示被积函数中的一个参数。数值积分函数 quadl()的返回值是根据自适应 Simpson 算法得出的积分值。

例 4.5.1 求图 4.5.1 所示的周期矩形脉冲信号 $f(t)$的 Fourier 级数表示式，并用 MATLAB 求出前 N 项 Fourier 级数的系数重构的信号的近似波形。

解 取 $A=1, T=2, \tau=1, \Omega=\pi$，由例 4.1.5 可得

$$F_n=0.5\mathrm{Sa}\left(\frac{n\pi}{2}\right)$$

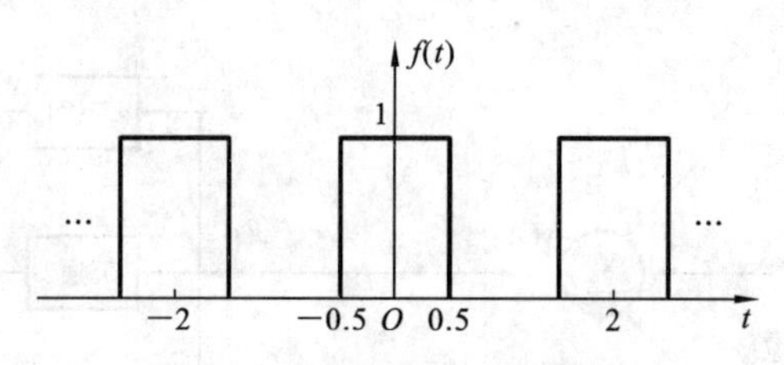

图 4.5.1　周期矩形脉冲信号

由前 N 项 Fourier 系数得出的信号近似波形为

$$f_N(t)=\sum_{n=-N}^{N}0.5\mathrm{Sa}\left(\frac{n\pi}{2}\right)\mathrm{e}^{\mathrm{j}n\pi t}=0.5+\sum_{n=1}^{N}\mathrm{Sa}\left(\frac{n\pi}{2}\right)\cos(n\pi t) \tag{4.5.1}$$

根据式(4.5.1)可用下面的 MATLAB 程序画出前 N 项 Fourier 系数合成的信号的近似波形。

```
% program 4.5.1利用有限项 Fourier 系数重构信号
t=-2:0.001:2;                          % 信号的抽样点
N=input('N=');
f0=0.5;
fn=f0*ones(1,length(t));               % 计算抽样点上的直流分量
for n=1:2:N;                           % 偶次谐波为零
    fn=fn+cos(pi*n*t)*sinc(n/2);
end
plot(t,fn);
title(['N=',num2str(N)]);
axis([-2,2,-0.2,1.2]);
```

输出结果如图 4.5.2 所示,图 4.5.2 分别显示了 N 取不同值时信号合成的结果。

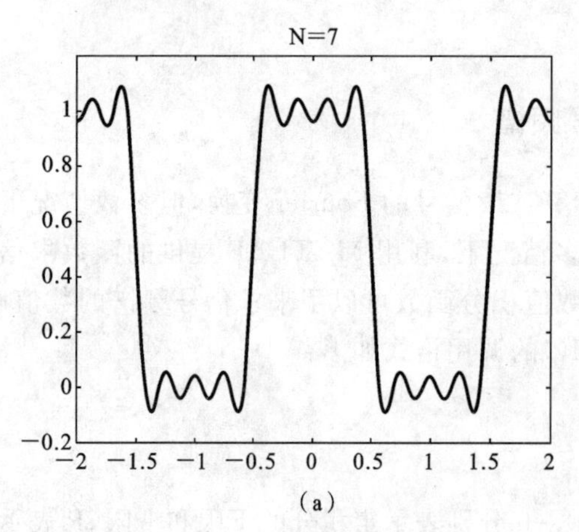

(a)

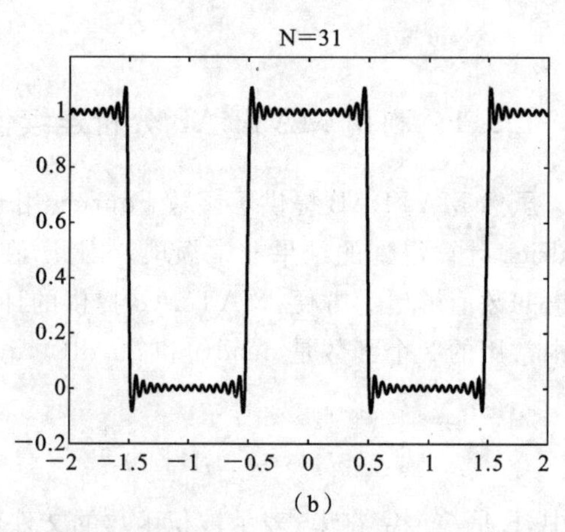

(b)

图 4.5.2　前 N 项 Fourier 系数合成的信号的近似波形

例 4.5.2　试用数值方法近似计算三角波信号 $f(t)$ 的频谱:

$$f(t)=(1-|t|)g_2(t)$$

解　该信号频谱的理论值为

$$F(\mathrm{j}\omega)=\mathrm{Sa}^2\left(\frac{\omega}{2}\right)$$

计算被积函数的 MATLAB 函数如下:

```
function y=sf1(t,w)
y=(t>=-1 & t<=1).*(1-abs(t)).*exp(-j*w*t);
```

对不同的 w 值，函数 sf1()将计算出 Fourier 变换中被积函数的值。需要将上面的 MATLAB 函数用文件名 sf1.m 存盘。近似计算频谱以及与理论频谱比较的 MATLAB 程序如下：

```
% program4.5.2 利用数值积分函数计算信号的频谱
w=linspace(-6*pi,6*pi,512);
n=length(w);
X=zeros(1,n);
for k=1:n;
    X(k)=quadl('sf1',-1,1,[],[],w(k));
end
figure(1);
plot(w,real(X));                      % 显示近似计算的频谱
xlabel('\omega');
ylabel('X(j\omega)');
figure(2);
plot(w,real(X)-sinc(w/2/pi).^2);      % 与理论频谱进行比较
xlabel('omega');
title('计算误差');
```

输出结果如图 4.5.3 所示，图 4.5.3 画出了三角波信号的近似频谱。

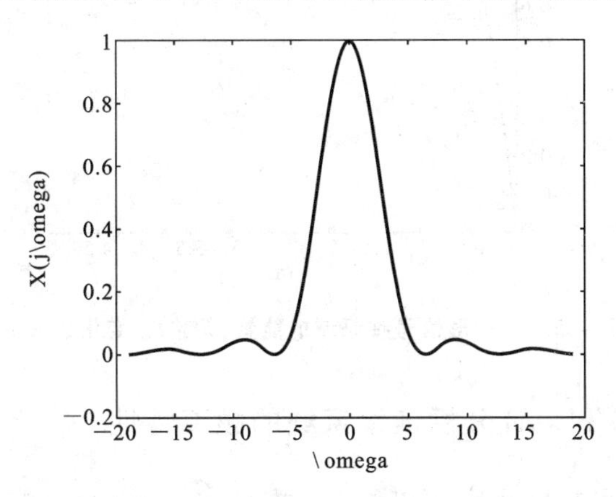

图 4.5.3　三角波信号的近似频谱

例 4.5.3　试计算宽度和幅度均为 1 的矩形信号 $g_1(t)$在频率 $-f_m \sim f_m$ 范围内所包含的信号能量。

解　宽度和幅度均为 1 的矩形信号 $g_1(t)$的能量和频谱分别为

$$E=\int_{-\frac{1}{2}}^{\frac{1}{2}} 1^2 \mathrm{d}t = 1$$

$$g_1(t) \leftrightarrow \mathrm{Sa}\left(\frac{\omega}{2}\right)$$

信号在频率范围内所包含的信号能量为

$$E(f_m)=\frac{1}{2\pi}\int_{-\omega_m}^{\omega_m}\mathrm{Sa}^2\left(\frac{\omega}{2}\right)\mathrm{d}\omega=2\int_0^{f_m}\mathrm{Sa}^2(\pi f)\mathrm{d}f \tag{4.5.2}$$

计算式(4.5.2)的 MATLAB 程序如下：

```
function y=sf1(t)
y=2*sinc(t).*sinc(t);
% program 4.5.3
fm= linspace(0,5,256);
N=length(fm);
E=zeros(1,N);
for k=1:N
    E(k)=quadl('sf1',0,fm(k));      % 计算 fm 取不同值时的能量
end
plot(fm,E);
xlabel('fm');
ylabel('E');
```

输出结果如图 4.5.4 所示，图 4.5.4 显示了矩形信号在频域的能量 E 随 f_m 变化的曲线。

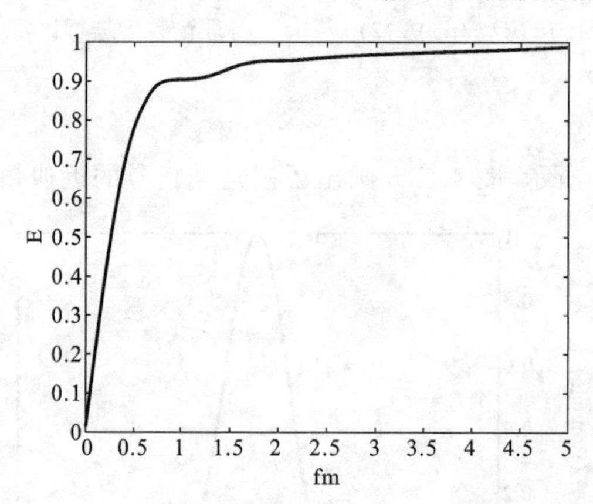

图 4.5.4　矩形信号在频域的能量 E 随 f_m 变化的曲线

4.5.2　利用 MATLAB 分析连续系统的频率特性

在已知系统微分方程的情况下，可以利用函数 freqs()求出频率响应，其一般调用格式为

```
H=freqs (b, a, w)
```

其中，b、a 分别为微分方程右边和左边信号各阶导数的系数组成的向量，w 是计算频率响应 $H(\mathrm{j}\omega)$的频率抽样点构成的向量。

例 4.5.4　求系统 $y'(t)+2y(t)=f(t)$的频率响应。

解　MATLAB 程序代码如下：

```
% program 4.5.4
b=1;
a=[1 2];
fs=0.01*pi;
```

```
w=0:fs:4*pi;
H=freqs(b,a,w);
subplot(2,1,1);
plot(w,abs(H));
xlabel('Frequency(rad/s)');
ylabel('Magnitude');
subplot(2,1,2);
plot(w,180*angle(H)/pi);
xlabel('Frequency(rad/s)');
ylabel('Phase(degree)'
```

结果如图 4.5.5 所示。

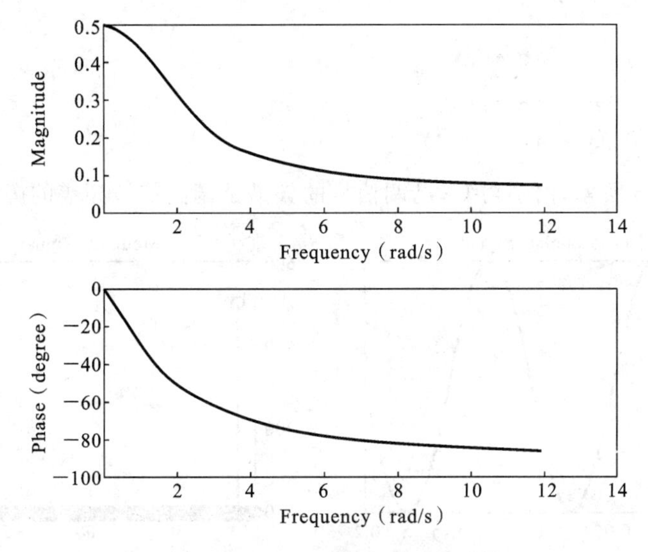

图 4.5.5 系统频率响应

例 4.5.5 若调制信号为一个正弦信号，其频率为 10 Hz，试利用 MATLAB 分析幅度调制产生的信号频谱，比较信号调制前后的频谱。设载波信号的频率为 100 Hz。

解 MATLAB 程序如下：

```
% program 4.5.5 信号的幅度调制
fm=10;
fc=100;
fs=1000;
n=1000;
k=0:n-1;
t=k/fs;
x=sin(2.0*pi*fm*t);
subplot(2,2,1);
plot(t(1:200),x(1:200));
axis([0,0.2,-1,1]);
xlabel('Time(s)');
title('Modulate Signal');
```

```
xf=abs(fft(x,n));
subplot(2,2,2);
stem(xf(1:200));
xlabel('Frequency(Hz)');
title('Modulate Signal');
y=modulate(x,fc,fs,'am');
subplot(2,2,3);
plot(t(1:200),y(1:200));
xlabel('Time(s)');
axis([0,0.2,-1,1]);
title('Modulate Signal(AM)');
xf=abs(fft(y,n));
subplot(2,2,4);
stem(xf(1:200));
xlabel('Frequency(Hz)');
title('Modulate Signal(AM)');
```

结果如图 4.5.6 所示，由图可知，已调信号的频谱是调制信号频谱的搬移。

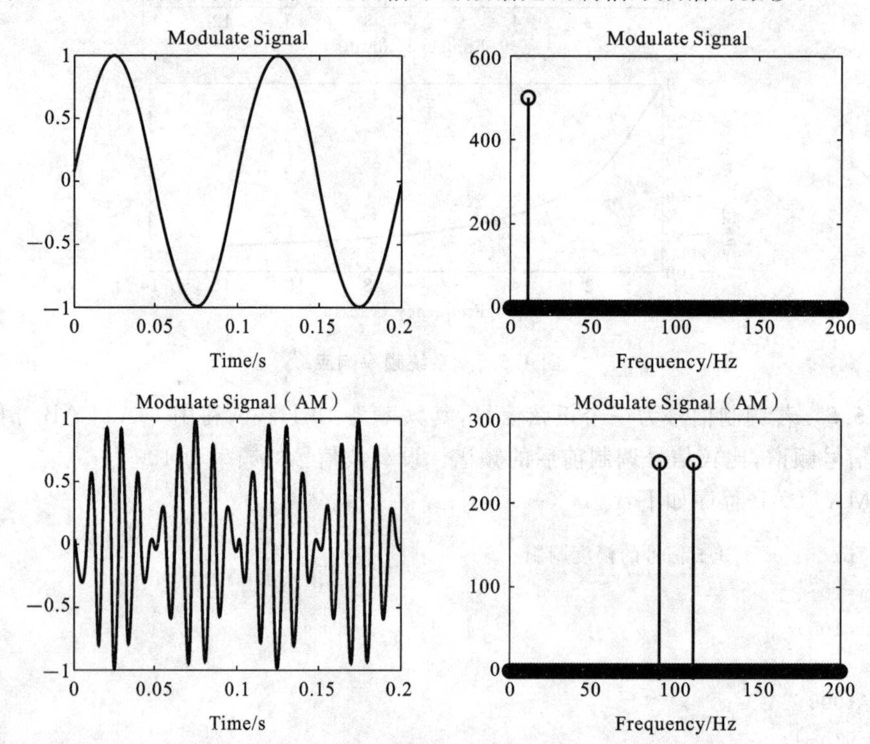

图 4.5.6　信号的抑制载波双边带幅度调制

习　　题

4.1　求下列周期信号的基波角频率 Ω 和周期 T。

(1) e^{j100t}；　　(2) $\cos\left[\frac{\pi}{2}(t-3)\right]$；

(3) $\cos(2t)+\sin(4t)$；　　(4) $\cos(2\pi t)+\cos(3\pi t)+\cos(5\pi t)$；

(5) $\cos\left(\frac{\pi}{2}t\right)+\sin\left(\frac{\pi}{4}t\right)$；　　(6) $\cos\left(\frac{\pi}{2}t\right)+\cos\left(\frac{\pi}{3}t\right)+\cos\left(\frac{\pi}{5}t\right)$。

4.2　用直接计算傅里叶系数的方法，求题 4.2 图所示周期函数的傅里叶系数（三角形式或指数形式）。

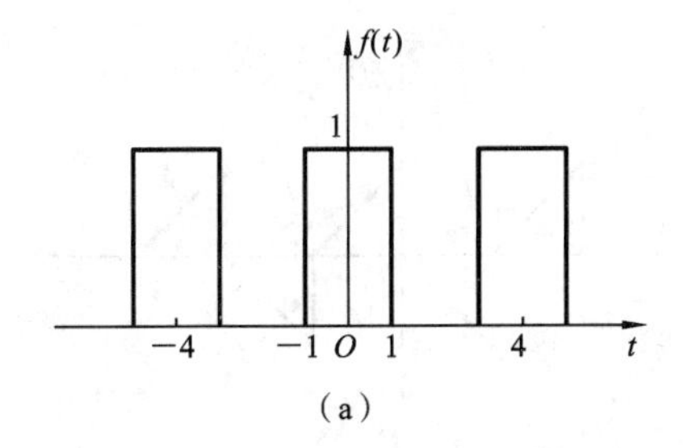

(a)

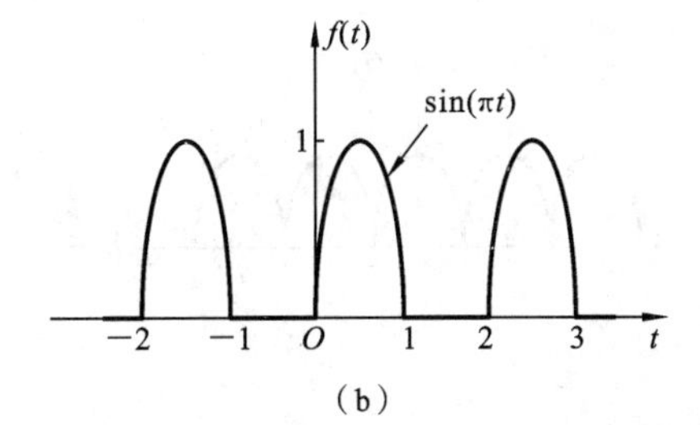

(b)

题 4.2 图

4.3　题 4.3 图所示的是 4 个周期相同的信号。

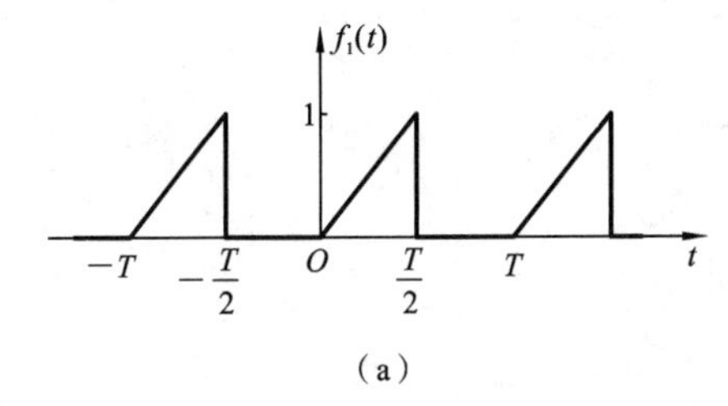

(a)

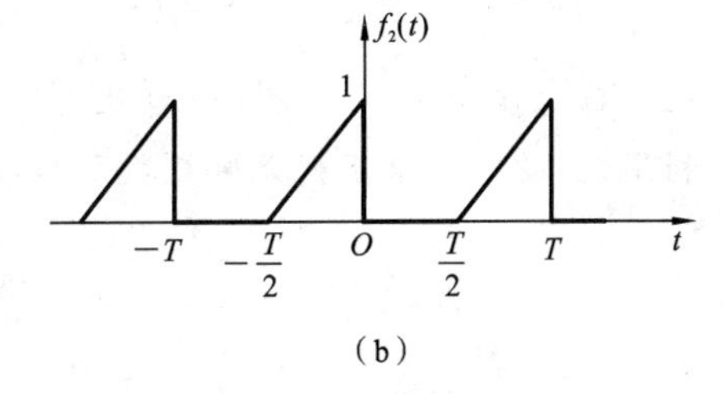

(b)

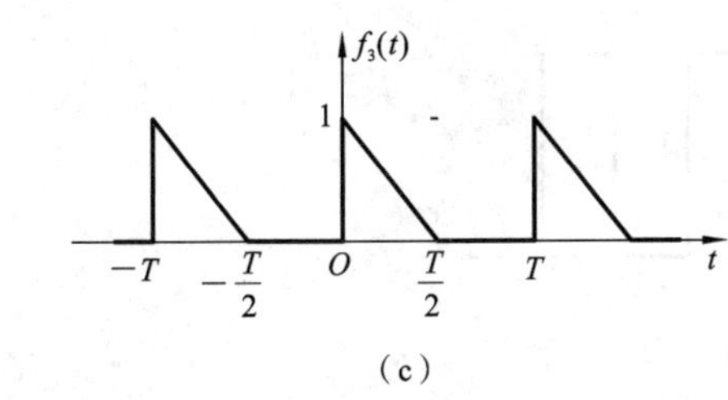

(c)

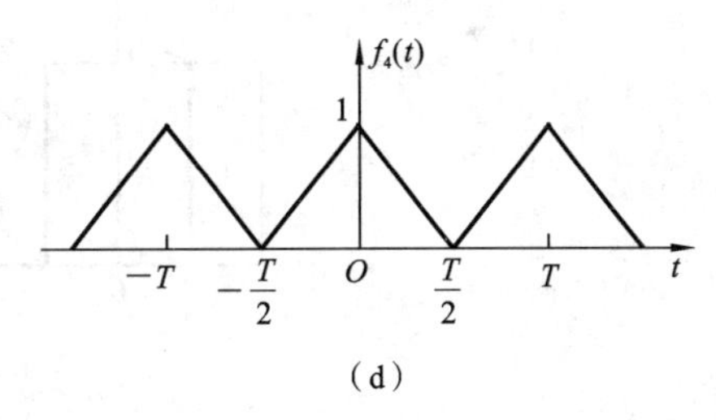

(d)

题 4.3 图

(1) 用直接求傅里叶系数的方法求图(a)所示信号的 Fourier 级数（三角形式）。

(2) 将图(a)中的函数 $f_1(t)$ 左移（或右移）$\frac{T}{2}$，就得到图(b)所示的函数 $f_2(t)$，利用(1)的结果求 $f_2(t)$ 的傅里叶系数。

(3) 利用以上结果求图(c)所示函数 $f_3(t)$ 的 Fourier 级数。

(4) 利用以上结果求图(d)所示函数 $f_4(t)$ 的 Fourier 级数。

4.4　利用奇偶性判断题 4.4 图所示各周期信号的傅里叶系数中所含有的频率分量。

4.5　某 1 Ω 电阻两端的电压 $u(t)$ 如题 4.5 图所示。

(1) 求 $u(t)$ 的三角形式傅里叶系数。

(2) 利用(1)的结果和 $u\left(\frac{1}{2}\right)=1$，求下列无穷级数之和：

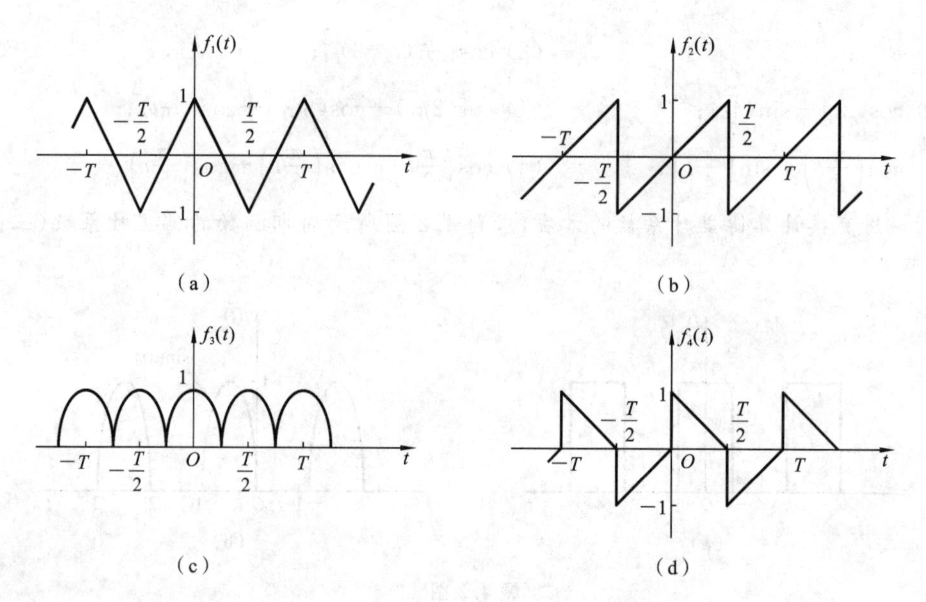

题 4.4 图

$$S=1-\frac{1}{3}+\frac{1}{5}-\frac{1}{7}+\cdots\cdots$$

(3) 求 1 Ω 电阻上的平均功率和电压有效值。

(4) 利用(3)的结果求下列无穷级数之和：

$$S=1+\frac{1}{3^2}+\frac{1}{5^2}+\frac{1}{7^2}+\cdots\cdots$$

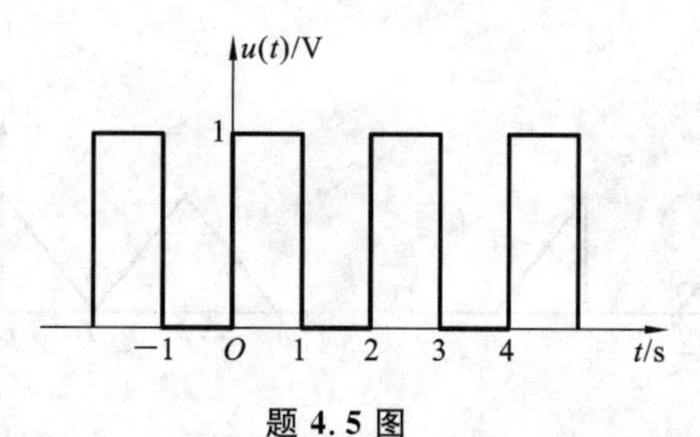

题 4.5 图

4.6　题 4.6 图所示的周期性方波电压作用于 RL 电路，试求电流 $i(t)$ 的前五次谐波。

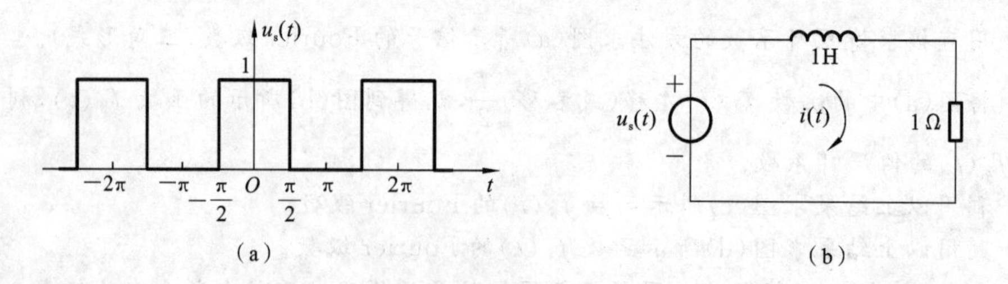

题 4.6 图

4.7　求题 4.7 图所示各信号的 Fourier 变换。

4.8　依据上题结果，利用 Fourier 变换的性质，求题 4.8 图所示各信号的 Fourier 变换。

4.9　若 $f(t)$ 为虚函数，且 $\mathscr{F}[f(t)]=F(\mathrm{j}\omega)=R(\omega)+\mathrm{j}X(\omega)$，试证：

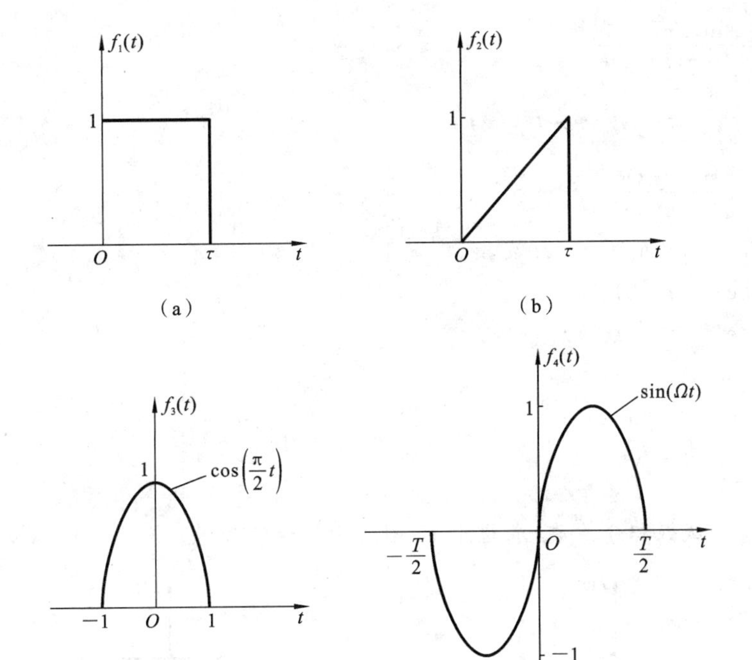

题 4.7 图

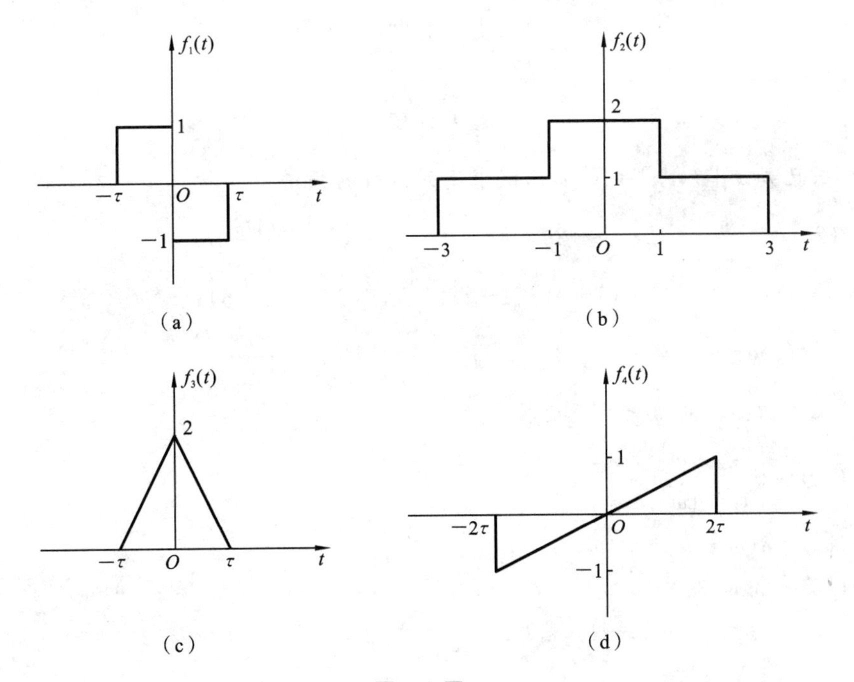

题 4.8 图

(1) $R(\omega)=-R(-\omega), X(\omega)=X(-\omega)$;

(2) $F(\mathrm{j}\omega)=-F^{*}(\mathrm{j}\omega)$。

4.10 根据 Fourier 变换的对称性求下列函数的 Fourier 变换。

(1) $f(t)=\dfrac{\sin[2\pi(t-2)]}{\pi(t-2)}$， $-\infty<t<\infty$；

(2) $f(t)=\dfrac{2\alpha}{\alpha^2+t^2}$， $-\infty<t<\infty$；

(3) $f(t)=\left[\dfrac{\sin(2\pi t)}{2\pi t}\right]^2$， $-\infty<t<\infty$。

4.11　求下列信号的 Fourier 变换。

(1) $f(t)=e^{-jt}\delta(t-2)$；

(2) $f(t)=e^{-3(t-1)}\delta'(t-1)$；

(3) $f(t)=\mathrm{sgn}(t^2-9)$；

(4) $f(t)=e^{-2t}\varepsilon(t+1)$；

(5) $f(t)=\varepsilon\left(\dfrac{t}{2}-1\right)$。

4.12　试用时域微积分性质，求题 4.12 图所示信号的频谱。

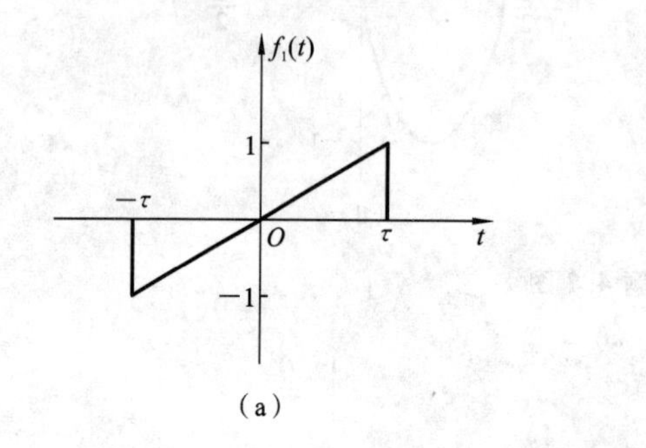

(a)　　　(b)

题 4.12 图

4.13　若已知 $\mathscr{F}[f(t)]=F(j\omega)$，试求下列函数的频谱。

(1) $tf(2t)$；　(2) $(t-2)f(t)$；　(3) $t\dfrac{df(t)}{dt}$；

(4) $f(1-t)$；　(5) $(1-t)f(1-t)$；　(6) $f(2t-5)$；

(7) $\displaystyle\int_{-\infty}^{1-\frac{1}{2}t}f(\tau)d\tau$；　(8) $e^{jt}f(3-2t)$；　(9) $\dfrac{df(t)}{dt}*\dfrac{1}{\pi t}$。

4.14　求下列函数的傅里叶逆变换。

(1) $F(j\omega)=\begin{cases}1, & |\omega|<\omega_0;\\ 0, & |\omega|>\omega_0;\end{cases}$

(2) $F(j\omega)=\delta(\omega+\omega_0)-\delta(\omega-\omega_0)$；

(3) $F(j\omega)=2\cos(3\omega)$；

(4) $F(j\omega)=[\varepsilon(\omega)-\varepsilon(\omega-2)]e^{-j\omega}$；

(5) $F(j\omega)=\displaystyle\sum_{n=0}^{2}\frac{2\sin\omega}{\omega}e^{-j(2n+1)\omega}$。

4.15　利用 Fourier 变换性质，求题 4.15 图所示函数的 Fourier 变换。

4.16　试用下列方法求题 4.16 图所示信号的频谱函数。

(1) 利用延时和线性性质(门函数的频谱可利用已知结果)。

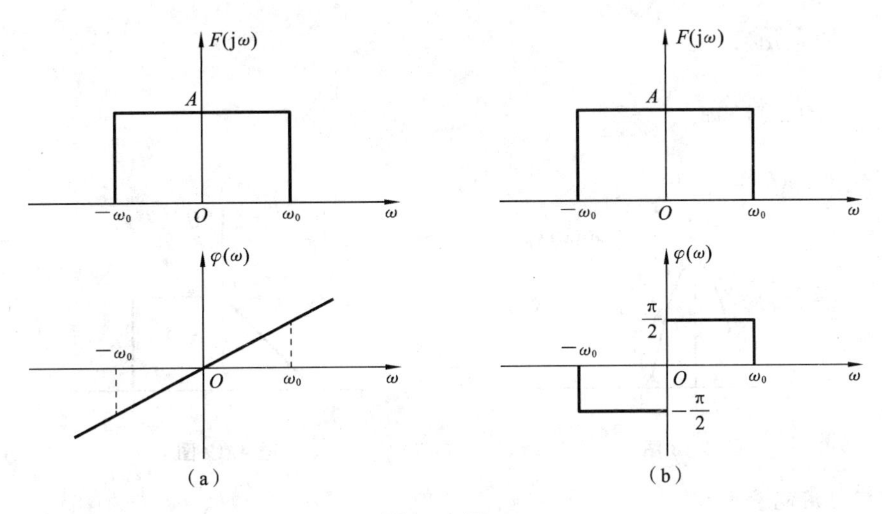

题 4.15 图

(2) 利用时域的积分定理。

(3) 将 $f(t)$看作门函数 $g_2(t)$与冲激函数 $\delta(t+2)$、$\delta(t-2)$的卷积之和。

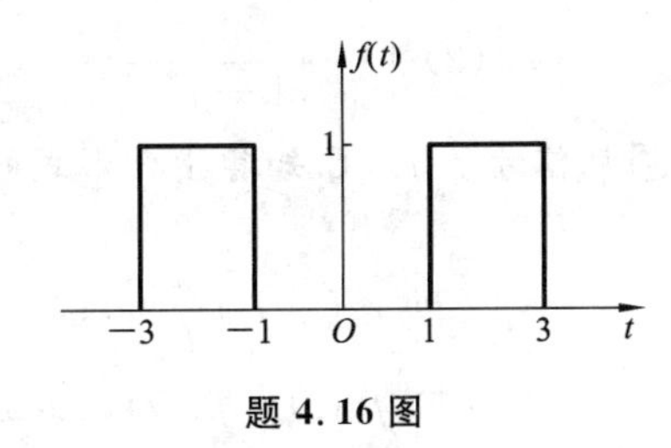

题 4.16 图

4.17 试求题 4.17 图所示周期信号的频谱函数。图中冲激函数的强度均为 1。

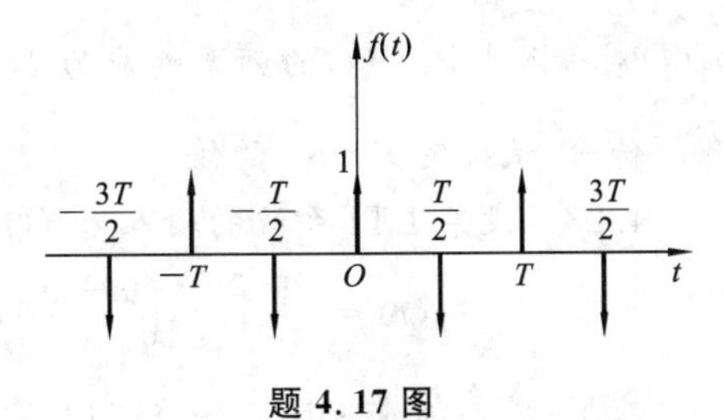

题 4.17 图

4.18 题 4.18 图所示升余弦脉冲可表示为

$$f(t)=\begin{cases}\frac{1}{2}[1+\cos(\pi t)], & |t|<1\\ 0, & |t|>1\end{cases}$$

试用以下方法求其频谱函数。

(1) 利用 Fourier 变换的定义。

(2) 利用微分、积分特性。

(3) 将它看作是门函数 $g_2(t)$与题 4.18 图所示函数的乘积。

4.19 已知题 4.19 图所示信号 $f(t)$的频谱为 $F(\mathrm{j}\omega)$，求下列各值(不必求出 $F(\mathrm{j}\omega)$)。

(1) $F(0)=F(\mathrm{j}\omega)|_{\omega=0}$；

(2) $\int_{-\infty}^{\infty} F(\mathrm{j}\omega)\mathrm{d}\omega$；

(3) $\int_{-\infty}^{\infty} |F(\mathrm{j}\omega)|^2\mathrm{d}\omega$。

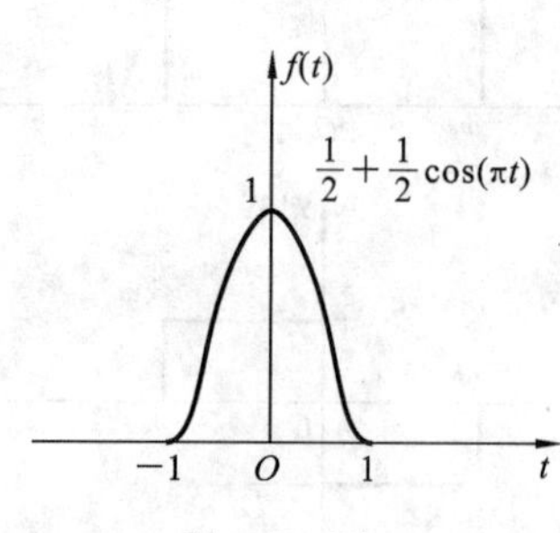

题 4.18 图

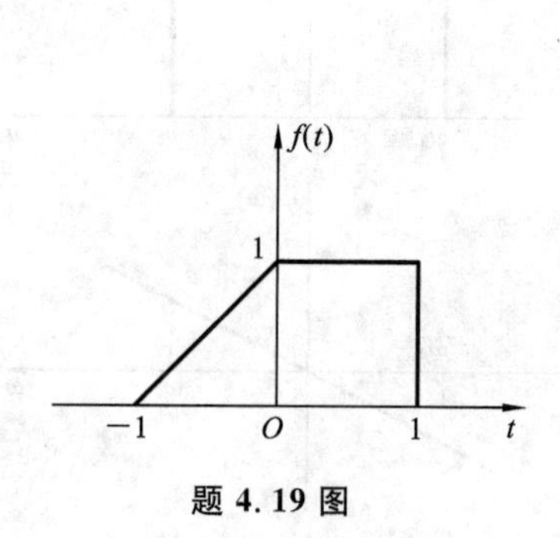

题 4.19 图

4.20　利用能量等式

$$\int_{-\infty}^{\infty} f^2(t)\mathrm{d}t = \frac{1}{2\pi}\int_{-\infty}^{\infty} |F(\mathrm{j}\omega)|^2\mathrm{d}\omega$$

计算下列积分的值。

(1) $\int_{-\infty}^{\infty}\left[\frac{\sin(t)}{t}\right]^2\mathrm{d}t$；　　(2) $\int_{-\infty}^{\infty}\frac{\mathrm{d}x}{(1+x^2)^2}$。

4.21　设有一周期为 T 的周期信号 $f(t)$，已知其指数形式的傅里叶系数为 F_n，求下列周期信号的傅里叶系数。

(1) $f_1(t)=f(t-t_0)$；　　(2) $f_2(t)=f(-t)$；

(3) $f_3(t)=\frac{\mathrm{d}f(t)}{\mathrm{d}t}$；　　(4) $f_4(t)=f(at), a>0$。

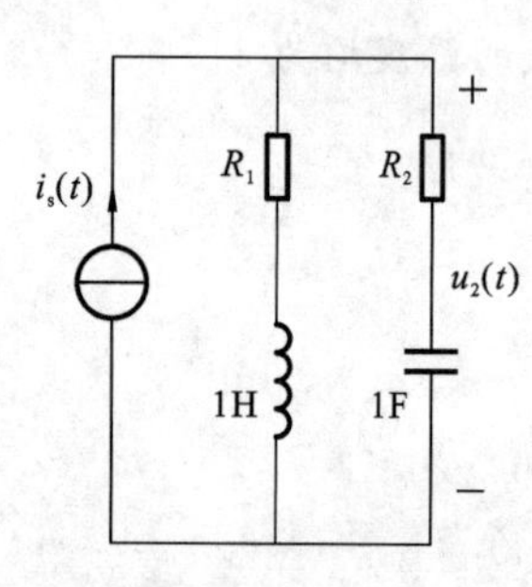

题 4.22 图

4.22　如题 4.22 图所示电路，已知输出电压电路中，输出电压 $u_2(t)$ 对输入电流 $i_s(t)$ 的频率响应为 $H(\mathrm{j}\omega)=\frac{U_2(\mathrm{j}\omega)}{I_s(\mathrm{j}\omega)}$，为了能无失真地传输，试确定 R_1、R_2 的值。

4.23　设某 LTI 系统的输入为 $f(t)$，输出为

$$y(t) = \frac{1}{a}\int_{-\infty}^{\infty} s\left(\frac{x-a}{a}\right)f(x-2)\mathrm{d}x$$

式中，a 为常数，且已知 $s(t)\leftrightarrow S(\mathrm{j}\omega)$，求该系统的频率响应 $H(\mathrm{j}\omega)$。

MATLAB 习　题

M4.1　求题 M4.1 图所示三角波的 Fourier 级数，并利用 MATLAB 画出其双边幅度谱和相位谱。若 $f(t)=\sum_{n=-N}^{N}F_n\mathrm{e}^{\mathrm{j}n\omega_0 t}$，画出 $N=3、5、9$ 时的波形图。

M4.2　设 $f(t)=\mathrm{e}^{-2t}$。求 $f(t)$、$f(t-2)$ 的 Fourier 变换，分别画出其幅度谱和相位谱。

M4.3　分别画出下列连续时间系统的频率响应 $H(\mathrm{j}\omega)$，并比较它们的特征。

(1) $y''(t)+\sqrt{2}y'(t)+y(t)=f(t)$；

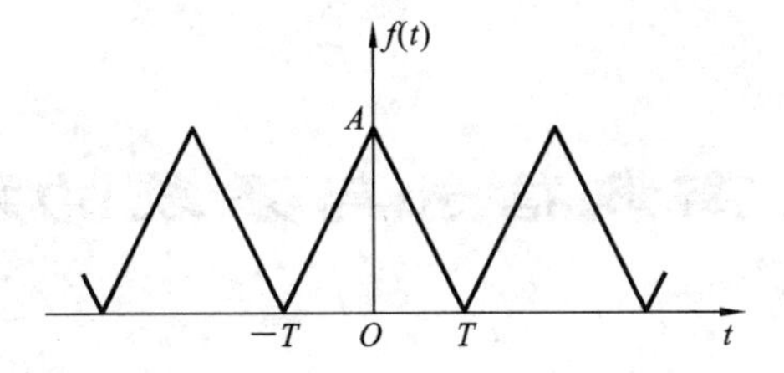

题 M4.1 图

(2) $y''(t)+\sqrt{2}y'(t)+y(t)=f''(t)$;

(3) $y''(t)+y'(t)+y(t)=f'(t)$;

(4) $y''(t)+y'(t)+y(t)=f''(t)+f'(t)$;

(5) $H(\mathrm{j}\omega)=\dfrac{4}{(\mathrm{j}\omega)^3+4(\mathrm{j}\omega)^2+8\mathrm{j}\omega+8}$。

M4.4　在幅度调制中,若调制信号为一正弦信号,其频率为 1 Hz,载波信号的频率为 20 Hz,试利用 modulate()函数获得已调信号,并利用 fft()函数分析和比较信号调制前后的频谱。

M4.5　信号 $f_1(t)$的波形如题 M4.5 图所示。

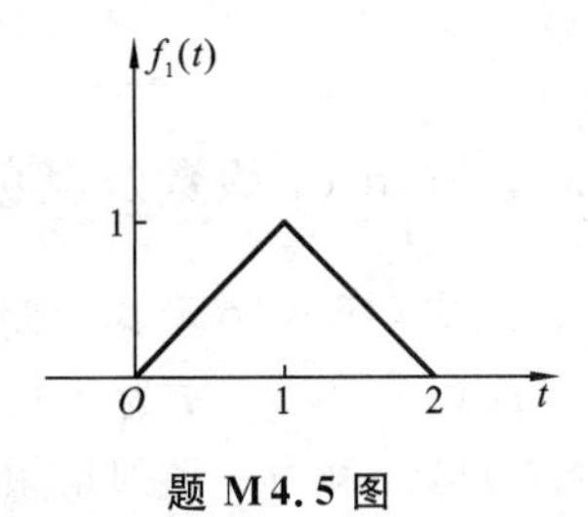

题 M4.5 图

(1) 画出 $f(t)=f_1(t)\cos(50t)$的波形。

(2) 已知某系统的频率响应为

$$H(\mathrm{j}\omega)=\frac{10^4}{(\mathrm{j}\omega)^4+26.131(\mathrm{j}\omega)^3+3.4142\times10^2(\mathrm{j}\omega)^2+2.6131\times10^2(\mathrm{j}\omega)+10^4}$$

画出 $H(\mathrm{j}\omega)$的幅频特性和相频特性。

(3) 令 $f(t)$通过上述系统,画出 $f(t)$和输出信号的幅度谱。

(4) 令 $f(t)$通过上述系统,画出输出信号的波形。

第 5 章 离散信号与系统的频域分析

【内容简介】 本章主要介绍离散周期信号和非周期信号的频域分析，以及求其频谱、离散Fourier级数的方法，介绍Fourier变换的性质、频率响应，在频域中求解离散LTI系统响应的方法。同时介绍了频域分析法的具体应用，包括抽样定理、离散数字滤波器和离散信号的幅度调制。

第4章介绍了连续信号与连续系统的频域分析，本章介绍离散信号和离散时间LTI系统的频域分析，包括离散信号的频谱分析、抽样定理、用频域分析法求解离散系统响应。

5.1 离散周期信号的频域分析

5.1.1 离散周期信号的离散 Fourier 级数及其频谱

离散周期时间信号可表示为 $f_N(k)$，下标 N 表示其周期，即

$$f_N(k)=f_N(k+lN) \quad (l\text{ 为任意整数})$$

对于连续时间信号，周期信号 $f_T(t)$ 可分解为一系列角频率 $n\Omega(n=0,\pm1,\pm2\cdots)$ 的虚指数 $e^{jn\Omega t}$（其中，$\Omega=\dfrac{2\pi}{T}$为基波角频率）之和。类似地，周期为 N 的序列 $f_N(k)$ 也可以展开成许多虚指数 $e^{jn\Omega k}=e^{jn\frac{2\pi}{N}k}$（其中，$\Omega=\dfrac{2\pi}{N}$为基波数字角频率）之和。需要注意的是，这些虚指数序列满足

$$e^{jn\frac{2\pi}{N}k}=e^{j(n+lN)\frac{2\pi}{N}k} \quad (l\text{ 为任意整数})$$

即它们也是周期为 N 的周期序列。因此，周期序列 $f_N(k)$ 的傅里叶级数展开式仅为有限项（N 项），若取其第一个周期，则 $f_N(k)$ 的展开式可写为

$$f_N(k)=\sum_{n=0}^{N-1}C_n e^{jn\Omega k}=\sum_{k=0}^{N-1}C_n e^{jn\frac{2\pi}{N}k} \tag{5.1.1}$$

式中，C_n 为待定系数。将上式两端同乘以 $e^{-jm\Omega k}$ 并在一个周期内对 k 求和，即

$$\sum_{k=0}^{N-1}f_N(k)e^{-jm\Omega k}=\sum_{k=0}^{N-1}e^{-jm\Omega k}\left(\sum_{n=0}^{N-1}C_n e^{jn\Omega k}\right)=\sum_{n=0}^{N-1}C_n\left[\sum_{k=0}^{N-1}e^{j(n-m)\Omega k}\right]$$

上式右端对 k 求和时，仅当 $n=m$ 时为非零且等于 N，故上式可写为

$$\sum_{k=0}^{N-1}f_N(k)e^{-jm\Omega k}=C_m N$$

所以

$$C_m=\frac{1}{N}\sum_{k=0}^{N-1}f_N(k)e^{-jm\Omega k}$$

即

$$C_n = \frac{1}{N}\sum_{k=0}^{N-1} f_N(k)\mathrm{e}^{-\mathrm{j}n\Omega k} = \frac{1}{N}F_N(n)$$

式中

$$F_N(n) = \sum_{k=0}^{N-1} f_N(k)\mathrm{e}^{-\mathrm{j}n\Omega k} \tag{5.1.2}$$

称为离散傅里叶系数。将 C_n 代入式(5.1.1),得

$$f_N(k) = \frac{1}{N}\sum_{k=0}^{N-1} F_N(n)\mathrm{e}^{\mathrm{j}n\Omega k} \tag{5.1.3}$$

称为周期序列的离散傅里叶级数(Discrete Fourier Series,DFS)。为书写方便,令

$$W = \mathrm{e}^{-\mathrm{j}\Omega} = \mathrm{e}^{-\mathrm{j}\frac{2\pi}{N}}$$

并用 DFS[]表示求离散傅里叶系数(正变换),用 IDFS[]表示求离散傅里叶级数展开式(逆变换),式(5.1.2)和式(5.1.3)可分别写为

$$\mathrm{DFS}[f_N(k)] = F_N(n) = \sum_{k=0}^{N-1} f_N(k)W^{nk} \tag{5.1.4}$$

$$\mathrm{IDFS}[F_N(n)] = f_N(k) = \frac{1}{N}\sum_{k=0}^{N-1} F_N(n)W^{-nk} \tag{5.1.5}$$

式(5.1.4)和式(5.1.5)称为离散傅里叶级数变换对,也可以简记为

$$f_N(k) \leftrightarrow F_N(n)$$

连续周期信号的傅里叶级数包含无限项谐波分量,但由于 $\mathrm{e}^{\mathrm{j}n\Omega k} = \mathrm{e}^{\mathrm{j}n\frac{2\pi}{N}k}$ 是周期为 N 的序列,因而离散周期序列 $f_N(k)$ 只包含 N 项独立的谐波分量,即离散直流,基波 $\mathrm{e}^{\mathrm{j}\Omega k}$,二次谐波 $\mathrm{e}^{\mathrm{j}2\Omega k}$,…,$N-1$ 次谐波 $\mathrm{e}^{\mathrm{j}(N-1)\Omega k}$。可以证明,这 N 个谐波之间是相互正交的。

例 5.1.1 求图 5.1.1 所示周期脉冲序列的离散傅里叶级数展开式。

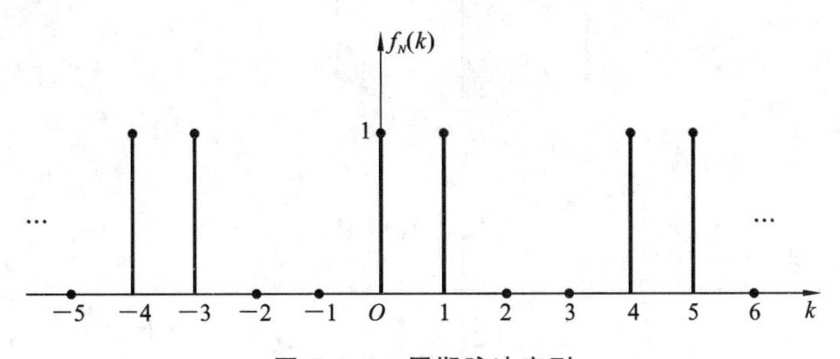

图 5.1.1 周期脉冲序列

解 周期脉冲序列的周期 $N=4$,$\Omega=\frac{2\pi}{N}=\frac{\pi}{2}$,求和范围取为[0,3]。根据式(5.1.2),得

$$F_N(0) = \sum_{k=0}^{3} f_N(k) = 1+1 = 2$$

$$F_N(1) = \sum_{k=0}^{3} f_N(k)\mathrm{e}^{-\mathrm{j}\frac{\pi}{2}k} = 1-\mathrm{j}1$$

$$F_N(2) = \sum_{k=0}^{3} f_N(k)\mathrm{e}^{-\mathrm{j}\pi k} = 0$$

$$F_N(3) = \sum_{k=0}^{3} f_N(k)\mathrm{e}^{-\mathrm{j}\frac{3\pi}{2}k} = 1+\mathrm{j}1$$

由式(5.1.3)得

$$\begin{aligned} f_N(k) &= \frac{1}{N}\sum_{k=0}^{N-1} F_N(n)\mathrm{e}^{\mathrm{j}n\Omega k} = \frac{1}{4}\left[2+(1-\mathrm{j}1)\mathrm{e}^{\mathrm{j}\frac{\pi}{2}k}+(1+\mathrm{j}1)\mathrm{e}^{\mathrm{j}\frac{3\pi}{2}k}\right] \\ &= \frac{1}{2}+\frac{1}{2}\cos\left(\frac{\pi}{2}k\right)+\frac{1}{2}\sin\left(\frac{\pi}{2}k\right) \end{aligned}$$

其直流和各分量的波形如图 5.1.2 所示。

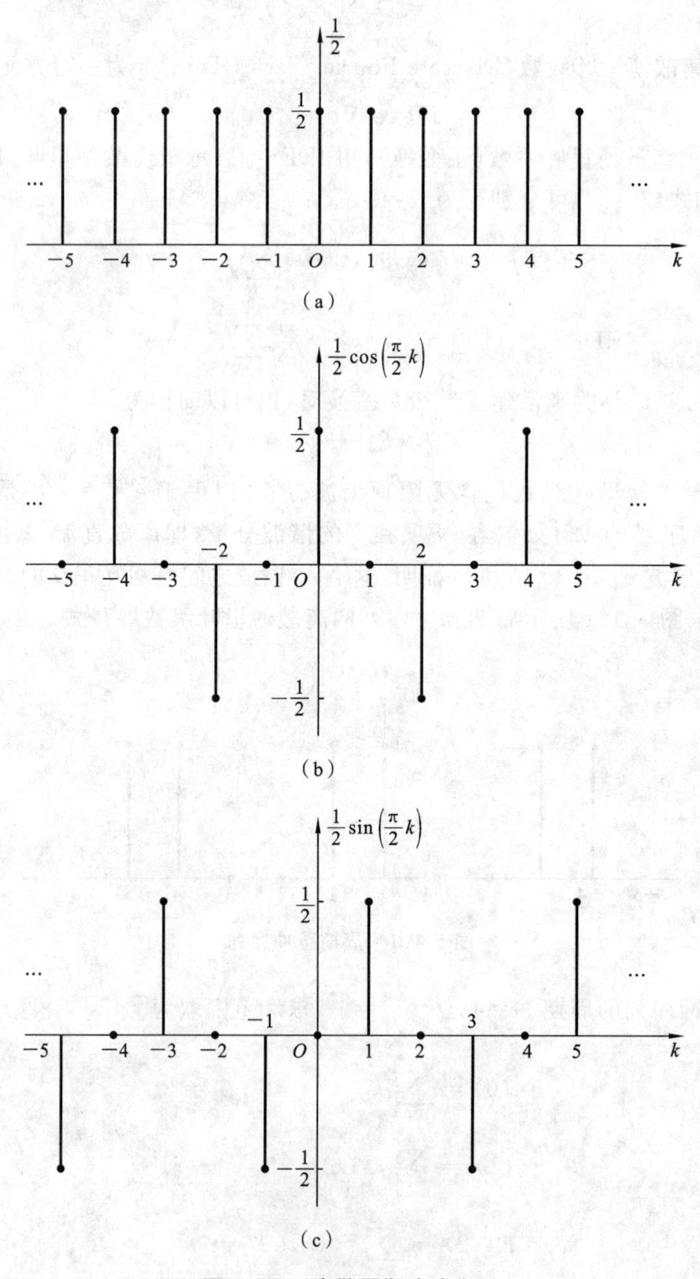

图 5.1.2　离散周期脉冲序列

5.1.2 离散 Fourier 级数的基本性质

离散周期信号的离散 Fourier 级数反映了周期序列时域与频域之间的对应关系，下面介绍它的一些重要性质。假设序列 $f_N(k)$、$f_{1N}(k)$和 $f_{2N}(k)$是周期为 N 的周期序列。

1. 线性特性

若

$$f_{1N}(k)\leftrightarrow F_{1N}(n),\quad f_{2N}(k)\leftrightarrow F_{2N}(n)$$

则

$$af_{1N}(k)+bf_{2N}(k)\leftrightarrow aF_{1N}(n)+bF_{2N}(n) \tag{5.1.6}$$

其中，a，b 为任意常数。根据 DFS 定义即可证明式(5.1.6)，此处略。

2. 时移特性

若

$$f_N(k)\leftrightarrow F_N(n)$$

则

$$f_N(k+k_0)\leftrightarrow W^{-nk_0}F_N(n) \tag{5.1.7}$$

式(5.1.7)表明，周期序列在时域中的移位，对应频谱在频域中的附加相移。

证明：根据离散周期序列的 DFS 定义，有

$$\mathrm{DFS}[f_N(k+k_0)]=\sum_{k=0}^{N-1}f_N(k+k_0)W^{nk}$$

令 $r=k+k_0$，则有

$$\mathrm{DFS}[f_N(k+k_0)]=\sum_{r=k_0}^{N-1+k_0}f_N(r)W^{n(r-k_0)}=W^{-nk_0}\sum_{r=k_0}^{N-1+k_0}f_N(r)W^{nr}$$

由于 $f_N(r)W^{nr}$ 是一个周期为 N 的序列，因此有

$$\mathrm{DFS}[f_N(k+k_0)]=W^{-nk_0}\sum_{r=k_0}^{N-1+k_0}f_N(r)W^{nr}=W^{-nk_0}F_N(n)$$

3. 频移特性

若

$$f_N(k)\leftrightarrow F_N(n)$$

则

$$W^{n_0k}f_N(k)\leftrightarrow F_N(n+n_0) \tag{5.1.8}$$

式(5.1.8)表明，周期序列在时域中的相移，对应频谱在频域中的频移。

4. 对称特性

若

$$f_N(k)\leftrightarrow F_N(n)$$

则

$$f_N^*(k)\leftrightarrow F_N^*(-n) \tag{5.1.9}$$

$$f_N^*(-k)\leftrightarrow F_N^*(n) \tag{5.1.10}$$

证明:根据离散周期序列的DFS定义,有

$$\mathrm{DFS}[f_N^*(-k)]=\sum_{k=0}^{N-1}f_N^*(-k)W^{nk}=\sum_{k=-(N-1)}^{0}f_N^*(k)W^{-nk}=\sum_{k=0}^{N-1}f_N(k)W^{nk}=F_N^*(n)$$

类似地可以证明式(5.1.9)。

周期序列的频谱一般为复函数,可以表示为模和相位的形式,即

$$F_N(n)=|F_N(n)|\mathrm{e}^{\mathrm{j}\varphi(n)}$$

也可以表示为实部和虚部的形式,即

$$F_N(n)=\mathrm{Re}[F_N(n)]+\mathrm{jIm}[F_N(n)]$$

(1) 当 $f_N(k)$是实周期序列时,即

$$f_N(k)=f_N^*(k)$$

由式(5.1.9)得

$$F_N(n)=F_N^*(-n) \tag{5.1.11}$$

也可等价地写为

$$|F_N(n)|=|F_N(-n)|,\quad \varphi(n)=-\varphi(-n) \tag{5.1.12}$$

$$\mathrm{Re}[F_N(n)]=\mathrm{Re}[F_N(-n)],\quad \mathrm{Im}[F_N(n)]=-\mathrm{Im}[F_N(-n)] \tag{5.1.13}$$

式(5.1.12)和式(5.1.13)表明,实周期序列的幅度频谱为偶对称的,相位频谱为奇对称的;实部为偶对称的,虚部为奇对称的。

(2) 当 $f_N(k)$是实偶对称序列时,由式(5.1.10)得

$$F_N(n)=F_N^*(n) \tag{5.1.14}$$

式(5.1.14)表明,实偶对称序列的频谱也是偶对称的。

(3) 当 $f_N(k)$是实奇对称序列时,由式(5.1.10)得

$$F_N(n)=-F_N^*(n) \tag{5.1.15}$$

式(5.1.15)表明,实奇对称序列的频谱是纯虚函数,且虚部是奇对称的。

5. 周期卷积特性

$f_{1N}(k)$和 $f_{2N}(k)$是周期为 N 的周期序列,则两个同周期序列的周期卷积定义为

$$f_{1N}(k)*f_{2N}(k)=\sum_{m=0}^{N-1}f_{1N}(m)f_{2N}(k-m) \tag{5.1.16}$$

由周期卷积定义可知,两个周期为 N 的序列周期卷积结果仍然是一个周期为 N 的序列。

1) 时域周期卷积特性

$$f_{1N}(k)*f_{2N}(k)\leftrightarrow F_{1N}(n)F_{2N}(n) \tag{5.1.17}$$

式(5.1.17)表明,两个周期序列在时域的周期卷积,对应其频谱在频域的乘积。

证明:

$$\begin{aligned}\mathrm{DFS}[f_{1N}(k)*f_{2N}(k)]&=\mathrm{DFS}\Big[\sum_{m=0}^{N-1}f_{1N}(m)f_{2N}(k-m)\Big]\\&=\sum_{m=0}^{N-1}f_{1N}(m)\mathrm{DFS}[f_{2N}(k-m)]\\&=\sum_{m=0}^{N-1}f_{1N}(m)F_{2N}(n)W^{nm}=F_{1N}(n)F_{2N}(n)\end{aligned}$$

2）频域周期卷积特性

$$f_{1N}(k)f_{2N}(k) \leftrightarrow \frac{1}{N}F_{1N}(n) * F_{2N}(n) \tag{5.1.18}$$

式(5.1.18)表明，两个周期序列在时域的乘积，对应其频谱在频域的周期卷积。

6. Parseval 定理

若

$$f_N(k) \leftrightarrow F_N(n)$$

则

$$\sum_{k=0}^{N-1} |f_N(k)|^2 = \frac{1}{N}\sum_{n=0}^{N-1} |F_N(n)|^2 \tag{5.1.19}$$

5.2 离散非周期信号的频域分析

5.2.1 离散信号的离散时间 Fourier 变换及其频谱

与连续信号类似，周期序列 $f_N(k)$ 在周期 $N \to \infty$ 时，将变成非周期序列 $f(k)$，如图 5.2.1 所示。同时 $F_N(n)$ 的谱线间隔 $\left(\Omega = \frac{2\pi}{N}\right)$ 趋于无穷小，成为连续谱。

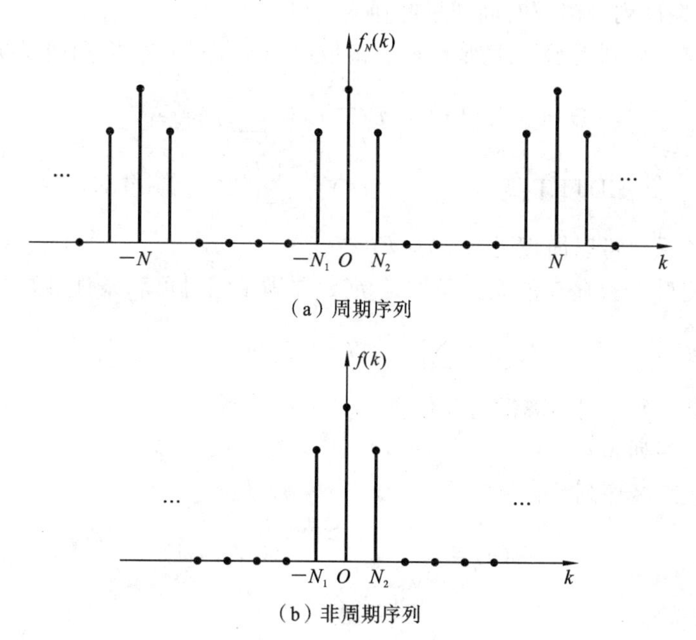

图 5.2.1 离散非周期信号

当 $N \to \infty$ 时，$n\Omega = n\frac{2\pi}{N}$ 趋于连续变量 θ（数字角频率，单位为 rad），式(5.1.2)在一个周期内求和，这时可扩展为区间 $(-\infty, \infty)$，非周期序列 $f(k)$ 的离散时间傅里叶变换（DTFT）定义为

$$F(e^{j\theta})=\lim_{N\to\infty}\sum_{k=0}^{N-1}f_N(k)e^{-jn\frac{2\pi}{N}k} \tag{5.2.1}$$

当 $N\to\infty$ 时，$f_N(k)\to f(k)$，$n\dfrac{2\pi}{N}\to\theta$，于是

$$F(e^{j\theta})=\sum_{k=-\infty}^{\infty}f(k)e^{-jk\theta} \tag{5.2.2}$$

可见，非周期序列的离散时间傅里叶变换 $F(e^{j\theta})$ 是 θ 的连续周期函数，周期为 2π，通常它是复函数，可表示为

$$F(e^{j\theta})=|F(e^{j\theta})|e^{j\varphi(\theta)} \tag{5.2.3}$$

其中，$|F(e^{j\theta})|$ 称为幅频特性，$\varphi(\theta)$ 称为相频特性。

周期序列的傅里叶级数展开式(5.1.3)可写为

$$f_N(k)=\frac{1}{N}\sum_{n=0}^{N-1}F_N(n)e^{jn\Omega k}=\frac{1}{2\pi}\sum_{n=0}^{N-1}F_N(n)e^{-jn\frac{2\pi}{N}k}\cdot\frac{2\pi}{N}$$

当 $N\to\infty$ 时，$n\dfrac{2\pi}{N}\to\theta$，$\dfrac{2\pi}{N}$ 趋于无穷小，取其为 $d\theta$，$f_N(k)\to f(k)$，$F_N(n)$ 换为 $F(e^{j\theta})$。由于 n 的取值周期为 N，则 $n\dfrac{2\pi}{N}$ 的周期为 2π。故当 $N\to\infty$ 时，上式的求和变为在 2π 区间内对 θ 的积分。因此，当 $N\to\infty$ 时，上式变为

$$f(k)=\frac{1}{2\pi}\int_{-\pi}^{\pi}F(e^{j\theta})e^{j\theta k}d\theta \tag{5.2.4}$$

式(5.2.4)是非周期序列的离散时间傅里叶逆变换(IDTFT)。

通常用以下符号分别表示对序列 $f(k)$ 求离散时间傅里叶正变换和逆变换：

$$\text{DTFT}[f(k)]=F(e^{j\theta})=\sum_{k=-\infty}^{\infty}f(k)e^{-j\theta k} \tag{5.2.5}$$

$$\text{IDTFT}[F(e^{j\theta})]=f(k)=\frac{1}{2\pi}\int_{-\pi}^{\pi}F(e^{j\theta})e^{j\theta k}d\theta \tag{5.2.6}$$

$f(k)$ 和 $F(e^{j\theta})$ 的关系也可以简记为 $f(k)\leftrightarrow F(e^{j\theta})$。

离散时间傅里叶变换存在的充分条件是 $f(k)$ 要满足绝对可和条件，即

$$\sum_{k=-\infty}^{\infty}|f(k)|<\infty \tag{5.2.7}$$

例 5.2.1 求下列序列的离散时间傅里叶变换。

(1) 单位样值序列 $\delta(k)$。

(2) 单位指数衰减序列：

$$f_1(k)=\begin{cases}a^k, & k\geqslant 0\\ 0, & k<0\end{cases}\quad(0<a<1)$$

(3) 方波序列：

$$f_2(k)=\begin{cases}1, & |k|\leqslant 2\\ 0, & |k|>2\end{cases}$$

解 由非周期序列的 DTFT 定义可得

(1) $F(e^{j\theta})=\text{DTFT}[\delta(k)]=\sum\limits_{k=-\infty}^{\infty}\delta(k)e^{-j\theta k}=1$。

(2) $F_1(e^{j\theta})=\text{DTFT}[f_1(k)]=\sum\limits_{k=0}^{\infty}a^k e^{-j\theta k}=\dfrac{1}{1-ae^{-j\theta}}=|F_1(e^{j\theta})|e^{j\varphi(\theta)}$，幅频特性和相频特性分别为

$$|F_1(e^{j\theta})|=\frac{1}{\sqrt{1+a^2-2a\cos(\theta)}}$$

$$\varphi_1(\theta)=-\arctan\left(\frac{a\sin\theta}{1-a\cos\theta}\right)$$

图 5.2.2 画出了 $f_1(k)$ 及其幅频特性 $|F_1(e^{j\theta})|$。

(3) $F_2(e^{j\theta})=\text{DTFT}[f_2(k)]=\dfrac{\sin\left(\frac{5\theta}{2}\right)}{\sin\left(\frac{\theta}{2}\right)}$，$F_2(e^{j\theta})$ 是 θ 的实函数，图 5.2.3 画出了 $f_2(k)$ 及其幅频特性 $F_2(e^{j\theta})$。

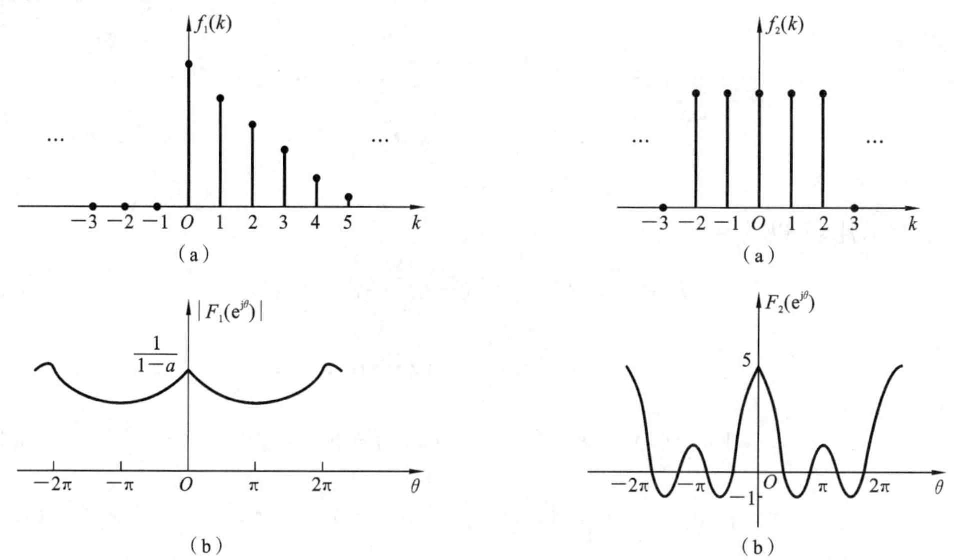

图 5.2.2 单边指数衰减序列及其幅频特性

图 5.2.3 方波序列及其幅频特性

5.2.2 离散时间 Fourier 变换的基本性质

离散时间 Fourier 变换有很多重要的性质，它揭示了时域序列与其对应的频谱之间的内在联系。假设 $f_1(k)$、$f_2(k)$ 和 $f(k)$ 是离散非周期序列。

1. 线性特性

若

$$f_1(k)\leftrightarrow F_1(e^{j\theta}),\quad f_2(k)\leftrightarrow F_2(e^{j\theta})$$

则

$$af_1(k)+bf_2(k)\leftrightarrow aF_1(e^{j\theta})+bF_2(e^{j\theta}) \tag{5.2.8}$$

其中，a,b 为任意常数。线性性质可由 DTFT 定义直接得出。

2. 时移性质

若

$$f(k)\leftrightarrow F(e^{j\theta})$$

则

$$f(k+n) \leftrightarrow e^{jn\theta}F(e^{j\theta}) \tag{5.2.9}$$

即信号在时域中移位,其对应的频谱将会产生附加相移。

3. 频移特性

若

$$f(k) \leftrightarrow F(e^{j\theta})$$

则

$$e^{jk\theta_0}f(k) \leftrightarrow F(e^{j(\theta-\theta_0)}) \tag{5.2.10}$$

即信号在时域中相移,其对应的频谱将会产生频移。

4. 对称特性

若

$$f(k) \leftrightarrow F(e^{j\theta})$$

则

$$f^*(k) \leftrightarrow F^*(e^{-j\theta}) \tag{5.2.11}$$

$$f^*(-k) \leftrightarrow F^*(e^{j\theta}) \tag{5.2.12}$$

根据以上对称性,可以进一步得到以下结论:

$$f_e(k)=\frac{1}{2}[f(k)+f^*(-k)] \leftrightarrow \mathrm{Re}[F(e^{j\theta})] \tag{5.2.13}$$

$$f_o(k)=\frac{1}{2}[f(k)-f^*(-k)] \leftrightarrow \mathrm{jIm}[F(e^{j\theta})] \tag{5.2.14}$$

$$\mathrm{Re}[f(k)] \leftrightarrow F_e(e^{j\theta})=\frac{1}{2}[F(e^{j\theta})+F^*(e^{-j\theta})] \tag{5.2.15}$$

$$\mathrm{jIm}[f(k)] \leftrightarrow F_o(e^{j\theta})=\frac{1}{2}[F(e^{j\theta})-F^*(e^{-j\theta})] \tag{5.2.16}$$

若 $f(k)$为实序列,其频谱 $F(e^{j\theta})$的实部为偶函数,虚部为奇函数,即

$$\mathrm{Re}[F(e^{j\theta})]=\mathrm{Re}[F(e^{-j\theta})],\quad \mathrm{Im}[F(e^{j\theta})]=-\mathrm{Im}[F(e^{-j\theta})]$$

则实序列 $f(k)$的频谱 $F(e^{j\theta})$的幅度频谱$|F(e^{j\theta})|$为偶函数,相位频谱 $\varphi(\theta)$为奇函数,即

$$|F(e^{j\theta})|=|F(e^{-j\theta})|,\quad \varphi(\theta)=-\varphi(-\theta)$$

同理可得,若 $f(k)$为实偶对称序列,其频谱 $F(e^{j\theta})$也是实偶对称序列;若 $f(k)$为实奇对称序列,其频谱 $F(e^{j\theta})$是虚函数,且奇对称。

5. 卷积特性

若

$$f_1(k) \leftrightarrow F_1(e^{j\theta}),\quad f_2(k) \leftrightarrow F_2(e^{j\theta})$$

则

$$f_1(k) * f_2(k) \leftrightarrow F_1(e^{j\theta})F_2(e^{j\theta}) \tag{5.2.17}$$

$$f_1(k)f_2(k) \leftrightarrow \frac{1}{2\pi}\int_{-\pi}^{\pi}F_1(e^{j\varphi})F_2(e^{j(\theta-\varphi)})\mathrm{d}\varphi \tag{5.2.18}$$

式(5.2.17)和式(5.2.18)表明,两信号在时域卷积,其对应的频谱在频域上是相乘的关系;两

信号在时域相乘,对应两信号的频谱在频域上的周期卷积。

6. 频域微分

若

$$f(k)\leftrightarrow F(e^{j\theta})$$

则

$$kf(k)\leftrightarrow j\frac{dF(e^{j\theta})}{d\theta} \tag{5.2.19}$$

7. Parseval 定理

若

$$f(k)\leftrightarrow F(e^{j\theta})$$

则

$$\sum_{k=-\infty}^{\infty}|f(k)|^2\leftrightarrow\frac{1}{2\pi}\int_{-\pi}^{\pi}|F(e^{j\theta})|^2d\theta \tag{5.2.20}$$

式(5.2.20)表明,离散信号在时域的能量等于信号在频域的能量。

5.3 信号的时域抽样和频域抽样

抽样技术已广泛应用在各种技术领域中。对于模拟信号,我们并不需要无限多个连续的时间点上的瞬时值来决定其变化规律,而只需要各个等间隔点上的离散的抽样值就够了,即将连续信号进行抽样变成离散的序列,即所谓的抽样信号。抽样信号中包含原信号的所有信息,在一定条件下,从抽样信号中又可以完整地恢复原来的信号。下面我们分别从时域和频域的角度讨论信号的抽样和抽样定理。

5.3.1 信号的时域抽样

"抽样"就是利用抽样脉冲序列 $s(t)$ 从连续信号 $f(t)$ 中"抽取"一系列离散样本值的过程,信号的抽样模型如图 5.3.1 所示。这样得到的离散信号称为抽样信号 $f_s(t)$,可写为

$$f_s(t)=f(t)s(t) \tag{5.3.1}$$

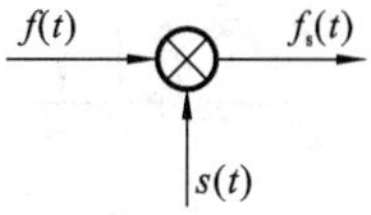

图 5.3.1 抽样模型

若 $f(t)\leftrightarrow F(j\omega)$,$s(t)\leftrightarrow S(j\omega)$,则利用频域卷积定理,可得抽样信号 $f_s(t)$ 的频谱为

$$F_s(j\omega)=\frac{1}{2\pi}F(j\omega)*S(j\omega) \tag{5.3.2}$$

若抽样脉冲序列 $s(t)$ 是周期为 T_s 的冲激函数序列 $\delta_{T_s}(t)$,则称为冲激抽样,抽样过程中各信号波形如图 5.3.2 所示。

冲激序列 $\delta_{T_s}(t)$ 的频谱函数也是周期冲激序列,即

$$\mathscr{F}[\delta_{T_s}(t)]=\mathscr{F}\Big[\sum_{n=-\infty}^{\infty}\delta(t-nT_s)\Big]=\omega_s\sum_{n=-\infty}^{\infty}\delta(\omega-n\omega_s) \tag{5.3.3}$$

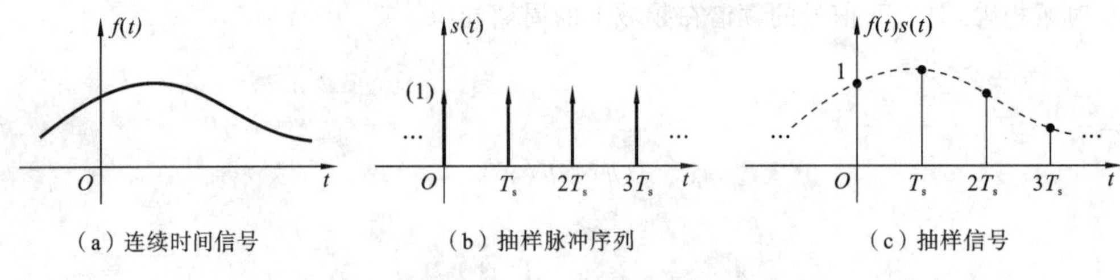

（a）连续时间信号　（b）抽样脉冲序列　（c）抽样信号

图 5.3.2　冲激抽样(1)

函数 $\delta_{T_s}(t)$ 及其频谱如图 5.3.3(b)和(c)所示。

如果信号 $f(t)$ 是频带有限的信号，即信号 $f(t)$ 的频谱在区间 $(-\omega_m, \omega_m)$ 内为有限值，在此区间外为零，则这样的信号称为频带有限信号，简称为带限信号。$f(t)$ 及其频谱如图 5.3.3(a)和(d)所示。

设 $f(t) \leftrightarrow F(j\omega)$，将式(5.3.3)代入式(5.3.2)，可得信号 $f_s(t)$ 的频谱函数为

$$\begin{aligned} F_s(j\omega) &= \frac{1}{2\pi}F(j\omega) * S(j\omega) = \frac{1}{2\pi}F(j\omega) * \omega_s \sum_{n=-\infty}^{\infty}\delta(\omega - n\omega_s) \\ &= \frac{1}{T_s}F(j\omega) * \sum_{n=-\infty}^{\infty}\delta(\omega - n\omega_s) = \frac{1}{T_s}\sum_{n=-\infty}^{\infty}F[j(\omega - n\omega_s)] \end{aligned} \tag{5.3.4}$$

抽样信号 $f_s(t)$ 及其频谱如图 5.3.3(c)和(f)所示。由式(5.3.4)可知，抽样信号 $f_s(t)$ 的频谱由原信号频谱 $F(j\omega)$ 的无数个频移项组成，其频移的角频率为 $n\omega_s(n=0,\pm1,\pm2,\cdots)$，其幅值为原频谱的 $\frac{1}{T_s}$。图 5.3.3 画出了时域中冲激抽样过程中各信号及其频谱。

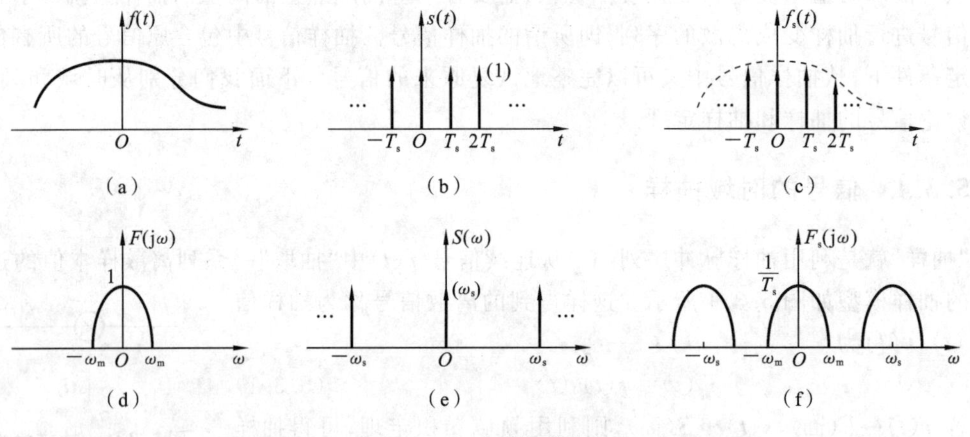

图 5.3.3　冲激抽样(2)

由抽样信号 $f_s(t)$ 的频谱可以看出，如果 $\omega_s \geqslant 2\omega_m$ $\left(\text{即 } f_s \geqslant 2f_m \text{ 或 } T_s \leqslant \frac{1}{2f_m}\right)$，频移后的各相邻频谱不会发生重叠，如图 5.3.4(a)所示。这时就能利用低通滤波器从抽样信号的频谱 $F_s(j\omega)$ 中得到原信号的频谱，即从抽样信号 $f_s(t)$ 中恢复原信号 $f(t)$。如果 $\omega_s < 2\omega_m$，那么频移的各相邻频谱将互相重叠，如图 5.3.4(b)所示。这样就无法将它们分开，也就不能恢复出原信号。频谱重叠的这种现象称为混叠现象。可见为了不发生混叠现象，必须满足 $\omega_s \geqslant 2\omega_m$。

接下来研究如何从抽样信号 $f_s(t)$ 中恢复原信号 $f(t)$ 并引出抽样定理。

设有冲激抽样信号 $f_s(t)$，其抽样角频率 $\omega_s \geqslant 2\omega_m$（$\omega_m$ 为原信号最高角频率）。$f_s(t)$ 及其

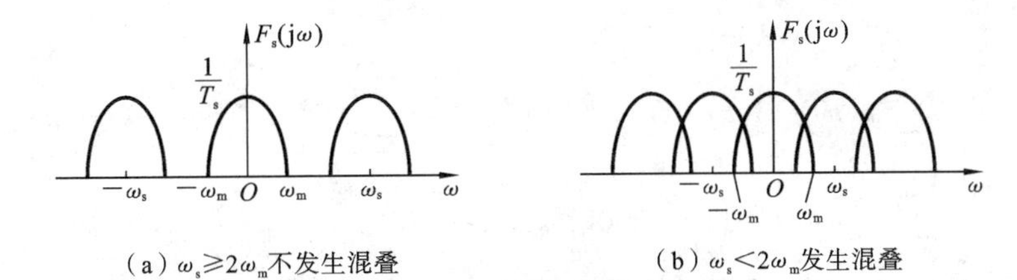

图 5.3.4　混叠现象

频谱 $F_s(j\omega)$如图 5.3.5(d)和(a)所示。为了从 $F_s(j\omega)$中无失真地恢复 $F(j\omega)$，应选择一个理想低通滤波器，其频率响应的幅度为 T_s，截止角频率为 $\omega_c\left(\omega_m < \omega_c \leqslant \frac{\omega_s}{2}\right)$，即

$$H(j\omega)=\begin{cases} T_s & |\omega|<\omega_c \\ 0 & |\omega|>\omega_c \end{cases} \tag{5.3.5}$$

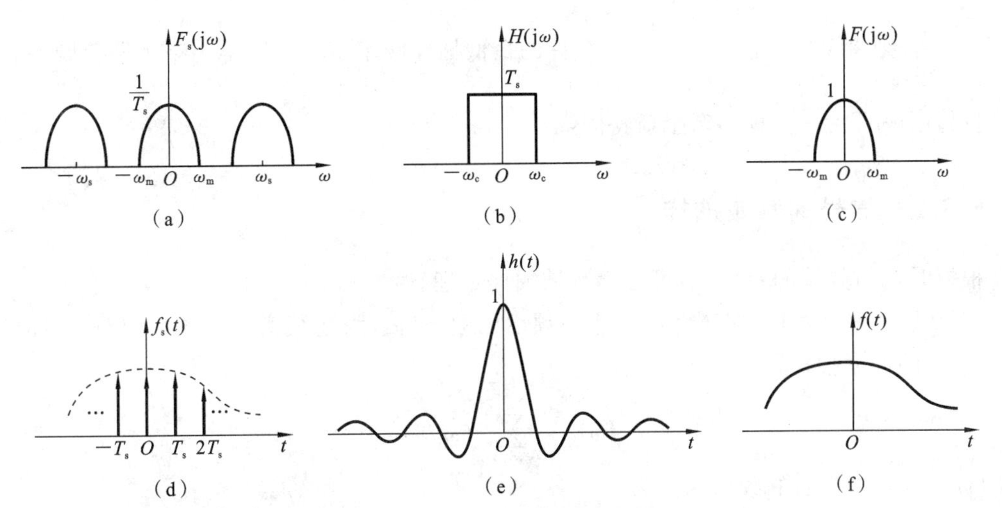

图 5.3.5　由抽样信号恢复连续信号

如图 5.3.5(b)所示。由图 5.3.5(a)、(b)和(c)可见

$$F(j\omega)=F_s(j\omega)\times H(j\omega) \tag{5.3.6}$$

即恢复了原信号的频谱函数 $F(j\omega)$。

根据时域卷积定理，式(5.3.6)相应的时域表达式为

$$f(t)=f_s(t)*h(t) \tag{5.3.7}$$

由于抽样信号

$$f_s(t)=f(t)\sum_{n=-\infty}^{\infty}\delta(t-nT_s)=\sum_{n=-\infty}^{\infty}f(nT_s)\delta(t-nT_s) \tag{5.3.8}$$

利用对称性，由式(5.3.5)可得低通滤波器的冲激响应为

$$h(t)=\mathscr{F}^{-1}[H(j\omega)]=T_s\frac{\omega_c}{\pi}\mathrm{Sa}(\omega_c t)$$

其波形如图 5.3.5(e)所示，为分析方便，选 $\omega_c=\frac{\omega_s}{2}$，则 $T_s=\frac{2\pi}{\omega_s}=\frac{\pi}{\omega_c}$，得

$$h(t)=\mathrm{Sa}\left(\frac{\omega_s t}{2}\right) \tag{5.3.9}$$

将式(5.3.8)、式(5.3.9)代入式(5.3.7)得

$$\begin{aligned} f(t) &= \sum_{n=-\infty}^{\infty} f(nT_s)\delta(t-nT_s) * \mathrm{Sa}\left(\frac{\omega_s t}{2}\right) = \sum_{n=-\infty}^{\infty} f(nT_s)\mathrm{Sa}\left[\frac{\omega_s}{2}(t-nT_s)\right] \\ &= \sum_{n=-\infty}^{\infty} f(nT_s)\mathrm{Sa}\left(\frac{\omega_s t}{2}-n\pi\right) \end{aligned} \tag{5.3.10}$$

上式表明,连续信号 $f(t)$可以展开成抽样函数(Sa 函数)的无穷级数,该级数的系数为抽样值 $f(nT_s)$。也就是说,若在抽样信号 $f_s(t)$的每个样点处画一个最大峰值 $f(nT_s)$的 Sa 函数波形,合成后的波形信号就是原信号 $f(t)$,如图 5.3.5(f)所示。因此,只要已知抽样值$f(nT_s)$,就能唯一确定出原信号 $f(t)$。

由以上讨论可得出时域抽样定理:一个频谱在区间$(-\omega_m,\omega_m)$以外为零的频带有限信号 $f(t)$,可唯一地由其在均匀间隔 $T_s\left(T_s\leqslant\frac{1}{2f_m}\right)$上的样点值 $f(nT_s)$确定。抽样间隔必须满足 $T_s\leqslant\frac{1}{2f_m}$,否则将会发生混叠。通常把允许的最低抽样频率 $f_s=2f_m$ 称为奈奎斯特频率,最大允许抽样间隔 $T_s=\frac{1}{2f_m}$称为奈奎斯特间隔。

5.3.2 信号的频域抽样

根据时域与频域的对称性,可推出频域抽样定理。

如果信号 $f(t)$为时间有限信号,那么频谱函数 $F(\mathrm{j}\omega)$为连续谱。在频域中对 $F(\mathrm{j}\omega)$进行等间隔 ω_s 的冲激抽样,即用

$$\delta_{\omega_s}(\omega)=\sum_{n=-\infty}^{\infty}\delta(\omega-n\omega_s)$$

对 $F(\mathrm{j}\omega)$抽样,抽样后的频谱函数为

$$F_s(\mathrm{j}\omega)=F(\mathrm{j}\omega)\sum_{n=-\infty}^{\infty}\delta(\omega-n\omega_s)=\sum_{n=-\infty}^{\infty}F(\mathrm{j}n\omega_s)\delta(\omega-n\omega_s) \tag{5.3.11}$$

频域抽样过程中各信号波形如图 5.3.6(a)、(b)和(c)所示。

由式(5.3.3)知

$$\mathscr{F}^{-1}[\delta_{\omega_s}(\omega)]=\frac{1}{\omega_s}\sum_{n=-\infty}^{\infty}\delta(t-nT_s) \tag{5.3.12}$$

式中,$T_s=\frac{2\pi}{\omega_s}$。根据时域卷积定理,抽样后的频谱函数 $F_s(\mathrm{j}\omega)$即式(5.3.11)所对应的时间函数:

$$\begin{aligned} f_s(t) &= \mathscr{F}^{-1}[F_s(\mathrm{j}\omega)]=\mathscr{F}^{-1}[F(\mathrm{j}\omega)]*\mathscr{F}^{-1}[\delta_{\omega_s}(\omega)] \\ &= f(t)*\frac{1}{\omega_s}\sum_{n=-\infty}^{\infty}\delta(t-nT_s)=\frac{1}{\omega_s}\sum_{n=-\infty}^{\infty}f(t)*\delta(t-nT_s) \\ &= \frac{1}{\omega_s}\sum_{n=-\infty}^{\infty}f(t-nT_s) \end{aligned} \tag{5.3.13}$$

对应的时域关系如图 5.3.6(d)、(e)和(f)所示。由上式可知,假如时间有限信号 $f(t)$的频谱函数 $F(\mathrm{j}\omega)$在频域中被间隔 ω_s 的冲激序列抽样,则抽样后频谱 $F_s(\mathrm{j}\omega)$所对应的时域信号$f_s(t)$

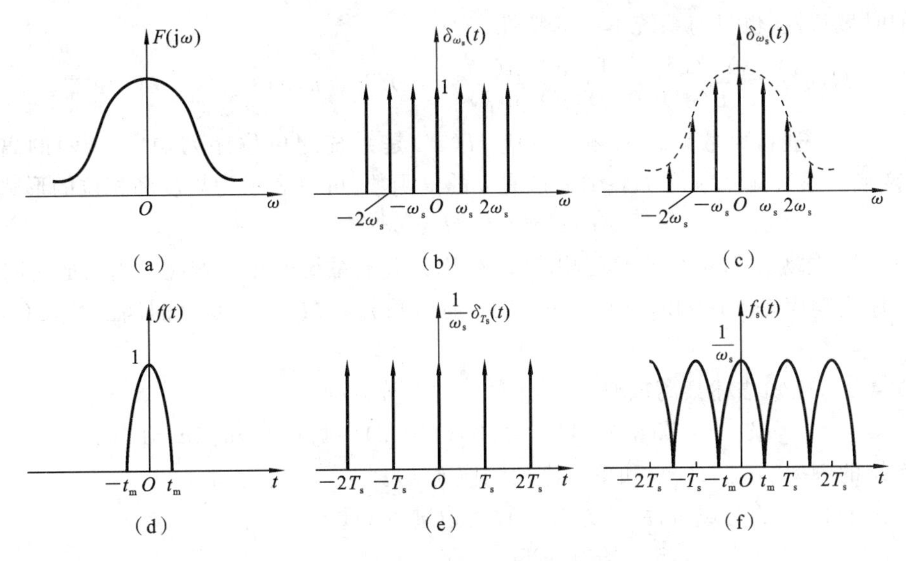

图 5.3.6 频域抽样

是以 T_s 为周期的信号，如图 5.3.6(f)所示，由图可知，若 $T_s \geqslant 2t_m\left(即\ f=\frac{1}{T_s}\leqslant\frac{1}{2t_m}\right)$，则在时域中 $f_s(t)$ 的波形不会发生混叠。这时用矩形脉冲作为选通信号就可以无失真地恢复原信号。

由以上讨论可以得出频域抽样定理：一个在时域区间 $(-t_m, t_m)$ 以外为零的有限信号 $f(t)$ 的频谱函数 $F(j\omega)$，可唯一地由其在均匀频率间隔 $f_s(f_s \leqslant 1/2t_m)$ 上的样点值 $F(jn\omega_s)$ 确定。

5.4 离散时间 LTI 系统的频域分析

5.4.1 离散时间 LTI 系统的频率响应

离散时间 LTI 系统在时域用 n 阶常系数线性差分方程来描述，即

$$y(k)+a_1y(k-1)+\cdots+a_ny(k-n)=b_0f(k)+b_1f(k-1)+\cdots+b_mf(k-m) \tag{5.4.1}$$

其中，$f(k)$ 为系统的输入激励，$y(k)$ 为系统的输出响应。

在零状态条件下，对式(5.4.1)两边进行 Fourier 变换，并利用离散时间 Fourier 变换的时移特性，可得

$$[1+a_1e^{-j\theta}+\cdots+a_ne^{-jn\theta}]Y_{zs}(e^{j\theta})=[b_0+b_1e^{-j\theta}+\cdots+b_me^{-jm\theta}]F(e^{j\theta}) \tag{5.4.2}$$

式(5.4.2)称为离散系统的频域描述。其中，$F(e^{j\theta})$ 是输入激励 $f(k)$ 的离散时间 Fourier 变换，$Y_{zs}(e^{j\theta})$ 是零状态响应 $y_{zs}(k)$ 的离散时间 Fourier 变换，它们分别反映了输入信号和输出信号的频率特性。根据式(5.4.2)可得输出序列的频谱函数 $Y_{zs}(e^{j\theta})$ 与输入序列的频谱函数 $F(e^{j\theta})$ 之比，并以符号 $H(e^{j\theta})$ 表示，即

$$H(e^{j\theta})=\frac{Y_{zs}(e^{j\theta})}{F(e^{j\theta})}=\frac{b_0+b_1e^{-j\theta}+\cdots+b_me^{-jm\theta}}{1+a_1e^{-j\theta}+\cdots+a_ne^{-jn\theta}} \tag{5.4.3}$$

$H(e^{j\theta})$ 称为离散系统的频率响应，它表示了系统的频率特性，是系统特性的频域描述，只与系统本身的特性有关。在离散时间 LTI 系统的时域分析中，系统的单位序列响应 $h(k)$ 反映

了系统的时域特性，也只与系统本身的特性有关。

$$H(e^{j\theta})=\frac{Y_{zs}(e^{j\theta})}{F(e^{j\theta})}=\frac{\text{DTFT}[h(k)]}{\text{DTFT}[\delta(k)]}=\text{DTFT}[h(k)]=\sum_{k=-\infty}^{\infty}h(k)e^{-j\theta k} \qquad (5.4.4)$$

式(5.4.4)表明，离散系统的频率响应 $H(e^{j\theta})$ 是系统的单位序列响应 $h(k)$ 的离散时间 Fourier 变换。系统频率响应 $H(e^{j\theta})$ 一般是 θ 的复函数，可以表示为幅度和相位的形式：

$$H(e^{j\theta})=|H(e^{j\theta})|e^{j\varphi(\theta)}$$

其中，$|H(e^{j\theta})|$ 称为离散系统的幅度响应，$\varphi(\theta)$ 称为离散系统的相位响应。当离散时间 LTI 系统的单位序列响应是实序列时，由 DTFT 的对称性可知，$|H(e^{j\theta})|$ 是 θ 的偶函数，$\varphi(\theta)$ 是 θ 的奇函数。

例 5.4.1 已知描述某离散时间 LTI 系统的差分方程为

$$y(k)-0.75y(k-1)+0.125y(k-2)=4f(k)+3f(k-1)$$

试求该系统的频率响应 $H(e^{j\theta})$ 和单位序列响应 $h(k)$。

解 由 DTFT 的时域特性，对差分方程两边进行 DTFT，得

$$(1-0.75e^{-j\theta}+0.125e^{-j2\theta})Y_{zs}(e^{j\theta})=(4+3e^{-j\theta})F(e^{j\theta})$$

所以

$$H(e^{j\theta})=\frac{Y_{zs}(e^{j\theta})}{F(e^{j\theta})}=\frac{4+3e^{-j\theta}}{1-0.75e^{-j\theta}+0.125e^{-j2\theta}}=\frac{20}{1-0.5e^{-j\theta}}-\frac{16}{1-0.25e^{-j\theta}}$$

对上式进行 IDTFT，得

$$h(k)=20\times0.25^{-k}\varepsilon(k)-16\times0.25^{-k}\varepsilon(k)$$

5.4.2 离散非周期序列通过系统响应的频域分析

当离散 LTI 系统的输入是角频率为 θ 的虚指数信号 $f(k)=e^{j\theta k}$ 时，系统的零状态响应 $y_{zs}(k)$ 为

$$y_{zs}(k)=e^{j\theta k}*h(k)=\sum_{n=-\infty}^{\infty}e^{j\theta(k-n)}h(n)=e^{j\theta k}H(e^{j\theta}) \qquad (5.4.5)$$

由式(5.4.5)可知，虚指数信号 $e^{j\theta k}$ 作用于离散时间 LTI 系统后，系统的零状态响应 $y_{zs}(k)$ 仍然为同频率的虚指数信号，虚指数信号的幅度和相位由系统的频率响应 $H(e^{j\theta})$ 确定。因此，$H(e^{j\theta})$ 反映了离散时间 LTI 系统对不同频率信号的传输特性。

若离散信号 $f(k)$ 存在 IDTFT，则信号 $f(k)$ 可由虚指数信号 $e^{j\theta k}$ 表示为

$$f(k)=\frac{1}{2\pi}\int_{-\pi}^{\pi}F(e^{j\theta})e^{j\theta k}\,d\theta$$

由离散时间 LTI 系统的线性特性，有

$$y_{zs}(k)=\frac{1}{2\pi}\int_{-\pi}^{\pi}F(e^{j\theta})T\{e^{j\theta k}\}d\theta=\frac{1}{2\pi}\int_{-\pi}^{\pi}F(e^{j\theta})H(e^{j\theta})e^{j\theta k}\,d\theta$$

根据离散时间 Fourier 逆变换的定义，有

$$Y_{zs}(e^{j\theta})=F(e^{j\theta})H(e^{j\theta}) \qquad (5.4.6)$$

由式(5.4.6)可知，任意信号 $f(k)$ 作用于离散时间 LTI 系统的零状态响应 $y_{zs}(k)$ 的频谱等于输入信号的频谱乘以系统的频率响应。式(5.4.6)也可以利用 DTFT 的时域卷积定理直接得出。

例 5.4.2 已知描述某稳定的离散时间 LTI 系统的微分方程为

$$y(k)-0.75y(k-1)+0.125y(k-2)=4f(k)+3f(k-1)$$

若系统的输入序列 $f(k)=0.75^{-k}\varepsilon(k)$，求系统的零状态响应 $y_{zs}(k)$。

解 由 DTFT 的时域移位特性，对差分方程的两边进行 DTFT，可得

$$(1-0.75e^{-j\theta}+0.125e^{-j2\theta})Y_{zs}(e^{j\theta})=(4+3e^{-j\theta})F(e^{j\theta})$$

所以

$$H(e^{j\theta})=\frac{Y_{zs}(e^{j\theta})}{F(e^{j\theta})}=\frac{4+3e^{-j\theta}}{1-0.75e^{-j\theta}+0.125e^{-j2\theta}}$$

当系统的输入序列 $f(k)=0.75^{-k}\varepsilon(k)$时，根据式(5.4.6)，得

$$\begin{aligned}Y_{zs}(e^{j\theta})=F(e^{j\theta})H(e^{j\theta})&=\frac{4+3e^{-j\theta}}{1-0.75e^{-j\theta}+0.125e^{-j2\theta}}\times\frac{1}{1-0.75e^{-j\theta}}\\&=\frac{4+3e^{-j\theta}}{(1-0.25e^{-j\theta})(1-0.5e^{-j\theta})(1-0.75e^{-j\theta})}\\&=\frac{8}{1-0.25e^{-j\theta}}+\frac{-40}{1-0.5e^{-j\theta}}\times\frac{4.5}{1-0.75e^{-j\theta}}\end{aligned}$$

对 $Y_{zs}(e^{j\theta})$求 IDTFT，得

$$y_{zs}(k)=8\times0.25^{-k}\varepsilon(k)-40\times0.5^{-k}\varepsilon(k)+4.5\times0.75^{-k}\varepsilon(k)$$

当离散时间 LTI 系统的频率响应 $H(e^{j\theta})$以及输入序列的 DTFT 都存在时，可通过频域求解离散时间 LTI 系统的零状态响应。

5.4.3 离散周期序列通过系统响应的频域分析

若离散时间 LTI 系统的输入序列 $f(k)$是一个周期为 N 的周期序列，则根据 DFS 可以将周期序列 $f_N(k)$表示为

$$f_N(k)=\frac{1}{N}\sum_{n=0}^{N-1}F_N(n)e^{jn\Omega k}$$

其中，$F_N(n)$是序列 $f(k)$的频谱。由式(5.4.5)和离散时间 LTI 系统的线性特性，可得离散时间 LTI 系统的零状态响应 $y_{zs}(k)$为

$$y_{zs}(k)=\frac{1}{N}\sum_{n=0}^{N-1}F_N(n)T\{e^{j\frac{2\pi}{N}nk}\}=\frac{1}{N}\sum_{n=0}^{N-1}F_N(n)H(e^{j\frac{2\pi}{N}nk})e^{j\frac{2\pi}{N}nk}\tag{5.4.7}$$

若输入序列是正弦信号

$$f(k)=\sin(\theta_0k+\phi)\tag{5.4.8}$$

由欧拉公式可得

$$f(k)=\frac{e^{j(\theta_0k+\phi)}-e^{-j(\theta_0k+\phi)}}{2j}\tag{5.4.9}$$

根据式(5.4.5)及离散时间 LTI 系统的线性特性，可得系统的零状态响应 $y_{zs}(k)$为

$$\begin{aligned}y_{zs}(k)&=\frac{1}{2j}[H(e^{j\theta_0})e^{j(\theta_0k+\phi)}-H(e^{-j\theta_0})e^{-j(\theta_0k+\phi)}]\\&=\frac{1}{2j}\{|H(e^{j\theta_0})|e^{j[\theta_0k+\phi+\varphi(\theta_0)]}-|H(e^{-j\theta_0})|e^{-j[\theta_0k+\phi-\varphi(-\theta_0)]}\}\end{aligned}\tag{5.4.10}$$

当系统的单位序列响应 $h(k)$是实信号时，由 DTFT 的对称特性，有

$$H(e^{j\theta})=H^*(e^{-j\theta})$$

即系统的幅度响应为偶对称$|H(e^{j\theta})|=|H^*(e^{-j\theta})|$，相位响应为奇对称$\varphi(\theta)=-\varphi(-\theta)$，因此

$$\begin{aligned}y_{zs}(k)&=\frac{1}{2j}[H(e^{j\theta_0})e^{j(\theta_0k+\phi)}-H(e^{-j\theta_0})e^{-j(\theta_0k+\phi)}]\\&=\frac{1}{2j}\{|H(e^{j\theta_0})|e^{j[\theta_0k+\phi+\varphi(\theta_0)]}-|H(e^{-j\theta_0})|e^{-j[\theta_0k+\phi-\varphi(-\theta_0)]}\}\\&=|H(e^{j\theta_0})|\sin[\theta_0k+\phi+\varphi(\theta_0)]\end{aligned}\tag{5.4.11}$$

可见，当正弦信号通过频率响应为$H(e^{j\theta})$的离散时间LTI系统时，其输出的零状态响应仍为同频率的正弦信号，其中，$|H(e^{j\theta})|$影响正弦信号的幅度，$\varphi(\theta)$影响正弦信号的相位。

例5.4.3 已知某离散时间LTI系统的单位序列响应$h(k)=0.5^{-k}\varepsilon(k)$，输入序列为$f(k)=\cos(0.5\pi k)$，求该系统的零状态响应。

解 由系统的单位序列响应$h(k)=0.5^{-k}\varepsilon(k)$，可得系统的频率响应$H(e^{j\theta})$为

$$H(e^{j\theta})=\frac{1}{1-0.5e^{-j\theta}}$$

由于

$$H(e^{j0.5\pi})=\frac{1}{1-0.5e^{-j0.5\pi}}=\frac{1}{1+0.5j}=0.8-0.4j=0.894e^{-j0.464}$$

根据式(5.4.11)可得系统的零状态响应为

$$y_{zs}(k)=|H(e^{j0.5\pi})|\cos[0.5\pi k+\varphi(0.5\pi)]=0.894\cos(0.5\pi k-0.464)$$

5.4.4 线性相位的离散LTI系统

当LTI系统的相位响应$\varphi(\theta)$是θ的线性函数时，即

$$\varphi(\theta)=-k_0\theta\tag{5.4.12}$$

称系统是线性相位系统。由群时延的定义知，线性相位系统的群时延为

$$\tau(\theta)=-\frac{d\varphi(\theta)}{d\theta}=k_0\tag{5.4.13}$$

设具有线性相位的离散时间LTI系统的输入信号$f(k)$为

$$f(k)=\frac{1}{2\pi}\int_{-\pi}^{\pi}F(e^{j\theta})e^{j\theta k}d\theta$$

由式(5.4.5)及离散时间LTI系统的线性特性有

$$\begin{aligned}y_{zs}(k)&=T\{f(k)\}=\frac{1}{2\pi}\int_{-\pi}^{\pi}F(e^{j\theta})T\{e^{j\theta k}\}d\theta=\frac{1}{2\pi}\int_{-\pi}^{\pi}F(e^{j\theta})H(e^{j\theta})e^{j\theta k}d\theta\\&=\frac{1}{2\pi}\int_{-\pi}^{\pi}F(e^{j\theta})\ |H(e^{j\theta})|\ e^{j\theta(k-k_0)}d\theta\end{aligned}\tag{5.4.14}$$

可见，不同频率的虚指数信号通过线性相位的LTI系统的延迟与频率无关，即信号通过线性相位的LTI系统时，只有幅度发生改变，而相位没有失真。若某系统在所需的频率范围内的幅度响应近似为1，相位响应为线性，则可近似认为其为一个无失真传输的离散系统。

5.4.5 离散数字滤波器

数字滤波器是有选择性地让输入信号中某些频率分量通过，而其他频率分量通过很少的

离散系统。图 5.4.1 给出了理想低通、高通、带通和带阻数字滤波器的频率响应，其中，θ_c 是低通、高通数字滤波器的截止频率，θ_1 和 θ_2 是带通和带阻数字滤波器的截止频率。

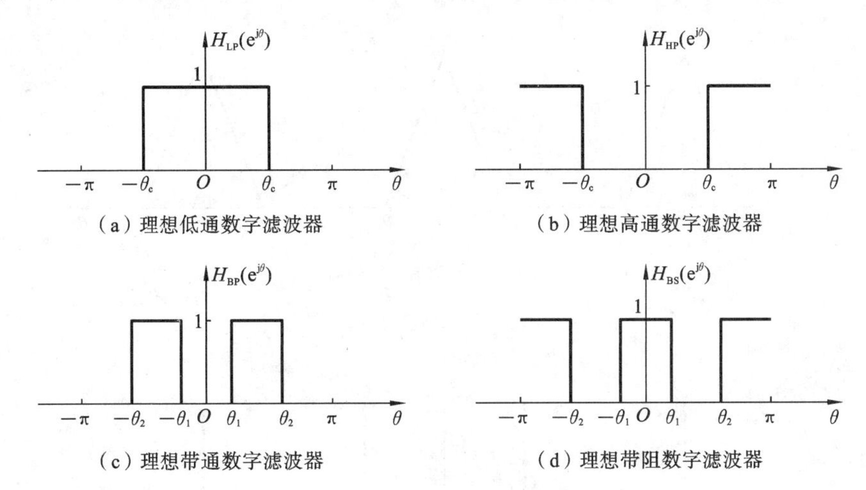

（a）理想低通数字滤波器　（b）理想高通数字滤波器

（c）理想带通数字滤波器　（d）理想带阻数字滤波器

图 5.4.1　理想数字滤波器

例 5.4.4　试确定图 5.4.1(a)所示的理想低通数字滤波器的单位序列响应 $h_{LP}(k)$。

解　由 IDTFT 的定义，得

$$h_{LP}(k)=\frac{1}{2\pi}\int_{-\pi}^{\pi}H_{LP}(e^{j\theta})e^{j\theta k}d\theta=\frac{1}{2\pi}\int_{-\theta_c}^{\theta_c}e^{j\theta k}d\theta=\frac{1}{2\pi}\left(\frac{e^{j\theta_c k}}{jk}-\frac{e^{-j\theta_c k}}{jk}\right)$$

$$=\frac{\theta_c}{\pi}Sa(\theta_c k) \tag{5.4.15}$$

可见，理想低通数字滤波器的单位序列响应是无限长非因果序列，因此理想低通数字滤波器是非因果系统，在物理上无法实现。其他三种理想数字滤波器的单位序列响应可以由低通数字滤波器的单位序列响应来表达，因而也是非因果的不稳定系统。物理可实现的滤波器一般都在通带和阻带之间存在过渡带，而且允许滤波器在通带和阻带的频率响应在一定范围内波动。

5.4.6　离散信号的幅度调制

第 4 章中阐述了连续时间信号的幅度调制，它的原理和概念同样也适用于离散时间信号。图 5.4.2 所示为一个离散信号幅度调制系统，其中，$c(k)$是离散载波信号，$f(k)$是离散调制信号，$y(k)$是离散已调信号，则

$$y(k)=f(k)c(k)$$

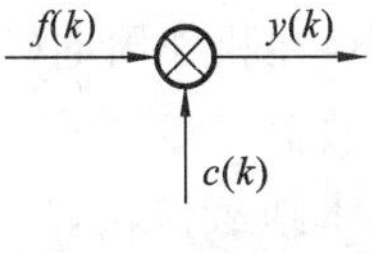

根据离散时间 Fourier 变换特性，若两个离散信号在时域相乘，则在频域内为两个信号 Fourier 变换的周期卷积，即

$$Y(e^{j\theta})=\frac{1}{2\pi}\int_{-\pi}^{\pi}F(e^{j\varphi})C[e^{j(\theta-\varphi)}]d\varphi \tag{5.4.16}$$

$f(k)$　$y(k)$　$c(k)$

图 5.4.2　幅度调制的方框图

其中，$F(e^{j\theta})$、$Y(e^{j\theta})$和 $C(e^{j\theta})$分别代表离散信号 $f(k)$、$y(k)$和 $c(k)$的离散时间 Fourier 变换。在实际应用中，一般利用正弦序列作为载波信号。若载波序列 $c(k)=\cos(\theta_c k)$，其频谱在一个周期内由两个强度为 π 的冲激组成，则已调信号 $y(k)$的频谱 $Y(e^{j\theta})$就是将 $F(e^{j\theta})$左右搬移 θ_c

后再叠加，信号频谱如图 5.4.3 所示。

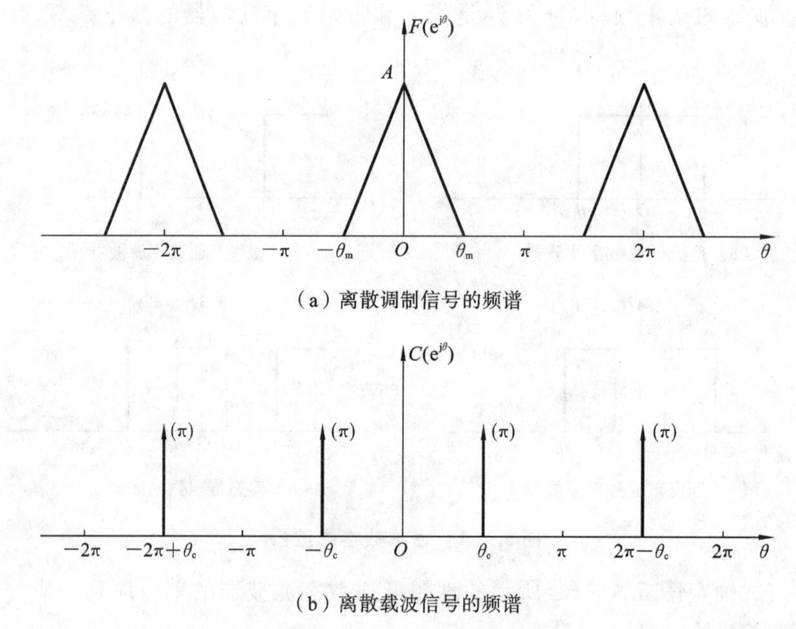

(a) 离散调制信号的频谱

(b) 离散载波信号的频谱

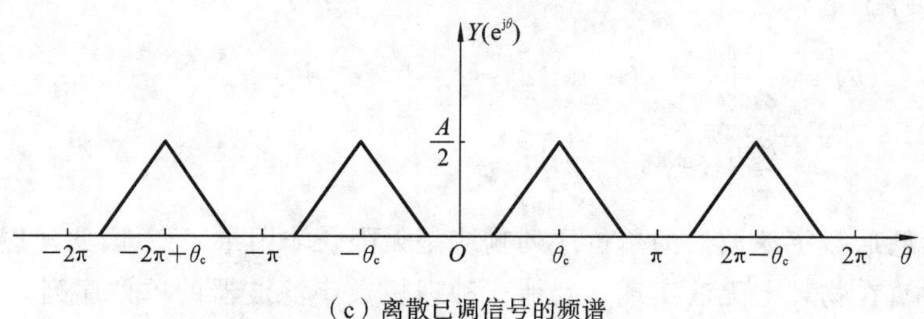

(c) 离散已调信号的频谱

图 5.4.3 离散信号幅度调制中各信号频谱

为了保证已调信号的频谱 $Y(\mathrm{e}^{\mathrm{j}\theta})$ 不发生重叠，必须满足以下条件：

$$\begin{cases}\theta_{\mathrm{c}}-\theta_{\mathrm{m}}>-\theta_{\mathrm{c}}+\theta_{\mathrm{m}}\\ 2\pi-\theta_{\mathrm{c}}-\theta_{\mathrm{m}}>\theta_{\mathrm{c}}+\theta_{\mathrm{m}}\end{cases}\rightarrow\begin{cases}\theta_{\mathrm{c}}>\theta_{\mathrm{m}}\\ \theta_{\mathrm{c}}<\pi-\theta_{\mathrm{m}}\end{cases}$$

即

$$\theta_{\mathrm{m}}<\theta_{\mathrm{c}}<\pi-\theta_{\mathrm{m}} \tag{5.4.17}$$

其中，$\theta_{\mathrm{c}}>\theta_{\mathrm{m}}$ 是为了避免在一个周期 $(-\pi+2n\pi,\pi+2n\pi)$ 内相邻频谱发生重叠；$\theta_{\mathrm{c}}<\pi-\theta_{\mathrm{m}}$ 是为了避免在相邻周期 $(2n\pi,2\pi+2n\pi)$ 内频谱发生重叠。

离散信号解调也可以采用与连续信号解调类似的方式来实现，如图 5.4.4 所示，令 $y(k)$ 与本地载波信号 $c(k)$ 相乘，就可以得到含有调制信号的频谱，再利用数字低通滤波器就可以提取调制信号的频谱，从而实现解调。离散信号同步解调过程中各信号频谱如图 5.4.5所示。

在信号幅度调制的过程中，调制信号的所有信息都体现在已调信号的幅度中。而信号在传输过程中，幅度极易受到信道传输特性和外界干扰的影响。因此，信号幅度调制抗干扰能力较弱，高精度场合下其传输质量难以达到要求。

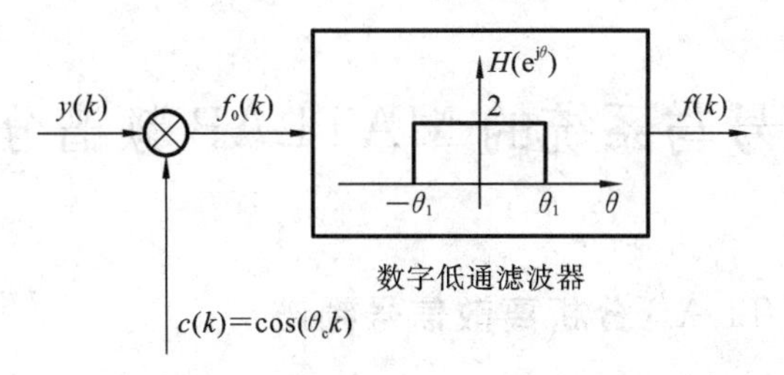

图 5.4.4　离散信号解调原理框图

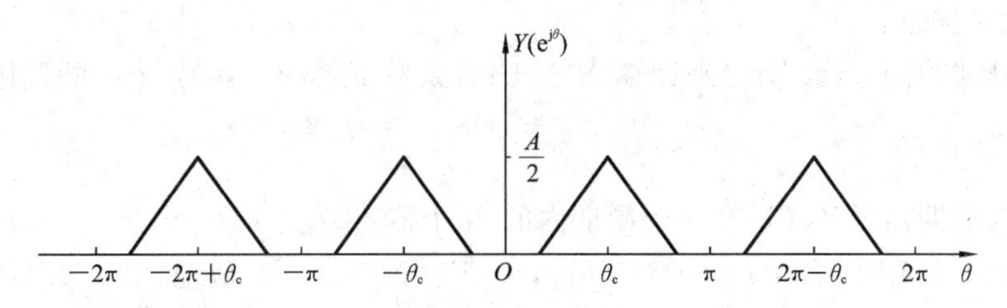

（a）离散已调信号的频谱

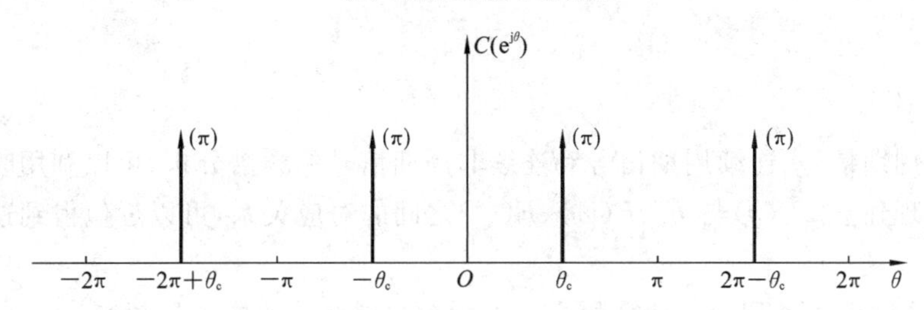

（b）本地载波信号的频谱

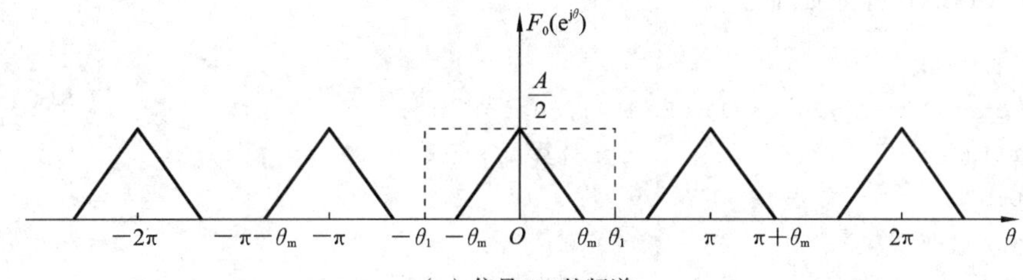

（c）信号$f_0(k)$的频谱

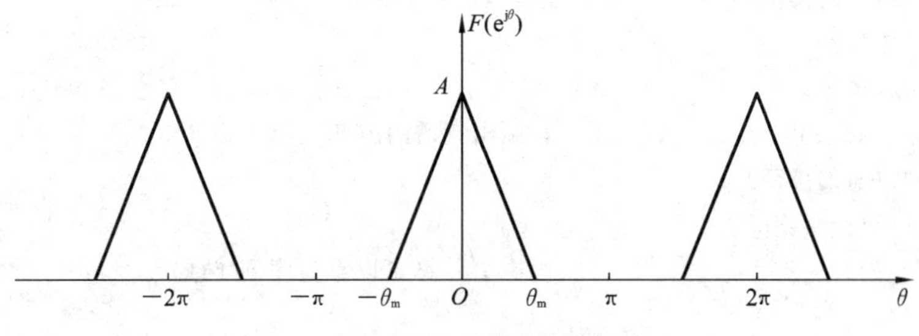

（d）解调出的信号的频谱

图 5.4.5　离散信号同步解调中各信号频谱

5.5 离散信号与系统的 MATLAB 频谱分析

5.5.1 利用 MATLAB 分析离散信号频谱

对于离散周期信号 $f_N(k)$，其频谱为离散周期序列 $F_N(n)$，可以通过数字计算精确得到其在一个周期内的频谱。

MATLAB 提供了函数 fft()来计算 N 个 DFS 系数 $F_N(n)$。函数 fft()的调用形式为

```
F=fft(f)
```

其中，向量 f 为周期信号 $f_N(k)$在一个周期内的 N 个值 $f(0),f(1),\cdots,f(N-1)$，返回的向量 F 即为所求的 N 个 DFS 系数 $F_N(0),F_N(1),\cdots,F_N(N-1)$。类似地，MATLAB 也提供了函数 ifft()，用来由 N 个 DFS 系数按式(5.1.2)计算其对应的周期信号。函数 ifft()的调用形式为

```
f=ifft(F)
```

对离散非周期信号、连续周期信号和连续非周期信号的频谱分析，可以利用时域抽样定理和频域抽样定理建立 $F_N(n)$与 F_n、$F(\mathrm{j}\omega)$、$F(\mathrm{e}^{\mathrm{j}\theta})$之间的对应关系，可以近似得到这三类信号的频谱。

例 5.5.1 试用 MATLAB 计算图 5.1.1 所示的周期脉冲序列的频谱。

解 MATLAB 程序如下：

```
N=32;M=4;
f=[ones(1,M+1),zeros(1,N-2*M-1),ones(1,M)];
F=fft(f);                          % 计算 DFS 系数
n=0:N-1;
figure(1);
stem(n,real(F));                   % 画出频谱的实部
title('F(n)的实部');
xlabel('n');
figure(2);
stem(n,imag(F));                   % 画出频谱的虚部
title('F(n)的虚部');
xlabel('n');
fr=ifft(F);                        % 由 F 计算 f 以重建序列 f(k)
figure(3)
stem(m,real(fr));                  % 画出重建序列 fr(k)
xlabel('k');
```

一般情况下，DFS 系数是复序列，故分别画出了它的实部和虚部。由于周期脉冲序列 $f_N(k)$具有实偶对称性，故 $F_N(n)$也是实偶对称的序列。结果如图 5.5.1 所示。

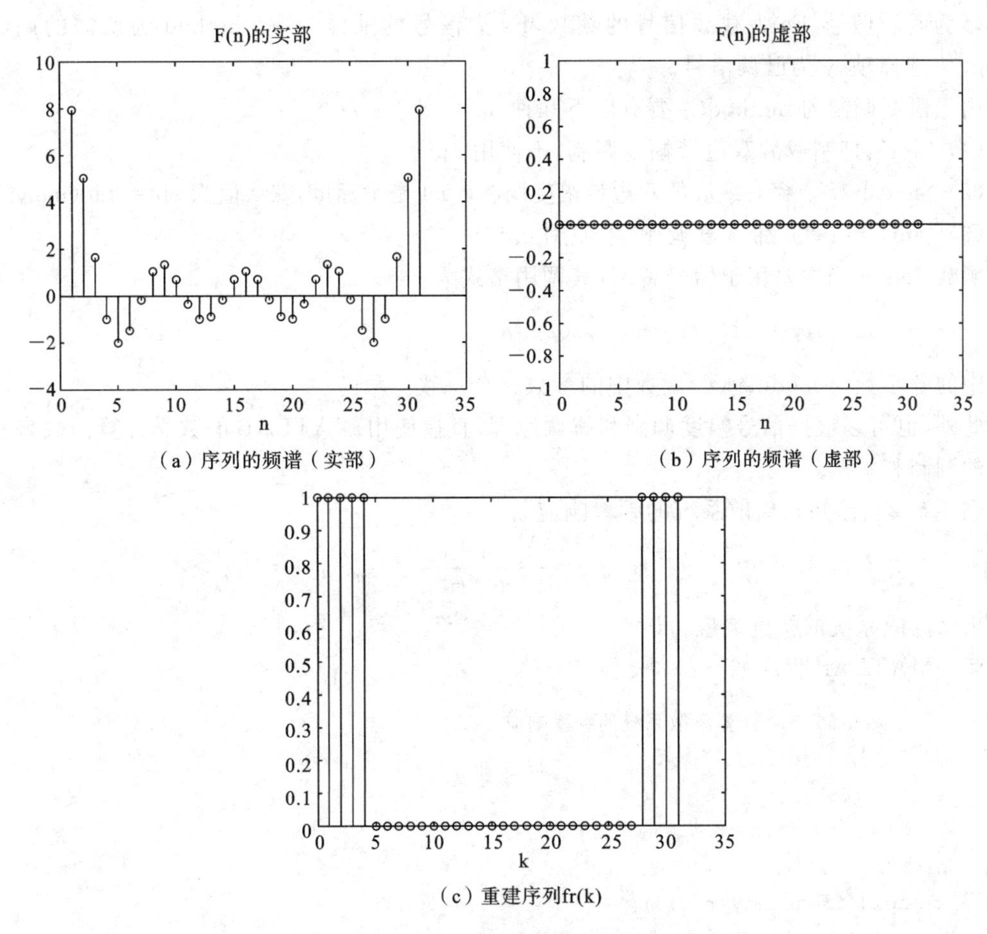

（a）序列的频谱（实部）　（b）序列的频谱（虚部）

（c）重建序列fr(k)

图 5.5.1 周期脉冲序列的频谱

5.5.2 利用 MATLAB 分析离散系统的频率特性

MATLAB 提供了专门的函数用于分析离散系统的频率响应，也提供了信号调制和解调函数，下面介绍这些函数的具体使用方法。

(1) 当离散时间系统的频率响应 $H(e^{j\theta})$ 是 $j\theta$ 的有理多项式时，即

$$H(e^{j\theta})=\frac{B(e^{j\theta})}{A(e^{j\theta})}=\frac{b_0+b_1e^{-j\theta}+\cdots+b_me^{-jm\theta}}{a_0+a_1e^{-j\theta}+\cdots+a_ne^{-jn\theta}}$$

MATLAB 提供了函数 freqz()计算离散系统的频率响应 $H(e^{j\theta})$。函数 freqz()的调用形式为

```
H=freqz(b,a,w)
```

其中，b 和 a 分别为式中分子多项式和分母多项式的系数向量，即

$$b=[b_0,b_1,\cdots,b_m],\quad a=[a_0,a_1,\cdots,a_n]$$

w 为需计算的 $H(e^{j\theta})$的抽样点。

(2) MATLAB 提供了相应的函数用于信号的调制与解调。函数 modulate()主要用于离散信号调制，其调用格式为

```
y=modulate(f,Fc,Fs,'method',opt)
```

其中，f 为调制信号，Fc 为载波信号的载频，Fs 为信号的抽样频率，method 为所需的调制方式，opt 为选择项，y 为已调信号。

用于幅度调制的 method 主要有以下几种。

(1)'am'：抑制载波双边带幅度调制，不使用 opt。

(2)'amdsb-tc'：含有载波的双边带幅度调制，opt 是个标量，默认值为 opt=min(min(x))。

(3)'amssb'：单边带幅度调制，不使用 opt。

函数 demod()主要用于信号解调，其调用格式为

```
f=modulate(y,Fc,Fs,'method',opt)
```

函数中的各参数与 modulate()函数中的参数完全一致。

此外，也可以根据信号幅度调制和解调原理，直接使用 MATLAB 的数学计算函数来实现信号的调制和解调。

例 5.5.2 已知某离散系统的频率响应为

$$H(e^{j\theta})=\frac{1+e^{-j\theta}}{1-e^{-j\theta}+0.5e^{-j2\theta}}$$

试画出该离散系统的幅度响应 $|H(e^{j\theta})|$。

解 MATLAB 程序如下：

```
% program5.5.2 计算离散系统的频率响应
b=[1,1];
a=[1,-1,0.5];
[H,w] =freqz(b,a);
plot(w,abs(H));
xlabel('frequency(rad)');
ylabel('magnitude');
title('magnitude response');
```

该离散系统的幅度响应如图 5.5.2 所示。由于系统的频率响应 $|H(e^{j\theta})|$ 在 $\theta=\pi$ 处存在零点，故系统的幅度响应在 $\theta=\pi$ 处的幅度为零。

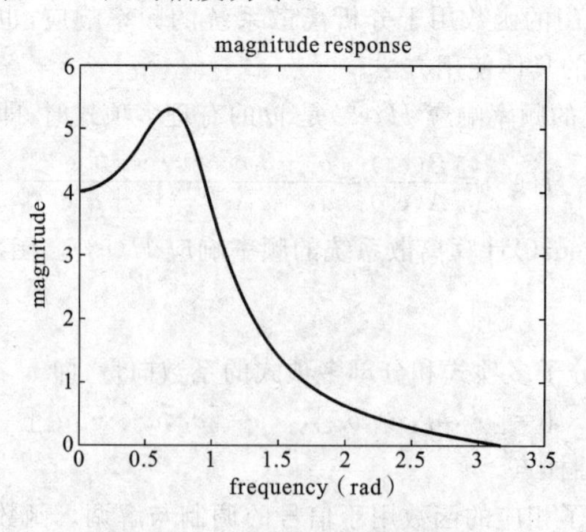

图 5.5.2 离散系统的幅度响应

习　题

5.1　试确定下列周期为 4 的序列的频谱 $F_N(n)$。

(1) $f(k)=\{\cdots,\overset{\downarrow}{1},2,0,2,\cdots\}$；

(2) $f(k)=\{\cdots,\overset{\downarrow}{0},1,0,-1,\cdots\}$。

5.2　试确定下列周期为 4 的序列的周期卷积，已知 $f_4(k)=\{\cdots,\overset{\downarrow}{0},1,0,2,\cdots\}$和 $h_4(k)=\{\cdots,\overset{\downarrow}{2},0,1,0,\cdots\}$。

5.3　试确定下列周期序列的周期及频谱 $F_N(n)$。

(1) $f(k)=\sin\left(\frac{\pi k}{4}\right)$；

(2) $f(k)=2\sin\left(\frac{\pi k}{4}\right)+\cos\left(\frac{\pi k}{3}\right)$。

5.4　已知周期序列 $f(k)$的频谱为 $F(n)$，试确定以下序列的频谱。

(1) $f(-k)$；　　　　(2) $(-1)^k f(-k)$；

(3) $g(k)=\begin{cases} f(k), & k \text{ 为偶数} \\ 0, & k \text{ 为奇数} \end{cases}$

(4) $g(k)=\begin{cases} f(k), & k \text{ 为奇数} \\ 0, & k \text{ 为偶数} \end{cases}$

5.5　已知周期序列 $f(k)$的频谱为 $F(n)$，试确定周期序列 $f(k)$。

(1) $F_N(n)=1+\frac{1}{2}\cos\left(\frac{n\pi}{2}\right)+2\cos\left(\frac{n\pi}{4}\right)$；

(2) $F_N(n)=\begin{cases} 1, & 0\leqslant n\leqslant 3 \\ 0, & 4\leqslant n\leqslant 7 \end{cases}$

(3) $F_N(n)=\mathrm{e}^{-\frac{\mathrm{j}n\pi}{4}},0\leqslant m\leqslant 7$

(4) $F_N(n)=\{\cdots,\overset{\downarrow}{1},0,-1,0,1,\cdots\}$。

5.6　试确定下列非周期序列的频谱 $F(\mathrm{e}^{\mathrm{j}\theta})$。

(1) $f_1(k)=\begin{cases} 1, & |k|\leqslant N \\ 0, & \text{其他} \end{cases}$

(2) $f_2(k)=\begin{cases} \cos\left(\frac{k\pi}{2N}\right), & |k|\leqslant N \\ 0, & \text{其他} \end{cases}$

5.7　试求出下列非周期序列的频谱 $F(\mathrm{e}^{\mathrm{j}\theta})$。

(1) $f_1(k)=\alpha^k\varepsilon(k),|\alpha|<1$；

(2) $f_2(k)=\alpha^k\varepsilon(-k),|\alpha|>1$；

(3) $f_1(k)=\begin{cases} \alpha^k, & |k|\leqslant M \\ 0 & \end{cases}$

(4) $f_4(k)=\alpha^k\varepsilon(k+3)$，$|\alpha|<1$；

(5) $f_5(k)=\sum\limits_{n=0}^{\infty}\left(\dfrac{1}{4}\right)^k\delta(k-3n)$；

(6) $f_6(k)=\left[\dfrac{\sin\left(\dfrac{\pi k}{3}\right)}{\pi k}\right]\left[\dfrac{\sin\left(\dfrac{\pi k}{4}\right)}{\pi k}\right]$。

5.8　已知有限长序列 $f(k)=\{2,1,\overset{\downarrow}{-1},0,3,2,0,-3,-4\}$，不计算 $f(k)$ 的 DTFT，试确定下列表达式的值。

(1) $F(\mathrm{e}^{\mathrm{j}0})$；

(2) $F(\mathrm{e}^{\mathrm{j}\pi})$；

(3) $\int_{-\pi}^{\pi}F(\mathrm{e}^{\mathrm{j}\theta})\mathrm{d}\theta$；

(4) $\int_{-\pi}^{\pi}|F(\mathrm{e}^{\mathrm{j}\theta})|^2\mathrm{d}\theta$；

(5) $\int_{-\pi}^{\pi}\left|\dfrac{\mathrm{d}F(\mathrm{e}^{\mathrm{j}\theta})}{\mathrm{d}\theta}\right|^2\mathrm{d}\theta$。

5.9　试证明 DTFT 的 Parseval 定理：

$$\sum_k|f(k)|^2=\frac{1}{2\pi}\int_{-\pi}^{\pi}|F(\mathrm{e}^{\mathrm{j}\theta})|^2\mathrm{d}\theta$$

5.10　已知 $g_1(k)$ 的频谱为 $G_1(\mathrm{e}^{\mathrm{j}\theta})$，试用 $G_1(\mathrm{e}^{\mathrm{j}\theta})$ 表示题 5.10 图所示的序列频谱。

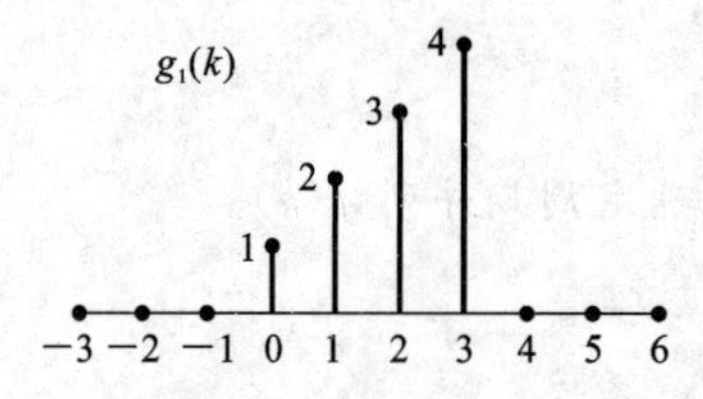

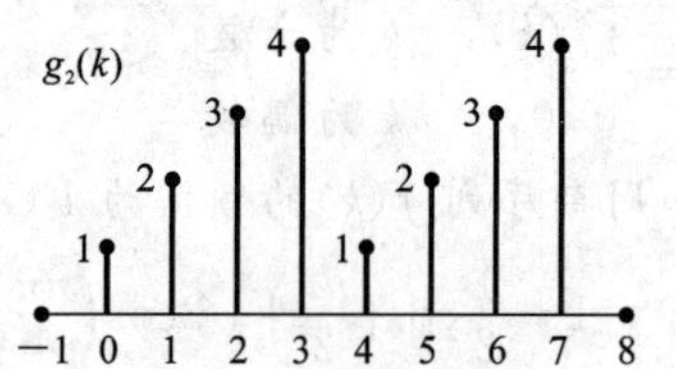

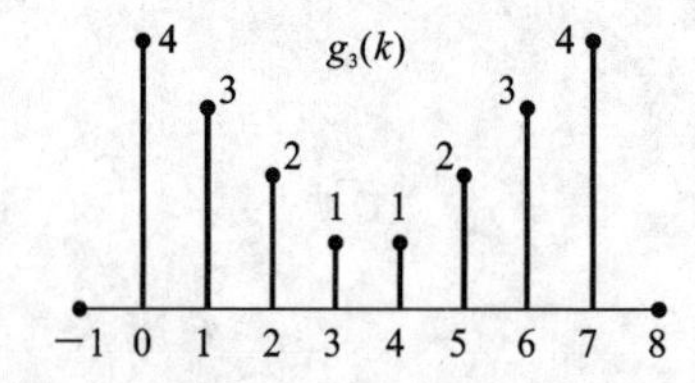

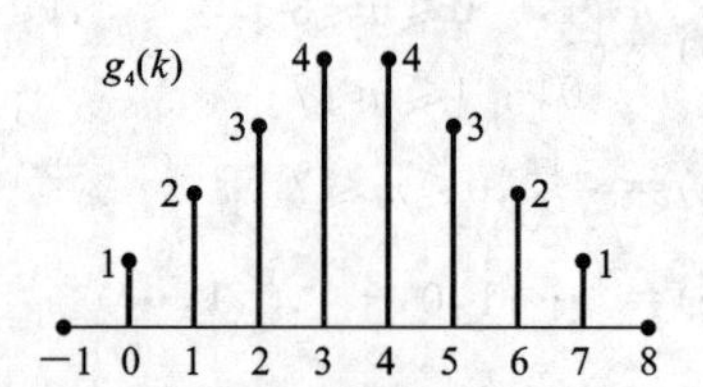

题 5.10 图

5.11　计算下列频谱函数对应的 $f(k)$。

(1) $F(\mathrm{e}^{\mathrm{j}\theta})=\sum\limits_{n=-\infty}^{\infty}\delta(\theta+2\pi n)$；

(2) $F(\mathrm{e}^{\mathrm{j}\theta})=\dfrac{1-\mathrm{e}^{\mathrm{j}\theta(N+1)}}{1-\mathrm{e}^{-\mathrm{j}\theta}}$；

(3) $F(\mathrm{e}^{\mathrm{j}\theta})=1+2\sum\limits_{n=1}^{N}\cos(\theta n)$；

(4) $F(\mathrm{e}^{\mathrm{j}\theta})=\dfrac{\mathrm{j}\alpha\mathrm{e}^{\mathrm{j}\theta}}{(1-\alpha\mathrm{e}^{-\mathrm{j}\theta})^2}$，$|\alpha|<1$。

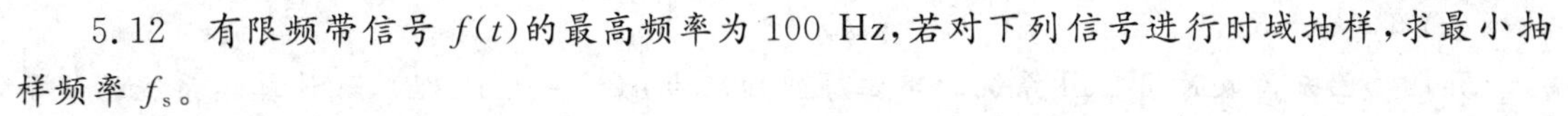

5.12　有限频带信号 $f(t)$ 的最高频率为 100 Hz，若对下列信号进行时域抽样，求最小抽样频率 f_s。

(1) $f(3t)$；　(2) $f^2(t)$；　(3) $f(t)*f(2t)$；　(4) $f(t)+f^2(t)$。

5.13　已知信号 $f(t)=\dfrac{\sin(4\pi t)}{\pi t}$，$-\infty<t<\infty$。当对该信号进行抽样时，试求能恢复原信号的最大抽样间隔 $T_{\max}$。

5.14　某复信号 $f(t)$ 的频谱如题 5.14 图所示，试画出以抽样角频率 $\omega_s=\omega_m$ 抽样后信号的频谱。

5.15　某实带通信号 $f(t)$ 的频谱如题 5.15 图所示，试画出以抽样角频率 $\omega_s=\omega_m$ 抽样后信号的频谱。

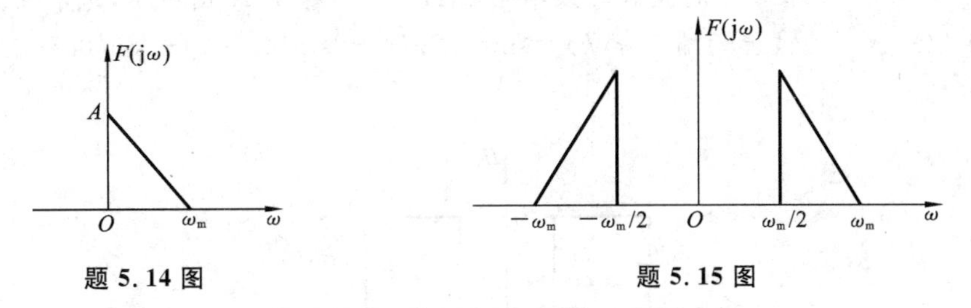

题 5.14 图　　**题 5.15 图**

5.16　题 5.16 图所示系统中信号 $f(t)$ 先经过理想低通滤波器进行限带，然后再经过 A/D转换器转换为离散序列 $y(k)$，试写出 $y(k)$ 的频谱表达式，并画出其频谱。

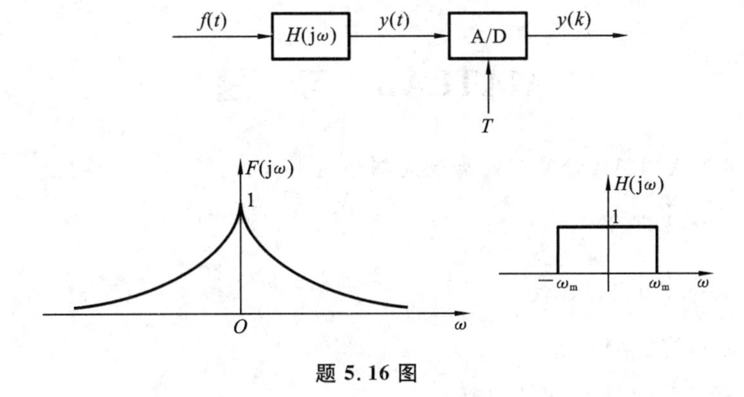

题 5.16 图

5.17　有限频带信号 $f(t)=5+2\cos(2\pi f_1 t)+\cos(4\pi f_1 t)$，其中，$f_1=1$ kHz。用 $f_s=800$ Hz 的冲激函数序列 $\delta_T(t)$ 进行抽样(请注意 $f_s<f_1$)。

(1) 画出 $f(t)$ 及抽样信号 $f_s(t)$ 在频率区间(−2 kHz,2 kHz)内的频谱图。

(2) 若将抽样信号 $f_s(t)$ 输入截止频率 $f_c=500$ Hz，幅度为 T_s 的理想低通滤波器，即其频率响应

$$H(\mathrm{j}\omega)=H(\mathrm{j}2\pi f)=\begin{cases}T_s, & |f|<500\ \text{Hz}\\ 0, & |f|>500\ \text{Hz}\end{cases}$$

画出滤波器的输出信号的频谱，并求出输出信号 $y(t)$。

5.18　已知描述因果离散时间 LTI 系统的差分方程如下，试求系统的频率响应 $H(\mathrm{e}^{\mathrm{j}\theta})$ 和脉冲序列响应 $h(k)$。

(1) $y(k)=f(k)+2f(k-1)+f(k-2)$；

(2) $6y(k)+5y(k-1)+y(k-2)=f(k)+f(k-1)$。

5.19　已知离散时间LTI系统的单位序列响应为 $h(k)=0.5^k\varepsilon(k)$,试计算该系统的频率响应 $H(\mathrm{e}^{\mathrm{j}\theta})$。若系统的输入信号为 $f(k)=\cos\left(\frac{\pi k}{4}\right)$,试求系统的输出响应。

5.20　已知一个离散低通滤波器的频率响应 $H(\mathrm{e}^{\mathrm{j}\theta})$ 为

$$H(\mathrm{e}^{\mathrm{j}\theta})=\begin{cases}\mathrm{e}^{-3\mathrm{j}\theta}, & |\theta|<\dfrac{3\pi}{16}\\ 0, & \text{其他}\end{cases}$$

若系统的输入为 $f(k)=\delta_{16}(k)=\sum\limits_{n=-\infty}^{\infty}\delta(k-16n)$,求系统的输出 $y(k)$。

5.21　已知一个离散带通滤波器的频率响应 $H(\mathrm{e}^{\mathrm{j}\theta})$ 如题5.21图所示,试求该滤波器的单位序列响应 $h(k)$。若滤波器的输入 $f(k)=\sin(0.2\pi k)+2\sin(0.5\pi k)+\sin(0.8\pi k)$,试求滤波器的输出 $y(k)$。

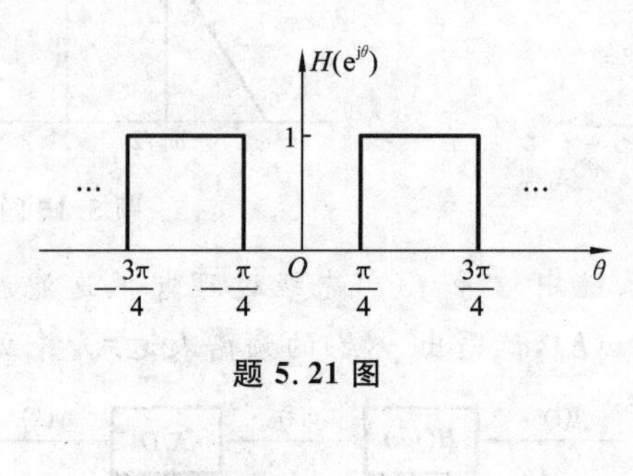

题5.21图

MATLAB 习　题

M5.1　试用MATLAB计算下列离散周期序列 $F_N(n)$。

(1) $f(k)=\left\{\cdots,\underset{\downarrow}{1},2,3,0,0,\cdots\right\}$;

(2) $f(k)=\left\{\cdots,\underset{\downarrow}{1},1,1,1,0,0,0,\cdots\right\}$;

(3) $f(k)=\cos(0.2\pi k)$;

(4) $f(k)=\cos(0.2\pi k)+\cos(0.7\pi k)$。

M5.2　试利用MATLAB计算下列非周期序列的频谱 $F(\mathrm{e}^{\mathrm{j}\theta})$,并画出频谱图。

(1) $f(k)=\varepsilon(k)-\varepsilon(k-5)$;

(2) $f(k)=\cos(0.2\pi k)[\varepsilon(k)-\varepsilon(k-5)]$;

(3) $f(k)=0.5^k\varepsilon(k)$;

(4) $f(k)=\mathrm{Sa}\left(\frac{\pi k}{3}\right)$。

M5.3　已知连续时间信号 $f(t)=\cos(2\pi k)$,对其进行抽样得到离散序列 $f(k)$。试分析抽样间隔 $T=0.1$ s和 $T=0.5$ s时,抽样得到的离散序列 $f(k)$ 的频谱,并对结果进行分析。

M5.4　试分别画出下列离散系统的幅度响应和相位响应。

(1) $y(k)=1.69f(k)+1.05f(k-1)+0.45f(k-2)+0.45f(k-3)+1.05f(k-4)+1.69f(k-5)$;

(2) $y(k)=1.69f(k)+1.05f(k-1)+0.45f(k-2)-0.45f(k-3)-1.05f(k-4)-1.69f(k-5)$。

M5.5 已知离散系统的频率响应 $H(e^{j\theta})$ 如下，试画出其幅度响应和相位响应。

(1) $H(e^{j\theta})=\dfrac{1.9+0.46e^{-j\theta}+1.21e^{-j2\theta}+e^{-j3\theta}}{1+1.21e^{-j\theta}+0.46e^{-j2\theta}+1.9e^{-j3\theta}}$；

(2) $H(e^{j\theta})=\dfrac{0.82+1.78e^{-j\theta}+0.12e^{-j2\theta}}{1+0.79e^{-j\theta}+0.92e^{-j2\theta}+0.73e^{-j3\theta}+0.18e^{-j4\theta}}$。

M5.6 (1) 设计一个长度为 5 的低通滤波器，此滤波器具有对称的单位脉冲响应。即 $h(k)=h(4-k)$，$k=0,1,2,3,4$，且满足如下条件：

$$|H(e^{j0})|=1,\quad |H(e^{j0.5\pi})|=0.5,\quad |H(e^{j\pi})|=0$$

(2) 求出所设计的滤波器的频率响应表达式，并用 MATLAB 画出它的幅度响应和相位响应。

(3) 验证所设计的滤波器对信号 $f(k)=2\cos(0.3\pi k)+\cos(0.8\pi k)$ 的滤波效果。

第 6 章　连续时间信号与系统的复频域分析

【内容简介】 本章主要介绍连续时间信号的复频域分析、Laplace 变换的性质、在复频域上求解系统响应的方法，并在研究系统函数的零极点分布与系统时域特性关系的基础上讨论了系统的稳定性和系统的模拟。

本章引入复频率 $s=\sigma+\mathrm{j}\omega$（$\sigma,\omega$ 为实数），以复指数信号 e^{st} 为基本信号，任意信号可分解成许多不同复频率的复指数分量的积分，LTI 系统的零状态响应是输入信号各分量引起响应的积分，即 Laplace 逆变换。若考虑系统的初始状态，零输入响应和零状态响应可同时求得，从而得到系统的全响应。本章重点讨论连续时间信号的 Laplace 变换和连续时间系统的复频域分析。

6.1　连续时间信号的复频域分析

6.1.1　从 Fourier 变换到 Laplace 变换

利用频域法分析各种问题时，一般需要先求得信号的 Fourier 变换，即频谱函数

$$F(\mathrm{j}\omega)=\int_{-\infty}^{\infty}f(t)\mathrm{e}^{-\mathrm{j}\omega t}\,\mathrm{d}t \tag{6.1.1}$$

但有些函数，例如单位阶跃函数，虽然存在 Fourier 变换，却很难用式(6.1.1)求得；还有一些函数，例如函数 $\mathrm{e}^{\alpha t}\varepsilon(t)\ (\alpha>0)$，当 $t\to\infty$ 时信号的幅度不衰减，而是呈指数增长，这类信号是不存在 Fourier 变换的。

为了解决以上问题，可以用衰减因子 $\mathrm{e}^{-\sigma t}$（σ 为实常数）乘以信号 $f(t)$，适当选取 σ 的值使得当 $t\to\infty$ 时信号幅度趋于 0，从而使积分

$$\mathscr{F}\left[\int_{-\infty}^{\infty}f(t)\mathrm{e}^{-\sigma t}\right]=\int_{-\infty}^{\infty}f(t)\mathrm{e}^{-\sigma t}\mathrm{e}^{-\mathrm{j}\omega t}\,\mathrm{d}t=\int_{-\infty}^{\infty}f(t)\mathrm{e}^{-(\sigma+\mathrm{j}\omega)t}\,\mathrm{d}t$$

收敛。上式积分结果是$(\sigma+\mathrm{j}\omega)$的函数，表示为 $F(\sigma+\mathrm{j}\omega)$，即

$$F(\sigma+\mathrm{j}\omega)=\int_{-\infty}^{\infty}f(t)\mathrm{e}^{-(\sigma+\mathrm{j}\omega)t}\,\mathrm{d}t \tag{6.1.2}$$

对应的 Fourier 逆变换为

$$f(t)\mathrm{e}^{-\sigma t}=\frac{1}{2\pi}\int_{-\infty}^{\infty}F(\sigma+\mathrm{j}\omega)\mathrm{e}^{\mathrm{j}\omega t}\,\mathrm{d}\omega$$

上式两端同乘以 $\mathrm{e}^{\sigma t}$，得

$$f(t)=\frac{1}{2\pi}\int_{-\infty}^{\infty}F(\sigma+\mathrm{j}\omega)\mathrm{e}^{(\sigma+\mathrm{j}\omega)t}\,\mathrm{d}\omega \tag{6.1.3}$$

令 $s=\sigma+\mathrm{j}\omega$（$\sigma$ 为常数），则 $\mathrm{d}\omega=\frac{\mathrm{d}s}{\mathrm{j}}$，带入式(6.1.2)和式(6.1.3)，得

$$F(s)=\int_{-\infty}^{\infty} f(t)\mathrm{e}^{-st}\mathrm{d}t \tag{6.1.4}$$

$$f(t)=\frac{1}{2\pi\mathrm{j}}\int_{\sigma-\mathrm{j}\infty}^{\sigma+\mathrm{j}\infty} F(s)\mathrm{e}^{st}\mathrm{d}s \tag{6.1.5}$$

式(6.1.4)和式(6.1.5)称为双边 Laplace 变换对。$F(s)$ 称为 $f(t)$ 的双边 Laplace 变换（或象函数），常表示为 $\mathscr{L}[f(t)]$。$f(t)$ 称为 $F(s)$ 的双边 Laplace 逆变换（或原函数），常表示为 $\mathscr{L}^{-1}[F(s)]$。$f(t)$ 和 $F(s)$ 的关系通常简记为 $f(t)\leftrightarrow F(s)$。

如前所述，选择适当的 σ 值才能使积分收敛，信号的双边 Laplace 变换才存在。一般把能使式(6.1.4)积分收敛的 s 的取值范围称为象函数的收敛域，简记为 ROC(Region of Convergence)。通常收敛域在以 σ 为横坐标，$\mathrm{j}\omega$ 为纵坐标的 s 平面上绘出。为了说明双边 Laplace 变换收敛域的一般规律和特征，下面分别研究因果信号和反因果信号两种情形。

例 6.1.1 求因果信号 $f_1(t)=\mathrm{e}^{\alpha t}\varepsilon(t)=\begin{cases}0, & t<0\\ \mathrm{e}^{\alpha t}, & t>0\end{cases}$（$\alpha$ 为实数）的 Laplace 变换。

解 将 $f_1(t)$ 代入到式(6.1.4)，有

$$F_1(s)=\int_0^{\infty}\mathrm{e}^{\alpha t}\mathrm{e}^{-st}\mathrm{d}t=\left.\frac{\mathrm{e}^{-(s-\alpha)t}}{-(s-\alpha)}\right|_0^{\infty}=\frac{1}{s-\alpha}\left[1-\lim_{t\to\infty}\mathrm{e}^{-(\sigma-\alpha)t}\cdot\mathrm{e}^{-\mathrm{j}\omega t}\right]$$

$$=\begin{cases}\text{不定}, & \sigma=\alpha\\ \dfrac{1}{s-\alpha}, & \mathrm{Re}[s]=\sigma>\alpha\\ \text{无界}, & \sigma<\alpha\end{cases}$$

可见，对于因果信号，仅当 $\mathrm{Re}[s]=\sigma>\alpha$ 时，其 Laplace 变换存在，即因果信号象函数的收敛域为 s 平面 $\mathrm{Re}[s]>\alpha$ 的区域，如图 6.1.1(a)所示。

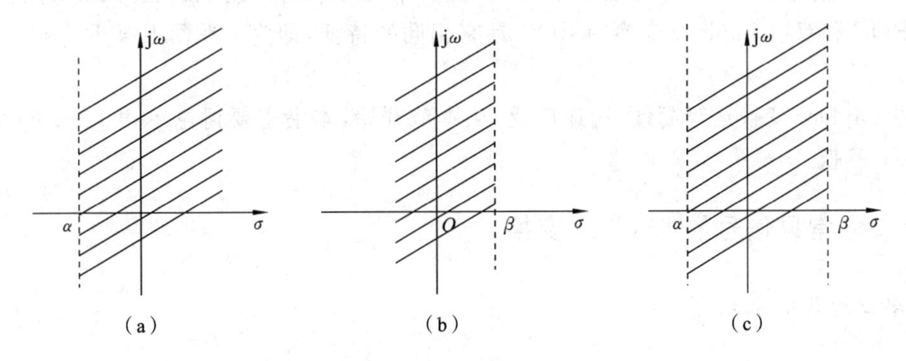

图 6.1.1 收敛域

例 6.1.2 求反因果信号 $f_2(t)=\mathrm{e}^{\beta t}\varepsilon(t)=\begin{cases}0, & t>0\\ \mathrm{e}^{\beta t}, & t<0\end{cases}$（$\beta$ 为实数）的 Laplace 变换。

解 将 $f_2(t)$ 代入到式(6.1.4)，有

$$F_2(s)=\int_{-\infty}^{0}\mathrm{e}^{\beta t}\mathrm{e}^{-st}\mathrm{d}t=\left.\frac{\mathrm{e}^{-(s-\beta)t}}{-(s-\beta)}\right|_{-\infty}^{0}=\frac{1}{-(s-\beta)},\quad \mathrm{Re}[s]=\sigma<\beta$$

反因果信号象函数的收敛域为 s 平面 $\mathrm{Re}[s]<\beta$ 的区域，如图 6.1.1(b)所示。

如果有双边函数

$$f(t)=f_1(t)+f_2(t)=\begin{cases}e^{\beta t}, & t<0\\ e^{\alpha t}, & t>0\end{cases}$$

其双边 Laplace 变换为

$$F(s)=F_1(s)+F_2(s)$$

由以上讨论可知，当 $\alpha<\beta$ 时，双边函数象函数的收敛域为 $\alpha<\mathrm{Re}[s]<\beta$ 的带状公共区域，如图 6.1.1(c)所示，也就是说，当 $\alpha<\beta$ 时，$f(t)$ 的象函数是存在的。当 $\alpha\geqslant\beta$ 时，$F_1(s)$ 与 $F_2(s)$ 没有重叠的收敛域，$F(s)$ 不存在。

6.1.2 单边 Laplace 变换的收敛域

实际上，我们通常遇到的是因果信号和因果系统，即当 $t<0$ 时有 $f(t)=0$，式(6.1.4)可写为

$$F(s)=\int_{0_-}^{\infty}f(t)e^{-st}\,dt \tag{6.1.6}$$

积分下限取为 0_- 是考虑到信号 $f(t)$ 中可能包含 $\delta(t)$，$\delta'(t)$…奇异函数，一般情况下我们仍将积分下限写为 0，其含义和 0_- 相同。式(6.1.6)称为单边 Laplace 变换。$F(s)$ 的逆变换仍由式(6.1.5)表示，即

$$f(t)=\begin{cases}0, & t<0\\ \dfrac{1}{2\pi j}\displaystyle\int_{\sigma-j\infty}^{\sigma+j\infty}F(s)e^{st}\,ds, & t\geqslant 0\end{cases} \tag{6.1.7}$$

式(6.1.6)和式(6.1.7)是单边 Laplace 变换对，仍用 $\mathscr{L}[f(t)]$ 表示正变换，用 $\mathscr{L}^{-1}[F(s)]$ 表示逆变换，$f(t)$ 和 $F(s)$ 仍分别称为原函数和象函数，其关系仍简记为 $f(t)\leftrightarrow F(s)$。

对于因果信号 $f(t)\varepsilon(t)$，双边 Laplace 变换和单边 Laplace 变换相同。因此，单边Laplace 变换的 ROC 和双边 Laplace 变换的 ROC 具有相同的特征，即为 s 平面上某 $\mathrm{Re}[s]=\sigma_0$ 的右边区域。

单边 Laplace 变换运算简便，用途广泛，从本节开始，本书主要讨论单边 Laplace 变换，简称 Laplace 变换。

6.1.3 常见信号的 Laplace 变换

1. 单位阶跃信号 $\varepsilon(t)$

$$\mathscr{L}[\varepsilon(t)]=\int_0^{\infty}\varepsilon(t)e^{-st}\,dt=-\frac{1}{s}e^{-st}\Big|_0^{\infty}=\frac{1}{s}\quad \mathrm{Re}[s]>0$$

$$\varepsilon(t)\leftrightarrow\frac{1}{s} \tag{6.1.8}$$

2. 单边指数信号 $e^{\alpha t}\varepsilon(t)$（$\alpha$ 为任意常数）

$$\mathscr{L}[e^{\alpha t}\varepsilon(t)]=\int_0^{\infty}e^{\alpha t}\varepsilon(t)e^{-st}\,dt=-\frac{1}{s-\alpha}e^{-(s-\alpha)t}\Big|_0^{\infty}=\frac{1}{s-\alpha}\quad \mathrm{Re}[s]>\mathrm{Re}[\alpha]$$

$$e^{\alpha t}\varepsilon(t)\leftrightarrow\frac{1}{s-\alpha} \tag{6.1.9}$$

3. 单位冲激信号 $\delta(t)$

$$\mathscr{L}[\delta(t)]=\int_{0_-}^{\infty}\delta(t)\mathrm{e}^{-st}\mathrm{d}t=\mathrm{e}^{-st}\Big|_{0_-}^{\infty}=1$$

$$\delta(t)\leftrightarrow 1 \tag{6.1.10}$$

表 6.1.1 列出了一些常用信号的 Laplace 变换。

表 6.1.1 常用信号的 Laplace 变换

序号	$f(t)\ t>0$	$F(s)=\mathscr{L}[f(t)]$
1	$\delta(t)$	1
2	$\varepsilon(t)$	$\frac{1}{s}$
3	$\mathrm{e}^{-\alpha t}$	$\frac{1}{s+\alpha}$
4	t^n(n 是正整数)	$\frac{n!}{s^{n+1}}$
5	$\sin\omega t$	$\frac{\omega}{s^2+\omega^2}$
6	$\cos\omega t$	$\frac{s}{s^2+\omega^2}$
7	$\mathrm{e}^{-\alpha t}\sin\omega t$	$\frac{\omega}{(s+\alpha)^2+\omega^2}$
8	$\mathrm{e}^{-\alpha t}\cos\omega t$	$\frac{s}{(s+\alpha)^2+\omega^2}$
9	$t\mathrm{e}^{-\alpha t}$	$\frac{1}{(s+\alpha)^2}$
10	$t^n\mathrm{e}^{-\alpha t}$($n$ 是正整数)	$\frac{n!}{(s+\alpha)^{n+1}}$
11	$t\sin\omega t$	$\frac{2\omega s}{(s^2+\omega^2)^2}$
12	$t\cos\omega t$	$\frac{s^2-\omega^2}{(s^2+\omega^2)^2}$

6.1.4 单边 Laplace 变换的性质

Laplace 变换的性质反映了信号时域特性与 s 域特性的关系,对于复频域分析是十分重要的。在下面的讨论中,我们假设

$$f(t)\leftrightarrow F(s),\quad \mathrm{Re}[s]>\sigma_0$$

$$f_1(t)\leftrightarrow F_1(s),\quad \mathrm{Re}[s]>\sigma_1$$

$$f_2(t)\leftrightarrow F_2(s),\quad \mathrm{Re}[s]>\sigma_2$$

1. 线性特性

$$a_1 f_1(t)+a_2 f_2(t)\leftrightarrow a_1 F_1(s)+a_2 F_2(s) \tag{6.1.11}$$

式中，a_1，a_2 为常数。

证明：

$$\begin{aligned}\mathscr{L}[a_1 f_1(t)+a_2 f_2(t)] &= \int_{0}^{\infty}[a_1 f_1(t)+a_2 f_2(t)]\mathrm{e}^{-st}\mathrm{d}t \\ &= \int_{0}^{\infty} a_1 f_1(t)\mathrm{e}^{-st}\mathrm{d}t \int_{0}^{\infty} a_2 f_2(t)\mathrm{e}^{-st}\mathrm{d}t \\ &= a_1 F_1(s)+a_2 F_2(s)\end{aligned}$$

收敛域为 $\mathrm{Re}[s]>\max(\sigma_1,\sigma_2)$，是两个象函数收敛域重叠的部分。

例 6.1.3 求单边正弦函数 $\sin(\beta t)\varepsilon(t)$ 和单边余弦函数 $\cos(\beta t)\varepsilon(t)$ 的象函数。

解 由欧拉公式得

$$\sin(\beta t)=\frac{1}{2\mathrm{j}}(\mathrm{e}^{\mathrm{j}\beta t}-\mathrm{e}^{-\mathrm{j}\beta t})$$

由线性特性并利用式(6.1.9)，得

$$\begin{aligned}\sin(\beta t)\varepsilon(t)\leftrightarrow\mathscr{L}\left[\frac{1}{2\mathrm{j}}(\mathrm{e}^{\mathrm{j}\beta t}-\mathrm{e}^{-\mathrm{j}\beta t})\varepsilon(t)\right] &= \frac{1}{2\mathrm{j}}\mathscr{L}[\mathrm{e}^{\mathrm{j}\beta t}\varepsilon(t)]-\frac{1}{2\mathrm{j}}\mathscr{L}[\mathrm{e}^{-\mathrm{j}\beta t}\varepsilon(t)] \\ &= \frac{1}{2\mathrm{j}}\cdot\frac{1}{s-\mathrm{j}\beta}-\frac{1}{2\mathrm{j}}\cdot\frac{1}{s+\mathrm{j}\beta}=\frac{\beta}{s^2+\beta^2}\end{aligned}$$

同理可得

$$\cos(\beta t)\varepsilon(t)\leftrightarrow\mathscr{L}\left[\frac{1}{2\mathrm{j}}(\mathrm{e}^{\mathrm{j}\beta t}+\mathrm{e}^{-\mathrm{j}\beta t})\varepsilon(t)\right]=\frac{s}{s^2+\beta^2}$$

2. 尺度变换特性

$$f(at)\leftrightarrow\frac{1}{a}F\left(\frac{s}{a}\right),\quad a>0 \tag{6.1.12}$$

证明：$f(at)$ 的 Laplace 变换为

$$\mathscr{L}[f(at)]=\int_{0_-}^{\infty} f(at)\mathrm{e}^{-st}\mathrm{d}t$$

令 $x=at$，则 $t=\dfrac{x}{a}$，于是

$$\mathscr{L}[f(at)]=\int_{0_-}^{\infty} f(x)\mathrm{e}^{-\left(\frac{s}{a}\right)x}\,\frac{\mathrm{d}x}{a}=\frac{1}{a}F\left(\frac{s}{a}\right)$$

$F(s)$ 的收敛域为 $\mathrm{Re}[s]>\sigma_0$，则 $F\left(\dfrac{s}{a}\right)$ 的收敛域为 $\mathrm{Re}\left(\dfrac{s}{a}\right)>\sigma_0$，即 $\mathrm{Re}[s]>a\sigma_0$。

3. 时移特性

$$f(t-t_0)\varepsilon(t-t_0)\leftrightarrow\mathrm{e}^{-st_0}F(s),\quad t_0\ \text{为实常数} \tag{6.1.13}$$

证明：

$$\mathscr{L}[f(t-t_0)\varepsilon(t-t_0)]=\int_{0_-}^{\infty} f(t-t_0)\varepsilon(t-t_0)\mathrm{e}^{-st}\mathrm{d}t=\int_{0_-}^{\infty} f(t-t_0)\mathrm{e}^{-st}\mathrm{d}t$$

令 $x=t-t_0$，则 $t=x+t_0$，于是上式可写为

$$\mathscr{L}[f(t-t_0)\varepsilon(t-t_0)]=\int_{0_-}^{\infty} f(x)\mathrm{e}^{-sx}\mathrm{e}^{-st_0}\mathrm{d}x=\mathrm{e}^{-st_0}\int_{0}^{\infty} f(x)\mathrm{e}^{-sx}\mathrm{d}x=\mathrm{e}^{-st_0}F(s)$$

由上式可见，只要 $F(s)$存在，则 $e^{-st_0}F(s)$也存在，故二者收敛域相同。

需要强调指出，式(6.1.13)中延时信号 $f(t-t_0)\varepsilon(t-t_0)$是指因果信号 $f(t)\varepsilon(t)$延时 t_0 后的信号，而并非 $f(t-t_0)\varepsilon(t)$。

如果函数 $f(t)\varepsilon(t)$既延时又变换时间的尺度，则有：

若

$$f(t)\varepsilon(t)\leftrightarrow F(s),\quad \mathrm{Re}[s]>\sigma_0$$

且有实常数 $a>0, b\geqslant 0$，则

$$f(at-b)\varepsilon(at-b)\leftrightarrow \frac{1}{a}e^{-\frac{b}{a}s}F\left(\frac{s}{a}\right)\quad \mathrm{Re}[s]>a\sigma_0 \tag{6.1.14}$$

例 6.1.4 求矩形脉冲 $f(t)=g_\tau\left(t-\dfrac{\tau}{2}\right)=\begin{cases}1, & 0<t<\tau,\\ 0, & \text{其他},\end{cases}$ 的象函数。

解 由于

$$f(t)=g_\tau\left(t-\frac{\tau}{2}\right)=\varepsilon(t)-\varepsilon(t-\tau)$$

由线性和时移特性，并利用式(6.1.8)的结果，得

$$\mathscr{L}\left[g_\tau\left(t-\frac{\tau}{2}\right)\right]=\mathscr{L}[\varepsilon(t)]-\mathscr{L}[\varepsilon(t-\tau)]=\frac{1-e^{-s\tau}}{s}\quad \mathrm{Re}[s]>-\infty$$

本例中，$\mathscr{L}[\varepsilon(t)]$和 $\mathscr{L}[\varepsilon(t-\tau)]$的收敛域均为 $\mathrm{Re}[s]>0$，而二者之差的收敛域比其中任何一个都大，为整个 s 平面。

4. 复频移(s 域平移)特性

$$f(t)e^{s_0t}\leftrightarrow F(s-s_0),\quad \mathrm{Re}[s]>\sigma_0+\sigma_0 \tag{6.1.15}$$

证明略。此性质表明，时间信号乘以 e^{s_0t}，则象函数在 s 域内平移 s_0。

例 6.1.5 求 $e^{-\alpha t}\sin(\beta t)\varepsilon(t)$和 $e^{-\alpha t}\cos(\beta t)\varepsilon(t)$的象函数。

解 因为

$$\sin(\beta t)\varepsilon(t)\leftrightarrow\frac{\beta}{s^2+\beta^2}$$

由复频移特性，得

$$e^{-\alpha t}\sin(\beta t)\varepsilon(t)\leftrightarrow\frac{\beta}{(s+\alpha)^2+\beta^2}$$

同理可得

$$e^{-\alpha t}\cos(\beta t)\varepsilon(t)\leftrightarrow\frac{s+\alpha}{(s+\alpha)^2+\beta^2},\quad \mathrm{Re}[s]>-\alpha$$

例 6.1.6 已知因果函数 $f(t)$的象函数 $F(s)=\dfrac{s}{s^2+1}$，求 $e^{-t}f(3t-2)$的象函数。

解 因为

$$f(t)\leftrightarrow\frac{s}{s^2+1}$$

由时移特性，得

$$f(t-2)\leftrightarrow\frac{s}{s^2+1}e^{-2s}$$

由尺度变换特性，得

$$f(3t-2)\leftrightarrow\frac{1}{3}\times\frac{\frac{s}{3}}{\left(\frac{s}{3}\right)^2+1}e^{-\frac{2s}{3}}=\frac{s}{s^2+9}e^{-\frac{2}{3}s}$$

由复频移特性，得

$$e^{-t}f(3t-2)\leftrightarrow\frac{s+1}{(s+1)^2+9}e^{-\frac{2}{3}(s+1)}$$

5. 时域微分和积分特性

时域微分和时域积分特性主要用于研究具有初始条件的微分、积分方程。这里将考虑初始值 $f(0_-)\neq0$ 的情形。

1) 时域微分特性

$$\begin{aligned}&f^{(1)}(t)\leftrightarrow sF(s)-f(0_-)\\&f^{(2)}(t)\leftrightarrow s^2F(s)-sf(0_-)-f^{(1)}(0_-)\\&\qquad\vdots\\&f^{(n)}(t)\leftrightarrow s^nF(s)-\sum_{m=0}^{n-1}s^{n-1-m}f^{(m)}(0_-)\end{aligned}\tag{6.1.16}$$

证明：根据 Laplace 变换的定义

$$\mathscr{L}[f^{(1)}(t)]=\int_{0_-}^{\infty}\frac{df(t)}{dt}e^{-st}dt=\int_{0_-}^{\infty}e^{-st}df(t)$$

令 $u=e^{-st}$，则 $du=-se^{-st}dt$，设 $v=f(t)$，则 $dv=df(t)$，对上式进行分部积分，得

$$\mathscr{L}[f^{(1)}(t)]=e^{-st}f(t)\Big|_{0_-}^{\infty}+s\int_{0_-}^{\infty}f(t)e^{-st}dt=\lim_{t\to\infty}e^{-st}f(t)-f(0_-)+sF(s)$$

在收敛域内有 $\lim\limits_{t\to\infty}e^{-st}f(t)=0$，故

$$\mathscr{L}[f^{(1)}(t)]=sF(s)-f(0_-)\tag{6.1.17}$$

反复利用式(6.1.17)可推广至高阶导数。例如二阶导数

$$f^{(2)}(t)=\frac{d}{dt}[f^{(1)}(t)]$$

应用式(6.1.17)，得

$$\begin{aligned}\mathscr{L}[f^{(2)}(t)]&=s\mathscr{L}[f^{(1)}(t)]-f^{(1)}(0_-)=s[sF(s)-f(0_-)]-f^{(1)}(0_-)\\&=s^2F(s)-sf(0_-)-f^{(1)}(0_-)\end{aligned}\tag{6.1.18}$$

类似地，可得出 n 阶导数的 Laplace 变换。

如果 $f(t)$ 是因果信号，那么

$$f^{(n)}(t)\leftrightarrow s^nF(s),\quad \mathrm{Re}[s]>\sigma_0\tag{6.1.19}$$

例 6.1.7 已知 $f(t)=\cos t\varepsilon(t)$ 的象函数为 $F(s)=\frac{s}{s^2+1}$，求 $\sin t\varepsilon(t)$ 的象函数。

解 根据导数的运算规则，并考虑冲激函数的抽样性质，有

$$f^{(1)}(t)=\frac{df(t)}{dt}=\cos t\frac{d\varepsilon(t)}{dt}+\frac{d\cos t}{dt}\varepsilon(t)=\cos t\delta(t)-\sin t\varepsilon(t)=\delta(t)-\sin t\varepsilon(t)$$

即

$$\sin t\varepsilon(t)=\delta(t)-f^{(1)}(t)$$

对上式取 Laplace 变换，利用微分特性并考虑到 $f(0_-)=\cos t\varepsilon(t)|_{t=0_-}=0$，得

$$\mathscr{L}[\sin t\varepsilon(t)]=[\delta(t)]-[f^{(1)}(t)]=1-\left[s\cdot\frac{s}{s^2+1}-0\right]=\frac{1}{s^2+1}$$

对于单边 Laplace 变换，$\cos t$ 与 $\cos t\varepsilon(t)$ 的象函数相同，如果利用 $\sin t=-\frac{\mathrm{d}\cos t}{\mathrm{d}t}$ 的关系求 $\sin t$ 的象函数，应考虑到 $f(0_-)=\cos t|_{t=0_-}=1$。即

$$\mathscr{L}[\sin t]=-\mathscr{L}\left[\frac{\mathrm{d}\cos t}{\mathrm{d}t}\right]=-[sF(s)-f(0_-)]=-\left[s\cdot\frac{s}{s^2+1}-1\right]=\frac{1}{s^2+1}$$

2）时域积分特性

这里用符号 $f^{(-n)}(t)$ 表示对函数 $f(x)$ 从 $-\infty$ 到 t 的 n 重积分，它也可表示为 $\left(\int_{-\infty}^{t}\right)^n f(x)\mathrm{d}x$，如果该积分的下限是 0_-，就表示为 $\left(\int_{0_-}^{t}\right)^n f(x)\mathrm{d}x$。

$$\left(\int_{0_-}^{t}\right)^n f(x)\mathrm{d}x \leftrightarrow \frac{1}{s^n}F(s) \tag{6.1.20}$$

$$f^{(-1)}(t)=\int_{-\infty}^{t} f(x)\mathrm{d}x \leftrightarrow \frac{1}{s}F(s)+\frac{1}{s}f^{(-1)}(0_-)$$

$$\cdots$$

$$f^{(-n)}(t)=\left(\int_{-\infty}^{t}\right)^n f(x)\mathrm{d}x \leftrightarrow \frac{1}{s^n}F(s)+\sum_{m=1}^{n}\frac{1}{s^{n-m+1}}f^{(-m)}(0_-) \tag{6.1.21}$$

首先证明式(6.1.20)，令 $n=1$，则 $f(x)$ 的积分的 Laplace 变换为

$$\mathscr{L}\left[\int_{0_-}^{t} f(x)\mathrm{d}x\right]=\int_{0}^{\infty}\left[\int_{0_-}^{t} f(x)\mathrm{d}x\right]\mathrm{e}^{-st}\mathrm{d}t$$

令 $u=\int_{0_-}^{t} f(x)\mathrm{d}x$，$\mathrm{d}v=\mathrm{e}^{-st}\mathrm{d}t$，则 $\mathrm{d}u=f(t)\mathrm{d}t$，$v=-\frac{1}{s}\mathrm{e}^{-st}$，对上式进行分部积分，得

$$\begin{aligned}\mathscr{L}\left[\int_{0_-}^{t} f(x)\mathrm{d}x\right]&=-\frac{\mathrm{e}^{-st}}{s}\int_{0_-}^{t} f(x)\mathrm{d}x\Big|_{0_-}^{\infty}+\frac{1}{s}\int_{0_-}^{\infty} f(x)\mathrm{e}^{-st}\mathrm{d}x\\&=-\frac{1}{s}\lim_{t\to\infty}\mathrm{e}^{-st}\int_{0_-}^{t} f(x)\mathrm{d}x+\frac{1}{s}\int_{0_-}^{0_-} f(x)\mathrm{d}x+\frac{1}{s}F(x)\end{aligned}$$

上式中的第一项为零，上式中第二项是从 0_- 到 0_- 的积分，显然为零，于是得

$$\mathscr{L}\left[\int_{0_-}^{t} f(x)\mathrm{d}x\right]=\frac{1}{s}F(s)$$

反复利用上式就可得到式(6.1.21)。

6. 卷积定理

1）时域卷积定理

$$f_1(t)*f_2(t)\leftrightarrow F_1(s)F_2(s) \tag{6.1.22}$$

其收敛域至少是 $F_1(s)$ 收敛域与 $F_2(s)$ 收敛域的公共部分。

证明：单边 Laplace 变换中所讨论的时间函数都是因果函数，可将 $f_1(t)$、$f_2(t)$ 写成 $f_1(t)\varepsilon(t)$ 和 $f_2(t)\varepsilon(t)$，二者的卷积积分写为

$$f_1(t)*f_2(t)=\int_{-\infty}^{\infty} f_1(\tau)\varepsilon(t)f_2(t-\tau)\varepsilon(t-\tau)\mathrm{d}\tau=\int_{0}^{\infty} f_1(\tau)f_2(t-\tau)\varepsilon(t-\tau)\mathrm{d}\tau$$

对上式求 Laplace 变换，并交换积分顺序，得

$$\mathscr{L}[f_1(t)*f_2(t)]=\int_0^{\infty}\left[\int_0^{\infty}f_1(\tau)f_2(t-\tau)\varepsilon(t-\tau)\mathrm{d}\tau\right]\mathrm{e}^{-st}\mathrm{d}t$$

$$=\int_0^{\infty}f_1(\tau)\left[\int_0^{\infty}f_2(t-\tau)\varepsilon(t-\tau)\mathrm{e}^{-st}\mathrm{d}t\right]\mathrm{d}\tau$$

由时移特性可知，上式中括号中的积分

$$\int_0^{\infty}f_2(t-\tau)\varepsilon(t-\tau)\mathrm{e}^{-st}\mathrm{d}t=\mathrm{e}^{-s\tau}F_2(s)$$

于是有

$$\mathscr{L}[f_1(t)*f_2(t)]=\int_0^{\infty}f_1(\tau)\mathrm{e}^{-s\tau}F_2(s)\mathrm{d}\tau=F_1(s)F_2(s)$$

2) 复频域（s 域）卷积定理

用类似的方法可证得

$$f_1(t)f_2(t)\leftrightarrow\frac{1}{2\pi\mathrm{j}}\int_{c-\mathrm{j}\infty}^{c+\mathrm{j}\infty}F_1(\eta)F_2(s-\eta)\mathrm{d}\eta,\quad \mathrm{Re}[s]>\sigma_1+\sigma_2,\quad \sigma_1<c<\mathrm{Re}[s]-\sigma_2 \tag{6.1.23}$$

该积分的计算比较复杂，复频域卷积定理较少应用。

例 6.1.8 求图 6.1.2(a)所示的 $t=0$ 时接入的周期性矩形脉冲 $f(t)$ 的象函数。

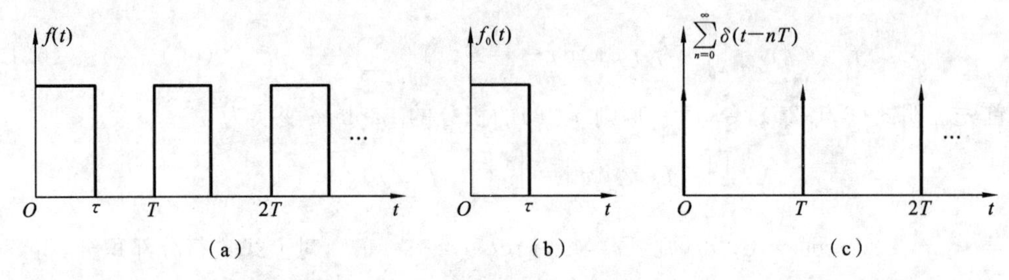

图 6.1.2 例 6.1.8 图

解 $f(t)$在第一周期内（$0\leqslant t<T$）的函数为 $f_0(t)$，即

$$f_0(t)=\begin{cases}0 & t<0,t>T\\ f(t) & 0\leqslant t<T\end{cases}$$

由卷积积分性质可知，$f(t)$可表示为

$$f(t)=f_0(t)*\sum_{n=0}^{\infty}\delta(t-nT)$$

$f_0(t)$和$\sum\limits_{n=0}^{\infty}\delta(t-nT)$的象函数为

$$f_0(t)=g_{\tau}\left(t-\frac{\tau}{2}\right)\leftrightarrow\frac{1-\mathrm{e}^{-s\tau}}{s}$$

$$\sum_{n=0}^{\infty}\delta(t-nT)\leftrightarrow\frac{1}{1-\mathrm{e}^{-Ts}}$$

利用卷积定理，得

$$\mathscr{L}[f(t)]=\mathscr{L}\left[f_0(t)*\sum_{n=0}^{\infty}\delta(t-nT)\right]=\frac{F_0(s)}{1-\mathrm{e}^{-Ts}} \tag{6.1.24}$$

故周期性矩形脉冲 $f(t)$的象函数

$$f(t)\leftrightarrow\frac{1-e^{-s\tau}}{s(1-e^{-Ts})} \tag{6.1.25}$$

7. s 域微分和积分特性

1) s 域微分特性

$$(-t)f(t)\leftrightarrow\frac{dF(s)}{ds}$$
$$(-t)^n f(t)\leftrightarrow\frac{d^nF(s)}{ds^n} \tag{6.1.26}$$

证明:由于

$$F(s)=\int_0^\infty f(t)e^{-st}dt$$

上式对 s 求导,得

$$\frac{dF(s)}{ds}=\frac{d}{ds}\int_0^\infty f(t)e^{-st}dt=\int_0^\infty f(t)\frac{d}{ds}(e^{-st})dt=\int_0^\infty(-t)f(t)e^{-st}dt=\mathscr{L}[(-t)f(t)]$$

重复运用上述结果可得

$$(-t)^n f(t)\leftrightarrow\frac{d^nF(s)}{ds^n}$$

2) s 域积分特性

$$\frac{f(t)}{t}\leftrightarrow\int_s^\infty F(\eta)d\eta \tag{6.1.27}$$

证明:将 $F(s)$ 的定义式代入到式(6.1.27)的右端,并交换积分顺序,得

$$\int_s^\infty F(\eta)d\eta=\int_s^\infty\left[\int_0^\infty f(t)e^{-\eta t}dt\right]d\eta=\int_0^\infty f(t)\left[\int_s^\infty e^{-\eta t}d\eta\right]dt$$
$$=\int_0^\infty\frac{f(t)}{t}e^{-st}dt=\mathscr{L}\left[\frac{f(t)}{t}\right]$$

例 6.1.9 求函数 $t^2e^{-\alpha t}\varepsilon(t)$ 的象函数。

解 方法一,令 $f_1(t)=e^{-\alpha t}\varepsilon(t)$,则 $F(s)=\dfrac{1}{s+\alpha}$。

由 s 域微分性质,得

$$t^2e^{-\alpha t}\varepsilon(t)=(-t)^2f_1(t)\leftrightarrow\frac{d^2F_1(s)}{ds^2}=\frac{2}{(s+\alpha)^3}$$

即

$$t^2e^{-\alpha t}\varepsilon(t)\leftrightarrow\frac{2}{(s+\alpha)^3} \tag{6.1.28}$$

方法二,令 $f_2(t)=t^2\varepsilon(t)$,则 $F_2(s)=\dfrac{2}{s^3}$。由 s 域移位性质,得

$$e^{-\alpha t}t^2\varepsilon(t)=e^{-\alpha t}f_2(t)\leftrightarrow F_2(s+\alpha)=\frac{2}{(s+\alpha)^3}$$

例 6.1.10 求函数 $\dfrac{\sin t}{t}\varepsilon(t)$ 的象函数。

解 由于

$$\sin t\varepsilon(t)\leftrightarrow\frac{1}{s^2+1}$$

由 s 域积分性质，得

$$\frac{\sin t}{t}\varepsilon(t) \leftrightarrow \int_s^{\infty} \frac{1}{\eta^2+1}\mathrm{d}\eta = \arctan\eta\Big|_s^{\infty} = \frac{\pi}{2} - \arctan s = \arctan\left(\frac{1}{s}\right)$$

8. 初值定理和终值定理

初值定理和终值定理常用于由 $F(s)$ 直接求 $f(0_+)$ 和 $f(\infty)$ 的值，而不必求出原函数 $f(t)$。

1) 初值定理

若函数 $f(t)$ 不包含 $\delta(t)$ 及其各阶导数，则

$$f(0_+) = \lim_{t\to 0_+} f(t) = \lim_{s\to\infty} sF(s) \tag{6.1.29}$$

证明：由时域微分特性知

$$f'(t) \leftrightarrow sF(s) - f(0_-) \tag{6.1.30}$$

另一方面

$$\int_{0_-}^{\infty} f'(t)\mathrm{e}^{-st}\mathrm{d}t = \int_{0_-}^{0_+} f'(t)\mathrm{e}^{-st}\mathrm{d}t + \int_{0_+}^{\infty} f'(t)\mathrm{e}^{-st}\mathrm{d}t \tag{6.1.31}$$

考虑到在 $(0_-, 0_+)$ 区间内 $\mathrm{e}^{-st}=1$，故

$$\int_{0_-}^{0_+} f'(t)\mathrm{e}^{-st}\mathrm{d}t = \int_{0_-}^{0_+} f'(t)\mathrm{d}t = f(0_+) - f(0_-)$$

将它代入到式(6.1.31)，得

$$\int_{0_-}^{\infty} f'(t)\mathrm{e}^{-st}\mathrm{d}t = f(0_+) - f(0_-) + \int_{0_+}^{\infty} f'(t)\mathrm{e}^{-st}\mathrm{d}t \tag{6.1.32}$$

式(6.1.30)与式(6.1.32)应相等，于是有

$$sF(s) - f(0_-) = f(0_+) - f(0_-) + \int_{0_+}^{\infty} f'(t)\mathrm{e}^{-st}\mathrm{d}t$$

即

$$sF(s) = f(0_+) + \int_{0+}^{\infty} f'(t)\mathrm{e}^{-st}\mathrm{d}t \tag{6.1.33}$$

对上式取 $s\to\infty$ 的极限，考虑到 $\lim\limits_{s\to\infty}\mathrm{e}^{-st}=0$，得

$$\lim_{s\to\infty} sF(s) = f(0_+) + \lim_{s\to\infty}\int_{0_+}^{\infty} f'(t)\mathrm{e}^{-st}\mathrm{d}t = f(0_+) + \int_{0_+}^{\infty} f'(t)\lim_{s\to\infty}\mathrm{e}^{-st}\mathrm{d}t = f(0_+)$$

2) 终值定理

若函数 $f(t)$ 当 $t\to\infty$ 时的极限存在，即 $f(\infty) = \lim\limits_{t\to\infty} f(t)$，则

$$f(\infty) = \lim_{s\to 0} sF(s) \tag{6.1.34}$$

证明：对式(6.1.33)取 $s\to 0$ 的极限，由于

$$\lim_{s\to 0}\int_{0_+}^{\infty} f'(t)\mathrm{e}^{-st}\mathrm{d}t = \int_{0_+}^{\infty} f'(t)\lim_{s\to 0}\mathrm{e}^{-st}\mathrm{d}t = \int_{0_+}^{\infty} f'(t)\mathrm{d}t = f(\infty) - f(0_+)$$

故

$$\lim_{s\to 0} sF(s) = f(0_+) + \lim_{s\to 0}\int_{0_+}^{\infty} f'(t)\mathrm{e}^{-st}\mathrm{d}t = f(0_+) + f(\infty) - f(0_+) = f(\infty)$$

即式(6.1.34)。

需要注意的是，终值定理是取 $s\to 0$ 的极限，因而 $s=0$ 的点应在 $sF(s)$ 的收敛域内，否则不

能应用终值定理。

例 6.1.11 如果函数 $f(t)$ 的象函数为

$$F(s)=\frac{1}{s+\alpha},\quad \mathrm{Re}[s]>-\alpha$$

求原函数 $f(t)$ 的初值和终值。

解 由初值定理，得

$$f(0_+)=\lim_{s\to\infty}sF(s)=\lim_{s\to\infty}\frac{s}{s+\alpha}=1$$

由终值定理，得

$$f(\infty)=\lim_{s\to 0}sF(s)=\lim_{s\to 0}\frac{s}{s+\alpha}=\begin{cases}0, & \alpha>0 \quad ① \\ 1, & \alpha=0 \quad ② \\ \text{不存在}, & \alpha<0 \quad ③\end{cases}$$

对于 $\alpha\geqslant 0$，$sF(s)=\frac{s}{s+\alpha}$ 的收敛域分别为 $\mathrm{Re}[s]>-\alpha(\alpha=0)$ 和 $\mathrm{Re}[s]>-\infty(\alpha>0)$，显然 $s=0$ 在收敛域内，这两种情况下终值均存在；而对于 $\alpha<0$，$sF(s)$ 的收敛域为 $\mathrm{Re}[s]>-\alpha=|\alpha|$，$s=0$ 不在收敛域内，因而终值不存在。由原函数 $f(t)=\mathrm{e}^{-\alpha t}\varepsilon(t)$ 很容易得到以上结果。

Laplace 变换的性质归纳如表 6.1.2 所示。

表 6.1.2 单边 Laplace 变换的性质

名称	时域 $f(t)\leftrightarrow F(s)$	s 域
定义	$f(t)=\frac{1}{2\pi\mathrm{j}}\int_{\sigma-\mathrm{j}\infty}^{\sigma+\mathrm{j}\infty}F(s)\mathrm{e}^{st}\mathrm{d}s$	$F(s)=\int_{-\infty}^{\infty}f(t)\mathrm{e}^{-st}\mathrm{d}t,\sigma>\sigma_0$
线性	$a_1f_1(t)+a_1f_2(t)$	$a_1F_1(s)+a_2F_2(s),\sigma>\max(\sigma_1,\sigma_2)$
尺度变换	$f(at)$	$\frac{1}{a}F\left(\frac{s}{a}\right),\sigma>a\sigma_0$
时移	$f(t-t_0)\varepsilon(t-t_0)$	$\mathrm{e}^{-st_0}F(s),\sigma>\sigma_0$
	$f(\alpha t-b)\varepsilon(\alpha t-b),\alpha>0,b\geqslant 0$	$\frac{1}{\alpha}\mathrm{e}^{-\frac{b}{\alpha}s}F\left(\frac{s}{\alpha}\right),\sigma>\alpha\sigma_0$
复频移	$f(t)\mathrm{e}^{s_0t}$	$F(s-s_0),\sigma>\sigma_0+\sigma_a$
时域微分	$f^{(1)}(t)$	$sF(s)-f(0_-),\sigma>\sigma_0$
	$f^{(n)}(t)$	$s^nF(s)-\sum_{m=0}^{n-1}s^{n-1-m}f^{(m)}(0_-)$
时域积分	$\left(\int_{0_-}^{t}\right)^n f(x)\mathrm{d}x$	$\frac{1}{s^n}F(s),\sigma>\max(\sigma_0,0)$
	$f^{(-1)}(t)$	$\frac{1}{s}F(s)+\frac{1}{s}f^{-1}(0_-)$
	$f^{(-n)}(t)$	$\frac{1}{s^n}F(s)+\sum_{m=1}^{n}\frac{1}{s^{n-m=1}}f^{(-m)}(0_-)$
时域卷积	$f_1(t)*f_2(t)$	$F_1(s)F_2(s),\sigma>\max(\sigma_1,\sigma_2)$

续表

名称	时域 $f(t)\leftrightarrow F(s)$	s 域
复频域卷积	$f_1(t)f_2(t)$	$\frac{1}{2\pi j}\int_{c-j\infty}^{c+j\infty}F_1(\eta)F_2(s-\eta)d\eta$ $\sigma>\sigma_1+\sigma_2,\sigma_1<c<\sigma-\sigma_2$
s 域微分	$(-t)^n f(t)$	$\frac{d^nF(s)}{ds^n},\sigma>\sigma_0$
s 域积分	$\frac{f(t)}{t}$	$\int_s^{\infty}F(\eta)d\eta,\sigma>\sigma_0$
初值定理	$f(0_+)=\lim\limits_{s\to\infty}sF(s)$，$F(s)$为真分式	
终值定理	$f(\infty)=\lim\limits_{s\to 0}sF(s)$，$s=0$ 在 $F(s)$的收敛域内	

注：① 表中 σ_0 为收敛坐标；

② $f^{(n)}(t)\xlongequal{\text{def}}\frac{d^nf(t)}{dt^n}$，$F^{(n)}(s)\xlongequal{\text{def}}\frac{d^nF(s)}{ds^n}$，$f^{(-n)}(t)\xlongequal{\text{def}}\left(\int_{-\infty}^{t}\right)^n f(x)dx$。

6.1.5 Laplace 逆变换

在系统分析中，为了最终求得系统的时域响应，常需要求象函数的 Laplace 逆变换。象函数 $F(s)$的 Laplace 逆变换为

$$f(t)=\frac{1}{2\pi j}\int_{\sigma-j\infty}^{\sigma+j\infty}F(s)e^{st}ds,\quad t>0$$

直接利用上式求解需要复变函数理论和围线积分的知识，已超出本书范围。在实际中，常常遇到的象函数 $F(s)$是 s 的有理函数，可将 $F(s)$展开成部分分式之和，然后求得其原函数。下面我们就讨论通过部分分式展开法求解逆变换的方法。

如果 $F(s)$是 s 的有理分式，则可写为（为简便且不失一般性，设 $a_n=1$）

$$F(s)=\frac{b_ms^m+b_{m-1}s^{m-1}+\cdots+b_1s+b_0}{s^n+a_{n-1}s^{n-1}+\cdots+a_1s+a_0}\tag{6.1.35}$$

各系数 $a_i(i=0,1,\cdots,n)$，$b_j(j=0,1,\cdots,m)$均为实数，若 $m\geqslant n$，可用多项式除法将象函数 $F(s)$分解为有理多项式 $P(s)$和有理真分式之和，即

$$F(s)=P(s)+\frac{B(s)}{A(s)}$$

由于 $\mathscr{L}^{-1}[1]=\delta(t)$，$\mathscr{L}^{-1}[s]=\delta'(t)$，故上式中 $P(s)$的 Laplace 逆变换由冲激函数及其各阶导数组成。下面主要讨论象函数为真分式的情况。

如果 $F(s)$是 s 的有理真分式（式中，$m<n$），则可写为（为简便且不失一般性，设 $a_n=1$）

$$F(s)=\frac{B(s)}{A(s)}=\frac{b_ms^m+b_{m-1}s^{m-1}+\cdots+b_1s+b_0}{s^n+a_{n-1}s^{n-1}+\cdots+a_1s+a_0}\tag{6.1.36}$$

分母多项式 $A(s)=0$ 的 n 个根为 $s_i(i=1,2,\cdots,n)$，称 s_i 为 $F(s)$的极点。按照极点的不同特点，下面分几种情况讨论。

1) $F(s)$有单实极点

如果方程 $A(s)=0$ 的根都是单根，且 n 个根 $s_1,s_2,\cdots,s_n$ 都互不相等，则 $F(s)$可展开为如下部分分式

$$F(s)=\frac{B(s)}{A(s)}=\frac{K_1}{s-s_1}+\frac{K_2}{s-s_2}+\cdots+\frac{K_i}{s-s_i}+\cdots+\frac{K_n}{s-s_n}=\sum_{i=1}^{n}\frac{K_i}{s-s_i} \tag{6.1.37}$$

将式(6.1.37)等号两端同乘以 $s-s_i$，得

$$(s-s_i)F(s)=\frac{(s-s_i)K_1}{s-s_1}+\cdots+K_i+\cdots+\frac{(s-s_i)K_n}{s-s_n}$$

当 $s=s_i$ 时，上式等号右端除 K_i 一项外均为零，于是得

$$K_i=(s-s_i)F(s)\big|_{s=s_i} \quad i=1,2,3\cdots,n \tag{6.1.38}$$

由于 $\mathscr{L}^{-1}\left[\frac{1}{s-s_i}\right]=e^{s_it}$，利用线性性质，可得式(6.1.36)的原函数为

$$f(t)=\mathscr{L}^{-1}[F(s)]=\sum_{i=1}^{n}K_ie^{s_it}\varepsilon(t) \tag{6.1.39}$$

式中，系数 K_i 是由式(6.1.38)求得的。

例 6.1.12 求 $F(s)=\frac{s+4}{s^3+3s^2+2s}$的原函数 $f(t)$。

解 分母多项式 $A(s)=s^3+3s^2+2s=s(s+1)(s+2)$有三个单实根 $s_1=0,s_2=-1,s_3=-2$，利用式(6.1.38)可求得各系数：

$$K_1=s\cdot\frac{s+4}{s(s+1)(s+2)}\bigg|_{s=0}=2$$

$$K_2=(s+1)\frac{s+4}{s(s+1)(s+2)}\bigg|_{s=-1}=-3$$

$$K_3=(s+2)\frac{s+4}{s(s+1)(s+2)}\bigg|_{s=-2}=1$$

所以

$$F(s)=\frac{s+4}{s(s+1)(s+2)}=\frac{2}{s}-\frac{3}{s+1}+\frac{1}{s+2}$$

取其逆变换，得

$$f(t)=(2-3e^{-t}+e^{-2t})\varepsilon(t)$$

2) $F(s)$有共轭单极点

方程 $A(s)=0$ 若有复数根(或虚根)，它们必共轭成对。此时仍利用式(6.1.38)计算各展开系数。

例 6.1.13 求 $F(s)=\frac{s+2}{s^2+2s+2}$的原函数 $f(t)$。

解 分母多项式 $A(s)=s^2+2s+2=(s+1-j)(s+1+j)$有一对共轭复根 $s_{1,2}=-1\pm j1$，用式(6.1.38)可求得各系数为

$$K_1=\frac{s+2}{2s+2}\bigg|_{s=-1+j1}=\frac{1+j1}{j2}=\frac{\sqrt{2}}{2}e^{-j\frac{\pi}{4}}$$

$$K_2=\frac{s+2}{2s+2}\bigg|_{s=-1-j1}=\frac{1-j1}{-j2}=\frac{\sqrt{2}}{2}e^{j\frac{\pi}{4}}$$

系数 K_1、K_2 也互为共轭复数。$F(s)$可展开为

$$F(s)=\frac{s+2}{s^2+2s+2}=\frac{\frac{\sqrt{2}}{2}\mathrm{e}^{-\mathrm{j}\frac{\pi}{4}}}{s+1-\mathrm{j}}+\frac{\frac{\sqrt{2}}{2}\mathrm{e}^{\mathrm{j}\frac{\pi}{4}}}{s+1+\mathrm{j}}$$

取逆变换，得

$$f(t)=\left[\frac{\sqrt{2}}{2}\mathrm{e}^{-\mathrm{j}\frac{\pi}{4}}\mathrm{e}^{(-1+\mathrm{j})t}+\frac{\sqrt{2}}{2}\mathrm{e}^{\mathrm{j}\frac{\pi}{4}}\mathrm{e}^{(-1-\mathrm{j})t}\right]\varepsilon(t)=\frac{\sqrt{2}}{2}\mathrm{e}^{-t}\left[\mathrm{e}^{\mathrm{j}\left(t-\frac{\pi}{4}\right)}+\mathrm{e}^{-\mathrm{j}\left(t-\frac{\pi}{4}\right)}\varepsilon(t)\right]$$

$$=\sqrt{2}\mathrm{e}^{-t}\cos\left(t-\frac{\pi}{4}\right)\varepsilon(t)$$

由本例可见，当 $A(s)=0$ 有共轭复根时，系数 K_1 和 K_2 也互为共轭复数，即

$$K_1=|K_1|\mathrm{e}^{\mathrm{j}\theta},\quad K_2=|K_1|\mathrm{e}^{-\mathrm{j}\theta} \tag{6.1.40}$$

在本例中，$|K_1|=\frac{\sqrt{2}}{2}$，$\theta=-\frac{\pi}{4}$，所以 $F(s)$可写为

$$F(s)=\frac{|K_1|\mathrm{e}^{\mathrm{j}\theta}}{s+1-\mathrm{j}}+\frac{|K_1|\mathrm{e}^{-\mathrm{j}\theta}}{s+1+\mathrm{j}}$$

取逆变换，得

$$\begin{aligned}f(t)&=\left[|K_1|\mathrm{e}^{\mathrm{j}\theta}\mathrm{e}^{(-1+\mathrm{j})t}+|K_1|\mathrm{e}^{-\mathrm{j}\theta}\mathrm{e}^{(-1-\mathrm{j})t}\right]\varepsilon(t)\\&=|K_1|\mathrm{e}^{-t}\left[\mathrm{e}^{\mathrm{j}(t+\theta)}+\mathrm{e}^{-\mathrm{j}(t+\theta)}\right]\varepsilon(t)\\&=2|K_1|\mathrm{e}^{-t}\cos(t+\theta)\varepsilon(t)\\&=\sqrt{2}\mathrm{e}^{-t}\cos\left(t-\frac{\pi}{4}\right)\varepsilon(t)\end{aligned}$$

这样，只需求得一个系数 K_1，就可写出相应的结果。

例 6.1.14 求象函数 $F(s)=\frac{s^3+s^2+2s+4}{s(s+1)(s^2+1)(s^2+2s+4)}$的原函数 $f(t)$。

解 本例中 $A(s)=0$ 有 6 个单根，它们分别为 $s_1=0$，$s_2=-1$，$s_{3,4}=\pm\mathrm{j}1$，$s_{5,6}=-1\pm\mathrm{j}1$，故 $F(s)$的展开式为

$$F(s)=\frac{K_1}{s}+\frac{K_2}{s+1}+\frac{K_3}{s-\mathrm{j}}+\frac{K_4}{s+\mathrm{j}}+\frac{K_5}{s+1-\mathrm{j}}+\frac{K_6}{s+1+\mathrm{j}}$$

按照式(6.1.38)可求得各系数为

$$K_1=sF(s)|_{s=0}=2$$

$$K_2=(s+1)F(s)|_{s=-1}=-1$$

$$K_3=(s-\mathrm{j})F(s)|_{s=\mathrm{j}}=\frac{1}{2}\mathrm{e}^{\mathrm{j}\frac{\pi}{2}}$$

$$K_5=(s+1-\mathrm{j})F(s)|_{s=-1+\mathrm{j}}=\frac{2+\mathrm{j}1}{-1-\mathrm{j}3}=\frac{1}{\sqrt{2}}\mathrm{e}^{\mathrm{j}\frac{3\pi}{4}}$$

于是 $F(s)$的展开式可写为

$$F(s)=\frac{2}{s}-\frac{1}{s+1}+\frac{\frac{1}{2}\mathrm{e}^{\mathrm{j}\frac{\pi}{2}}}{s-\mathrm{j}}+\frac{\frac{1}{2}\mathrm{e}^{-\mathrm{j}\frac{\pi}{2}}}{s+\mathrm{j}}+\frac{\frac{1}{\sqrt{2}}\mathrm{e}^{\mathrm{j}\frac{3\pi}{4}}}{s+1-\mathrm{j}}+\frac{\frac{1}{\sqrt{2}}\mathrm{e}^{-\mathrm{j}\frac{3\pi}{4}}}{s+1+\mathrm{j}}$$

取其逆变换，得

$$f(t)=\left[2-\mathrm{e}^{-t}+\cos\left(t+\frac{\pi}{2}\right)+\sqrt{2}\mathrm{e}^{-t}\cos\left(t+\frac{3\pi}{4}\right)\right]\varepsilon(t)$$

3) $F(s)$有重极点

如果 $A(s)=0$ 在 $s=s_1$ 处有 r 重根，即 $s_1=s_2=\cdots=s_r$，而其余 $n-r$ 个根 $s_{r+1},\cdots,s_n$ 都不等于 s_1。则象函数 $F(s)$的展开式可写为

$$F(s)=\frac{B(s)}{A(s)}=\frac{K_{11}}{(s-s_1)^r}+\frac{K_{12}}{(s-s_1)^{r-1}}+\cdots+\frac{K_{1r}}{s-s_1}+\frac{B_2(s)}{A_2(s)}$$

$$=\sum_{i=1}^{r}\frac{K_{1i}}{(s-s_1)^{r+1-i}}+\frac{B_2(s)}{A_2(s)}=F_1(s)+F_2(s) \tag{6.1.41}$$

式中，$F_2(s)=\dfrac{B_2(s)}{A_2(s)}$是除重根以外的项，且当 $s=s_1$ 时 $A_2(s_1)\neq 0$。各系数 $K_{1i}(i=1,2,\cdots,r)$求解方法如下。

将式(6.1.41)等号两端同时乘以$(s-s_1)^r$，得

$$(s-s_1)^rF(s)=K_{11}+(s-s_1)K_{12}+\cdots+(s-s_1)^{i-1}K_{1i}+\cdots+(s-s_1)^{r-1}K_{1r}+(s-s_1)^r\frac{B_2(s)}{A_2(s)} \tag{6.1.42}$$

令 $s=s_1$，得

$$K_{11}=[(s-s_1)^rF(s)]|_{s=s_1} \tag{6.1.43}$$

将式(6.1.42)对 s 求导，得

$$\frac{\mathrm{d}}{\mathrm{d}s}[(s-s_1)^rF(s)]=K_{12}+\cdots+(i-1)(s-s_1)^{i-2}K_{1i}+\cdots+(r-1)(s-s_1)^{r-2}K_{1r}$$
$$+\frac{\mathrm{d}}{\mathrm{d}s}\left[(s-s_1)^r\frac{B_2(s)}{A_2(s)}\right]$$

令 $s=s_1$，得

$$K_{12}=\frac{\mathrm{d}}{\mathrm{d}s}[(s-s_1)^rF(s)]|_{s=s_1} \tag{6.1.44}$$

以此类推，可得

$$K_{1i}=\frac{1}{(i-1)!}\frac{\mathrm{d}^{i-1}}{\mathrm{d}s^{i-1}}[(s-s_1)^rF(s)]|_{s=s_1}\quad i=1,2,\cdots,r \tag{6.1.45}$$

利用复频移特性可知 $\mathscr{L}[t^n\varepsilon(t)]=\dfrac{n!}{s^{n+1}}$，可得

$$\mathscr{L}^{-1}\left[\frac{1}{(s-s_1)^{n+1}}\right]=\frac{1}{n!}t^n\mathrm{e}^{s_1t}\varepsilon(t) \tag{6.1.46}$$

于是，式(6.1.41)中重根部分象函数 $F_1(s)$的原函数为

$$f_1(t)=\mathscr{L}^{-1}\left[\sum_{i=1}^{r}\frac{K_{1i}}{(s-s_1)^{r+1-i}}\right]=\left[\sum_{i=1}^{r}\frac{K_{1i}}{(r-i)!}t^{r-i}\right]\mathrm{e}^{s_1t}\varepsilon(t) \tag{6.1.47}$$

例 6.1.15 求象函数 $F(s)=\dfrac{s+3}{(s+1)^3(s+2)}$的原函数 $f(t)$。

解 $A(s)=0$ 有三重根 $s_1=s_2=s_3=-1$ 和单根 $s_4=-2$。故 $F(s)$可展开为

$$F(s)=\frac{s+3}{(s+1)^3(s+2)}=\frac{K_{11}}{(s+1)^3}+\frac{K_{12}}{(s+1)^2}+\frac{K_{13}}{s+1}+\frac{K_4}{s+2}$$

按式(6.1.45)和式(6.1.38)可分别求得系数 $K_{1i}(i=1,2,3)$和 K_4：

$$K_{11}=[(s+1)^3F(s)]|_{s=-1}=2$$

$$K_{12}=\frac{\mathrm{d}}{\mathrm{d}s}[(s+1)^3F(s)]|_{s=-1}=-1$$

$$K_{13}=\frac{1}{2!}\cdot\frac{\mathrm{d}^2}{\mathrm{d}s^2}[(s+1)^3F(s)]|_{s=-1}=1$$

$$K_4=[(s+2)F(s)]|_{s=-2}=-1$$

所以

$$F(s)=\frac{2}{(s+1)^3}-\frac{1}{(s+1)^2}+\frac{1}{s+1}-\frac{1}{s+2}$$

取逆变换，得

$$f(t)=[(t^2-t+1)\mathrm{e}^{-t}-\mathrm{e}^{-2t}]\varepsilon(t)$$

特别需要强调的是，在根据已知对象函数求原函数时，应注意运用 Laplace 变换的各种性质和常用的变换对。

例 6.1.16 求象函数 $F(s)=\frac{1-\mathrm{e}^{-2t}}{s+1}$的原函数 $f(t)$。

解 将 $F(s)$改写为

$$F(s)=\frac{1}{s+1}-\frac{1}{s+1}\mathrm{e}^{-2t}$$

上式第二项有延时因子 e^{-2t}，它对应的原函数也延迟 2 个单位。由单边指数函数变换对，得

$$\frac{1}{s+1}\leftrightarrow\mathrm{e}^{-t}\varepsilon(t)$$

根据延时特性，有

$$\frac{1}{s+1}\mathrm{e}^{-2t}\leftrightarrow\mathrm{e}^{-(t-2)}\varepsilon(t-2)$$

应用线性性质，得原函数为

$$f(t)=\mathrm{e}^{-t}\varepsilon(t)-\mathrm{e}^{-(t-2)}\varepsilon(t-2)$$

例 6.1.17 求象函数 $F(s)=\frac{s+2}{s^2+2s+2}$的原函数 $f(t)$。

解 将 $F(s)$改写为

$$F(s)=\frac{s+2}{s^2+2s+2}=\frac{s+1}{(s+1)^2+1^2}+\frac{1}{(s+1)^2+1^2}$$

由余弦、正弦函数的 Laplace 变换对及复频移特性，得

$$f(t)=\mathrm{e}^{-t}\cos t\varepsilon(t)+\mathrm{e}^{-t}\sin t\varepsilon(t)=\sqrt{2}\mathrm{e}^{-t}\cos\left(t-\frac{\pi}{4}\right)\varepsilon(t)$$

6.2 连续时间 LTI 系统的复频域分析

Laplace 变换是连续时间 LTI 系统分析的强有力工具。它将描述系统的时域微分方程变换为 s 域代数方程，计算简便，同时可以求出系统全响应。本节将讨论在复频域分析连续时间 LTI 系统的一些问题。

6.2.1 连续时间 LTI 系统的系统函数

假设连续时间 LTI 系统的激励为 $f(t)$，响应为 $y(t)$，描述 n 阶系统的微分方程的一般形式可写为

$$\sum_{i=0}^{n} a_i y^{(i)}(t) = \sum_{j=0}^{m} b_j f^{(j)}(t) \tag{6.2.1}$$

在零状态条件下，对式(6.2.1)进行 Laplace 变换，并利用 Laplace 变换的时域微分特性，可得

$$[a_n s^n + a_{n-1}s^{n-1} + \cdots + a_1 s + a_0]Y_{zs}(s) = [b_m s^m + b_{m-1}s^{m-1} + \cdots + b_1 s + b_0]F(s) \tag{6.2.2}$$

式(6.2.2)描述了连续时间 LTI 系统在 s 域的输入与输出关系。由式(6.2.2)可得

$$H(s) = \frac{Y_{zs}(s)}{F(s)} = \frac{b_m s^m + b_{m-1}s^{m-1} + \cdots + b_1 s + b_0}{a_n s^n + a_{n-1}s^{n-1} + \cdots + a_1 s + a_0} \tag{6.2.3}$$

$H(s)$称为连续时间 LTI 系统的系统函数，是系统零状态响应的 Laplace 变换与输入信号的 Laplace 变换之比，系统函数只与系统的结构、元件参数等有关，而与外界因素(激励、初始状态等)无关。

由连续时间 LTI 系统的时域特性可知

$$y_{zs}(t) = f(t) * h(t)$$

根据 Laplace 变换的时域卷积特性，可得

$$Y_{zs}(s) = F(s)\mathscr{L}[h(t)]$$

由此可知

$$H(s) = \frac{Y_{zs}(s)}{F(s)} = \mathscr{L}[h(t)]$$

可见系统函数 $H(s)$是系统单位冲激响应 $h(t)$的 Laplace 变换。

例 6.2.1 已知描述 LTI 系统的微分方程为

$$y''(t) + 2y'(t) + 2y(t) = f'(t) + 3f(t)$$

求系统的冲激响应 $h(t)$。

解 令零状态响应的象函数为 $Y_{zs}(s)$，对微分方程取 Laplace 变换，得

$$s^2 Y_{zs}(s) + 2sY_{zs}(s) + 2Y_{zs}(s) = sF(s) + 3F(s)$$

故系统函数为

$$H(s) = \frac{Y_{zs}(S)}{F(s)} = \frac{s+3}{s^2+2s+2} = \frac{s+1}{(s+1)^2+1^2} + \frac{2}{(s+1)^2+1^2}$$

由正、余弦函数的变换对，并应用复频移特性可得

$$\mathscr{L}^{-1}\left[\frac{s+1}{(s+1)^2+1^2}\right] = \mathrm{e}^{-t}\cos t\varepsilon(t)$$

$$\mathscr{L}^{-1}\left[\frac{2}{(s+1)^2+1^2}\right] = 2\mathrm{e}^{-t}\sin t\varepsilon(t)$$

所以系统的冲激响应为

$$h(t) = \mathscr{L}^{-1}[H(s)] = \mathrm{e}^{-t}(\cos t + 2\sin t)\varepsilon(t)$$

例 6.2.2 已知当输入 $f(t) = \mathrm{e}^{-t}\varepsilon(t)$时，某 LTI 系统的零状态响应为

$$y_{zs}(t) = (3\mathrm{e}^{-t} - 4\mathrm{e}^{-2t} + \mathrm{e}^{-3t})\varepsilon(t)$$

求该系统的冲激响应和描述该系统的微分方程。

解 为求得冲激响应 $h(t)$ 及系统的方程，应首先求得系统函数 $H(s)$。由给定的 $f(t)$ 和 $y_{zs}(t)$ 可得

$$F(s)=\mathscr{L}[f(t)]=\frac{1}{s+1}$$

$$Y_{zs}(s)=\mathscr{L}[y_{zs}(t)]=\frac{3}{s+1}-\frac{4}{s+2}+\frac{1}{s+3}=\frac{2(s+4)}{(s+1)(s+2)(s+3)}$$

所以

$$H(s)=\frac{Y_{zs}(s)}{F(s)}=\frac{2(s+4)}{(s+2)(s+3)}=\frac{4}{s+2}-\frac{2}{s+3}$$

对上式取逆变换，得系统的冲激响应为

$$h(t)=\mathscr{L}^{-1}[H(s)]=(4e^{-2t}-2e^{-3t})\varepsilon(t)$$

上述 $H(s)$ 也可写为

$$H(s)=\frac{2(s+4)}{(s+2)(s+3)}=\frac{2s+8}{s^2+5s+6}$$

故描述该系统的微分方程为

$$y''(t)+5y'(t)+6y(t)=2f'(t)+8f(t)$$

6.2.2 连续时间 LTI 系统响应的复频域分析

描述 n 阶连续时间 LTI 系统的微分方程为

$$\sum_{i=0}^{n}a_i y^{(i)}(t)=\sum_{j=0}^{m}b_j f^{(j)}(t) \tag{6.2.4}$$

式中，系统的输入激励为 $f(t)$，输出响应为 $y(t)$，初始状态为 $y(0_-)$，$y^{(1)}(0_-)$，…，$y^{(n-1)}(0_-)$，并且 $\mathscr{L}[y(t)]=Y(s)$，$\mathscr{L}[f(t)]=F(s)$。

根据时域微分定理，$y^{(i)}(t)$ 的 Laplace 变换为

$$\mathscr{L}[y^{(i)}(t)]=s^iY(i)-\sum_{j=0}^{m}s^{i-1-p}y^{(p)}(0_-)(i=0,1,\cdots,n) \tag{6.2.5}$$

如果 $f(t)$ 是 $t=0$ 时接入系统的，则在 $t=0_-$ 时，$f(t)$ 及各阶导数的值均为零，即 $f^{(j)}(0_-)=0$ $(j=0,1,\cdots,m)$。因而 $f^{(j)}(t)$ 的 Laplace 变换为

$$\mathscr{L}[f^{(j)}(t)]=s^jF(s) \tag{6.2.6}$$

对式(6.2.4)取 Laplace 变换，并将式(6.2.5)、式(6.2.6)代入，得

$$\sum_{i=0}^{n}a_i[y^{(i)}(t)]=s^iY(s)-\sum_{j=0}^{m}s^{i-1-p}y^{(p)}(0_-)=\sum_{j=0}^{m}b_js^jF(s)$$

即

$$\left[\sum_{i=0}^{n}a_is^i\right]Y(s)-\sum_{i=0}^{n}a_i\left[\sum_{j=0}^{m}s^{i-1-p}y^{(p)}(0_-)\right]=\left(\sum_{j=0}^{m}b_js^j\right)F(s)$$

由上式可解得

$$Y(s)=\frac{M(s)}{A(s)}+\frac{B(s)}{A(s)}F(s) \tag{6.2.7}$$

式中，多项式 $A(s)=\sum_{i=0}^{n}a_is^i$ 和 $B(s)=\sum_{j=0}^{m}b_js^j$ 仅与微分方程的系数 a_i、b_j 有关；$M(s)=$

$\sum_{i=0}^{n} a_i \left[\sum_{j=0}^{m} s^{i-1-p} y^{(p)}(0_-) \right]$也是 s 的多项式，其系数仅与输出响应的各初始状态 $y^{(p)}(0_-)$ 有关，而与激励无关。

由式(6.2.7)可以看出，$Y(s)$的第一项仅与初始状态有关，因而是零输入响应 $y_{zi}(t)$的象函数，记为$Y_{zi}(s)$；第二项仅与输入激励有关，因而是零状态响应 $y_{zs}(t)$的象函数，记为$Y_{zs}(s)$。于是式(6.2.7)可写为

$$Y(s)=Y_{zi}(s)+Y_{zs}(s)=\frac{M(s)}{A(s)}+\frac{B(s)}{A(s)}F(s) \tag{6.2.8}$$

式中

$$Y_{zi}(s)=\frac{M(s)}{A(s)},\quad Y_{zs}(s)=\frac{B(s)}{A(s)}F(s)$$

对上式取逆变换，得系统的全响应为

$$y(t)=y_{zi}(t)+y_{zs}(t) \tag{6.2.9}$$

例 6.2.3 描述某 LTI 连续系统的微分方程为

$$y''(t)+3y'(t)+2y(t)=2f'(t)+6f(t)$$

已知输入 $f(t)=\varepsilon(t)$，初始状态 $y(0_-)=2, y'(0_-)=1$。求系统的零输入响应、零状态响应和全响应。

解 利用时域微分定理和线性特性，对微分方程两边取 Laplace 变换，得

$$s^2Y(s)-sy(0_-)-y'(0_-)+3sY(s)-3y(0_-)+2Y(s)=2sF(s)+6F(s)$$

即

$$(s^2+3s+2)Y(s)-[sy(0_-)+y'(0_-)+3y(0_-)]=2(s+3)F(s)$$

可解得

$$Y(s)=Y_{zi}(s)+Y_{zs}(s)=\frac{sy(0_-)+y'(0_-)+3y(0_-)}{s^2+3s+2}+\frac{2(s+3)}{s^2+3s+2}F(s)$$

将 $F(s)=\mathscr{L}[\varepsilon(t)]=\frac{1}{s}$和各初始值代入上式，得

$$Y_{zi}(s)=\frac{2s+7}{s^2+3s+2}\cdot\frac{1}{s}=\frac{2(s+3)}{s(s+1)(s+2)}=\frac{5}{s+1}-\frac{3}{s+2}$$

$$Y_{zs}(s)=\frac{2(s+3)}{s^2+3s+2}\cdot\frac{1}{s}=\frac{2(s+3)}{s(s+1)(s+2)}=\frac{3}{s}-\frac{4}{s+1}+\frac{1}{s+2}$$

从而

$$y_{zi}(t)=\mathscr{L}^{-1}[Y_{zi}(s)]=(5e^{-t}-3e^{-2t})\varepsilon(t)$$

$$y_{zs}(t)=\mathscr{L}^{-1}[Y_{zs}(s)]=(3-4e^{-t}+e^{-2t})\varepsilon(t)$$

则系统的全响应为

$$y(t)=y_{zi}(t)+y_{zs}(t)=(3+e^{-t}-2e^{-2t})\varepsilon(t)$$

例 6.2.4 某因果系统的模拟框图如图 6.2.1 所示，已知 $f(t)=e^{-t}\varepsilon(t)$，求系统的零状态响应。

解 设图中第二个积分器的输出信号为 $x(t)$，则两个加法器的输出方程为

$$x''(t)=f(t)-7x'(t)-12x(t)$$

$$y(t)=3x'(t)+x(t)$$

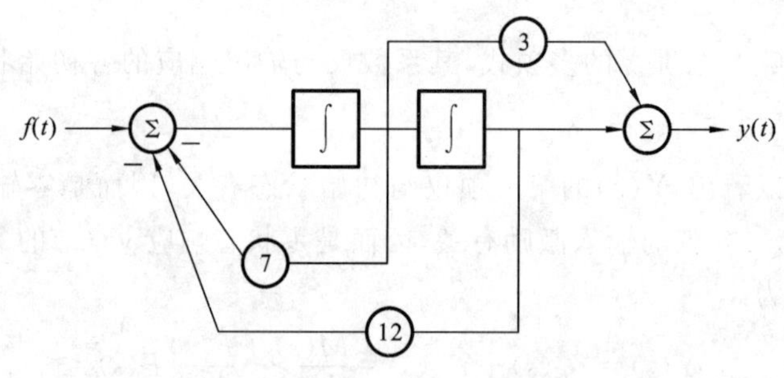

图 6.2.1 例 6.2.4 图

设 $x(t)\leftrightarrow X(s)$，$f(t)\leftrightarrow F(s)$，$y(t)\leftrightarrow Y(s)$，在零状态条件下，对以上两式取 Laplace 变换，得

$$s^2X(s)=F(s)-7sX(s)-12X(s) \tag{6.2.10}$$

$$Y(s)=3sX(s)+X(s) \tag{6.2.11}$$

消掉 $X(s)$，得

$$Y_{zs}(s)=\frac{3s+1}{s^2+7s+12}F(s) \tag{6.2.12}$$

又因为 $F(s)=\frac{1}{s+1}$，代入式(6.2.12)，得

$$Y_{zs}(s)=\frac{3s+1}{(s^2+7s+12)(s+1)}$$

部分分式展开为

$$Y_{zs}(s)=\frac{K_1}{s+1}+\frac{K_2}{s+3}+\frac{K_3}{s+4}$$

式中

$$K_1=(s+1)Y(s)\big|_{s=-1}=\frac{3s+1}{(s+3)(s+4)}\bigg|_{s=-1}=-\frac{1}{3}$$

$$K_2=(s+3)Y(s)\big|_{s=-3}=\frac{3s+1}{(s+1)(s+4)}\bigg|_{s=-3}=4$$

$$K_3=(s+4)Y(s)\big|_{s=-4}=\frac{3s+1}{(s+1)(s+3)}\bigg|_{s=-4}=-\frac{11}{3}$$

所以

$$Y_{zs}(s)=-\frac{1}{3}\times\frac{1}{s+1}+4\times\frac{1}{s+3}-\frac{11}{3}\times\frac{1}{s+4}$$

所以

$$y_{zs}(t)=\left(-\frac{1}{3}e^{-t}+4e^{-3t}-\frac{11}{3}e^{-4t}\right)\varepsilon(t)$$

例 6.2.5 在例 6.2.4 中，若 $y(0_-)=1$，$y'(0_-)=-2$，求系统的全响应。

解 由例 6.2.4 可知

$$Y_{zs}(s)=\frac{3s+1}{s^2+7s+12}F(s)$$

因此可得系统的微分方程为

$$y''(t)+7y'(t)+12y(t)=3f'(t)+f(t)$$

对上式两边取 Laplace 变换，得

$$Y(s)=\frac{sy(0_-)+y'(0_-)+7y(0_-)}{s^2+7s+12}+\frac{3s+1}{s^2+7s+12}F(s)$$

将 $y(0_-)=1, y'(0_-)=-2$ 和 $F(s)$ 代入上式，得

$$Y(s)=\frac{s+5}{s^2+7s+12}+\frac{3s+1}{(s^2+7s+12)(s+1)}$$

式中，第一项为零输入响应的象函数，所以

$$Y_{zi}(s)=\frac{2}{s+3}-\frac{1}{s+4}$$

因此，零输入响应为

$$y_{zi}(t)=(2e^{-3t}-e^{-4t})\varepsilon(t)$$

零状态响应和例 6.2.4 中的相同，所以全响应为

$$\begin{aligned}y(t)=y_{zi}(t)+y_{zs}(t)&=\left(-\frac{1}{3}e^{-t}+4e^{-3t}-\frac{11}{3}e^{-4t}\right)\varepsilon(t)+(2e^{-3t}-e^{-4t})\varepsilon(t)\\&=\left(-\frac{1}{3}e^{-t}+6e^{-3t}-\frac{14}{3}e^{-4t}\right)\varepsilon(t)\end{aligned}$$

6.3 连续时间 LTI 系统的系统函数与系统特性

6.3.1 系统函数的零极点分布

LTI 系统的系统函数 $H(s)$ 是复变量 s 的有理分式，即

$$H(s)=\frac{B(s)}{A(s)}=\frac{b_m s^m+b_{m-1}s^{m-1}+\cdots+b_1 s+b_0}{s^n+a_{n-1}s^{n-1}+\cdots+a_1 s+a_0}$$

式中，系数 $a_i(i=0,1,2\cdots,n-1)$、$b_j(j=0,1,2\cdots,m)$ 都是实常数。$A(s)$ 和 $B(s)$ 都是 s 的有理多项式，其中，$A(s)=0$ 的根 $p_1,p_2,\cdots,p_n$ 称为系统函数 $H(s)$ 的极点，$B(s)=0$ 的根 $\zeta_1,\zeta_2,\cdots,\zeta_m$ 称为系统函数 $H(s)$ 的零点。因此，$H(s)$ 也可表示为

$$H(s)=\frac{B(s)}{A(s)}=\frac{b_m\prod_{j=1}^{m}(s-\zeta_j)}{\prod_{i=1}^{n}(s-p_i)} \tag{6.3.1}$$

通常将系统函数的零极点画在 s 平面上，零点用○表示，极点用×表示，这样得到的图形称为系统函数的零极点分布图。若遇到 n 重零点和极点，则在相应的零极点旁标注(n)。

例如，某系统的系统函数为

$$H(s)=\frac{(s^2+1)(s-2)}{(s+1)^2(s+2-j)(s+2+j)}$$

表明该系统在虚轴有一对共轭零点 $\pm j$，在 $s=2$ 处有一个零点，在 $s=-1$ 处有二阶重极点，还有一对共轭极点 $s=-2\pm j$，该系统函数的零极点分布如图 6.3.1 所示。

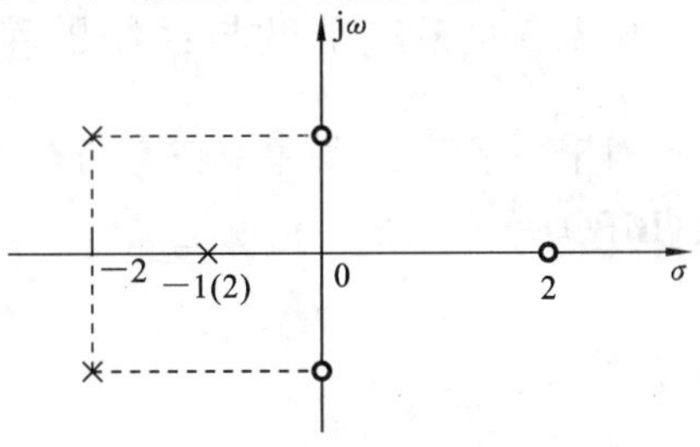

图 6.3.1 系统函数的零极点分布图

研究系统函数的零极点分布可以了解系统的时域

特性和频域特性,并可判断系统的稳定性。

6.3.2 系统函数与系统的时域特性

在根据系统函数 $H(s)$ 求解系统冲激响应 $h(t)$ 时,一般将 $H(s)$ 表示为零极点形式,即

$$H(s)=\frac{B(s)}{A(s)}=\frac{b_m\prod_{j=1}^{m}(s-\zeta_j)}{\prod_{i=1}^{n}(s-p_i)}$$

根据 $H(s)$ 的极点情况将 $H(s)$ 展开成部分分式,对每个部分分式取 Laplace 逆变换即可得 $h(t)$。下面讨论 $H(s)$ 极点的位置与其所对应的冲激响应的函数形式。

系统函数 $H(s)$ 的极点,按其在 s 平面上的位置可分为:左半开平面(不含虚轴的左半平面)、虚轴和右半开平面三类。

(1) $H(s)$ 在左半开平面的极点有负实极数和共轭复极点(其实部为负)。

若系统函数有负单实极点 $p=-\alpha(\alpha>0)$,则 $A(s)$ 有因子 $(s+\alpha)$,其所对应的冲激响应为 $Ae^{-\alpha t}\varepsilon(t)$。

若有一对共轭复极点 $p_{1,2}=-\alpha+j\beta$,则 $A(s)$ 中有因子 $[(s+\alpha)^2+\beta^2]$,其对应的冲激响应为 $Ae^{-\alpha t}\cos(\beta t+\theta)\varepsilon(t)$,式中,$A,\theta$ 为常数。当 $t\to\infty$ 时,冲激响应均按指数衰减,趋近于零。

若 $H(s)$ 在左半开面有 r 重极点,则 $A(s)$ 中有因子 $(s+\alpha)^r$ 或 $[(s+\alpha)^2+\beta^2]^r$,它们所对应的响应函数分别为 $A_jt^je^{-\alpha t}\varepsilon(t)$ 或 $A_jt^je^{-\alpha t}\cos(\beta t+\theta_j)\varepsilon(t)$ $(j=0,1,2,\cdots,r-1)$,式中,A_j、θ_j 为常数。当 $t\to\infty$ 时,它们均趋于零。

(2) $H(s)$ 在虚轴上有单极点 $p=0$ 或 $p_{1,2}=\pm j\beta$,则 $A(s)$ 的因子为 s 或 $s^2+\beta^2$,它们所对应的响应函数分别为 $A\varepsilon(t)$ 或 $A\cos(\beta t+\theta)\varepsilon(t)$,其幅度不随时间变化。

$H(s)$ 在虚轴上有 r 重极点,相应 $A(s)$ 的因子为 s^r 或 $(s^2+\beta^2)^r$,其所对应的响应函数分别为 $A_jt^j\varepsilon(t)$ 或 $A_jt^j\cos(\beta t+\theta_j)\varepsilon(t)$,它们都随 t 的增大而增大。

(3) $H(s)$ 在右半开平面有单极点 $p=\alpha(\alpha>0)$ 或 $p_{1,2}=\alpha+j\beta(\alpha>0)$,则 $A(s)$ 中有因子 $s-\alpha$ 或 $[(s-\alpha)^2+\beta^2]$,它们所对应的响应函数分别为 $Ae^{\alpha t}\varepsilon(t)$ 或 $Ae^{\alpha t}\cos(\beta t+\theta)\varepsilon(t)$,都随 t 的增大而增大。如有重极点,其所对应的响应也随 t 的增大而增大。

由以上分析可见,系统函数 $H(s)$ 的极点决定了冲激响应 $h(t)$ 的形式,而零点和极点共同决定了 $h(t)$ 的幅值。

图 6.3.2 画出了 $H(s)$ 的一阶极点与其所对应的冲激响应函数。

6.3.3 系统函数与系统的稳定性

对于一个系统,如果对任意的有界输入,其零状态响应也是有界的,则称该系统是有界输入(BIBO)稳定系统。也就是说,设 M_f、M_y 为正实常数,如果系统对于所有的激励

$$|f(t)|\leqslant M_f \tag{6.3.2}$$

其零状态响应为

$$|y_{zs}(t)|\leqslant M_y \tag{6.3.3}$$

则称该系统是稳定的。

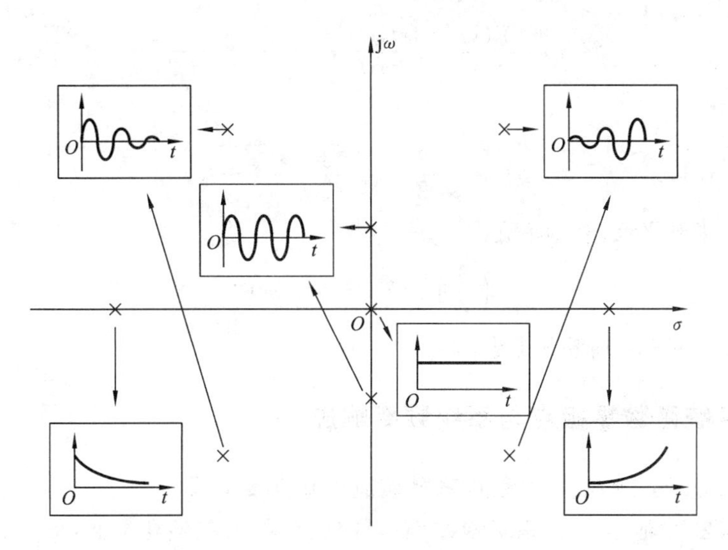

图 6.3.2 $H(s)$极点与冲激响应的对应关系

连续系统是稳定系统的充分必要条件是

$$\int_{-\infty}^{\infty} |h(t)| \mathrm{d}t \leqslant M \tag{6.3.4}$$

式中，M 为正常数。即若系统的冲激响应是绝对可积的，则该系统是稳定的。如果系统是因果的，稳定性的充要条件可简化为

$$\int_{0}^{\infty} |h(t)| \mathrm{d}t \leqslant M \tag{6.3.5}$$

利用式(6.3.4)和式(6.3.5)判断稳定性需要进行积分计算，过程复杂。利用系统函数分析系统稳定性则较为简便。

由第 6.3.2 节可知，对于连续时间 LTI 系统，$H(s)$在左半开平面的极点所对应的冲激响应都是衰减的，当 $t \to \infty$时，冲激响应趋近于零，极点全部在左半开平面的系统是稳定的系统。$H(s)$虚轴上的一阶极点对应的冲激响应的幅度不随时间变化。$H(s)$虚轴上的二阶及二阶以上的极点或右半开平面上的极点所对应的冲激响应都随 t 的增大而增大，当 t 趋于无穷时，它们都趋于无穷大。这样的系统是不稳定的。

对于既是稳定的又是因果的连续系统，其系统函数 $H(s)$的极点都在 s 平面的左半开平面。其逆也成立，即若 $H(s)$的极点均在左半开平面，则该系统必是稳定的因果系统。

例 6.3.1 如图 6.3.3 所示的反馈因果系统，子系统的系统函数为

$$G(s)=\frac{1}{(s+1)(s+2)}$$

当常数 K 满足什么条件时，系统是稳定的？

解 如图 6.3.3 所示，加法器输出端的信号为

$$X(s)=KY(s)+F(s)$$

输出信号为

$$Y(s)=G(s)X(s)=KG(s)Y(s)+G(s)F(s)$$

可解得反馈系统的系统函数为

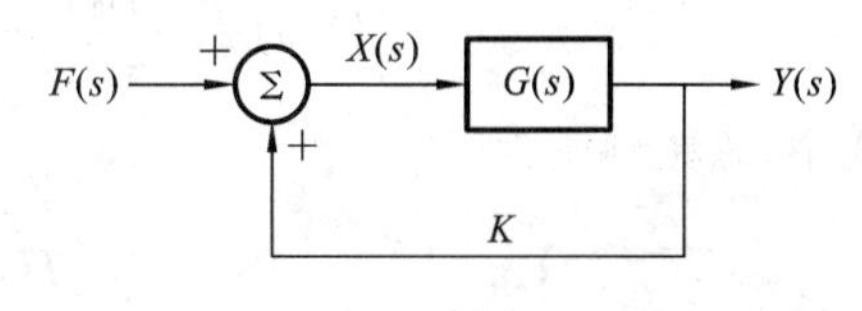

图 6.3.3 例 6.3.1 图

$$H(s)=\frac{Y(s)}{F(s)}=\frac{G(s)}{1-KG(s)}=\frac{1}{s^2+3s+2-k}$$

$H(s)$的极点为

$$p_{1,2}=-\frac{3}{2}\pm\sqrt{\left(\frac{3}{2}\right)^2-2+K}$$

为使极点均在左半开平面,必须满足

$$\left(\frac{3}{2}\right)^2-2+K<\left(\frac{3}{2}\right)^2$$

可解得 $K<2$,即当 $K<2$ 时系统是稳定的。

6.3.4 系统函数零极点与系统频率响应

系统函数 $H(s)$的零极点与系统的频域响应也有直接关系。

对于连续因果系统,如果其系统函数 $H(s)$的极点均在左半开平面,那么它在虚轴上($s=\mathrm{j}\omega$)也收敛,式(6.3.1)所示系统的频率响应函数为

$$H(\mathrm{j}\omega)=H(s)\Big|_{s=\mathrm{j}\omega}=\frac{b_m\prod\limits_{j=1}^{m}(\mathrm{j}\omega-\zeta_j)}{\prod\limits_{i=1}^{n}(\mathrm{j}\omega-p_i)} \tag{6.3.6}$$

在 s 平面上,任意复数(常数或变数)都可用有向线段表示,可称它为矢(向)量,例如,某极点 p_i,可看作是自原点指向该极点 p_i 的矢量,如图 6.3.4(a)所示。该复数的模$|p_i|$是矢量的长度,其辐角是自实轴逆时针方向至该矢量的夹角。变量 $\mathrm{j}\boldsymbol{\omega}$ 也可看作矢量。这样,$\mathrm{j}\boldsymbol{\omega}-\boldsymbol{p}_i$ 是矢量 $\mathrm{j}\boldsymbol{\omega}$ 与矢量 $\boldsymbol{p}_i$ 的差矢量,如图 6.3.4(a)所示。当 ω 变化时,差矢量 $\mathrm{j}\boldsymbol{\omega}-\boldsymbol{p}_i$ 也将随之变化。

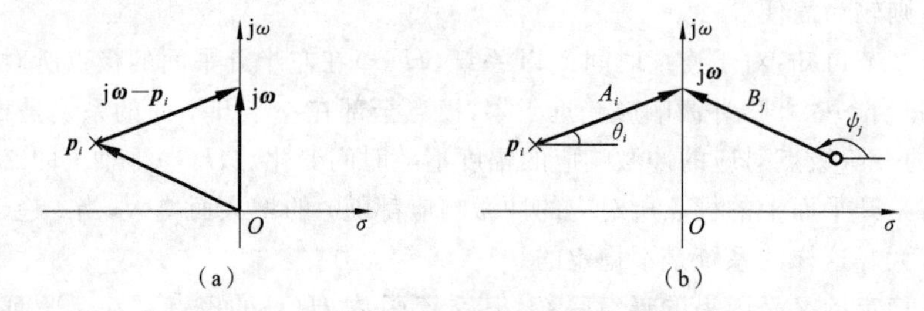

图 6.3.4 零极点矢量图

对于任意极点 p_i 和零点 ζ_j,令

$$\mathrm{j}\boldsymbol{\omega}-\boldsymbol{p}_i=A_i\mathrm{e}^{\mathrm{j}\theta_i},\quad \mathrm{j}\boldsymbol{\omega}-\boldsymbol{\zeta}_j=B_j\mathrm{e}^{\mathrm{j}\psi_j} \tag{6.3.7}$$

式中,A_i、B_j 分别是差矢量 $\mathrm{j}\boldsymbol{\omega}-\boldsymbol{p}_i$ 和 $\mathrm{j}\boldsymbol{\omega}-\boldsymbol{\zeta}_j$ 的模,θ_i、ψ_j 是它们的辐角,如图 6.3.4(b)所示。式(6.3.6)可以写为

$$H(\mathrm{j}\omega)=\frac{b_mB_1B_2\cdots B_m\mathrm{e}^{\mathrm{j}(\psi_1+\psi_2+\cdots+\psi_m)}}{A_1A_2\cdots A_m\mathrm{e}^{\mathrm{j}(\theta_1+\theta_2+\cdots+\theta_n)}}=|H(\mathrm{j}\omega)|\mathrm{e}^{\mathrm{j}\varphi(\omega)} \tag{6.3.8}$$

式中,幅频响应为

$$|H(\mathrm{j}\omega)|=\frac{b_mB_1B_2\cdots B_m}{A_1A_2\cdots A_m} \tag{6.3.9}$$

相频响应为

$$\varphi(\omega)=(\psi_1+\psi_2+\cdots+\psi_m)-(\theta_1+\theta_2+\cdots+\theta_n) \tag{6.3.10}$$

当 ω 从 0（或 $-\infty$）变动时，各矢量的模和辐角都将随之变化，根据式（6.3.9）和式（6.3.10）就能得到其幅频特性曲线和相频特性曲线。

例 6.3.2 二阶系统函数

$$H(s)=\frac{s}{s^2+2\alpha s+\omega_0^2}$$

式中，$\alpha>0$，且 $\omega_0^2>\alpha^2$，粗略画出其幅频、相频特性。

解 上式的零点位于 $s=0$，其极点在

$$p_{1,2}=-\alpha\pm\mathrm{j}\sqrt{\omega_0^2-\alpha^2}=-\alpha\pm\mathrm{j}\beta \tag{6.3.11}$$

式中，$\beta=\sqrt{\omega_0^2-\alpha^2}$。于是系统函数 $H(s)$ 可写为

$$H(s)=\frac{s}{(s-p_1)(s-p_2)}$$

由于 $\alpha>0$，极点在左半开平面，故 $H(s)$ 在虚轴上收敛，该系统的频率响应函数为

$$H(\mathrm{j}\omega)=H(s)\Big|_{s=\mathrm{j}\omega}=\frac{\mathrm{j}\omega}{(\mathrm{j}\omega-p_1)(\mathrm{j}\omega-p_2)}$$

令 $\mathrm{j}\boldsymbol{\omega}=B\mathrm{e}^{\mathrm{j}\psi}$，$\mathrm{j}\boldsymbol{\omega}-\boldsymbol{p}_1=A_1\mathrm{e}^{\mathrm{j}\theta_1}$，$\mathrm{j}\boldsymbol{\omega}-\boldsymbol{p}_2=A_2\mathrm{e}^{\mathrm{j}\theta_2}$，如图 6.3.5(a)所示。上式可改写为

$$H(\mathrm{j}\omega)=\frac{B}{A_1A_2}\mathrm{e}^{\mathrm{j}(\psi-\theta_1-\theta_2)}=|H(\mathrm{j}\omega)|\mathrm{e}^{\mathrm{j}\varphi(\omega)}$$

式中，幅频特性和相频特性分别为

$$|H(\mathrm{j}\omega)|=\frac{B}{A_1A_2},\quad \varphi(\omega)=\psi-(\theta_1+\theta_2) \tag{6.3.12}$$

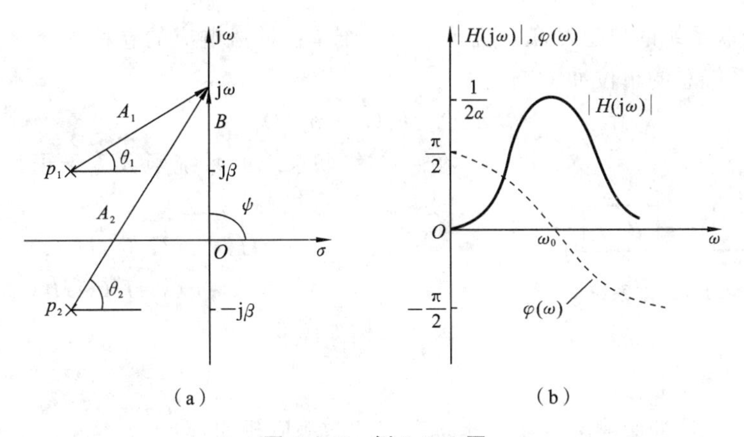

图 6.3.5 例 6.3.2 图

由图 6.3.5(a)和式(6.3.12)可以看出：当 $\omega=0$ 时，$B=0$，$A_1=A_2=\sqrt{\alpha^2+\beta^2}=\omega_0$，$\theta_1=-\theta_2$，$\psi=\frac{\pi}{2}$，所以 $|H(\mathrm{j}\omega)|=0$，$\varphi(\omega)=\frac{\pi}{2}$。随着 ω 的增大，A_2 和 B 增大，而 A_1 减小，故 $|H(\mathrm{j}\omega)|$ 增大；而 $|\theta_1|$ 减小，故 $(\theta_1+\theta_2)$ 增大，因而 $\varphi(\omega)$ 减小。当 $\omega=\omega_0$ $(\omega_0=\sqrt{\alpha^2+\beta^2})$ 时，系统发生谐振，这时 $|H(\mathrm{j}\omega)|=\frac{1}{2\alpha}$ 为极大值，而 $\varphi(\omega)=0$。当 ω 继续增大时，A_1、A_2、B 和 θ_1、θ_2 均增大，从而 $|H(\mathrm{j}\omega)|$ 减小，$\varphi(\omega)$ 继续减小。当 $\omega\to\infty$ 时，A_1、A_2、B 均趋于无穷，故 $|H(\mathrm{j}\omega)|$ 趋于零；θ_1、θ_2 趋

近于$\frac{\pi}{2}$，从而$\varphi(\omega)$趋近于$-\frac{\pi}{2}$。图 6.3.5(b)是粗略画出的幅频、相频特性。由幅频特性可见，该系统是带通系统。

由以上讨论可知，如果系统函数的某一极点（本例为$p_i=-\alpha+\mathrm{j}\beta$）十分靠近虚轴，则当角频率$\omega$在该极点虚部附近处（即$\omega\approx\beta$处），幅频响应有一峰值，相频响应急剧减小。类似地，如果系统函数有一零点（譬如$\zeta_1=-a+\mathrm{j}b$）十分靠近虚轴，则在$\omega\approx b$处，幅频响应有一谷值，且相频响应急剧增大。

6.4 连续时间系统的模拟

在系统分析中，很多时候是以框图的形式来表示系统的，这就是系统的物理模型。本节介绍系统的基本连接形式，以及怎样由系统的数学模型得到其物理模型。

6.4.1 连续系统的连接

系统是由某些基本单元或部件以特定方式连接而成的整体。这些基本元件或部件组成的单元，都可看成一个子系统。那么子系统如何互相连接构成具有特定功能的复杂系统呢？这就需要了解系统的连接方式。系统连接的基本方式主要有级联、并联、反馈环路三种，下面分别讨论。

1. 系统的级联

在时域，级联系统的单位冲激响应等于子系统单位冲激响应的卷积积分，交换子系统的前后顺序不影响系统总的单位冲激响应。

$$h(t)=h_1(t)*h_2(t)$$

在s域，级联系统的系统函数等于子系统的系统函数的乘积，即

$$H(s)=H_1(s)H_2(s) \tag{6.4.1}$$

$$Y(s)=F(s)H_1(s)H_2(s)$$

级联结构如图 6.4.1 所示。

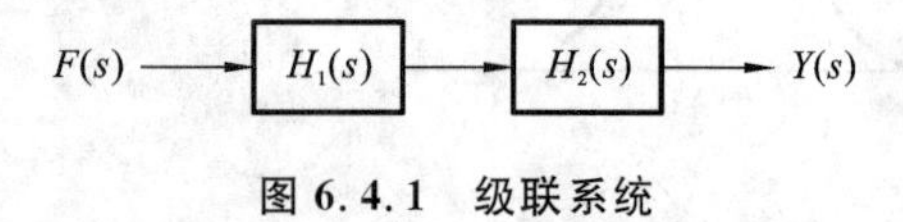

图 6.4.1 级联系统

2. 系统的并联

并联系统的单位冲激响应等于子系统单位冲激响应相加，即

$$h(t)=h_1(t)+h_2(t)$$

在s域，并联系统的系统函数等于子系统的系统函数相加，即

$$H(s)=H_1(s)+H_2(s) \tag{6.4.2}$$

$$Y(s)=F(s)[H_1(s)+H_2(s)]$$

并联结构如图 6.4.2 所示。

3. 反馈环路

图 6.4.3 所示的为反馈环路的结构，其中，$G(s)$为前向通路的转移函数，$Q(s)$为反向通路的转移函数，$\varepsilon(s)$为误差函数。

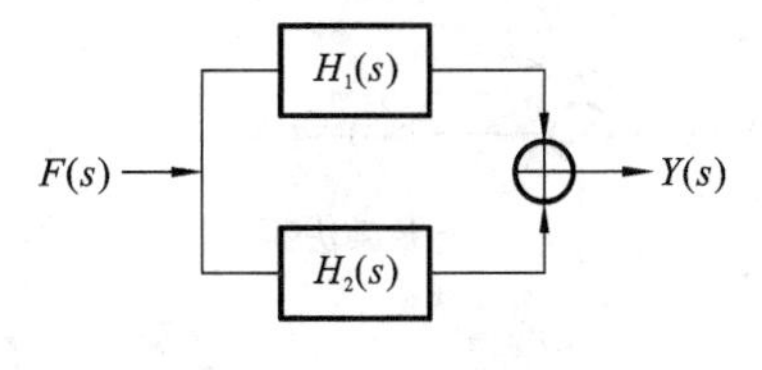

图 6.4.2 并联系统

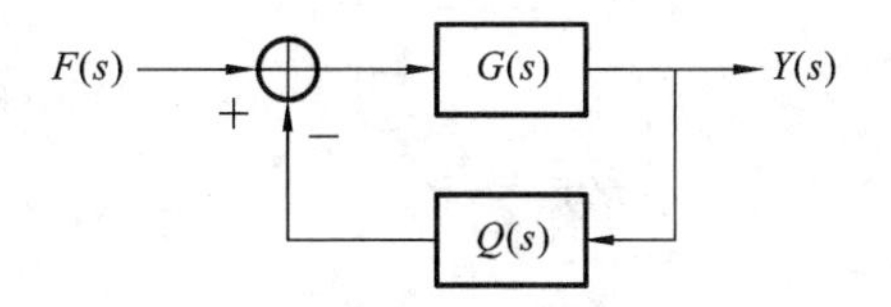

图 6.4.3 反馈环路

根据结构图,可得

$$\begin{cases}\varepsilon(s)=F(s)-Q(s)\cdot R(s)\\ Y(s)=\varepsilon(s)\cdot G(s)\end{cases}$$

消去 $\varepsilon(s)$,得

$$H(s)=\frac{Y(s)}{F(s)}=\frac{G(s)}{1+G(s)Q(s)} \tag{6.4.3}$$

反馈环路是一种非常重要的系统结构,利用反馈环路可以改善系统的非线性、拓宽系统的通频带、改善系统的稳定性等。

例 6.4.1 如图 6.4.4 所示的系统结构,已知 a 和 b 都大于零,如果系统稳定,求 K 的取值范围。

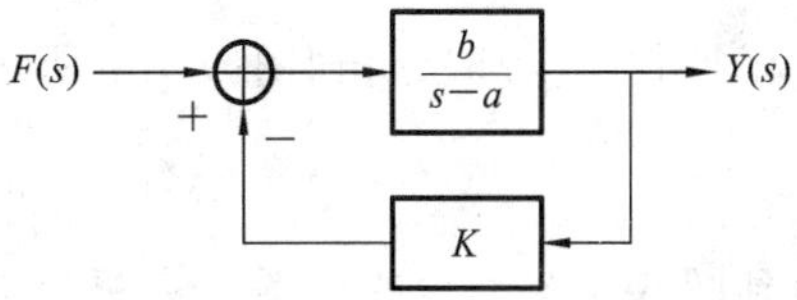

图 6.4.4 例 6.4.1 图

解 $H(s)=\frac{G(s)}{1+G(s)Q(s)}=\frac{\frac{b}{s-a}}{1+\frac{b}{s-a}K}$

$$=\frac{b}{s-a+bK}$$

极点 $p=a-bK$。如果系统稳定,则 $a-bK<0$,即 $K>a/b$。

本例中,如果没有反馈,由于$\frac{b}{s-a}$的极点 a 在 s 右半开平面,系统是不稳定的,而加入一个负反馈后,系统变成稳定的了。

6.4.2 连续系统的模拟

系统的模拟指的是根据系统的数学模型用一定的元部件来仿真实际系统,进而进行参数分析和系统优化。在系统的数学描述中,微分方程是系统的数学模型,系统函数是系统的 s 域表示;而系统模拟得到的就是系统的物理模型——框图。本节的内容是由微分方程或系统函数画出系统的框图。

连续 LTI 系统的数学模型是微分方程,一个线性常系数微分方程包括加法运算、乘法运算和微分运算,因此,系统模拟需要的元部件应该包括加法器、标量乘法器和积分器。图 6.4.5 示出了连续时间系统模拟所需要的部件。为了简化表示,标量乘法器也可以简化成图 6.4.6。

下面举例说明用积分器、标量乘法器和加法器来模拟连续时间 LTI 系统的过程及方法。假设某系统的数学模型为

$$\frac{\mathrm{d}^2}{\mathrm{d}t^2}y(t)+a_1\frac{\mathrm{d}}{\mathrm{d}t}y(t)+a_2y(t)=b_1\frac{\mathrm{d}}{\mathrm{d}t}f(t)+b_2f(t) \tag{6.4.4}$$

为了用积分器模拟,对上式进行两次积分,得

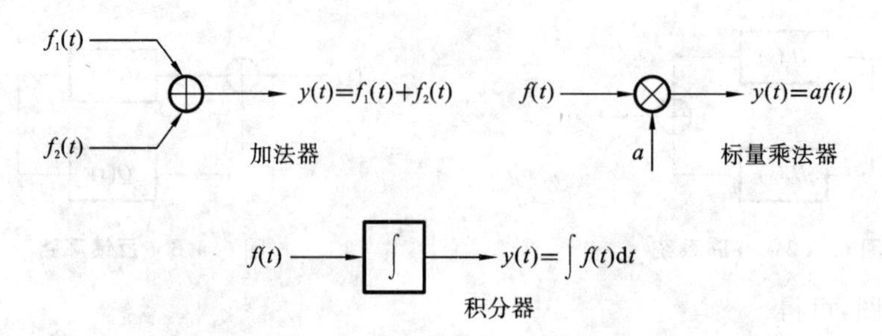

图 6.4.5　连续时间系统的部件模型

图 6.4.6　标量乘法器

$$y(t)+a_1\int y(t)\mathrm{d}t+a_2\iint y(t)\mathrm{d}t=b_1\int f(t)\mathrm{d}t+b_2\iint f(t)\mathrm{d}t$$

设中间变量为 $x(t)$，即

$$x(t)=b_1\int f(t)\mathrm{d}t+b_2\iint f(t)\mathrm{d}t \tag{6.4.5}$$

以及

$$y(t)+a_1\int y(t)\mathrm{d}t+a_2\iint y(t)\mathrm{d}t=x(t) \tag{6.4.6}$$

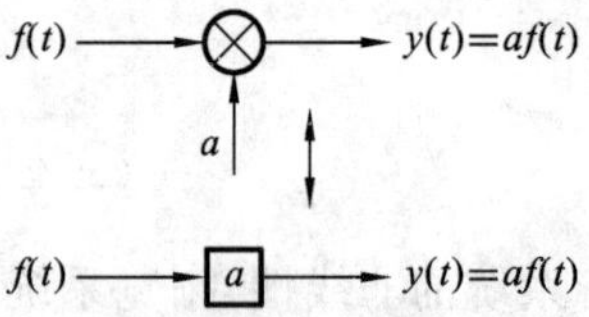

先模拟式(6.4.5)，得到图 6.4.7 所示的框图。接下来模拟式(6.4.6)，将式子整理成

$$y(t)=x(t)-a_1\int y(t)\mathrm{d}t-a_2\iint y(t)\mathrm{d}t$$

得到图 6.4.8 所示的框图。将两个子系统合到一起，如图 6.4.9 所示。

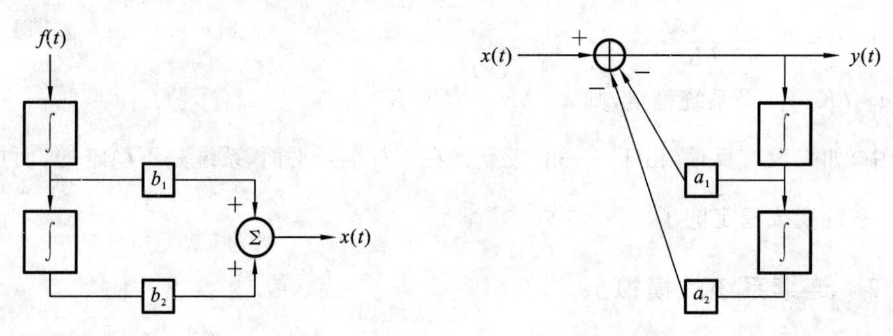

图 6.4.7　式(6.4.5)的物理模型　　**图 6.4.8　式(6.4.6)的物理模型**

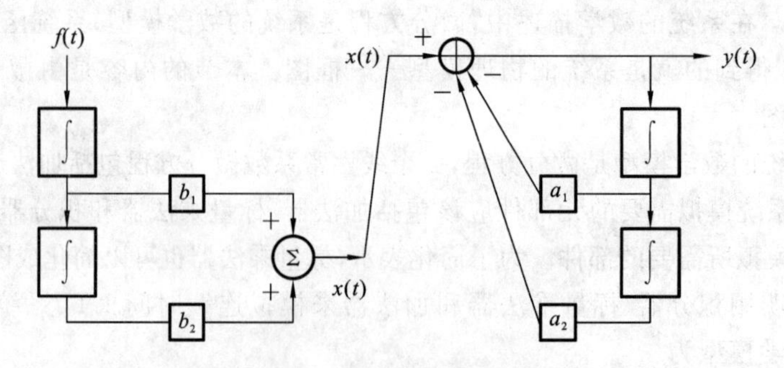

图 6.4.9　总的物理模型

对于 LTI 系统，交换级联子系统的先后顺序，系统函数不变，即系统的输入输出关系不变。两个子系统交换顺序，得到如图 6.4.10 所示的结构。

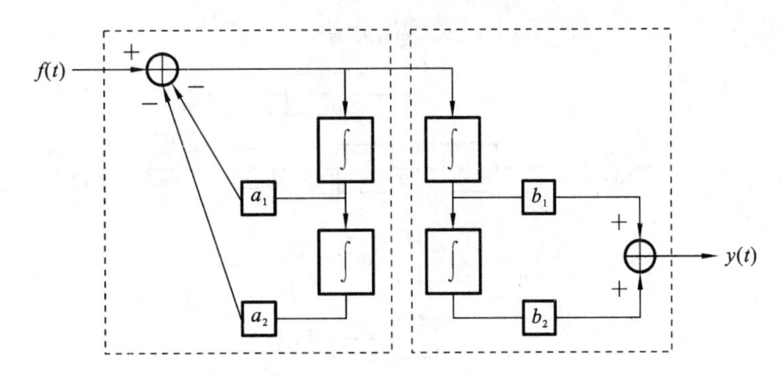

图 6.4.10　交换子系统的顺序

实际上,二阶微分方程只需要两个积分器,省去其中一套背靠背的积分器,就得到如图 6.4.11 所示的系统结构。将图形逆时针旋转 90°,画成习惯画法,如图 6.4.12 所示。这就是式(6.4.4)表示的系统的模拟框图,也即物理模型。

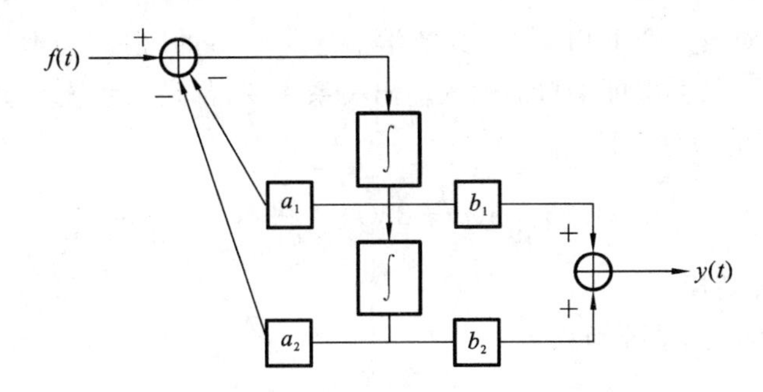

图 6.4.11　省去一对积分器

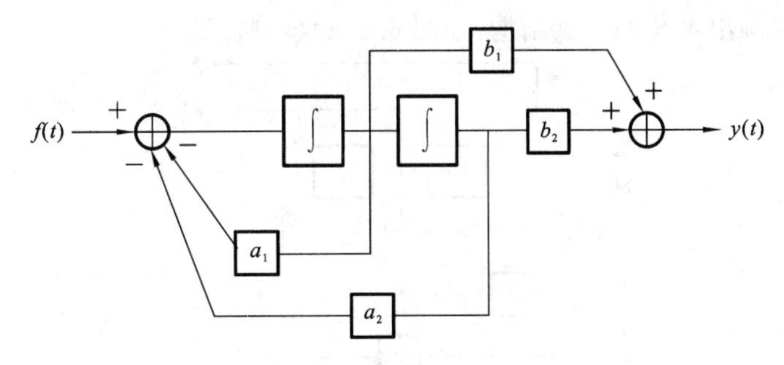

图 6.4.12　微分方程的物理模型

其实,微分方程和其模拟框图之间存在着对应关系,找到对应关系,就可以由微分方程直接画出系统框图。

首先根据微分方程写出系统函数,对于式(6.4.4)有

$$H(s)=\frac{b_1s+b_2}{s^2+a_1s+a_2}$$

将 $H(s)$ 写成积分器 $\frac{1}{s}$ 的形式为

$$H(s)=\frac{b_1/s+b_2/s^2}{1+a_1/s+a_2/s^2}$$

其对应的模拟框图如图 6.4.13 所示，$1/s$ 表示积分器。

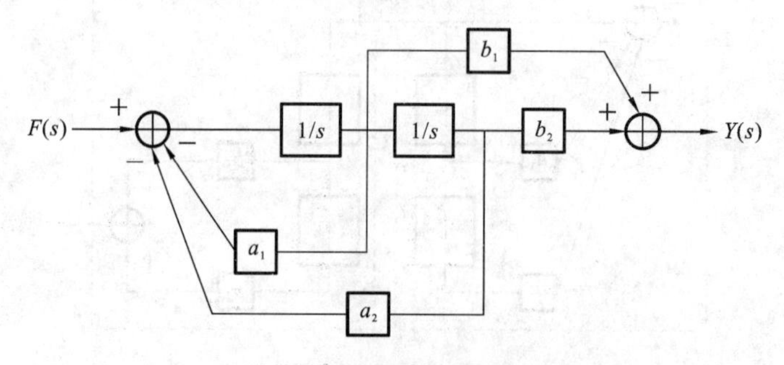

图 6.4.13　物理模型

不难发现，当系统函数 $H(s)$的分母常数项归一化后，$H(s)$的分母对应框图的反馈回路部分，正负号相反；$H(s)$的分子对应框图的前向通路部分，正负号一致。按此规律，就可以画出任意阶微分方程的模拟框图。

需要说明的是，对于一个 LTI 系统，其数学描述是唯一的，但其物理模型却不是唯一的。改变系统的内部结构，只要保证端口的输入输出关系不变，都是该系统的模拟框图。

例 6.4.2　系统的微分方程为

$$\frac{\mathrm{d}^2}{\mathrm{d}t^2}r(t)+3\frac{\mathrm{d}}{\mathrm{d}t}r(t)+2r(t)=\frac{\mathrm{d}^2}{\mathrm{d}t^2}\mathrm{e}(t)+\frac{\mathrm{d}}{\mathrm{d}t}\mathrm{e}(t)$$

至少画出系统的两种结构。

解　由微分方程得到系统函数

$$H(s)=\frac{s^2+s}{s^2+3s+2}=\frac{1+1/s}{1+3/s+2/s^2}$$

按照前述规律直接画出系统的一种结构，如图 6.4.14(a)所示。

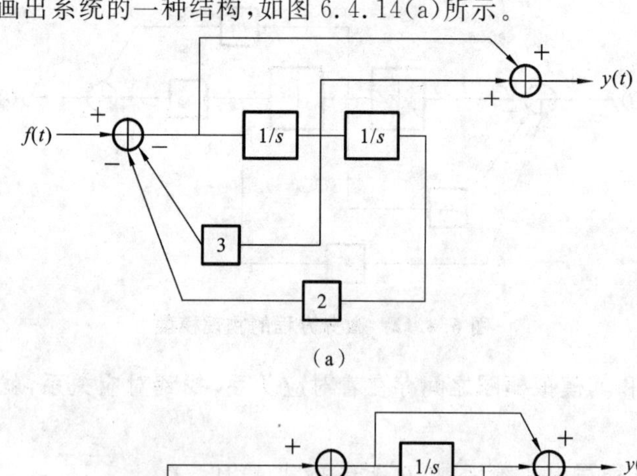

(a)

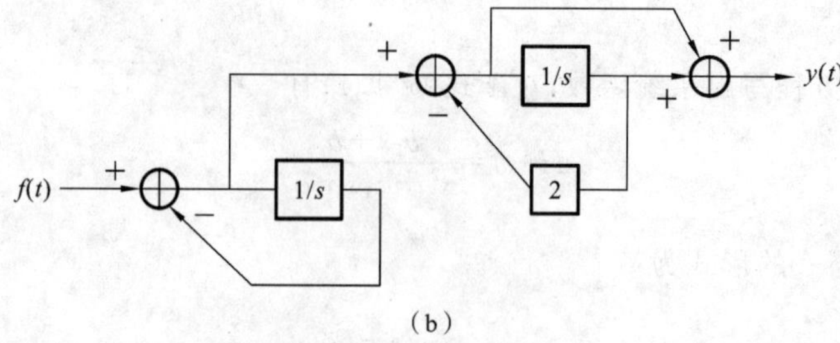

(b)

图 6.4.14　例 6.4.2 图

将 $H(s)$ 整理成另外一种表达形式如下：

$$H(s)=\frac{s(s+1)}{(s+1)(s+2)}=\frac{s}{s+1}\cdot\frac{s+1}{s+2}=\frac{1}{1+1/s}\cdot\frac{1+1/s}{1+2/s}$$

可以画出另一种结构，如图 6.4.14(b)所示。这两种结构具有相同的微分方程和相同的系统函数。

6.5 连续时间信号与系统复频域分析的 MATLAB 实现

1. 用 MATLAB 计算 Laplace 变换和逆变换

MATLAB 提供了计算符号函数 Laplace 变换和逆变换的函数：laplace()和 ilaplace()，其调用格式为

```
F=laplace(f)
f=ilaplace(F)
```

其中，f 和 F 分别表示原函数和象函数的数学表达式。

例 6.5.1 用 laplace()和 ilaplace()求：

(1) $f(t)=\mathrm{e}^{-2t}\cos(at)\varepsilon(t)$ 的 Laplace 变换；

(2) $F(s)=\dfrac{1}{(s+1)(s+2)}$ 的 Laplace 逆变换。

解 MATLAB 程序如下。

(1) Laplace 变换求法如下。

```
syms a t;
F=laplace(exp(-2*t)*cos(a*t))
```

运行结果为

```
F=(s+2)/((s+2)^2+a^2)
```

(2) Laplace 逆变换求法如下。

```
syms s;
F=1/[(s+1)*(s+2)];
f=ilaplace(F);
```

运行结果为

```
f=2*exp(-3/2*t)*sinh(1/2*t)
```

2. 用 MATLAB 实现部分分式展开

MATLAB 提供了函数 residue()用于将 $F(s)$ 作部分分式展开或将展开式重新合并为有理函数。其调用的一般形式为

```
[r,p,k]=residue(num,den)
(num,den)=residue[r,p,k]
```

其中，num 和 den 分别是 $F(s)$ 分子多项式和分母多项式的系数向量，r 是部分分式的系数，p 是极点组成的向量，k 为分子和分母多项式相除所得的商的系数向量。若 $F(s)$ 是真分式，则 k 为零。

例 6.5.2 用部分分式展开法求 $F(s)$ 的逆变换：

$$F(s)=\frac{s+2}{s^3+4s^2+3s}$$

解 MATLAB 程序如下。

```
format rat;
num=[1, 2];
den=[1,4,3,0];
[r,p,k]=residue(num,den)
r=2/3    -1/2  -1/6
p=0      -1     -3
k=0
```

其中，format rat 是将结果以分数形式显示。由以上结果可得 $F(s)$ 的部分分式展开式为

$$F(s)=\frac{\frac{2}{3}}{s}+\frac{-\frac{1}{2}}{s+1}+\frac{-\frac{1}{6}}{s+3}$$

$F(s)$ 的逆变换为

$$f(t)=\left[\frac{2}{3}-\frac{1}{2}e^{-t}-\frac{1}{6}e^{-3t}\right]\varepsilon(t)$$

3. 用 MATLAB 分析 LTI 系统的特性

求系统函数 $H(s)$ 的零极点可以用函数 roots()，然后用 plot() 函数画零极点分布图。在 MATLAB 中还有一种绘制系统函数 $H(s)$ 的零极点分布图的方法，即用函数 pzmap()，其调用格式为

```
pzmap (sys)
```

其中，sys 是 LTI 系统的模型，要借助函数 tf( ) 获得，其调用格式为

```
sys=tf(b,a)
```

其中，b, a 分别为 $H(s)$ 的分子、分母多项式的系数向量。

例 6.5.3 已知系统函数为

$$H(s)=\frac{1}{s^3+2s^2+2s+1}$$

试画出其零极点分布图，求系统的单位冲激响应 $h(t)$ 和频率响应 $H(s)$。

解 MATLAB 程序如下。

```
num=[1];
den=[1,2,2,1];
sys=tf(num,den);
figure(1);
pzmap(sys);
```

```
t=0:0.02:10;
h=impulse(num,den,t);
figure(2);
plot(t,h);
title('Impluse Response');
[H,w]=freqs(num,den);
figure(3);
plot(w,abs(H));
xlabel('\omega');
title('Magnitude Response');
```

习 题

6.1 求下列函数的单边拉普拉斯变换，并注明收敛域。

(1) $1-e^{-t}$； (2) $3\sin(t)+2\cos(t)$； (3) te^{-2t}； (4) $2\delta(t)-e^{-t}$。

6.2 求题6.2图所示各信号拉普拉斯变换，并注明收敛域。

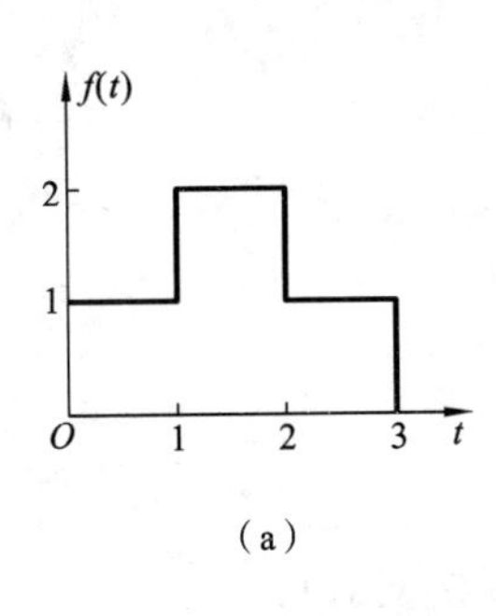

(a)

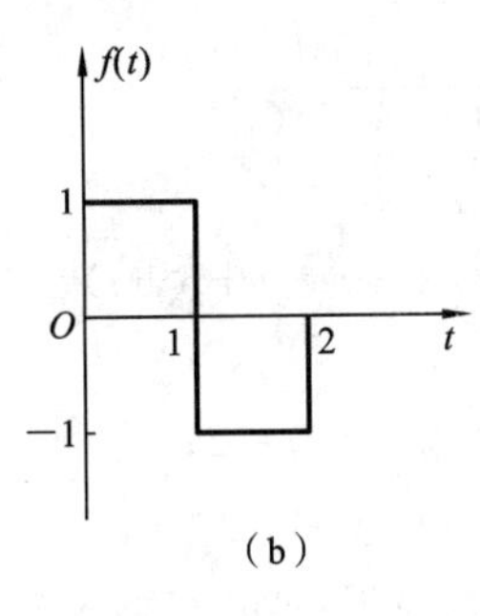

(b)

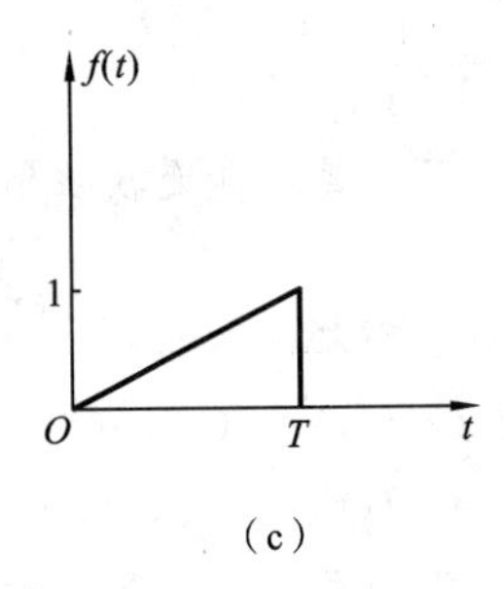

(c)

题6.2图

6.3 利用常用函数(例如 $\varepsilon(t)$，$e^{-\alpha t}\varepsilon(t)$，$\sin(\beta t)\varepsilon(t)$，$\cos(\beta t)\varepsilon(t)$等)的象函数及拉普拉斯变换的性质，求下列函数 $f(t)$的拉普拉斯变换 $F(s)$。

(1) $e^{-t}\varepsilon(t)-e^{-(t-2)}\varepsilon(t-2)$； (2) $\sin(\pi t)[\varepsilon(t)-\varepsilon(t-1)]$；

(3) $\delta(4t-2)$ ； (4) $\sin\left(2t-\frac{\pi}{4}\right)\varepsilon(t)$；

(5) $\int_0^t \sin(\pi t)\mathrm{d}x$； (6) $t^2e^{-2t}\varepsilon(t)$。

6.4 如已知因果函数 $f(t)$的象函数 $F(s)=\frac{1}{s^2-s+1}$，求下列函数 $y(t)$的象函数 $Y(s)$。

(1) $e^{-t}f\left(\frac{t}{2}\right)$； (2) $e^{-3t}f(2t-1)$。

6.5 求下列象函数 $F(s)$的原函数的初值 $f(0_+)$和终值 $f(\infty)$。

(1) $F(s)=\frac{2s+3}{(s+1)^2}$； (2) $F(s)=\frac{3s+1}{s(s+1)}$。

6.6 求题6.6图所示的在 $t=0$ 时接入的有始周期信号 $f(t)$的象函数 $F(s)$。

6.7 求下列各象函数 $F(s)$的拉普拉斯变换 $f(t)$。

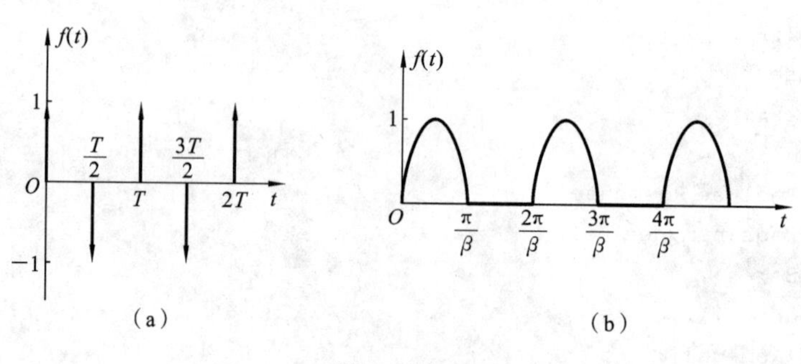

题 6.6 图

(1) $\dfrac{1}{(s+2)(s+4)}$；　(2) $\dfrac{s^2+4s+5}{s^2+3s+2}$；　(3) $\dfrac{(s+1)(s+4)}{s(s+2)(s+3)}$。

6.8　求下列象函数 $F(s)$ 的拉普拉斯变换 $f(t)$，并粗略画出它们的波形图。

(1) $\left(\dfrac{1-\mathrm{e}^{-s}}{s}\right)^2$；　(2) $\dfrac{\mathrm{e}^{-2(s+3)}}{s+3}$。

6.9　下列象函数 $F(s)$ 的原函数 $f(t)$ 是 $t=0$ 时接入的有始周期信号，求周期 T 并写出其第一个周期 $(0<t<T)$ 的时间函数表达式 $f_0(t)$。

(1) $\dfrac{1}{s(1+\mathrm{e}^{-2s})}$；　(2) $\dfrac{\pi(1+\mathrm{e}^{-s})}{(1-\mathrm{e}^{-s})(s^2+\pi^2)}$。

6.10　用拉普拉斯变换法解微分方程

$$y''(t)+5y'(t)+6y(t)=3f(t)$$

的零输入响应和零状态响应。

(1) 已知 $f(t)=\varepsilon(t)$，$y(0_-)=1$，$y'(0_-)=2$；

(2) 已知 $f(t)=\mathrm{e}^{-t}\varepsilon(t)$，$y(0_-)=0$，$y'(0_-)=1$。

6.11　已知系统函数和初始状态如下，求系统的零输入响应 $y_{zi}(t)$。

(1) $H(s)=\dfrac{s+6}{s^2+5s+6}$，$y(0)=y'(0_-)=1$；

(2) $H(s)=\dfrac{s}{s^2+4}$，$y(0_-)=0$，$y'(0_-)=1$。

6.12　如题 6.12 图所示的复合系统，其由 4 个子系统连接组成，若各子系统的系统函数或冲激响应分别为 $H_1(s)=\dfrac{1}{s+1}$，$H_2(s)=\dfrac{1}{s+2}$，$h_3(t)=\varepsilon(t)$，$h_4(t)=\mathrm{e}^{-2t}\varepsilon(t)$，求复合系统的冲激响应 $h(t)$。

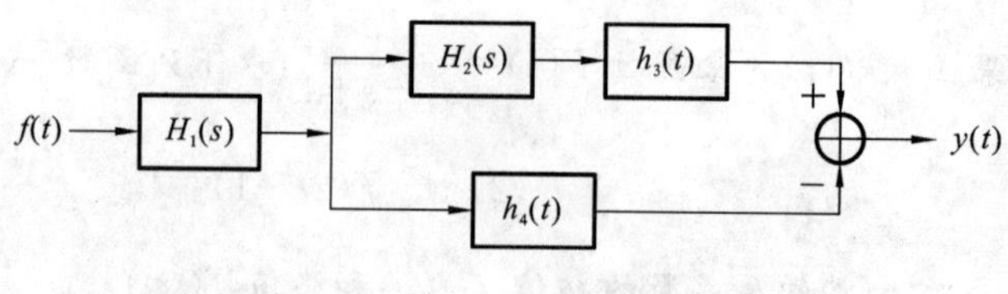

题 6.12 图

6.13　如题 6.13 图所示系统，已知当 $f(t)=\varepsilon(t)$ 时，系统的零状态响应为

$$y_{zs}(t)=(1-5\mathrm{e}^{-2t}+5\mathrm{e}^{-3t})\varepsilon(t)$$

求系数 a、b、c。

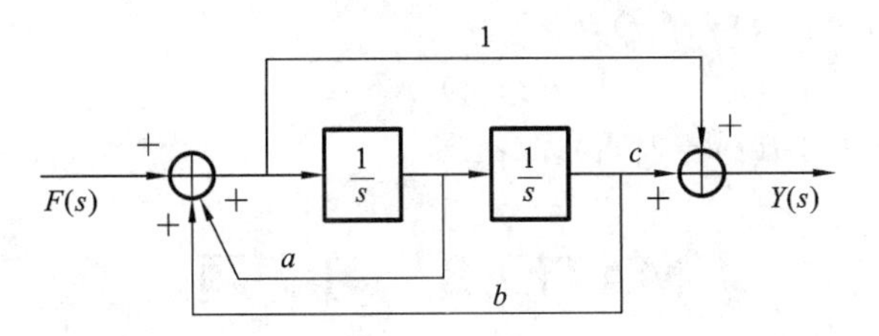

题 6.13 图

6.14 如题 6.14 图所示电路，其输入均为单位阶跃函数 $\varepsilon(t)$，求电压 $u(t)$ 的零状态响应。

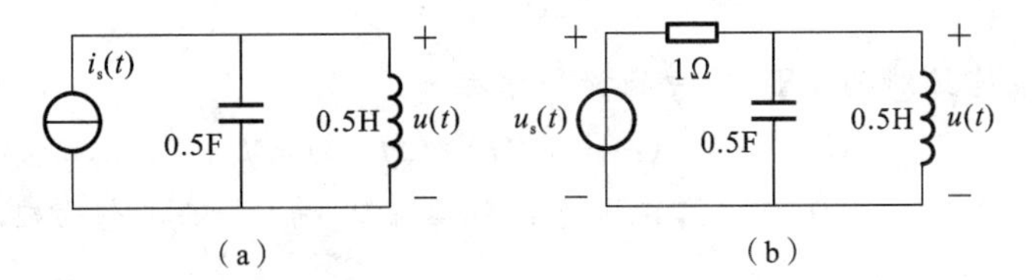

题 6.14 图

6.15 如题 6.15 图所示电路，激励电流源 $i_s(t)=\varepsilon(t)$，求下列情况的零状态响应 $u_{Czs}(t)$。

(1) $L=0.1\text{H}, C=0.1\text{F}, G=2.5\text{S}$；

(2) $L=0.1\text{H}, C=0.1\text{F}, G=2\text{S}$。

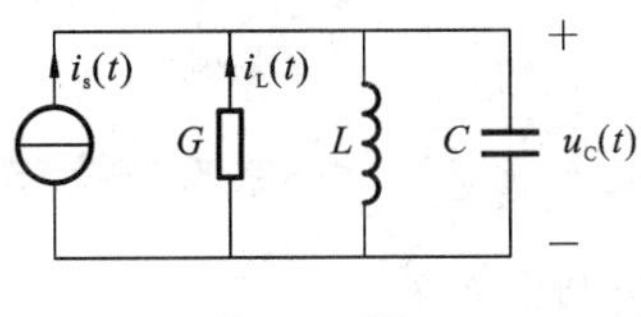

题 6.15 图

6.16 已知某系统的频率响应为 $H(\mathrm{j}\omega)=\dfrac{1-\mathrm{j}\omega}{1+\mathrm{j}\omega}$，求当输入 $f(t)$ 为下列函数时的零状态响应 $y_{zs}(t)$。

(1) $f(t)=\varepsilon(t)$；

(2) $f(t)=\sin t\varepsilon(t)$。

6.17 根据题 6.17 图所示的零点和极点画出各图的幅度响应曲线，假设所有系统特性的 $K=1$。

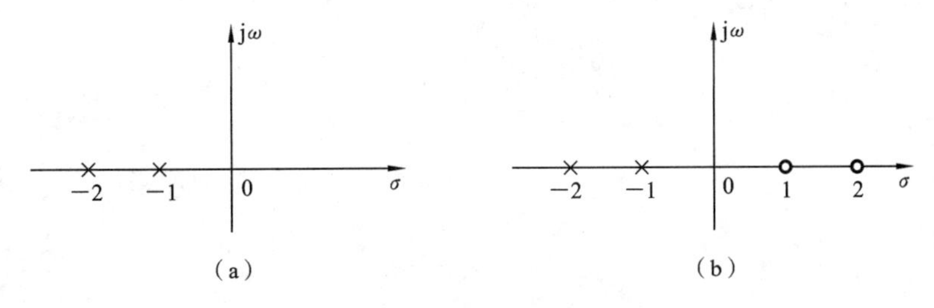

题 6.17 图

6.18 已知描述因果连续时间 LTI 系统的微分方程分别如下，试求系统的系统函数、冲激响应、直接型模拟框图，并判定系统是否稳定。

(1) $y'(t)+2y(t)=f'(t), t>0$；

(2) $y'(t)+2y(t)=f'(t)+f(t),t>0$;

(3) $y''(t)-5y'(t)+4y(t)=f'(t)+2f(t),t>0$;

(4) $y''(t)-5y'(t)+4y(t)=2f(t),t>0$。

MATLAB 习 题

M6.1 已知 $F(s)=\dfrac{s^2}{(s+5)(s^2+5s+25)}$,用 residue()求出 $F(s)$的部分分式展开,并写出 $f(t)$的表达式。

M6.2 已知某连续时间 LTI 系统的微分方程为

$$y''(t)+4y'(t)+3y(t)=2f'(t)+f(t)$$

且 $f(t)=\varepsilon(t)$,$y(0_-)=1$,$y'(0_-)=2$,试求系统的零输入响应、零状态响应和全响应,并画出相应的波形。

M6.3 已知 $H(s)=\dfrac{s+2}{s^3+2s^2+2s+1}$,试画出该系统的零极点分布图,求出系统的冲激响应、阶跃响应和频率响应。

M6.4 已知系统函数为

$$H(s)=\frac{1}{s^2+2\alpha s+1}$$

试画出 $\alpha=0,\dfrac{1}{4},1,2$ 时系统的零极点分布图。如果系统是稳定的,画出系统的频率响应曲线。系统极点的位置对系统幅度响应有何影响?

第7章 离散时间信号与系统的复频域分析

【内容简介】 本章主要介绍离散时间信号的复频域分析、离散时间 LTI 系统的复频域分析、系统函数与系统特性、离散时间系统的模拟等。主要对 z 变换的定义、收敛域、性质，逆 z 变换，离散时间系统的系统函数及系统响应，系统函数的零极点分布及时域特性，离散系统的理解和模拟等方面展开介绍，最后利用 MATLAB 对离散系统的复频域进行仿真分析。

正如利用变换域法求解和分析连续时间系统时，通过拉普拉斯变换可对连续时间信号进行变换和求解，利用 z 变换可以对离散时间信号进行变换和求解；通过拉普拉斯变换可将连续时间系统的微分方程变换为代数方程，利用 z 变换将离散时间系统的差分方程转换为代数方程，从而分析系统和求解系统。

人们对 z 变换的认知可以追溯到 18 世纪，其最初思想是英国数学家 De Moivre 于 1730 年首先提出来的。后来，虽然经 Laplace、Pierre-Simon 等人不断研究与完善，但 200 多年来它终因在工程上无重要应用而未受到人们的足够重视。20 世纪 50 至 60 年代，数字计算机的广泛应用以及数字通信、抽样数据控制系统的研究和实践，为 z 变换的应用开辟了广阔的天地，它成为了分析和研究线性离散时间系统的重要数学工具，并在许多信号分析与处理领域中得到了广泛的应用和发展。到 20 世纪 70 年代，z 变换逐渐被引入大学课程的教学中，用以解决实际问题。目前 z 变换主要应用于 DSP 分析与设计，如语音信号处理等问题。

利用变换域求解系统的时候考虑了系统的初始条件，利用初始条件可以方便地求解系统的零输入响应、零状态响应及全响应，可以使离散时间系统的分析变得简单，使问题的研究得以简化。由于此变换过程中使用的独立变量是复变量 z，故称之为 z 变换。离散系统进行复频域分析时一个比较重要的参数是系统函数，利用系统函数可以非常轻松地分析系统特性，并求解系统。

7.1 离散时间信号的复频域分析

在连续时间信号与系统的分析中，拉普拉斯变换起着重要的作用，它是连续时间信号与系统的复频域变换法，将时域中的积分和微分运算转换为复频域中的代数运算，从而简化信号与系统的分析。在离散时间信号与系统中，z 变换起着同样重要的作用，它将描述离散时间系统的差分方程转变为代数方程，从而使分析过程大为简化。

7.1.1 单边 z 变换的定义与收敛域

为了便于理解 z 变换，我们首先从拉普拉斯变换推演出 z 变换。如图 7.1.1 所示，设有连

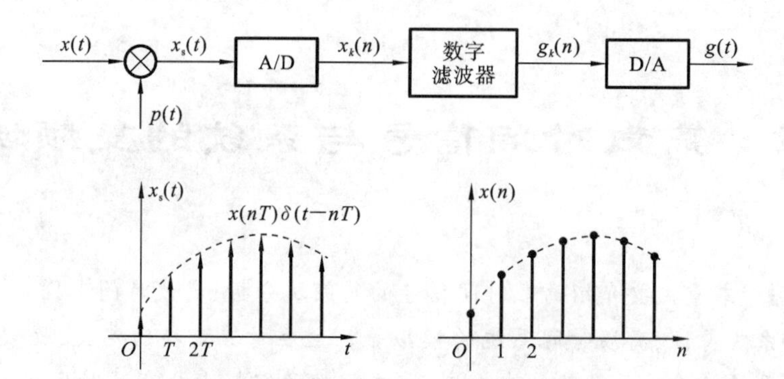

图 7.1.1　连续时间信号 $x(t)$ 的抽样离散化

续时间信号 $x(t)$，若用理想抽样脉冲 $\delta_T(t)$ 进行抽样，T 为抽样间隔，即有

$$\delta_T(t)=\sum_{n=-\infty}^{+\infty}\delta(t-nT) \tag{7.1.1}$$

则可得到抽样信号 $x_s(t)$ 为

$$x_s(t)=x(t)\cdot\delta_T(t)=x(t)\sum_{n=-\infty}^{\infty}\delta(t-nT)=\sum_{n=-\infty}^{\infty}x(nT)\delta(t-nT) \tag{7.1.2}$$

对 $x_s(t)$ 取拉普拉斯变换，则得

$$\begin{aligned}X_s(s)&=L[x_s(t)]=L\left[\sum_{n=-\infty}^{\infty}x(nT)\delta(t-nT)\right]\\&=\sum_{n=-\infty}^{\infty}x(nT)L[\delta(t-nT)]=\sum_{n=-\infty}^{\infty}x(nT)\mathrm{e}^{-snT}\end{aligned} \tag{7.1.3}$$

其中，$s=\sigma+\mathrm{j}\omega$。

引入复变量 $z=\mathrm{e}^{sT}$，它为连续变量，将 $x(nT)$ 表示为 $x(n)$：

$$X_s(s)\mid_{z=\mathrm{e}^{sT}}=\sum_{n=-\infty}^{\infty}x(n)z^{-n}=X(z) \tag{7.1.4}$$

故对任一信号 $x(n)$ 的双边 z 变换为

$$X(z)=\sum_{n=-\infty}^{\infty}x(n)z^{-n} \tag{7.1.5}$$

在实际工程应用中遇到的信号均为因果信号，也即对给定的序列 $x(n)$ 从 $n=0$ 时刻开始则可得到单边 z 变换为

$$X(z)=Z[x(n)]=\sum_{n=0}^{\infty}x(n)z^{-n} \tag{7.1.6}$$

本书主要研究单边 z 变换，以后没有特别说明均指单边 z 变换。这种单边 z 变换的求和是从零到无穷大。只有当式(7.1.6)中的幂级数收敛时，z 变换才有意义。对于任意给定的序列 $x(n)$，使其 z 变换收敛的所有 z 值的集合称为 $X(z)$ 的收敛域。按照级数理论，式(7.1.6)的级数收敛的充分必要条件是满足绝对可和条件，即要求

$$\sum_{n=0}^{\infty}|x(n)z^{-n}|=M<\infty \tag{7.1.7}$$

要满足此不等式，$|z|$ 值必须在一定范围内才行，这个范围就是收敛域，对于不同形式的序列，其收敛域形式不同。

例 7.1.1 已知离散时间序列 $x(n)=u(n)$，求其 z 变换。

解
$$X(z)=\sum_{-\infty}^{\infty}x(n)z^{-n}=\sum_{n=-\infty}^{\infty}z^{n} \tag{7.1.8}$$

$X(z)$存在的条件是$|z^{-1}|<1$，因此收敛域为$|z|>1$，此时

$$X(z)=\frac{1}{1-z^{-1}} \tag{7.1.9}$$

即 $x(n)$的 z 变换为

$$X(z)=\frac{1}{1-z^{-1}},\quad |z|>1 \tag{7.1.10}$$

7.1.2 常用序列的 z 变换

1. 有限长序列

这类序列是指在有限区间 $n_1\leqslant n\leqslant n_2$ 之内序列才有非零的有限值，在此区间外，序列值皆为零，如图 7.1.2 所示，其 z 变换为

$$X(z)=\sum_{n=n_1}^{n_2}x(n)z^{-n} \tag{7.1.11}$$

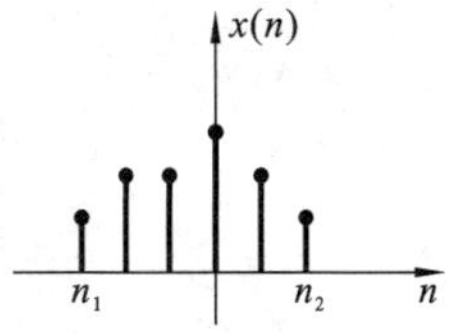

图 7.1.2 有限长序列

因此，$X(z)$是有限项级数之和，故只要级数的每一项有界，级数就收敛，即要求

$$|x(n)z^{-n}|<\infty,\quad n_1\leqslant n\leqslant n_2 \tag{7.1.12}$$

由于 $x(n)$有界，故要求

$$|z^{-n}|<\infty,\quad n_1\leqslant n\leqslant n_2 \tag{7.1.13}$$

显然，在 $0<|z|<\infty$上，都满足此条件，也就是说收敛域至少是除了 0 和∞以外的开域$(0,\infty)$有限 z 平面，如图 7.1.3 所示。如果 $n<0$，则收敛域不包括∞点；如果 $n>0$，则收敛域不包括 $z=0$ 点。具体有限长序列的收敛域表示如下：

(1) $n_1<0, n_2\leqslant 0$ 时，$0\leqslant|z|<\infty$；

(2) $n_1<0, n_2>0$ 时，$0<|z|<\infty$；

(3) $n_1\geqslant 0, n_2>0$ 时，$0<|z|\leqslant\infty$。

2. 右边序列

所谓右边序列（简称右序列），是指当 $n\geqslant n_1$ 时，序列值不全为零，而当 $n<n_1$ 时，序列值全为零的序列，如图 7.1.4 所示，其 z 变换为

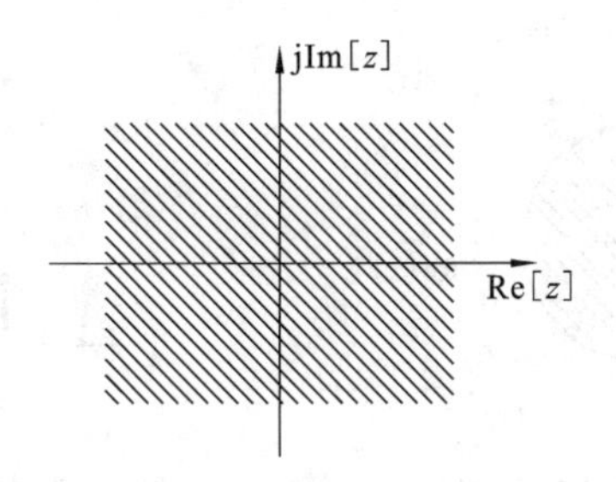

图 7.1.3 有限长序列的收敛域($n_1<0, n_2>0; z=0$ 除外)

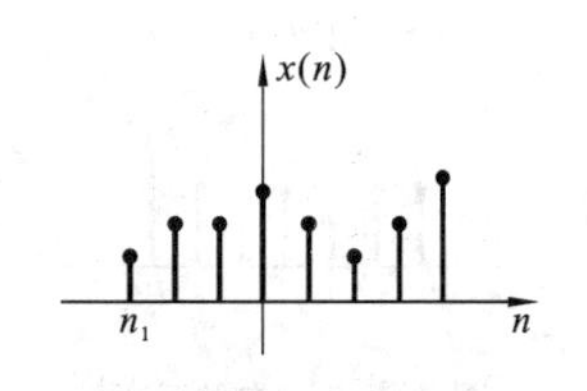

图 7.1.4 右边序列

$$X(z)=\sum_{n=n_1}^{\infty}x(n)z^{-n}=\sum_{n=n_1}^{-1}x(n)z^{-n}+\sum_{n=0}^{\infty}x(n)z^{-n} \tag{7.1.14}$$

第一项为有限长序列，设 $n\leqslant -1$，其收敛域为 $0\leqslant|z|<\infty$。第二项是 z 的负幂级数，按照级数收敛的阿贝尔定理可知，存在一个收敛半径 R_{x-}，级数在以原点为圆心，以 R_{x-} 为半径的圆外任何点都绝对收敛。因此，综合以上两项，右序列 z 变换的收敛域为

$$R_{x-}<|z|<\infty \tag{7.1.15}$$

收敛域如图 7.1.5 所示。另外，因果序列是最重要的一种右序列，如图 7.1.6 所示，即对于 $m=0$ 的右序列，其 z 变换为

$$X(z)=\sum_{n=0}^{\infty}x(n)z^{-n} \tag{7.1.16}$$

因此，因果序列的收敛域为 $|z|>R_{x-}$。

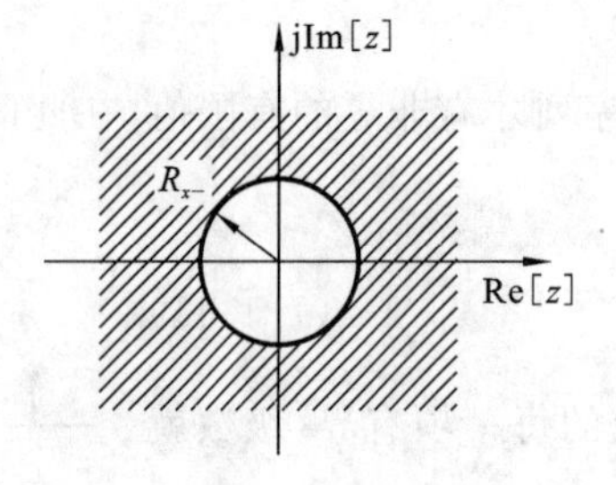

图 7.1.5　右边序列的收敛域(若 $n_1<0$，则 $z=\infty$ 除外)

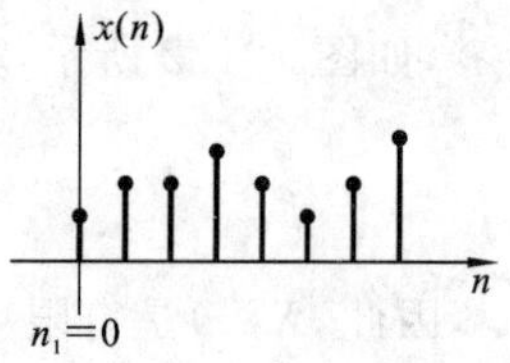

图 7.1.6　因果序列

3. 左边序列

左边序列(简称左序列)是指在 $n\leqslant n_2$ 时，序列值不全为零，而在 $n>n_2$ 时，序列值全为零的序列。其 z 变换为

$$X(z)=\sum_{n=-\infty}^{n_2}x(n)z^{-n}=\sum_{n=-\infty}^{0}x(n)z^{-n}+\sum_{n=1}^{n_2}x(n)z^{-n} \tag{7.1.17}$$

这里假设 $n\geqslant 1$，等式第二项是有限长序列的 z 变换，收敛域为 $0<|z|\leqslant\infty$；第一项是 z 的正幂级数，按照阿贝尔定理，必存在收敛半径 R_{x+}，级数在以原点为圆心，以 R_{x+} 为半径的圆内任何点都绝对收敛。综合以上两项，左序列 z 变换的收敛域为

$$0<|z|<R_{x+} \tag{7.1.18}$$

左序列及其收敛域如图 7.1.7 和图 7.1.8 所示。如果 $n_2\leqslant 0$，如图 7.1.9 所示，则收敛域应包括 $z=0$，即 $|z|<R_{x+}$。

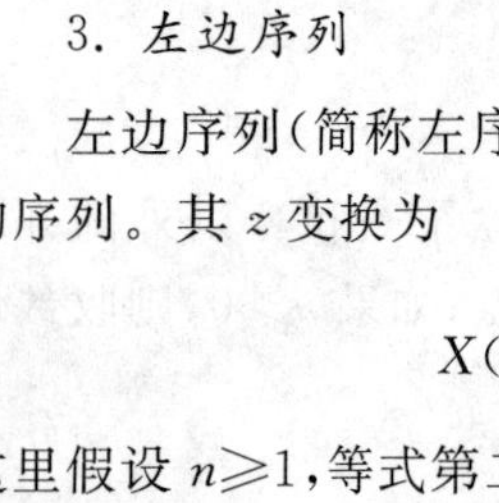

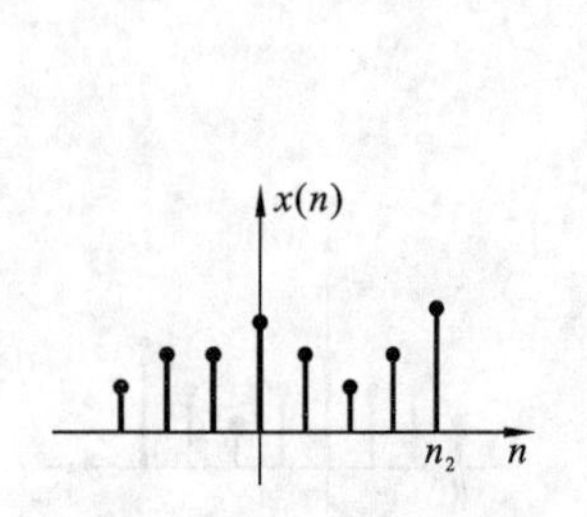

图 7.1.7　左边序列

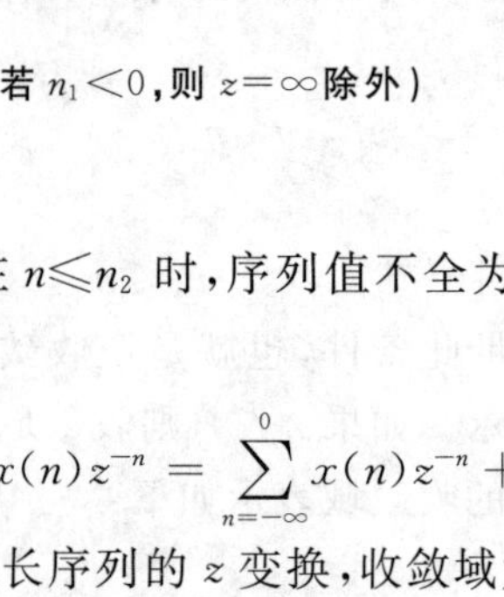

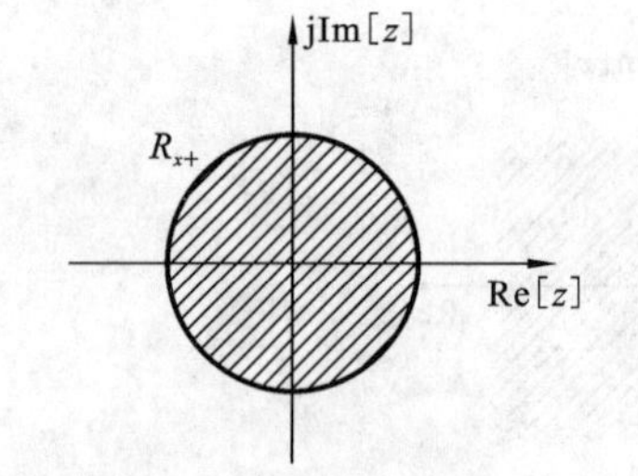

图 7.1.8　左边序列的收敛域(若 $n_2>0$，则不包括 $z=0$ 点)

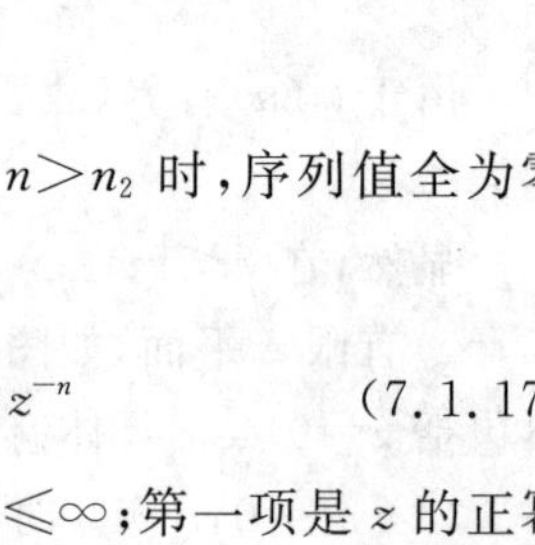

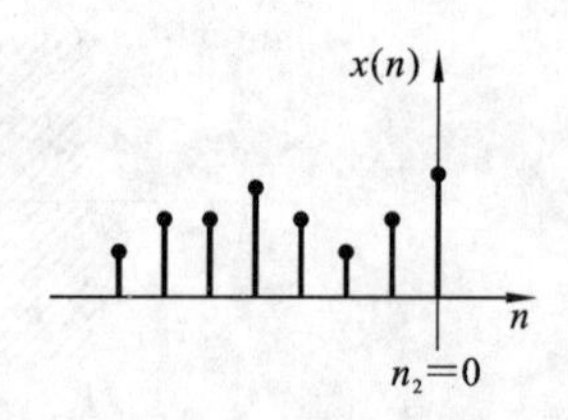

图 7.1.9　$n_2\leqslant 0$ 的序列

4. 双边序列

双边序列是指在$-\infty \leqslant n \leqslant \infty$区间内皆有值的序列，可以把它看成一个右序列和一个左序列之和，如图 7.1.10 所示，即

$$X(z)=\sum_{n=-\infty}^{\infty} x(n) z^{-n}=\sum_{n=-\infty}^{-1} x(n) z^{-n}+\sum_{n=0}^{\infty} x(n) z^{-n} \tag{7.1.19}$$

因而其收敛域应是左序列和右序列收敛域的重叠部分，等式第一项为左序列，其收敛域为$|z|<R_{x+}$，第二项为右序列，其收敛域为$|z|>R_{x-}$。如果满足$R_{x+}>R_{x-}$，则其收敛域为$R_{x-}<|z|<R_{x+}$，是一个环状区域，如图 7.1.11 所示；如果$R_{x+}<R_{x-}$，则两个收敛域没有交集，$X(z)$不存在。

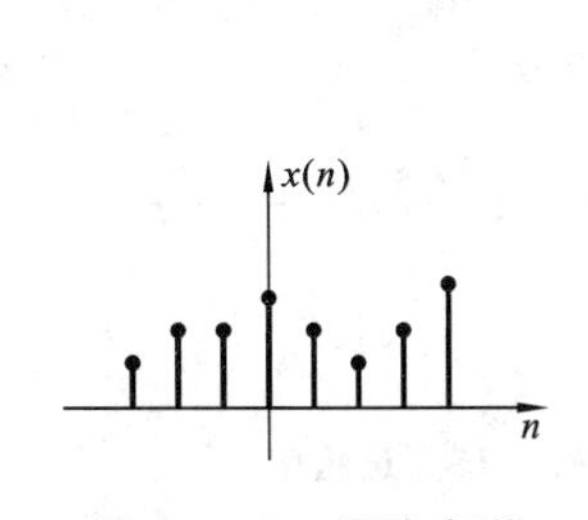

图 7.1.10 双边序列

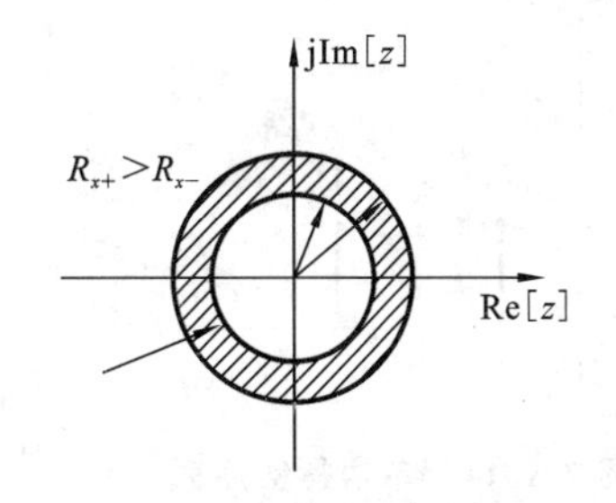

图 7.1.11 双边序列的收敛域($R_{x+}>R_{x-}$)

5. 典型序列的 z 变换

1）单位冲激序列

$$\delta(n)=\begin{cases}1 & n=0 \\ 0 & n \neq 0\end{cases} \tag{7.1.20}$$

$$X(z)=\sum_{n=-\infty}^{\infty} \delta(n) z^{-n}=1 \tag{7.1.21}$$

单位冲激序列及右移序列如图 7.1.12 所示。$\delta(k)$有如下性质：

$$f(k)\delta(k-i)=f(i)\delta(k-i)=f(i)$$

2）单位阶跃序列

$$u(n)=\begin{cases}1 & n \geqslant 0 \\ 0 & n<0\end{cases} \tag{7.1.22}$$

$$X(z)=1+z^{-1}+z^{-2}+z^{-3}+\cdots=\frac{1}{1-z^{-1}}=\frac{z}{z-1}, \quad |z|>1 \tag{7.1.23}$$

显然有$\delta(k)=\varepsilon(k)-\varepsilon(k-1)$，以及

$$\varepsilon(k)=\sum_{n=-\infty}^{k} \delta(n) \tag{7.1.24}$$

单位阶跃序列及右移序列如图 7.1.13 所示。

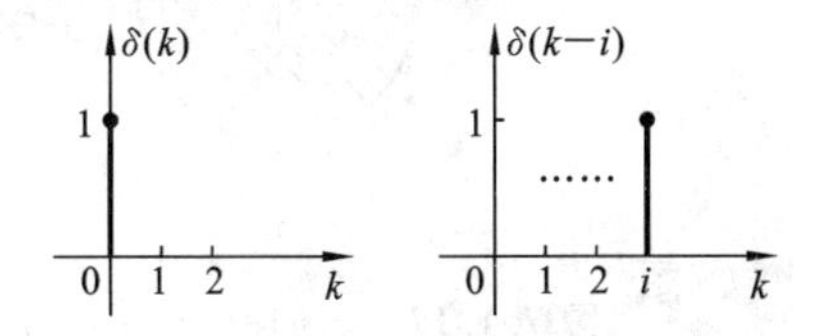

图 7.1.12 单位冲激序列及右移序列

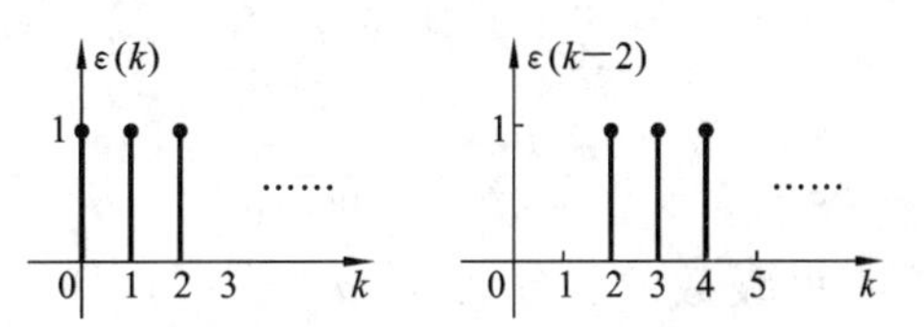

图 7.1.13 单位阶跃序列及右移序列

3）单边指数序列

$$x(k)=a^{k}\varepsilon(k) \tag{7.1.25}$$

单边指数序列如图 7.1.14 所示。

4）正弦序列

$$x(k)=\sin k\Omega \tag{7.1.26}$$

其中，Ω 为正弦序列的角频率，若 $\Omega=\frac{\pi}{4}$，则 $\frac{2\pi}{\Omega}=8$。

正弦序列如图 7.1.15 所示。

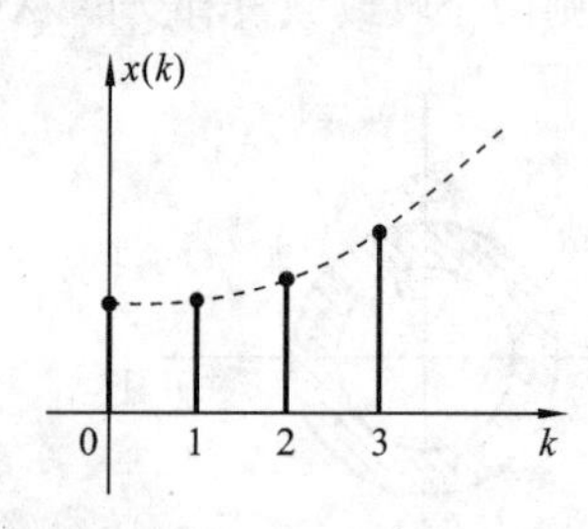

图 7.1.14　单边指数序列

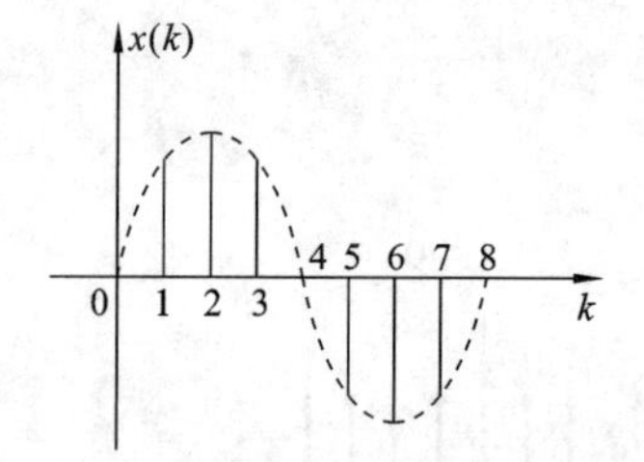

图 7.1.15　正弦序列

注意：因为 $x(k)=x(k+8)=\sin(k\Omega+8\Omega)=\sin\left(k\Omega+8\times\frac{\pi}{4}\right)=\sin(k\Omega+2\pi)=\sin k\Omega$，所以 $x(k)$ 为周期序列。

周期序列的定义：$x(k)=x(k+rN)$，N 为使上式成立的最小实正整数，称为周期。

注意：并非所有正弦序列都是周期序列。

例 7.1.2　求 $x(n)=a^{n}u(n)$ 的 z 变换及其收敛域。

解

$$X(z)=\sum_{n=-\infty}^{\infty}a^{n}u(n)z^{-n}=\sum_{n=0}^{\infty}a^{n}z^{-n}$$

$$=\frac{1}{1-az^{-1}},\quad |z|>|a|$$

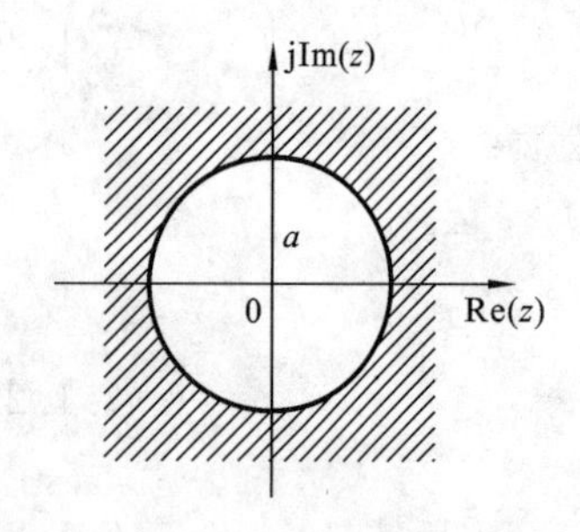

图 7.1.16　$x(n)=a^{n}u(n)$ 的收敛域

其收敛域必须满足 $az^{-1}<1$，因此收敛域为 $|z|>|a|$，如图 7.1.16所示。$z=a$ 处为极点，收敛域为极点所在圆 $|z|=|a|$ 的外部，在收敛域内 $X(z)$ 为解析函数，不能有极点。因此，一般来说，右序列的 z 变换的收敛域一定在模值最大的有限极点所在圆之外。

例 7.1.3　求 $x(n)=-a^{n}u(-n-1)$ 的 z 变换及其收敛域。

解

$$X(z)=\sum_{n=-\infty}^{\infty}-a^{n}u(-n-1)z^{-n}$$

$$=\sum_{n=-\infty}^{-1}-a^{n}z^{-n}=\sum_{n=1}^{\infty}-a^{-n}z^{n}$$

$$=\frac{-a^{-1}z}{1-a^{-1}z}=\frac{1}{1-az^{-1}},\quad |z|<|a|$$

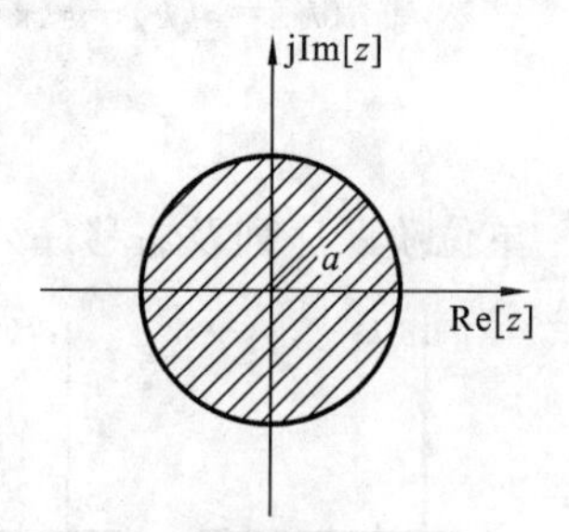

图 7.1.17　$x(n)=-a^{n}u(-n-1)$ 的收敛域

此无穷等比级数的收敛域为 $|a^{-1}z|<1$，即 $|z|<|a|$，如图 7.1.17所示。收敛域内 $X(z)$ 必须解析，因此一般来说，左序列的 z 变换的收敛域一定在模值最小的有限极点所在圆之内。

例 7.1.4 已知 $x(n)=\begin{cases} a^n, & n\geqslant 0 \\ -b^n, & n\leqslant -1 \end{cases}$，$a,b$ 为实数，求 $x(n)$ 的 z 变换及其收敛域。

解
$$\begin{aligned} X(z) &= \sum_{n=-\infty}^{\infty} X(n)z^{-n} = \sum_{n=0}^{\infty} a^n z^{-n} - \sum_{n=-\infty}^{-1} b^n z^{-n} \\ &= \sum_{n=0}^{\infty} a^n z^{-n} - \sum_{n=1}^{\infty} b^{-n} z^n \end{aligned}$$

第一部分收敛域为 $|az^{-1}|<1$，即 $|z|>|a|$；第二部分收敛域为 $|b^{-1}z|<1$，即 $|z|<|b|$；如果 $|a|<|b|$，两部分的公共收敛域为 $|a|<|z|<|b|$，其 z 变换如下：

$$X(z)=\frac{1}{1-az^{-1}}-\frac{b^{-1}z}{1-b^{-1}z}=\frac{z}{z-a}+\frac{z}{z-b}, \quad |a|<|z|<|b|$$

如果 $|a|\geqslant|b|$，则无公共收敛域，因此 $X(z)$ 不存在。

由以上分析知，例 7.1.2 和例 7.1.3 的序列是不同的，即一个是左序列，一个是右序列，但其 z 变换 $X(z)$ 的级数表达式相同，仅收敛域不同。换句话说，对于同一个 z 变换函数表达式，收敛域不同，对应的序列是不同的。所以，序列的 z 变换的表达式及其收敛域是个不可分割的整体，求 z 变换就包括求其收敛域。此外，收敛域中无极点，收敛域总是以极点所在圆为界的。

7.1.3 单边 z 变换的主要性质

1. 线性

若

$$x(n)\leftrightarrow X(z), \quad R_{x-}<|z|<R_{x+}$$
$$y(n)\leftrightarrow Y(z), \quad R_{y-}<|z|<R_{y+}$$

则

$$ax(n)+by(n)\leftrightarrow aX(z)+bY(z), \quad R_{m-}<|z|<R_{m+} \tag{7.1.27}$$

这里，收敛域 $R_{m-}<|z|<R_{m+}$ 是 $X(z)$ 和 $Y(z)$ 的公共收敛域，如果没有公共收敛域，则其 z 变换不存在。

例 7.1.5 求余弦序列 $x(n)=\cos(\omega_0 n)u(n)$ 的 z 变换。

解 因

$$\cos(\omega_0 n)u(n)=\frac{1}{2}(\mathrm{e}^{\mathrm{j}\omega_0 n}+\mathrm{e}^{-\mathrm{j}\omega_0 n})u(n)$$

根据 z 变换的线性性质，得

$$\begin{aligned} Z[\cos(\omega_0 n)u(n)] &= Z\left[\frac{1}{2}(\mathrm{e}^{\mathrm{j}\omega_0 n}+\mathrm{e}^{-\mathrm{j}\omega_0 n})u(n)\right]=\frac{1}{2}Z[\mathrm{e}^{\mathrm{j}\omega_0 n}u(n)]+\frac{1}{2}Z[\mathrm{e}^{-\mathrm{j}\omega_0 n}u(n)] \\ &= \frac{1}{2}\times\frac{z}{z-\mathrm{e}^{\mathrm{j}\omega_0 n}}+\frac{1}{2}\times\frac{z}{z-\mathrm{e}^{-\mathrm{j}\omega_0 n}}=\frac{z^2-z\cos\omega_0}{z^2-2z\cos\omega_0+1}, \quad |z|>1 \end{aligned}$$

同理，可推得

$$Z[\sin(\omega_0 n)u(n)]=\frac{z\sin\omega_0}{x^2-2z\cos\omega_0+1}, \quad |z|>1$$

2. 移位特性

移位特性表示序列移位后的 z 变换与原序列 z 变换的关系。在实际中可能遇到序列的左移或右移两种不同情况，所取的变换形式可能为单边 z 变换或双边 z 变换，它们各具不同的特点。下面分几种情况进行讨论。

1）双边 z 变换的移位

若序列 $x(n)$ 的双边 z 变换为

$$x(n) \leftrightarrow X(z), \quad R_{x-} < |z| < R_{x+}$$

则序列右移后，它的双边 z 变换为

$$x(n-m) \leftrightarrow z^{-m}X(z), \quad R_{x-} < |z| < R_{x+}$$

证明：根据双边 z 变换的定义，可得

$$\begin{aligned} Z[x(n-m)] &= \sum_{n=-\infty}^{\infty} x(n-m)z^{-n} = z^{-m}\sum_{k=-\infty}^{\infty} x(k)z^{-k} \\ &= z^{-m}X(z), \quad R_{x-} < |z| < R_{x+} \end{aligned} \tag{7.1.28}$$

同样，可得左移序列的双边 z 变换为

$$Z[x(n+m)] = z^{m}X(z), \quad R_{x-} < |z| < R_{x+} \tag{7.1.29}$$

可见，序列的移位只会使 z 变换在 $z=0$ 或 $z=\infty$ 处的零极点情况发生变化。因此，对于具有环形收敛域的序列，移位后其 z 变换的收敛域保持不变。

2）单边 z 变换的移位

若序列 $x(n)$ 是双边序列，则其单边 z 变换为

$$x(n)u(n) \leftrightarrow X(z)$$

则序列左移后，它的单边 z 变换为

$$x(m+n)u(n) \leftrightarrow z^{m}\left[X(z) - \sum_{k=0}^{m-1} x(k)z^{-k}\right] \tag{7.1.30}$$

证明：根据单边 z 变换的定义，可得

$$\begin{aligned} Z[x(n+m)u(n)] &= \sum_{n=0}^{\infty} x(n+m)z^{-n} = z^{m}\sum_{n=0}^{\infty} x(n+m)z^{-(n+m)} \\ &= z^{m}\sum_{k=m}^{\infty} x(k)z^{-k} = z^{m}\left[\sum_{k=0}^{\infty} x(k)z^{-k} - \sum_{k=0}^{m-1} x(k)z^{-k}\right] \\ &= z^{m}\left[X(z) - \sum_{k=0}^{m-1} x(k)z^{-k}\right] \end{aligned} \tag{7.1.31}$$

同样，可以得到右移序列的单边 z 变换为

$$Z[x(n-m)u(n-m)] = z^{-m}\left[X(z) + \sum_{k=-m}^{-1} x(k)z^{-k}\right] \tag{7.1.32}$$

如果 $x(n)$ 是因果序列，则上式右边的 $\sum\limits_{k=-m}^{-1} x(k)z^{-k}$ 项都等于零。于是其右移序列的单边 z 变换与双边 z 变换的结果相同。

例 7.1.6 求矩形序列 $x(n)=R_N(n)$ 的 z 变换。

解 矩形序列可表示为

$$R_N(n) = u(n) - u(n-N)$$

则根据序列的线性和移位性质可得

$$Z[R_N(n)] = Z[u(n)] - Z[u(n-N)] = \frac{1}{1-z^{-1}} - z^{-N}\cdot\frac{1}{1-z^{-1}} = \frac{1-z^{-N}}{1-z^{-1}}, \quad |z|>0$$

3. z 域尺度变换

若

$$x(n) \leftrightarrow X(z), \quad R_{x-} < |z| < R_{x+}$$

则

$$a^n x(n) \leftrightarrow X\left(\frac{z}{a}\right), \quad |a| R_{x-} < |z| < |a| R_{x+} \tag{7.1.33}$$

即序列 $x(n)$乘以指数序列 a^n 相当于在 z 域的展缩，因此称为 z 域尺度变换。

例 7.1.7 求指数衰减正弦序列 $a^n \sin(\omega_0 n) u(n)$的 z 变换，其中，$0<a<1$。

解 因为

$$Z[\sin(\omega_0 n) u(n)] = \frac{z\sin\omega_0}{z^2 - 2z\cos\omega_0 + 1}, \quad |z| > 1$$

根据 z 域尺度变换特性，可得

$$Z[a^n \sin(\omega_0) u(n)] = \frac{\frac{z}{a}\sin\omega_0}{\left(\frac{z}{a}\right)^2 - 2\left(\frac{z}{a}\right)\cos\omega_0 + 1} = \frac{az\sin\omega_0}{z^2 - 2az\cos\omega_0 + a^2}, \quad |z| > a$$

4. z 域微分特性

若

$$x(n) \leftrightarrow X(z), \quad R_{x-} < |z| < R_{x+}$$

则

$$nx(n) \leftrightarrow -z \frac{\mathrm{d}}{\mathrm{d}z} X(z), \quad R_{x-} < |z| < R_{x+} \tag{7.1.34}$$

证明：因为

$$Z[x(n)] = X(z) = \sum_{n=-\infty}^{\infty} x(n) z^{-n}$$

对 z 求导，得

$$\begin{aligned} \frac{\mathrm{d}X(z)}{\mathrm{d}z} &= \frac{\mathrm{d}}{\mathrm{d}z}\left[\sum_{n=-\infty}^{\infty} x(n) z^{-n}\right] = \sum_{n=-\infty}^{\infty} x(n) \frac{\mathrm{d}}{\mathrm{d}z}(z^{-n}) \\ &= -z^{-1} \sum_{n=-\infty}^{\infty} x(n) z^{-n} = -z^{-1} Z[x(n)] \end{aligned}$$

所以

$$Z[nx(n)] = -z \frac{\mathrm{d}}{\mathrm{d}z} X(z), \quad R_{x-} < |z| < R_{x+} \tag{7.1.35}$$

5. 初值定理

若 $x(n)$是因果序列，已知 $X(z) = Z[x(n)]$，则

$$X(0) = \lim_{z \to \infty} X(z) \tag{7.1.36}$$

证明：

$$X(z) = \sum_{n=0}^{\infty} x(n) z^{-n} = X(0) + X(1) z^{-1} + X(2) z^{-2} + \cdots$$

当 $z \to \infty$时，在上式的级数中除了第 1 项外，其余各项都趋于零，所以

$$\lim_{z\to\infty}X(z)=\lim_{z\to\infty}\sum_{n=0}^{\infty}x(n)z^{-n}=X(0) \tag{7.1.37}$$

6. 终值定理

若 $x(n)$ 是因果序列，且其 z 变换的极点除可以有一个一阶极点在单位圆上，其他极点均在单位圆内，则

$$\lim_{n\to\infty}x(n)=\lim_{z\to1}(z-1)X(z)$$

证明：

$$(z-1)X(z)=\sum_{n=-\infty}^{\infty}[x(n+1)-x(n)]z^{-n}$$

因为 $x(n)$ 是因果序列，当 $n<0$ 时，$x(n)=0$，所以

$$(z-1)X(z)=\lim_{n\to\infty}\left[\sum_{m=-1}^{n}x(m+1)z^{-m}-\sum_{m=0}^{n}x(m)z^{-m}\right]$$

因为 $(z-1)X(z)$ 在单位圆上无极点，上式两端对 $z=1$ 取极限，有

$$\begin{aligned}\lim_{z\to1}(z-1)X(z)&=\lim_{n\to\infty}\left[\sum_{m=-1}^{n}x(m+1)z^{-m}-\sum_{m=0}^{n}x(m)z^{-m}\right]\\&=\lim_{n\to\infty}[x(0)+x(1)+\cdots+x(n+1)-x(0)-x(1)-\cdots-x(n)]\\&=\lim_{n\to\infty}x(n+1)=\lim_{n\to\infty}x(n)\end{aligned}$$

终值定理也可用 $X(z)$ 在 $z=1$ 处的留数表示，因为

$$\lim_{z\to1}(z-1)X(z)=\mathrm{Res}[X(z),1]$$

因此

$$x(\infty)=\mathrm{Res}[X(z),1] \tag{7.1.38}$$

7. 时域卷积定理

设

$$w(n)=x(n)*y(n)$$

$$x(n)\leftrightarrow X(z),\quad R_{x-}<|z|<R_{x+}$$

$$y(n)\leftrightarrow Y(z),\quad R_{y-}<|z|<R_{y+}$$

则

$$W(z)=Z[w(n)]=X(z)Y(z),\quad R_{x-}<|z|<R_{x+} \tag{7.1.39}$$

证明：

$$\begin{aligned}W(z)=Z[x(n)*y(n)]&=\sum_{n=-\infty}^{\infty}\left[\sum_{m=-\infty}^{\infty}x(m)y(n-m)\right]z^{-n}\\&=\sum_{m=-\infty}^{\infty}x(m)\left[\sum_{n=-\infty}^{\infty}y(n-m)z^{-n}\right]\\&=\sum_{m=-\infty}^{\infty}x(m)z^{-m}\left[\sum_{n=-\infty}^{\infty}y(n-m)z^{-(n-m)}\right]=X(z)Y(z)\end{aligned}$$

$W(z)$ 的收敛域就是 $X(z)$ 和 $Y(z)$ 收敛域的重叠部分。

例 7.1.8 已知系统的单位脉冲响应 $h(n)=a^nu(n)$，$|a|<1$，系统输入序列为 $x(n)=u(n)$，求系统的输出 $y(n)$。

解
$$y(n)=h(n)*x(n)$$
$$H(z)=Z[h(n)]=\frac{1}{1-az^{-1}},\quad |z|>|a|$$
$$X(z)=Z[x(n)]=\frac{1}{1-z^{-1}},\quad |z|>1$$
$$Y(z)=H(z)X(z)=\frac{1}{(1-z^{-1})(1-az^{-1})},\quad |z|>1$$
$$y(n)=\frac{1}{2\pi j}\oint_c \frac{z^{n+1}}{(z-1)(z-a)}dz$$

收敛域判定:当 $n<0$ 时,$y(n)=0$;当 $n\geqslant 0$ 时,有
$$y(n)=\text{Res}[Y(z)z^{n-1}]_{z=1}+\text{Res}[Y(z)z^{n-1}]_{z=a}=\frac{1}{1-a}+\frac{a^{n+1}}{a-1}=\frac{1-a^{n+1}}{1-a}$$

将 $y(n)$ 表示为
$$y(n)=\frac{1-a^{n+1}}{1-a}u(n) \tag{7.1.40}$$

8. 复卷积定理

设
$$w(n)=y(n)*x(n)$$
$$x(n)\leftrightarrow X(z),\quad R_{x-}<|z|<R_{x+}$$
$$y(n)\leftrightarrow Y(z),\quad R_{y-}<|z|<R_{y+}$$

则
$$W(z)=\frac{1}{2\pi j}\oint_c X(v)v^{-1}dv,\quad R_{x-}R_{y-}<|z|<R_{x+}R_{y+} \tag{7.1.41}$$

式中,c 为 $X(v)$ 与 $Y\left(\frac{z}{v}\right)$ 收敛域重叠部分内逆时针方向的一条闭合围线。

证明:
$$w(z)=\sum_{n=-\infty}^{\infty}x(n)y(n)z^{-n}=\sum_{n=-\infty}^{\infty}\left[\frac{1}{2\pi j}\oint_c X(v)v^{n-1}dv\right]y(n)z^{-n}$$
$$=\frac{1}{2\pi j}\oint_c X(v)\sum_{n=-\infty}^{\infty}y(n)\left(\frac{z}{v}\right)^{-n}\frac{dv}{v}=\frac{1}{2\pi j}\oint_c X(v)Y\left(\frac{z}{v}\right)\frac{dv}{v}$$

由 $X(z)$ 和 $Y(z)$ 的收敛域得
$$R_{x-}<v<R_{x+}$$
$$R_{y-}<\left|\frac{z}{v}\right|<R_{y+}$$

因此
$$R_{x-}R_{y-}<|z|<R_{x+}R_{y+} \tag{7.1.42}$$

7.1.4 逆 z 变换

从给定的 z 变换的闭合式 $X(z)$ 中还原出原序列 $x(n)$ 的过程称为逆 z 变换。求逆 z 变换的方法有留数法、部分分式展开法和长除法。

1. 留数法

根据复变函数理论，若函数 $X(z)$ 在环状区域 $R_{x-}<|z|<R_{x+}$ 内是解析的，则在此区域内 $X(z)$ 可展开成洛朗级数，即

$$X(z)=\sum_{n=-\infty}^{+\infty}C_n\cdot z^{-n},\quad R_{x-}<|z|<R_{x+} \tag{7.1.43}$$

而

$$C_n=\frac{1}{2\pi j}\oint_c X(z)z^{n-1}\mathrm{d}z,\quad n=0,\pm1,\pm2,\cdots \tag{7.1.44}$$

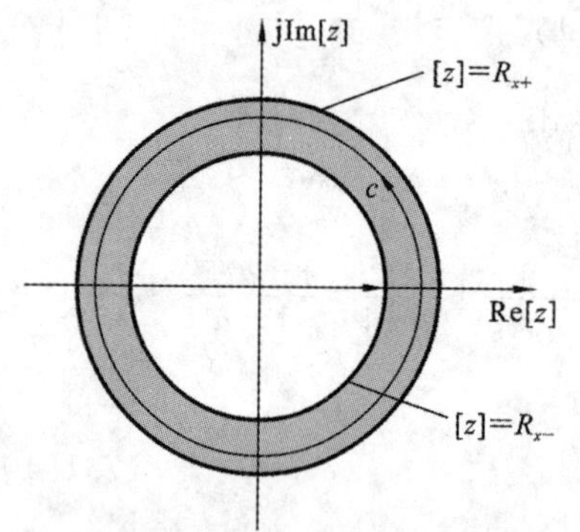

图 7.1.18 $X(z)$ 的收敛域

其中，围线 c 是在 $X(z)$ 的环状解析域（即收敛域）内环绕原点的一条逆时针方向的闭合单围线，如图 7.1.18 所示。比较式(7.1.43)和式(7.1.44)可知，$x(n)$ 就是洛朗级数的系数，故可有

$$X(n)=\frac{1}{2\pi j}\oint_c X(z)z^{n-1}\mathrm{d}z,\quad c\in(R_{x-},R_{x+}) \tag{7.1.45}$$

只要求出上述围线积分，就可由 $X(z)$ 解得 $x(n)$。直接计算图 7.1.18 所示的围线积分路径线积分较麻烦，一般采用留数定理来求解。

若被积函数 $F(z)=X(z)z^{n-1}$ 在围线 c 上连续，在 c 以内有 k 个极点 z_k，在 c 以外有 m 个极点 z_m，则根据留数定理有

$$\frac{1}{2\pi j}\oint_c X(z)z^{n-1}\mathrm{d}z=\sum_k \mathrm{Res}[X(z)z^{n-1}]_{z=z_k} \tag{7.1.46}$$

式中，$\mathrm{Res}[X(z)\cdot z^{n-1}]_{z=z_k}$ 表示 $F(z)$ 在极点 $z=z_k$ 处的留数 x，逆 z 变换是围线 c 内所有极点处留数之和。

如果 z_k 是单阶极点，则有

$$\mathrm{Res}[X(z)z^{n-1}]_{z=z_k}=[(z-z_k)X(z)\cdot z^{n-1}]_{z=z_k} \tag{7.1.47}$$

如果 z_k 是多阶极点，则有

$$\mathrm{Res}[X(z)z^{n-1}]_{z=z_k}=\frac{1}{(l-1)!}\frac{\mathrm{d}^{l-1}}{\mathrm{d}z^{l-1}}[(z-z_k)X(z)]_{z=z_k} \tag{7.1.48}$$

式(7.1.48)表明，如果 c 内有多阶极点，而 c 外没有多阶极点，则可根据留数定理，改求 c 外的所有极点留数之和，使问题简单化。

根据留数定理，有

$$\sum_{n=1}^{k}\mathrm{Res}[X(z)\cdot z^{n-1}]_{z=z_k}=-\sum_{m=1}^{M}\mathrm{Res}[X(z)\cdot z^{m-1}]_{z=z_m} \tag{7.1.49}$$

式(7.1.49)成立的条件是 $X(z)\cdot z^{n-1}$ 的分母阶次比分子阶次高两阶或两阶以上。

设 $X(z)=\dfrac{B(z)}{A(z)}$，$B(z)$ 和 $A(z)$ 分别是 M 阶与 N 阶多项式，则式(7.1.49)成立的条件是

$$N-M-n+1\geqslant 2 \tag{7.1.50}$$

如果满足式(7.1.50)，围线 c 内有多阶极点，而 c 外没有多阶极点，则逆 z 变换可按式(7.1.49)，改求 c 外极点处留数之和，最后再加一个负号。

例 7.1.9 已知 $X(z)=\dfrac{z^2}{(4-z)\left(z-\dfrac{1}{4}\right)}$，$|z|>4$，求 $X(z)$ 的逆 z 变换 $x(n)$。

解 $X(z)=\dfrac{1}{2\pi \mathrm{j}}\oint_c \dfrac{z^2}{(4-z)\left(z-\dfrac{1}{4}\right)}z^{n-2}\mathrm{d}z$

围线 c 是收敛域 $|z|>4$ 内的一条闭合曲线，如图7.1.19所示。

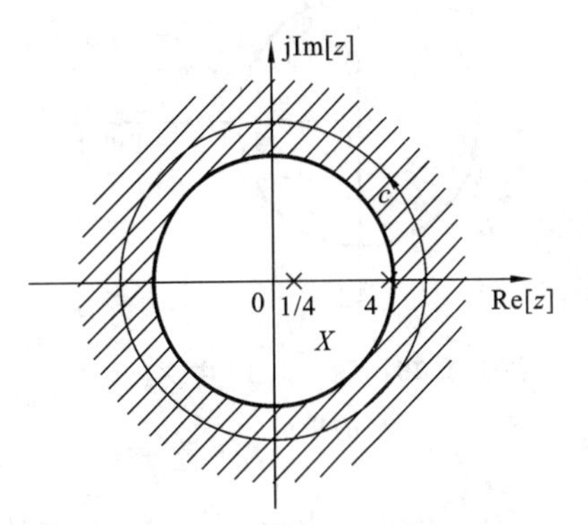

图 7.1.19 例 7.1.9 $X(z)$ 的图形

令

$$F(z)=\frac{z^2}{(4-z)\left(z-\frac{1}{4}\right)}z^{n-1}=\frac{-z^{n+1}}{(4-z)\left(z-\frac{1}{4}\right)}$$

当 $n+1\geqslant 0$，即 $n\geqslant -1$ 时，$F(z)$ 在 c 内有 $z=4$，$z=\dfrac{1}{4}$ 两个单阶极点，可得

$$x(n)=\mathrm{Res}[F(z)]_{z=4}+\mathrm{Res}[F(z)]_{z=\frac{1}{4}}=-\frac{1}{15}\times 4^{n+2}+\frac{1}{15}\times 4^{-n},\quad n\geqslant -1$$

由于 $n=-1$ 时，代入计算 $x(n)=0$，故结果可进一步写为

$$x(n)=-\frac{1}{15}\times 4^{n+2}+\frac{1}{15}\times 4^{-n},\quad n\geqslant 0$$

当 $n+1<0$，即 $n<-1$ 时，$F(z)$ 在 c 内在 $z=4$、$z=\dfrac{1}{4}$ 处有两个单阶极点，在 $z=0$ 处有多阶极点，在 c 外部没有极点，且 $F(z)$ 分母阶次比分子阶次高 2 阶或 2 阶以上，故选 c 外部极点求留数，其留数必为 0，故 $x(n)=0$，$n\leqslant -2$。

最后得到

$$x(n)=\begin{cases}\dfrac{1}{15}\times(4^n-4^{n-2}), & n\geqslant 0\\ 0, & n<0\end{cases}$$

或写成

$$x(n)=\frac{1}{15}\times(4^n-4^{n-2})u(n)$$

事实上，该例题中由于收敛域是 $|z|>4$，根据前面分析的序列特性对于收敛域的影响可知，$x(n)$ 一定是因果序列，这样当 $n<0$ 时，$x(n)$ 一定为 0，无需再求。本例如此求解是为了证明留数法的正确性。

例 7.1.10 已知 $X(z)=\dfrac{1-a^2}{(1-az)(1-az^{-1})}$，$|a|<1$，求 $X(z)$ 的逆 z 变换 $x(n)$。

解 该题没有给出 $X(z)$ 的收敛域，为求出原序列，必须先确定收敛域。分析 $X(z)$，得到其极点分布图如图 7.1.20 所示。图中有两个极点 $z_1=a$ 和 $z_2=a^{-1}$，这样收敛域就有三种选法：

(1) $|z|>|a^{-1}|$，对应的 $x(n)$ 是因果序列；

(2) $|z|<|a|$，对应的 $x(n)$ 是左序列；

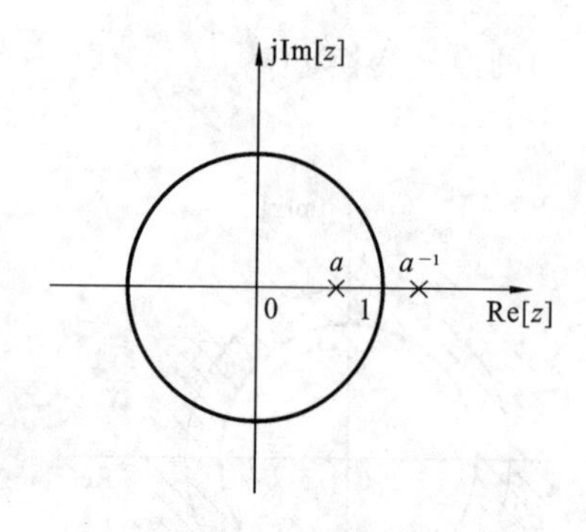

图 7.1.20　例 7.1.10 中 $X(z)$ 的极点

(3) $|a|<|z|<|a^{-1}|$，对应的 $x(n)$ 是双边序列。

下面分别按照三种不同的收敛域来求 $x(n)$。

(1) 收敛域为 $|z|>|a^{-1}|$。

$$F(z)=X(z)z^{n-1}=\frac{1-a^2}{(1-az)(1-az^{-1})}z^{n-1}$$

$$=\frac{1-a^2}{-a(z-a)(z-a^{-1})}z^n$$

由于对应的原序列是因果序列，故而无需求当 $n<0$ 时的 $x(n)$。此时围线 c 为 $|z|>a^{-1}$ 区域内的一条闭合的逆时针方向的围线。当 $n\geqslant 0$ 时，$F(z)$ 在围线内有两个极点：$z_1=a$ 和 $z_2=a^{-1}$，因此

$$\begin{aligned}x(n)&=\text{Res}\left[F(z)\right]_{z=a}+\text{Res}\left[F(z)\right]_{z=a^{-1}}\\&=\frac{(1-a^2)z^n}{-a(z-a)(z-a^{-1})}(z-a)\Big|_{z=a}+\frac{(1-a^2)z^n}{-a(z-a)(z-a^{-1})}(z-a^{-1})\Big|_{z=a^{-1}}\\&=a^n-a^{-n}\end{aligned}$$

最后可表示为

$$X(n)=(a^n-a^{-n})u(n)$$

(2) 收敛域为 $|z|<|a|$。

这种情况对应的原序列是左序列，无需求当 $n\geqslant 0$ 时的 $x(n)$。此时，围线 c 处于 $|z|<|a|$ 区域内。当 $n<0$ 时，$F(z)$ 在围线 c 内只有一个极点 $z=0$，且是 n 阶极点，改求围线 c 外极点处的留数之和，即

$$X(n)=-\text{Res}[F(z)]_{z=a}-\text{Res}[F(z)]_{z=a^{-1}}=a^n-a^{-n}$$

最后可表示为

$$X(n)=(-a^n+a^{-n})u(-n-1)$$

(3) 收敛域为 $|a|<|z|<|a^{-1}|$。

这种情况对应的是双边序列。可根据被积函数 $F(z)$，按 $n\geqslant 0$ 和 $n<0$ 两种情况来求 $x(n)$。此时围线 c 位于 $|a|<|z|<|a^{-1}|$ 区域内。

当 $n\geqslant 0$ 时，$F(z)$ 在围线 c 内只有一个极点 $z=a$，所以有

$$X(n)=\text{Res}[F(z)]_{x=a}=a^n$$

当 $n<0$ 时，$F(z)$ 在围线 c 内有两个极点，其中极点 $z=0$ 为 n 阶极点，改求围线 c 外极点处的留数之和。$F(z)$ 在围线 c 外有一个极点 $z=a^n$，所以有

$$X(n)=-\text{Res}[F(z)]_{x=a^{-1}}=a^{-n}$$

最后可表示为

$$X(n)=\begin{cases}a^n, & n\geqslant 0\\ a^{-n}, & n<0\end{cases}$$

即

$$X(n)=a^{|n|}$$

2. 部分分式展开法

对于大多数单阶极点序列，常常也用部分分式展开法求逆 z 变换。可以先将 $X(z)$ 展开成

一些简单而常见的部分分式之和，然后分别求出各部分分式的逆变换，把各逆变换相加即可得到 $x(n)$。

z 变换的基本形式为$\frac{z}{z-a}$，$\frac{z}{(z-a)^2}$等，在利用 z 变换的部分分式展开的时候，通常先将$\frac{X(z)}{z}$展开，然后每个分式乘以 z，这样对于一阶极点，$X(z)$便可展开成$\frac{z}{z-a}$，$\frac{z}{(z-a)^2}$的形式。

下面先给出一个简单的例题，然后讨论部分分式展开法的一般公式。

例 7.1.11 设 $X(z)=\frac{1}{(1-2z^{-1})(1-0.5z^{-1})}$，$|z|>2$，试利用部分分式展开法求逆 z 变换。

解 上式可进一步写为

$$X(z)=\frac{z^2}{(z-2)(z-0.5)}$$

则

$$\frac{X(z)}{z}=\frac{z}{(z-2)(z-0.5)}=\frac{A_1}{z-2}+\frac{A_2}{z-0.5}$$

式中

$$A_1=\left[\frac{X(z)}{z}(z-2)\right]_{z=2}=\frac{4}{3}$$

$$A_2=\left[\frac{X(z)}{z}(z-0.5)\right]_{z=0.5}=-\frac{1}{3}$$

所以

$$\frac{X(z)}{z}=\frac{\frac{4}{3}}{z-2}-\frac{\frac{1}{3}}{z-0.5}$$

因而

$$X(z)=\frac{4}{3}\times\frac{z}{z-2}-\frac{1}{3}\times\frac{z}{z-0.5}$$

因为$|z|>2$，所以 $x(n)$是因果序列，查表可得

$$X(n)=\left[\frac{4}{3}\times 2^n-\frac{1}{3}\times(0.5)^n\right]u(n)$$

一般情况下，$X(z)$可以表示成有理分式：

$$X(z)=\frac{B(z)}{A(z)}=\frac{\sum_{i=0}^{M}b_iz^{-i}}{1+\sum_{i=1}^{N}a_iz^{-i}} \tag{7.1.51}$$

则 $X(z)$可展开成以下部分分式形式：

$$X(z)=\sum_{n=0}^{M-N}B_nz^{-n}+\sum_{k=1}^{N-r}\frac{A_k}{1-z_kz^{-1}}+\sum_{k=1}^{r}\frac{C_k}{[1-z_iz^{-i}]^k} \tag{7.1.52}$$

其中，z_i 为 $X(z)$的一个 r 阶极点，各个 z_k 是 $X(z)$的单阶极点($k=1,2,\cdots,N-r$)，B_n 是 $X(z)$的整式部分的系数。当 $M\geqslant N$ 时，存在 B_n($M=N$ 时只有 B_0 项)；当 $M<N$ 时，各个 B_n 均为零。B_n 可用长除法求得。

系数 A_k 是 z_k 的留数：

$$A_k=\text{Res}\left[\frac{X(z)}{z}\right]_{z=z_k}=\left[(z=z_k)\frac{X(z)}{z}\right]_{z=z_k},\quad k=1,2,\cdots,N-r \tag{7.1.53}$$

系数 C_k 可由下式求得：

$$C_k=\frac{1}{(r-k)!}\left\{\frac{\mathrm{d}^{r-k}}{\mathrm{d}z^{r-k}}\left[(z-z_i)^r\frac{X(z)}{z^k}\right]\right\}_{z-z_i},\quad k=1,2,\cdots,r \tag{7.1.54}$$

注意：在进行部分分式展开时，也用到留数问题；求各部分分式对应的原序列时，还要确定它的收敛域在哪里，因此，一般情况下不如直接用留数法求解方便。利用部分分式展开法求解逆 z 变换的时候，可以直接用表 7.1.1 中常用序列的基本 z 变换对来进行运算求解。

表 7.1.1　常用序列的 z 变换

序列	z 变换	收敛域
$\delta(n)$	1	全部 z
$u(n)$	$\frac{1}{1-z^{-1}}$	$\|z\|>1$
$a^n u(n)$	$\frac{1}{1-az^{-1}}$	$\|z\|>\|a\|$
$R_N(n)$	$\frac{1-z^{-N}}{1-z^{-1}}$	$\|z\|>0$
$-a^n u(-n-1)$	$\frac{1}{1-az^{-1}}$	$\|z\|<\|a\|$
$nu(n)$	$\frac{z^{-1}}{(1-az^{-1})^2}$	$\|z\|>1$
$na^n u(n)$	$\frac{az^{-1}}{(1-az^{-1})^2}$	$\|z\|>\|a\|$
$\mathrm{e}^{\mathrm{j}\omega_0 n}u(n)$	$\frac{1}{1-\mathrm{e}^{\mathrm{j}\omega_0}z^{-1}}$	$\|z\|>1$
$\sin(\omega_0 n)u(n)$	$\frac{z^{-1}\sin\omega_0}{1-2z^{-1}\cos\omega_0+z^{-2}}$	$\|z\|>1$
$\cos(\omega_0 n)u(n)$	$\frac{1-z^{-1}\cos\omega_0}{1-2x^{-1}\cos\omega_0+z^{-2}}$	$\|z\|>1$

3. 长除法

长除法也叫幂级数展开法。由 z 变换的定义式可知，z 变换式一般是 z 的有理函数，可表示为

$$X(z)=\frac{b_0+b_1z+\cdots+b_{r-1}z^{r-1}+b_rz^r}{a_0+a_1z+\cdots+a_{k-1}z^{k-1}+a_kz^k} \tag{7.1.55}$$

直接用长除法进行逆变换，可得

$$X(z)=\cdots+x(-1)z+x(0)+x(1)z^{-1}+\cdots \tag{7.1.56}$$

由此可知，$X(z)$是 z 的幂级数。当已知 $X(z)$时，可直接把 $X(z)$展开成幂级数，级数的系

数即是序列 $x(n)$。

例 7.1.12 已知 $X(z)=\dfrac{z}{(z-1)^2}$，$|z|>1$，求原序列 $x(n)$。

解 由于收敛域在圆内，故为右边序列，且一定是 z^{-n} 的形式，因此采用 z 的降幂排列。

$$
\begin{array}{r|l}
 & z^{-1}+2z^{-2}+3z^{-3}+\cdots \\
\hline
z^2-2z+1 & z \\
 & z\quad -2+\ z^{-1} \\
\cline{2-2}
 & \quad 2-\ z^{-1} \\
 & \quad 2-4z^{-1}+2z^{-2} \\
\cline{2-2}
 & \qquad 3z^{-1}-2z^{-2} \\
 & \qquad 3z^{-1}-6z^{-2}+3z^{-3} \\
\cline{2-2}
 & \qquad\quad 4z^{-2}-3z^{-3} \\
 & \qquad\qquad \cdots
\end{array}
$$

由于 $X(z)=0+z^{-1}+2z^{-2}+3z^{-3}+\cdots=\sum\limits_{k=0}^{\infty}kz^{-k}$，因此原序列为

$$x(n)=nu(n)$$

7.2 离散时间 LTI 系统的复频域分析

描述离散时间系统的数学模型为差分方程，求解差分方程是分析离散时间系统的一个重要途径。通常求解线性时不变离散系统差分方程的方法有两种：时域分析法和复频域（z 域）分析法。

用时域分析法分析差分方程相当烦琐，而利用 z 变换的方法分析 LTI 离散系统差分方程时，先将时域差分方程变换为 z 域的代数方程，再结合 z 变换的基本性质进行逆 z 变换，系统的求解非常方便。这种分析方法称为 z 域分析，在这种分析方法中一个比较重要的参数就是系统函数，正如连续时间系统的系统函数 $H(s)$ 一样，离散时间 LTI 系统的系统函数 $H(z)$ 也是反映了系统特征的重要函数，在分析和研究离散时间系统中起着非常重要的作用。

7.2.1 离散时间 LTI 系统的系统函数

离散系统的系统函数定义为零状态响应和激励的象函数之比。由 $\sum\limits_{k=0}^{N}a_k y_{zi}(n-k)=0$ 可知

$$H(z)=\frac{Y_{zs}(z)}{X(z)}=\frac{\sum\limits_{r=0}^{M}b_r z^{-r}}{\sum\limits_{k=0}^{N}a_k z^{-k}}=\frac{B(z)}{A(z)} \tag{7.2.1}$$

式中，$B(z)$、$A(z)$ 分别为

$$A(z)=\sum_{k=0}^{N}a_k z^{-k}=a_0+a_1 z^{-1}+a_2 z^{-2}+\cdots+a_N z^{-N}$$

$$B(z)=\sum_{r=0}^{M}b_r z^{-r}=b_0+b_1z^{-1}+b_2z^{-2}+\cdots+b_Mz^{-M}$$

引入系统函数的概念后，零状态响应的象函数可写为

$$Y_{zs}(z)=H(z)X(z) \tag{7.2.2}$$

由离散时间系统的时域分析可知，系统的零状态响应也可以用激励和单位冲激响应的卷积得到，即

$$y_{zs}(n)=x(n)*h(n) \tag{7.2.3}$$

由时域卷积定理，得到

$$Y_{zs}(z)=H(z)X(z) \tag{7.2.4}$$

其中

$$H(z)=Z[h(n)]=\sum_{n=\infty}^{\infty}h(n)z^{-n} \tag{7.2.5}$$

可见，系统函数 $H(z)$ 与系统的单位脉冲响应是一对 z 变换。既可以利用卷积求系统的零状态响应，也可以借助系统函数与激励的 z 变换式乘积的逆 z 变换来求此响应。

例 7.2.1 对于某 LTI 离散系统，已知当输入 $x(n)=\left(-\frac{1}{2}\right)^n u(n)$ 时，其零状态响应为 $\left(-\frac{1}{2}\right)^n y_{zs}(n)=\left[\frac{3}{2}\times\left(\frac{1}{2}\right)^n+4\times\left(-\frac{1}{3}\right)^n-\frac{9}{2}\times\left(-\frac{1}{2}\right)^n\right]u(n)$，求系统的单位序列响应和描述系统的差分方程。

解 零状态响应的象函数为

$$Y_{zs}(n)=\frac{3}{2}\times\frac{z}{z-\frac{1}{2}}+4\times\frac{z}{z+\frac{1}{3}}-\frac{9}{2}\times\frac{z}{z+\frac{1}{2}}$$

$$=\frac{z^3+2z^2}{\left(z-\frac{1}{2}\right)\left(z+\frac{1}{3}\right)\left(z+\frac{1}{2}\right)}$$

输入的象函数为

$$X(z)=\frac{z}{z+\frac{1}{2}}$$

故得系统函数为

$$H(z)=\frac{Y_{zs}(z)}{X(z)}=\frac{z^2+2z}{z^2-\frac{1}{6}z-\frac{1}{6}}$$

求逆变换，得

$$h(n)=Z^{-1}[H(z)]=\left[3\times\left(\frac{1}{2}\right)^n-2\times\left(-\frac{1}{3}\right)^n\right]u(n)$$

将系统函数的分子与分母同时乘以 z^{-2}，得

$$H(z)=\frac{Y_{zs}(z)}{X(z)}=\frac{1+2z^{-1}}{1-\frac{1}{6}z^{-1}-\frac{1}{6}z^{-2}}$$

则描述系统的差分方程为

$$y(n)-\frac{1}{6}y(n-1)-\frac{1}{6}y(n-2)=x(n)+2x(n-1)$$

7.2.2 离散时间LTI系统响应的复频域分析

离散时间LTI系统响应的复频域分析是指利用 z 变换求解差分方程，从而求解系统响应。

1. 利用 z 变换求解差分方程的步骤

利用 z 变换求解离散时间LTI系统的差分方程的步骤如下。

(1) 对差分方程进行单边 z 变换，变差分方程为代数方程；

(2) 应用卷积定理，将时域卷积变为频域(z 域)乘积；

(3) 由 z 变换分析法求系统响应 $Y(z)$；

(4) 求 $Y(z)$ 的逆变换，得到 $y(n)$。其中，部分分式分解后将求解过程变为查表求逆 z 变换，此时，求解过程自动包含了初始状态(相对于 0_-)的条件。

例 7.2.2 已知系统的差分方程为 $y(n)-0.9y(n-1)=0.05u(n)$，若系统的初始条件为 $y(-1)=1$，求系统的全响应。

解 方程两边取 z 变换，有

$$Y(z)-0.9[z^{-1}Y(z)+y(-1)]=0.05\times\frac{z}{z-1}$$

整理得

$$Y(z)=\frac{0.05z^2}{(z-1)(z-0.9)}+\frac{0.9y(-1)z}{z-0.9}$$

代入初始条件 $y(-1)=1$，得

$$\frac{Y(z)}{z}=\frac{A_1z}{z-1}+\frac{A_2z}{z-0.9}$$

利用系数求解法确定系数 $A_1=0.5$，$A_2=0.45$，有

$$\frac{Y(z)}{z}=0.5\times\frac{z}{z-1}+0.45\times\frac{z}{z-0.9}$$

对上式取逆 z 变换，得系统全响应为

$$y(n)=0.5+0.45\times(0.9)^n\quad(n\geqslant0)$$

2. 差分方程的验证

为了验证差分方程解的正确性，一方面可由离散原始时间系统差分方程迭代出 $y(0)$，$y(1)$，$y(2)$，…；另一方面，可由借助 z 域分析法得到的解表达式求出 $y(0)$，$y(1)$，$y(2)$，…。若两种迭代结果相同，则表明得到的差分方程解是正确的。

在这里，系统的全响应和连续时间系统一样也包含零输入响应和零状态响应，不再赘述。

例 7.2.3 已知系统框图如图7.2.1所示，试：

(1) 列出系统的差分方程；

(2) 若系统输入序列和初始条件为

$$x(n)=\begin{cases}(-2)^n & n\geqslant0\\ 0 & n<0\end{cases}$$

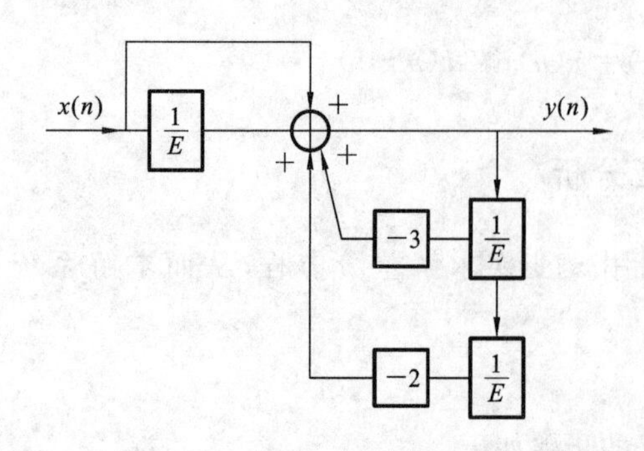

图 7.2.1　例 7.2.3 系统框图

$$y(0)=y(1)=0$$

求系统的响应 $y(n)$。

解　(1) 列差分方程,从加法器入手:

$$x(n)+x(n-1)-3y(n-1)-2y(n-2)=y(n)$$

整理,得

$$y(n)+3y(n-1)+2y(n-2)=x(n)+x(n-1)$$

(2) 利用 z 变换求解需要 $y(-1)$,$y(-2)$ 的值,利用整理后的差分方程和初始条件 $y(0)=y(1)=0$ 迭代出

$$y(-1)=-\frac{1}{2},\quad y(-2)=\frac{5}{4}$$

对差分方程两端取 z 变换,并利用右移位特性,得系统的全响应 z 变换式为

$$Y(z)+3[z^{-1}Y(z)+y(-1)]+2[z^{-2}Y(z)+z^{-1}y(-1)+y(-2)]=\frac{z}{z+2}+\frac{z}{z+2}z^{-1}$$

方法一:

由激励引起的零状态响应(初始条件为 0)为

$$Y_{zs}(z)[1+3z^{-1}+2z^{-2}]=\frac{z+1}{z+2}$$

即

$$Y_{zs}(z)=\frac{z^2}{(z+2)^2}$$

对上式进行逆 z 变换得出系统的零状态响应为

$$Y_{zs}(z)\leftrightarrow y_{zs}(n)=(n+1)(-2)^n u(n)$$

由初始储能引起的零输入响应(系统激励为 0)为

$$Y_{zi}(z)[1+3z^{-1}+2z^{-2}]=-2z^{-1}y(-1)-3y(-1)-2y(-2)$$

即

$$Y_{zi}(z)=\frac{-z(z-1)}{(z+2)(z+1)}=\frac{-3z}{z+2}+\frac{2z}{z+1}$$

对上式进行逆 z 变换得出系统的零输入响应为

$$Y_{zi}(z)\leftrightarrow y_{zi}(n)=-3(-2)^n+2(-1)^n\quad n\geqslant 0$$

则系统的全响应为

$$y(n)=y_{zs}(n)+y_{zi}(n)=2(-1)^n-2(-2)^n+n(-2)^n\quad (n\geqslant 0)$$

方法二:

由系统的全响应 z 变换式直接变形得到的系统响应 z 变换表达式为

$$Y(z)=\frac{2z}{(z+1)(z+2)^2}$$

利用部分分式展开为

$$\frac{Y(z)}{z}=\frac{2}{(z+1)(z+2)^2}=\frac{A_1}{z+1}+\frac{B_1}{z+2}+\frac{B_2}{(z+2)^2}$$

确定系数为

$$B_1=\frac{1}{(2-1)!}\cdot\frac{\mathrm{d}}{\mathrm{d}z}\left[(z+2)^2\frac{2}{(z+1)(z+2)^2}\right]_{z=-2}=-2$$

$$A_1=2,\quad B_2=-2$$

故而

$$Y(z)=2\frac{z}{z+1}-2\frac{z}{z+2}-2\frac{z}{(z+2)^2}$$

对上式进行逆 z 变换，得

$$y(n)=2(-1)^n-2(-2)^n+n(-2)^n\quad(n\geqslant 0)$$

验证：方法一利用了系统全响应等于系统零状态响应和系统零输入响应的和，方法二直接由系统全响应进行 z 变换和逆 z 变换，两种方法得出的系统全响应一致。

7.3 系统函数 $H(z)$ 与系统特性

由于系统单位抽样响应 $h(n)$ 与系统函数 $H(z)$ 是一对 z 变换，因此可以由系统函数 $H(z)$ 的零极点分布情况来确定单位抽样响应 $h(n)$ 的特性或者由单位抽样响应 $h(n)$ 的特性来分析系统函数 $H(z)$ 的特性。

对于系统单位冲激响应，如图 7.3.1 所示，若 $x(n)=\delta(n)$，则 $X(z)=1$，此时 $Z[h(n)]=H(z)$。由于 $h(n)\leftrightarrow H(z)$，则利用逆 z 变换可求 $h(n)$，即 $h(n)=Z^{-1}[H(z)]$，系统的零状态响应为

$\delta(n)$ → 系统 → $h(n)$

图 7.3.1 系统单位冲激响应

$$y_{zs}(n)=h(n)*x(n)\leftrightarrow Y(z)=H(z)\cdot X(z)\tag{7.3.1}$$

7.3.1 系统函数的零极点分布与单位抽样响应的特性

系统函数可以表示为零极点增益形式，即

$$p_kH(z)=\frac{\sum_{r=0}^{M}b_rz^{-r}}{\sum_{k=0}^{N}a_kz^{-k}}=G\frac{\prod_{r=1}^{M}(1-z_rz^{-1})}{\prod_{k=1}^{N}(1-p_kz^{-1})}\tag{7.3.2}$$

其中，z_r 为零点，p_k 为极点。假设 $H(z)$ 无重根，则可展开为如下部分分式：

$$H(z)=\sum_{k=0}^{N}\frac{A_kz}{z-p_k}=A_0+\sum_{k=1}^{N}\frac{A_kz}{z-p_k}\tag{7.3.3}$$

因为 $h(n)\leftrightarrow H(z)$，所以可得单位抽样响应为

$$h(n)=Z^{-1}\left[A_0+\sum_{k=1}^{N}\frac{A_kz}{z-p_k}\right]=A_0\delta(n)+\sum_{k=1}^{N}A_k(p_k)^nu(n)\tag{7.3.4}$$

由此可知，系统函数 $H(z)$ 的极点 p_k 决定了系统单位抽样响应 $h(n)$ 的特性；系统函数 $H(z)$ 的零点 z_r 决定了系统单位抽样响应 $h(n)$ 的幅值。由于极点 p_k 可以是不同的实数或者共轭复数，因此系统单位抽样响应 $h(n)$ 的变换规律可能是指数衰减、上升，或者减幅、增幅、等幅振荡，如图 7.3.2 所示。此外，A_0、A_k 与系统函数 $H(z)$ 的零点、极点分布都有关。

由图 7.3.2 可得如下结论。

(1) 若 $H(z)$ 极点为单位圆内的实数，则对应的 $h(n)$ 为指数衰减序列。

(2) 若 $H(z)$ 极点为单位圆上的实数，则对应的 $h(n)$ 为阶跃序列。

(3) 若 $H(z)$ 极点为单位圆外的实数，则对应的 $h(n)$ 为指数增幅序列。

(4) 若 $H(z)$ 极点为单位圆内的共轭极点，则对应的 $h(n)$ 为正弦震荡减幅序列。

(5) 若 $H(z)$ 极点为单位圆上的共轭极点，则对应的 $h(n)$ 为正弦震荡等幅序列。

(6) 若 $H(z)$ 极点为单位圆外的共轭极点，则对应的 $h(n)$ 为正弦震荡增幅序列。

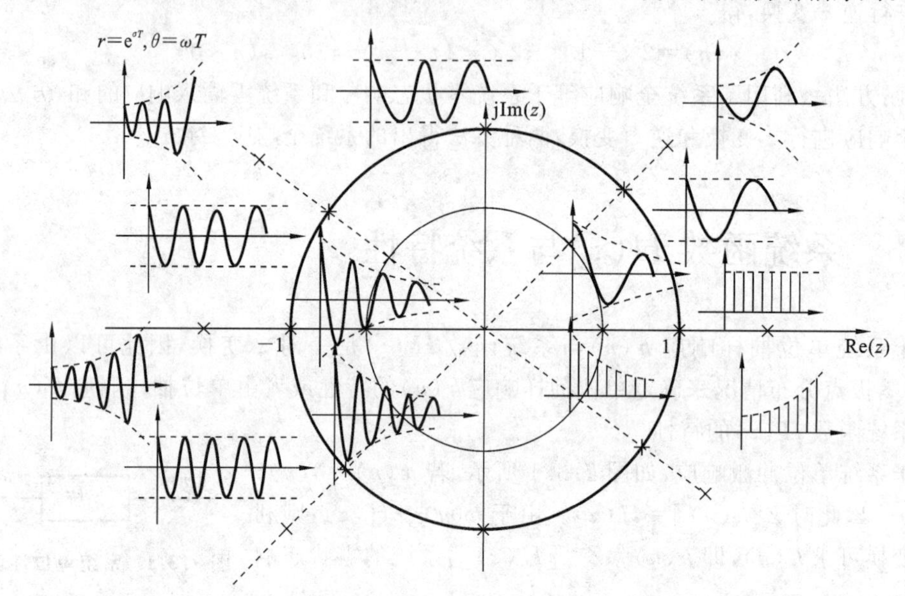

图 7.3.2　零点、极点分布与单位抽样响应 $h(n)$ 的变换规律

7.3.2　系统函数与系统稳定性

在实际工作中，一个离散系统能否稳定工作是至关重要的。与连续时间系统相似，离散时间系统稳定性定义为：对任意有界的输入序列，总能产生有界的输出，其输出序列必定是有界的，这样的系统称为稳定离散时间系统。

离散 LTI 系统稳定性的判据可分为时域判据和 z 域判据。

1) 时域判据

可证明，对于因果离散 LTI 系统，当且仅当单位抽样响应 $h(n)$ 绝对可和时才能稳定，也即其稳定性的充要条件是

$$\sum_{n=-\infty}^{\infty} |h(n)| < \infty \tag{7.3.5}$$

2) z 域判据

可证明，对于因果离散 LTI 系统，当且仅当系统函数 $H(z)$ 的全部极点落在单位圆内时才能稳定，其稳定性的充要条件是收敛域应包括单位圆在内，即

$$|z|>a, \quad a<1$$

从概念上来说，因为任意有界的输入序列均可表示为单位冲激序列 $\delta(n)$ 的线性组合，因此，只要单位抽样响应 $h(n)$ 绝对可和，则输出序列必将有界。

因此，根据 $h(n)$ 的变化模式，可直观地说明系统稳定性。

(1) 稳定情况：若系统 $h(n)$ 在足够长时间之后完全消失，则系统是稳定的。

(2) 临界稳定情况：若系统 $h(n)$ 在足够长时间之后趋于一个非零常数或有界的等幅振荡，则系统是临界稳定的。

(3) 不稳定情况：若系统 $h(n)$ 在足够长时间之后无限制地增长，则系统是不稳定的。

由于单位抽样响应 $h(n)$ 的变化模式完全取决于系统函数 $H(z)$ 的极点分布，因此可得出在 z 域的系统稳定判据。

(1) 若 $H(z)$ 的所有极点全部位于单位圆内，则系统是稳定的。

(2) 若 $H(z)$ 的一阶极点(实极点或共轭复极点)全部位于单位圆上，单位圆外无极点，则系统是临界稳定的。

(3) 若 $H(z)$ 的所有极点全部位于单位圆外，或在单位圆上有重极点，则系统是不稳定的。

连续系统和离散系统稳定性的比较如表 7.3.1 所示。

表 7.3.1 连续系统和离散系统稳定性的比较

比较项目	连续因果系统	离散因果系统
充要条件	$\int_{-\infty}^{\infty} \lvert h(n)\rvert \mathrm{d}t < \infty$ 有界	$\sum_{n=-\infty}^{\infty} \lvert h(n)\rvert < \infty$ 有界
极点	$H(z)$ 的极点全部在左半平面	$H(z)$ 的极点全部在单位圆内
收敛域	含虚轴的右半平面	含单位圆的圆外
临界稳定的极点	沿虚轴	单位圆上

例 7.3.1 已知因果 LTI 离散系统的系统函数如下，试判断该系统的稳定性。

$$H(z)=\frac{1}{(1-0.5z^{-1})(1-1.5z^{-1})}$$

解 从收敛域看，该因果系统的收敛域为 $|z|>1.5$，收敛域不包含单位圆，故系统不稳定。从极点看，系统的极点为 $z_1=0.5$，$z_2=1.5$，极点 $z_2=1.5$ 在单位圆外，故系统不稳定。

例 7.3.2 一因果离散系统如图 7.3.3 所示，试求系统函数 $H(z)$，并确定系统稳定时 k 的取值范围。

解 由系统框图可得

$$G(z)=-\frac{k}{3}z^{-1}G(z)+X(z)$$

$$Y(z)=G(z)-\frac{k}{4}z^{-1}G(z)$$

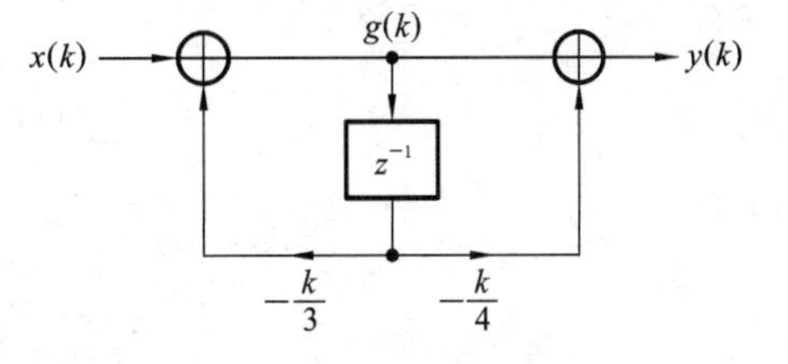

图 7.3.3 例 7.3.2 离散系统框图

因为

$$H(z)=\frac{Y(z)}{X(z)}$$

所以

$$H(z)=\frac{1-\frac{k}{4}z^{-1}}{1+\frac{k}{3}z^{-1}}=\frac{z-\frac{k}{4}}{z+\frac{k}{3}}$$

因为因果离散系统稳定的充要条件是系统函数 $H(z)$ 的极点在单位圆内，所以 $\left|\frac{k}{3}\right|<1$，即系统稳定时，$|k|<3$。

7.3.3 系统函数的零极点分布与系统频率响应

7.3.3.1 离散系统的频率特性的意义

类似连续时间系统，离散时间系统的频率特性也是一个非常重要的概念，它表明了系统对不同频率的正弦输入序列产生了不同的加权后所对应的正弦稳态响应特性，这即是系统的频率响应特性。

稳定的因果离散系统如图 7.3.4 所示，图(a)为稳定的因果离散系统框图，图(b)所示的离散信号作用到图(a)所示的离散系统产生的零状态响应如图(c)所示。

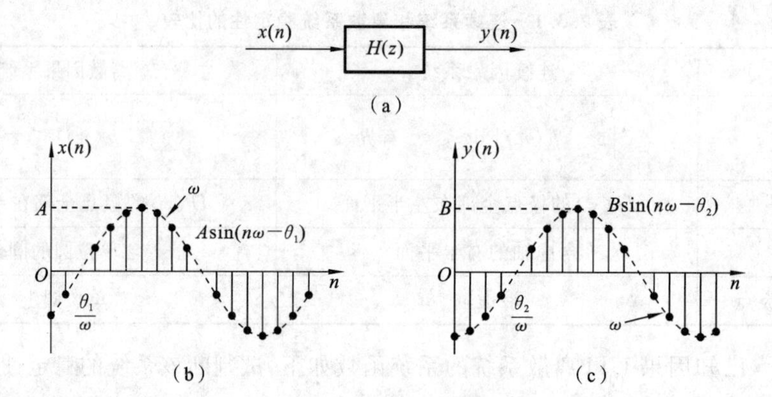

图 7.3.4 稳定的因果离散系统

为了具有一般性，设输入序列为争先序列

$$x(n)=\mathrm{e}^{\mathrm{j}\omega n} \tag{7.3.6}$$

若离散时间系统的单位抽样响应为 $h(n)$，则系统的零状态响应为

$$\begin{aligned}y(n)&=h(n)*x(n)=\sum_{m=0}^{+\infty}h(m)x(n-m)\\&=\sum_{m=0}^{+\infty}h(m)\mathrm{e}^{\mathrm{j}\omega(n-m)}=\mathrm{e}^{\mathrm{j}\omega n}\sum_{m=0}^{+\infty}h(m)\mathrm{e}^{\mathrm{j}\omega m}\end{aligned} \tag{7.3.7}$$

由于

$$H(z)=Z[h(n)]=\sum_{m=0}^{+\infty}h(n)z^{-m} \tag{7.3.8}$$

在单位圆上 $z=\mathrm{e}^{\mathrm{j}\omega}$，因此

$$y(n)=\mathrm{e}^{\mathrm{j}\omega n}H(z)\big|_{z=\mathrm{e}^{\mathrm{j}\omega}}=H(\mathrm{e}^{\mathrm{j}\omega})x(n) \tag{7.3.9}$$

由此可知，$H(\mathrm{e}^{\mathrm{j}\omega})$ 为输入序列的加权，体现了系统对信号的处理功能。且 $H(\mathrm{e}^{\mathrm{j}\omega})$ 是系统函数 $H(z)$ 在单位圆上的动态变化，取决于系统的特性，因此，$H(\mathrm{e}^{\mathrm{j}\omega})$ 通常被称为是系统的频率响应特性，表达式为

$$H(\mathrm{e}^{\mathrm{j}\omega})=H(z)\big|_{z=\mathrm{e}^{\mathrm{j}\omega}}=\left|H(\mathrm{e}^{\mathrm{j}\omega})\right|\cdot\mathrm{e}^{\mathrm{j}\varphi(\omega)} \tag{7.3.10}$$

$|H(e^{j\omega})|-\omega$ 为幅频特性，表示输出序列与输入序列的幅度之比；$\varphi(\omega)-\omega$ 为相频特性，表示输出序列与输入序列之间的相移。

7.3.3.2 频率响应与单位抽样响应的关系

离散系统的频率响应是系统的单位样值响应的傅里叶变换：

$$H(e^{j\omega}) = \sum_{n=-\infty}^{\infty} h(n)e^{-j\omega n}$$

频率响应特性 $H(e^{j\omega})$ 反映了单位抽样响应 $h(n)$ 的加权系数对各次谐波的改变情况，这也是频率响应的物理意义。

7.3.3.3 频率特性的几何确定

将式(7.3.3)的分子与分母多项式因式分解，得到

$$H(z) = A\frac{\prod_{r=1}^{M}(z-z_r)}{\prod_{k=1}^{N}(z-p_k)} \tag{7.3.11}$$

式中，A 是幅值；z_r 是系统函数 $H(z)$ 的零点；p_k 是系统函数 $H(z)$ 的极点。参数 A 影响频率响应函数的幅度大小，零点 z_r 和极点 p_k 的分布影响系统特性。下面采用几何方法研究系统零极点分布对系统频率特性的影响。

令 $z=e^{j\omega}$，并代入式(7.3.11)，得

$$H(e^{j\omega}) = A\frac{\prod_{r=1}^{M}(e^{j\omega}-z_r)}{\prod_{k=1}^{N}(e^{j\omega}-p_k)} = |H(e^{j\omega})|e^{j\varphi(\omega)} \tag{7.3.12}$$

令

$$e^{j\omega}-z_r=A_r e^{j\psi_r},\quad e^{j\omega}-p_k=B_k e^{j\theta_k}$$

则幅频特性为

$$|H(e^{j\omega})| = \frac{\prod_{r=1}^{M}A_r}{\prod_{k=1}^{N}B_k} \tag{7.3.13}$$

相频特性为

$$\varphi(\omega) = \sum_{r=1}^{M}\psi_r - \sum_{k=1}^{N}\theta_k \tag{7.3.14}$$

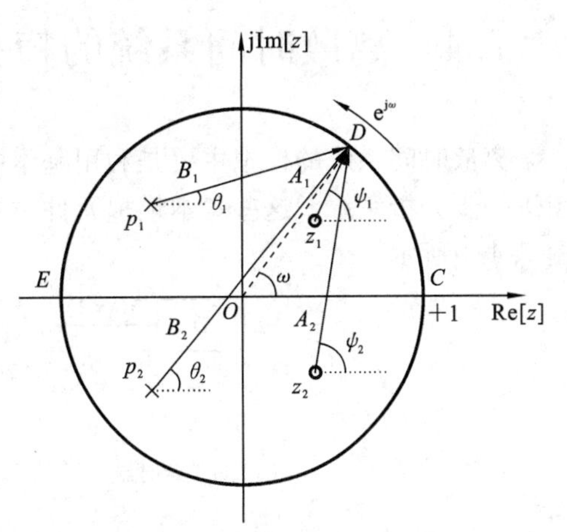

图 7.3.5 频率响应的几何解释

图 7.3.5 给出了具有两个零点和两个极点的情况的频率特性的几何解释。系统的频率响应特性由式(7.3.13)和式(7.3.14)确定。当频率 ω 从 0 变化到 2π 时，这些向量的终点 D 沿单位圆逆时针旋转一周，按式(7.3.13)和式(7.3.14)分别估算出系统的幅频特性和相频特性。在原点 $z=0$ 处的极点或零点到单位圆的距离不变，其值为 1，故对幅频特性不起作用。具体总结如下。

(1) 位于 $z=0$ 处的零点或极点对幅度影响不产生作用，因而在 $z=0$ 处加入或去除零极点，不会使幅度响应发生变化，但会影响相位响应。

(2) 当 $e^{j\omega}$ 点旋转到某个极点(p_i)附近时，如果矢量的长度 B_i 最短，则频率响应在该点可能出现峰值。极点 p_i 越靠近单位圆，B_i 越短，则频率响应在峰值附近越尖锐；若极点 p_i 落在单位圆上，$B_i=0$，则频率响应的峰值趋于无穷大。

(3) 零点的作用和极点的相反。

例 7.3.3 设一阶系统的差分方程为 $y(n)=a_1y(n-1)+x(n)$，且 $|a_1|<1$，试求系统的频率响应。

解 由系统差分方程得到系统函数为

$$H(z)=\frac{z}{z-a_1},\quad |z|>a_1$$

因 $|a_1|<1$，故该系统为稳定系统。

利用逆 z 变换求得单位抽样响应为

$$h(n)=a_1{}^n u(n)$$

频率响应为

$$H(e^{j\omega})=\frac{e^{j\omega}}{e^{j\omega}-a_1}=\frac{1}{(1-a_1\cos\omega)+ja_1\sin\omega}$$

幅频特性为

$$|H(e^{j\omega})|=\frac{1}{\sqrt{1+a_1^2-2a_1\cos\omega}}$$

相频特性为

$$\varphi(\omega)=-\arctan\left(\frac{a_1\sin\omega}{1-a_1\cos\omega}\right)$$

7.4 离散时间系统的模拟

离散时间系统的模拟主要是利用基本的模拟元件对电路进行模型化，通过模型化的模拟图进一步分析系统。这些基本模拟元件主要包括单位延时器、加法器和标量乘法器。具体如图 7.4.1 所示。

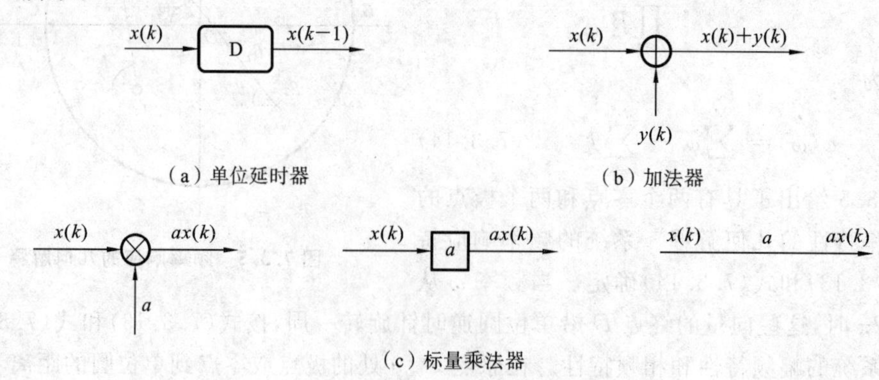

图 7.4.1 基本模拟元件

7.4.1 离散系统的连接

离散时间系统的连接方式主要由级联、并联和反馈连接三种。

1. 离散系统的级联

两个子系统的系统函数分别为 $H_1(z)$ 和 $H_2(z)$，由两个子系统级联构成的一个离散时间系统模拟图如图 7.4.2(a)所示。

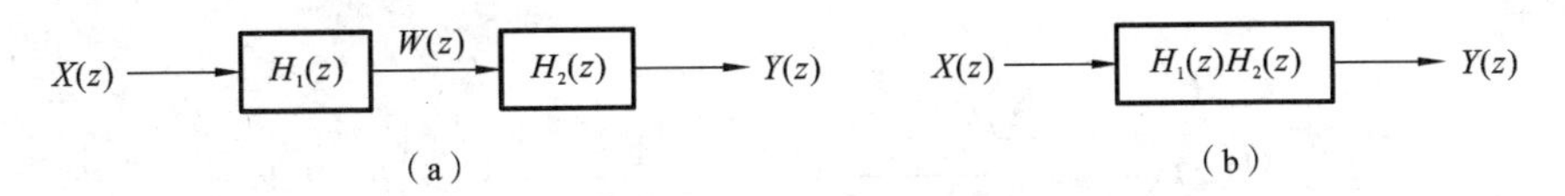

图 7.4.2 离散系统的级联

由图 7.4.2(a)可得

$$Y(z)=H_2(z)\cdot W(z)=H_2(z)\cdot H_1(z)\cdot X(z)=H(z)\cdot X(z) \tag{7.4.1}$$

故图 7.4.2(a)可等效为图 7.4.2(b)。

2. 离散系统的并联

两个子系统的系统函数分别为 $H_1(z)$ 和 $H_2(z)$，由两个子系统并联构成的一个离散时间系统模拟图如图 7.4.3(a)所示。

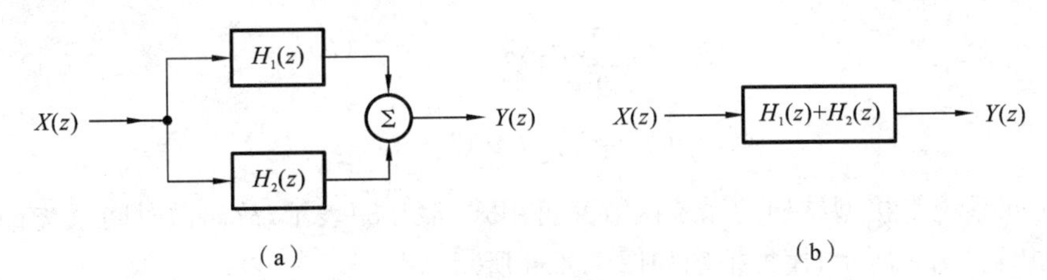

图 7.4.3 离散系统的并联

由图 7.4.3(a)可得

$$\begin{aligned} Y(z)&=H_1(z)X(z)+H_2(z)X(z)\\ &=[H_1(z)+H_2(z)]X(z)=H(z)X(z) \end{aligned}$$

故图 7.4.3(a)可等效为图 7.4.3(b)。

3. 离散系统的反馈连接

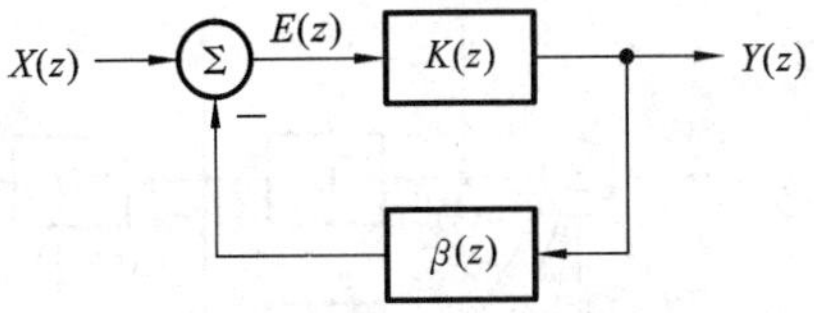

两个子系统的系统函数分别为 $K(z)$ 和 $\beta(z)$，由两个子系统反馈连接构成的一个离散时间系统模拟图如图 7.4.4 所示。

图 7.4.4 离散系统的反馈连接

由图 7.4.4 可得

$$Y(z)=E(z)K(z)=[X(z)-\beta(z)Y(z)]K(z)$$

变换上式，得

$$Y(z)=\frac{K(z)}{1+\beta(z)K(z)}X(z)=H(z)X(z) \tag{7.4.2}$$

7.4.2 离散系统的模拟

1. 直接型结构

设差分方程中的 $m=n$，即

$$y(k)+\sum_{j=1}^{n}a_j y(k-j)=\sum_{i=0}^{n}b_i x(k-i)$$

则系统函数为

$$H(z)=\frac{\sum_{i=0}^{n}b_i z^{-i}}{1+\sum_{j=1}^{n}a_j z^{-j}}=\frac{1}{1+\sum_{j=1}^{n}a_j z^{-j}}\cdot\sum_{i=0}^{n}b_i z^{-i}$$

系统可以看成两个子系统的级联，即

$$H_1(z)=\frac{1}{1+\sum_{j=1}^{n}a_j z^{-j}}=\frac{W(z)}{X(z)}$$

$$H_2(z)=\sum_{i=0}^{n}b_i z^{-i}=\frac{Y(z)}{W(z)}$$

描述这两个系统的差分方程为

$$w(k)+\sum_{j=1}^{n}a_j w(k-j)=x(k)$$

$$y(k)=\sum_{i=0}^{n}b_i w(k-i)$$

离散时间系统直接型结构的系统函数又可用式(7.4.3)表示，故离散时间系统直接型结构时域框图如图 7.4.5 所示，模拟框图如图 7.4.6 所示。

$$H(z)=\frac{b_0+b_1 z^{-1}+\cdots+b_{n-1}z^{-(n-1)}+b_n z^{-n}}{1+a_1 z^{-1}+\cdots+a_{n-1}z^{-(n-1)}+a_n z^{-n}} \tag{7.4.3}$$

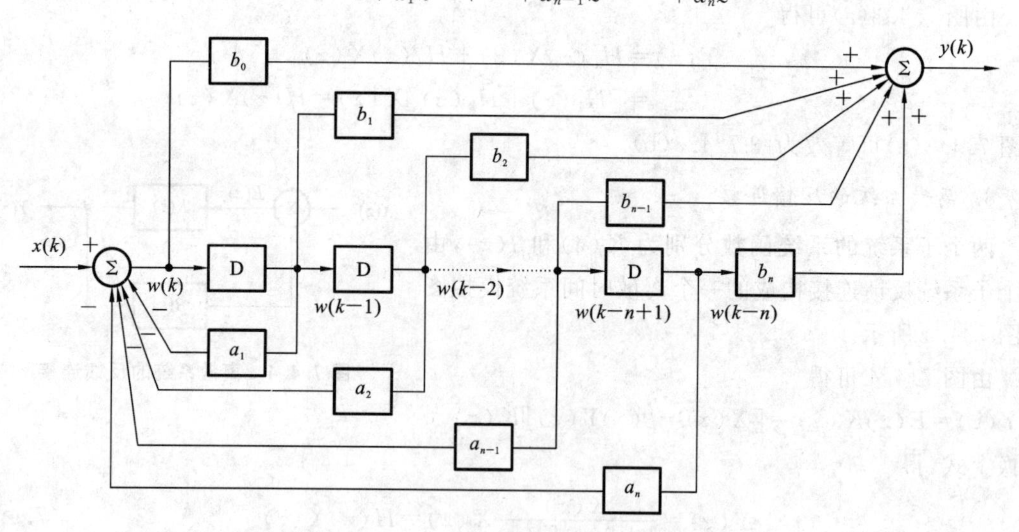

图 7.4.5 离散时间系统直接型结构时域框图

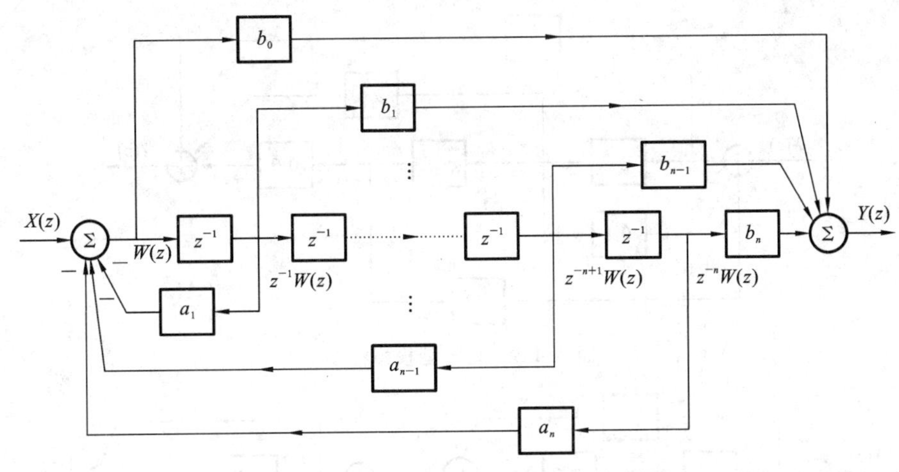

图 7.4.6　离散时间系统直接型模拟框图

2. 级联型结构

将系统函数的 $N(z)$ 和 $D(z)$ 分解为一阶或二阶实系数因子的形式，将它们组成一阶和二阶子系统，即

$$H(z)=H_1(z)H_2(z)\cdots H_n(z) \tag{7.4.4}$$

画出每个子系统的直接型模拟框图，然后将各子系统级联，即得到离散时间系统级联型结构，其模拟框图如图 7.4.7 所示。

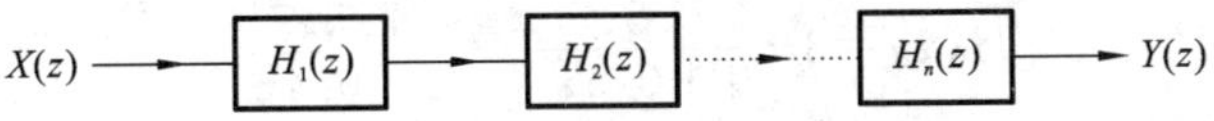

$X(z) \rightarrow \boxed{H_1(z)} \rightarrow \boxed{H_2(z)} \cdots \rightarrow \boxed{H_n(z)} \rightarrow Y(z)$

图 7.4.7　离散时间系统级联型模拟框图

3. 并联型结构

将系统函数展开成部分分式，形成一阶和二阶子系统并联形式，即

$$H(z)=H_1(z)+H_2(z)+\cdots+H_n(z) \tag{7.4.5}$$

画出每个子系统的直接型模拟框图，然后将各子系统并联，即得到离散时间系统并联型结构，其模拟框图如图 7.4.8 所示。

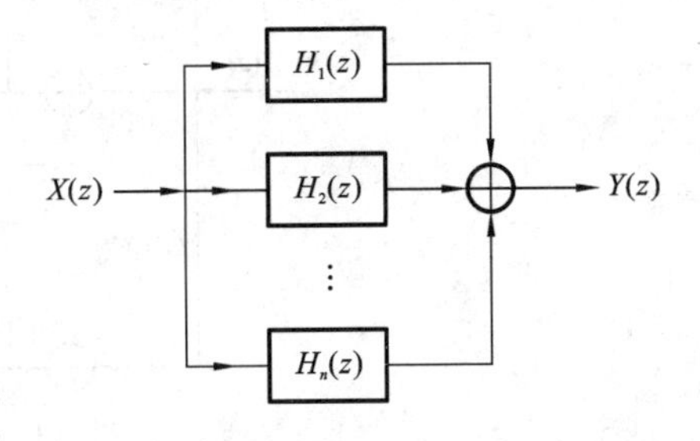

图 7.4.8　离散时间系统并联型模拟框图

例 7.4.1　已知 $H(z)=\dfrac{3+3.6z^{-1}+0.6z^{-2}}{1+0.1z^{-1}-0.2z^{-2}}$，试画出其直接型、级联型、并联型的模拟框图。

解　1) 直接型模拟框图

系统直接型结构系统函数可由题中表达式表示，可根据系统函数直接画出直接型模拟框图，如图 7.4.9 所示。

2) 级联型模拟框图

系统级联型结构系统函数可由题中表达式进行如下变化，根据变换后的系统函数可画出级联型模拟框图，如图 7.4.10 所示。

$$H(z)=\frac{3+0.6z^{-1}}{1+0.5z^{-1}}\cdot\frac{1+z^{-1}}{1-0.4z^{-1}}$$

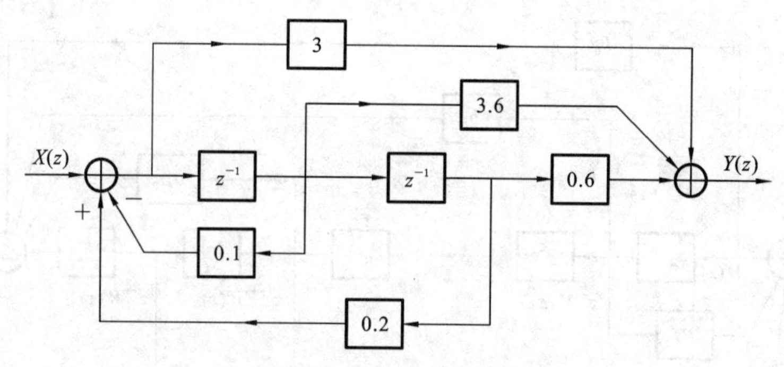

图 7.4.9 直接型模拟框图

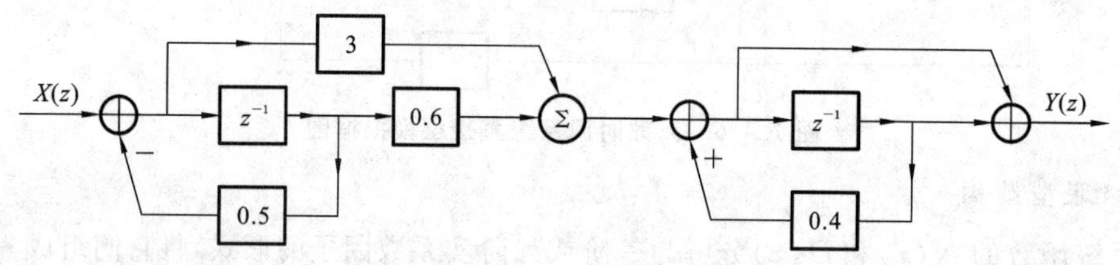

图 7.4.10 级联型模拟框图

3）并联型模拟框图

系统并联型结构系统函数可由题中表达式进行如下变化，根据变换后的系统函数可画出并联型模拟框图，如图 7.4.11 所示。

$$H(z)=3+\frac{0.5z^{-1}}{1+0.5z^{-1}}+\frac{2.8z^{-1}}{1-0.4z^{-1}}$$

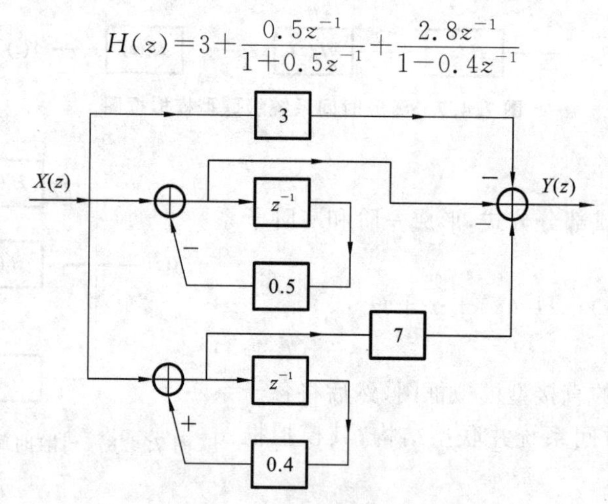

图 7.4.11 并联型模拟框图

7.5 利用 MATLAB 进行离散系统的复频域分析

1. 离散信号的 z 变换和逆 z 变换

序列 $f(k)$（k 为整数）的双边 z 变换定义为

$$F(z)=\sum_{k=-\infty}^{\infty}f(k)z^{-k}$$

MATLAB的符号数学工具箱(Symbolic Math Tools)提供了计算 z 变换的函数 ztrans()和计算逆 z 变换的函数 iztrans()。其调用形式为

```
F=ztrans(f)             % 求符号函数 f 的 z 变换,返回函数的自变量为 z;
F=ztrans(f,w)           % 求符号函数 f 的 z 变换,返回函数的自变量为 w;
F=ztrans(f,k,w)         % 对自变量为 k 的符号函数 f 求 z 变换,返回函数的自变量为 w;
f=iztrans(F)            % 对自变量为 z 的符号函数 F 求逆 z 变换,返回函数的自变量为 n;
f=iztrans(F,k)          % 对自变量为 z 的符号函数 F 求逆 z 变换,返回函数的自变量为 k;
f=iztrans(F,w,k)        % 对自变量为 w 的符号函数 F 求逆 z 变换,返回函数的自变量为 k;
```

例 7.5.1 已知序列 $f(k)=2^{-k}$,求其 z 变换。

解 在命令窗口中输入如下命令,即可完成 $f(k)$的 z 变换。

```
syms k
f=sym('2^(-k)');              % 定义序列 f(k)
F=ztrans(f)                   % 求 z 变换
```

运行结果为

```
F=2*z/(2*z-1)
```

即 $F(z)=\dfrac{2z}{2z-1}$。

例 7.5.2 已知一离散系统的系统函数 $H(z)=\dfrac{z}{z^2+3z+2}$,求其冲激响应 $h(k)$。

解 运行如下 M 文件。

```
syms k z
H=sym('z/(z^2+3*z+2)');
h=iztrans(H,k)              % 求逆 z 变换
```

运行结果为

```
h=(-1)^k-(-2)^k
```

即 $h(k)=[(-1)^k-(-2)^k]\varepsilon(k)$。

对象函数 $F(z)$求逆 z 变换,还可以利用函数 residuez( )对象函数作部分分式展开,然后按部分分式展开法求得原函数。

2. 系统函数的零极点图的绘制

MATLAB的 zplane()函数用于系统函数的零极点图的绘制,其调用方式为

```
zplane(b,a)
```

其中,b、a 分别为系统函数分子、分母多项式的系数向量。

在 MATLAB 中,可以借助函数 tf2zp()来直接得到系统函数的零点和极点的值,函数 tf2zp()的作用是将 $H(z)$转换为由零点、极点和增益常数组成的表示式,即

$$H(z)=\frac{B(z)}{A(z)}=C\,\frac{(z-z_1)(z-z_2)\cdots(z-z_m)}{(z-p_1)(z-p_2)\cdots(z-p_n)}$$

tf2zp()函数的调用形式如下:

```
[z,p,C]=tf2zp(b,a)
```

例 7.5.3 已知一离散系统的系统函数 $H(z)=\frac{z^2-0.7z+0.1}{z^2+3z+2}$，试绘制其零极点图。

解 在 MATLAB 的命令窗口中输入如下命令，即可得到其零极点图，如图 7.5.1 所示。

```
a=[1 3 2];
b=[1 -0.7 0.1];
zplane(b,a)                % 绘制其零极点图
```

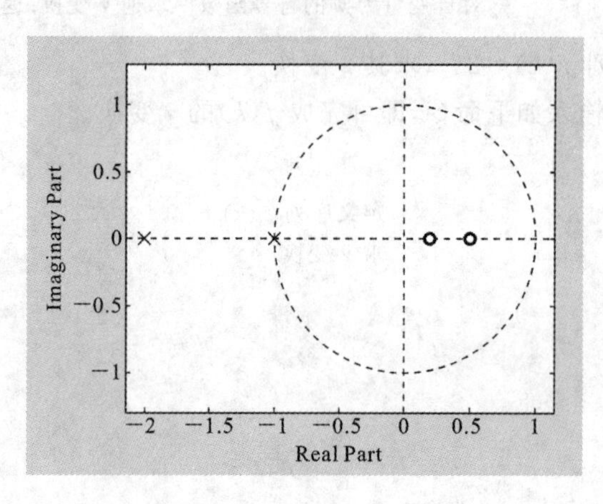

图 7.5.1 例 7.5.3 图

3. 离散系统的频率响应分析

若离散系统是稳定的，其系统函数的收敛域应包含单位圆，离散系统的频率响应即为单位圆上（$|z|=1$）的系统函数，即

$$H(e^{j\omega})=|H(e^{j\omega})|e^{j\varphi(\omega)}=H(z)|_{z=e^{j\omega}}$$

其中，$|H(e^{j\omega})|$为系统的幅频特性，$\varphi(\omega)$为系统的相频特性。

在 MATLAB 中，利用 freqz( )函数可方便地求得系统的频率响应，调用格式如下：

```
freqz(b,a)
```

该调用方式将绘制系统在 $0\sim\pi$ 范围内的幅频特性和相频特性图，其中，b、a 分别为系统函数分子、分母多项式的系数向量。

```
freqz(b,a,'whole')
```

该调用方式将绘制系统在 $0\sim2\pi$ 范围内的幅频特性和相频特性图。

```
freqz(b,a,N)
```

该调用方式将绘制系统在 $0\sim\pi$ 范围内 N 个频率等分点的幅频特性和相频特性图，N 的缺省值为 512。

```
freqz(b,a,N,'whole')
```

该调用方式将绘制系统在 $0\sim2\pi$ 范围内 N 个频率等分点的幅频特性和相频特性图。

此外，还有如下类似的四种调用形式。其中，返回向量 H 包含了离散系统频率响应

$H(e^{j\omega})$在$0\sim\pi$(或$0\sim2\pi$)范围内各频率点处的值,返回向量w则包含了在$0\sim\pi$(或$0\sim2\pi$)范围内的N个(或512个)频率等分点。利用这些调用方式MATLAB并不直接绘制系统的频率特性图,但可由向量H、w用abs()、angle()、plot()等函数来绘制幅频特性和相频特性图。

```
[H,w]=freqz(b,a)
[H,w]=freqz(b,a,'whole')
[H,w]=freqz(b,a,N)
[H,w]=freqz(b,a,N,'whole')
```

例7.5.4 已知一离散系统的系统函数$H(z)=\dfrac{z}{z^2+0.3z+0.2}$,试绘制其频率特性图。

解 在MATLAB的命令窗口中输入如下命令,即可得到其频率特性图,如图7.5.2所示。

```
b=[0 1 0];
a=[1 0.3 0.2];
freqz(b,a,'whole')
```

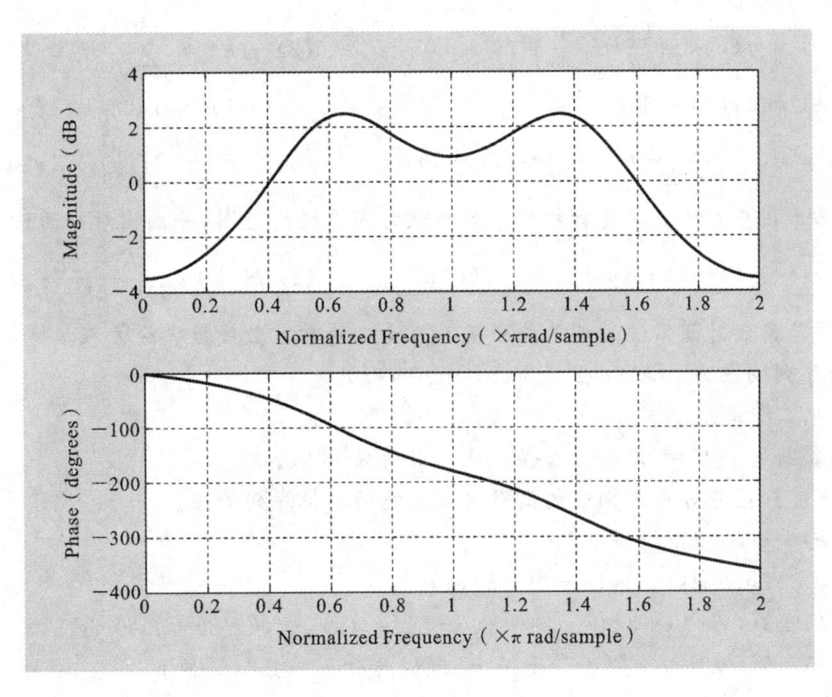

图7.5.2 例7.5.4图

习　题

7.1 画出下列各序列的图形。

(1) $f_1(k)=k\varepsilon(k+2)$;

(2) $f_2(k)=(2^{-k}+1)\varepsilon(k+1)$;

(3) $f_3(k)=\begin{cases}k+2, & k\geqslant 0\\ 3(2)^k, & k<0\end{cases}$;

(4) $f_4(k)=f_2(k)+f_3(k)$;

(5) $f_5(k)=f_1(k)f_3(k)$;

(6) $f_6(k)=f_1(2-k)$。

7.2　画出图示各序列的表达式。

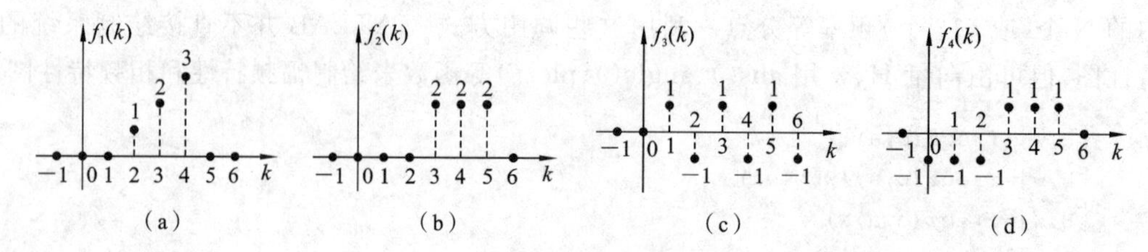

题 7.2 图

7.3　判断以下序列（A、B 为正数）是否为周期序列，若是周期序列，试求其周期。

(1) $f(k)=B\cos\left(\frac{3\pi}{7}k-\frac{\pi}{8}\right)$；　(2) $f(k)=e^{j\left(\frac{k}{8}-\pi\right)}$；　(3) $f(k)=A\sin\omega_0 k\varepsilon(k)$。

7.4　试用单位序列和各种单位阶跃序列表示长度为 N 的矩形序列 $R_N(k)$。

7.5　设 $x(0)$、$f(k)$ 和 $y(k)$ 分别表示离散时间系统的初始状态、输入序列和输出序列，试判断以下各系统是否为线性时不变系统。

(1) $y(k)=f(k)\sin\left(\frac{2\pi}{7}k+\frac{\pi}{6}\right)$；　(2) $y(k)=\sum_{i=-\infty}^{k}f(i)$；

(3) $y(k)=6x(0)+8kf(k)$；　(4) $y(k)=6x(0)+8f^2(k)$；

(5) $3k^2y(k)+\frac{2}{k+1}y(k-1)=f(k-1)$；　(6) $y(k)=2f(k)+3x(0)$。

7.6　画出用基本运算单元模拟的下列离散时间系统的框图，并画出对应的信号流图。

(1) $y(k)+3y(k-1)+5y(k-2)=f(k)$；　(2) $H(E)=\frac{2E^2+2E}{E^2-4E-5}$。

7.7　设某离散时间系统的输入输出关系可由二阶常系数线性差分方程描述，且已知该系统单位阶跃序列响应为 $y(k)=[2^k+3(5)^k+10]\varepsilon(k)$。

(1) 求此二阶差分方程；

(2) 若激励为 $f(k)=2\varepsilon(k)-2\varepsilon(k-10)$，求响应 $y(k)$。

7.8　求下列差分方程所描述的离散时间系统的单位序列响应。

(1) $y(k)+y(k-2)=f(k-2)$；

(2) $y(k)-7y(k-1)+6y(k-2)=6f(k)$；

(3) $y(k)+3y(k-1)+3y(k-2)+y(k-3)=f(k)+f(k-2)+f(k-3)$；

(4) $y(k)=b_0f(k)+b_1f(k-1)+\cdots+b_mf(k-m)$。

7.9　求图示各系统的单位序列响应。

7.10　已知某离散系统由两个子系统级联组成。若描述两个子系统的差分方程为 $x(k)=0.4f(k)+0.6f(k-1)$；$y(k)=3y(k-1)+x(k-2)$。试分别求出两个子系统及整个系统的单位序列响应。

7.11　已知系统的单位序列响应 $h(k)$ 和激励 $f(k)$ 如下，试求各系统的零状态响应，并画出其图形。

(1) $f(k)=h(k)=\varepsilon(k)-\varepsilon(k-4)$；

(2) $f(k)=\varepsilon(k)$，$h(k)=\delta(k)-\delta(k-3)$；

(3) $f(k)=\left(\frac{1}{2}\right)^k\varepsilon(k)$，$h(k)=\left[2\left(\frac{1}{2}\right)^k-\left(\frac{1}{4}\right)^k\right]\varepsilon(k)$；

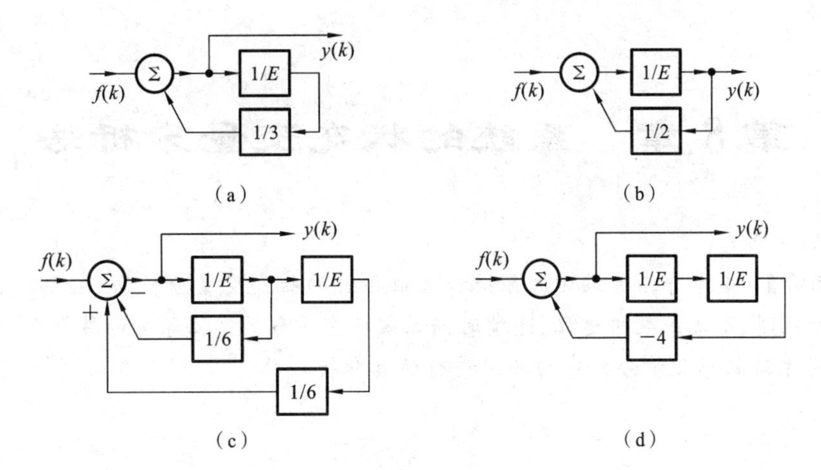

题 7.9 图

(4) $f(k)=\varepsilon(k), h(k)=\varepsilon(k)$。

7.12 已知某线性时不变离散时间系统的单位序列响应为 $h(k)=\delta(k)+4\delta(k-1)+4\delta(k-2)$，若使其零状态响应 $y(k)=\begin{cases}0 & k<0\\ 9 & k\geqslant 0\end{cases}$，试确定激励序列 $f(k)$。

MATLAB 习 题

M7.1 已知因果系统的系统函数为

$$H(z)=\frac{z^2}{z^2-0.75z+0.125}$$

试利用 MATLAB：

(1) 求系统的单位序列响应的表达式并显示其波形；

(2) 画出幅频响应和相频响应特性曲线。

M7.2 已知一离散因果系统的系统函数为

$$H(z)=\frac{z^2+2z+1}{z^3-0.5z^2-0.005z+0.3}$$

试利用 MATLAB：

(1) 求系统函数的零点和极点，并在 z 平面显示它们的分布；

(2) 画出幅频响应和相频响应特性曲线。

M7.3 已知系统的差分方程为

$$y(k)-0.7y(k-1)+0.1y(k-2)=5f(k)-f(k-1)$$

输入为 $f(k)=(0.25)^k\varepsilon(k)$。

(1) 求系统的零状态响应 $y(k)$、单位序列响应 $h(k)$ 和阶跃响应 $g(k)$ 的波形图（选取 $k=0,1,2,\cdots,10$）；

(2) 画出系统的幅频响应和相频响应特性曲线。

第 8 章　系统的状态变量分析法

【内容简介】 本章介绍连续时间系统和离散系统的状态变量分析法，主要从信号与系统的模拟、信号流图、系统函数的建立、连续时间系统状态方程的建立等方面展开介绍，最后利用 MATLAB 对系统状态变量分析中的应用进行仿真分析。

8.1　引言

20 世纪 50 年代，经典的线性系统理论已经发展成熟，并在各种工程技术领域中得到广泛应用。按照经典理论，线性系统的基本模型以系统函数(或称转移函数、传递函数)描述，分析过程中着重运用频率响应特性的概念。通过本书前面各章的学习，读者已经熟悉了这些方法。然而，经典的线性系统理论具有明显的局限性，这种理论未能全面揭示系统的内部特性，也不容易有效地处理多输入—多输出系统，仅在着眼于系统外特性并且研究单输入—单输出系统时，才能显示其优点。

随着科学技术的进一步发展，迫切需要突破经典线性系统理论的上述局限性。到 20 世纪 50 至 60 年代，宇宙航行技术蓬勃兴起，在此背景的推动下，线性系统理论逐步从经典阶段过渡到现代阶段。现代系统与控制理论形成的重要标志之一是卡尔曼(R. E. Kalman)把状态空间方法引入这一领域。此方法的主要特点是利用描述系统内部特性的状态变量取代仅描述系统外部特性的系统函数，并且将这种描述十分便捷地运用于多输入—多输出系统。在状态空间方法的基础上，卡尔曼进一步提出了系统的"可观测性"与"可控制性"两个重要概念，完整地揭示了系统的内部特征，从而促使控制系统分析与设计的指导原则发生了根本性的变革。此外，状态空间方法也成功地用来描述非线性系统或时变系统，并且易于借助计算机求解。

研究任何系统，都要首先建立系统的数学模型，例如描述连续系统的微分方程式和描述离散系统的差分方程式等。按照采用何种数学模型，可将描述系统的方法分为两类：一类是输入输出描述法；另一类是状态变量描述法。

前面各章讨论的线性系统的各种分析方法，包括时域分析法和变换域分析法，尽管各有不同的特点，但都是着眼于激励函数和响应函数之间的直接关系，或者说输入信号和输出信号之间的关系的，都属于输入输出描述法。对于这种方法，人们关心的只是系统输入和输出端口上的有关变量，因此又称外部法。根据前面各章的学习，已经知道，如果某系统的输入信号为 $e(t)$，则其输出响应 $r(t)$ 由零输入响应 $r_{zi}(t)$ 和零状态响应 $r_{zs}(t)$ 两部分组成，即

$$r(t)=r_{zi}(t)+r_{zs}(t)=\sum_{i=0}^{n}C_i e^{a_i t}+e(t)*h(t) \tag{8.1.1}$$

式中，a_i 是系统特征方程的根；$h(t)$是系统的单位冲激响应。欲求得输出响应 $r(t)$，除了系统本身的结构和元件参量(包含在 $h(t)$或 $H(s)$之中)外，必须知道以下两方面的情况，即输入激励 $e(t)$和系统的初始条件 $r(0)$，$r'(0)$，…，或 $u_C(0)$，$i_L(0)$，…，也就是说，$r(t)$是激励和初始条件的函数，可表示为

$$r(t)=f[u_C(0),\cdots,i_L(0),\cdots,e(t)]=f[r(0),r'(0),\cdots,e(t)]\quad t\geqslant 0 \tag{8.1.2}$$

状态变量描述法又称内部法，它不但能给出系统的外部特性，而且着重于系统的内部特性的描述。

对于上述初始条件，若令 $t=t_0$，而不是 $t=0$，则系统内电容上的电压 $u_C(t_0)$和电感中的电流 $i_L(t_0)$就表明 $t=t_0$ 时系统的状态，故我们称 $u_C(t)$和 $i_C(t)$为系统的状态变量；状态变量一般用 $\lambda_1(t)$，$\lambda_2(t)$，…，$\lambda_n(t)=\{\lambda(t)\}$表示，这是一个时间函数，说明系统的状态是随时间而变化的。而 $\lambda_1(t_0)$，$\lambda_2(t_0)$，…，$\lambda_n(t_0)=\{\lambda(t_0)\}$代表 $t=t_0$ 时系统的状态。关于状态变量分析法，以上只作了定性介绍，下面给出状态变量分析法中的几个名词的定义。

状态(state)：状态可理解为事物的某种特性。状态发生变化意味着事物有了发展和改变，所以，状态是研究事物的一类依据。系统的状态就是系统的过去、现在和将来的状况。从本质上说，系统的状态是指系统的储能状况。

状态变量(state variable)：用来描述系统状态的数目最少的一组变量。显然，状态变量实质上反映了系统内部储能状态的变化，常用 $x_1(t)$，$x_2(t)$来表示。这组状态变量可以完全唯一地确定系统在 $t>t_0$ 任意时刻的运动状况。这里，“完全”表示反映了系统的全部状况，“最少”表示确定系统的状态没有多余的信息。

状态矢量(state vector)：能够完全描述一个系统行为的 n 个状态变量，可以看成一个矢量 $\boldsymbol{\lambda}(t)$的各分量的坐标，此时 $\boldsymbol{\lambda}(t)$就称为状态矢量，并可写为列矩阵的形式：

$$\boldsymbol{\lambda}(t)=\begin{bmatrix}\lambda_1(t)\\ \lambda_2(t)\\ \cdots\\ \lambda_n(t)\end{bmatrix}$$

状态空间(state space)：状态矢量 $\boldsymbol{\lambda}(t)$所在的多维空间就称为状态空间。状态矢量的分量的个数就是空间的维数。

状态轨迹(state orbit)：在状态空间中，系统在任意时刻的状态都可以用状态空间中的一点(端点)来表示。状态矢量的端点随时间变化而描述的路径，称为状态轨迹。

状态方程：描述状态变量变化规律的一组一阶微分方程组。各方程的左边是状态变量的一阶导数，右边是包含有系统参数、状态变量和激励的一般函数表达式，不含变量的微分和积分运算。

输出方程：描述系统输出与状态变量之间的关系的方程组。各方程左边是输出变量，右边是包括系统参数、状态变量和激励的一般函数表达式，不含变量的微分和积分运算。

对于离散时间系统，其状态变量和状态方程的描述类似，只是状态变量都是离散量，因而状态方程是一组一阶差分方程，而输出方程则是一组离散变量的线性代数方程。状态变量描述法所用的数学模型称为状态方程，它是由状态变量构成的一阶联立微分方程组。

在给定系统的模型和激励函数而要用状态变量去分析系统时，可以分两步进行，第一步是根据系统的初始状态求出各个状态变量的时间函数；第二步是用状态变量来确定初始时间以

后的系统的输出响应函数。所以,对系统进行分析时,首先要列出状态方程,然后解状态方程,求出状态变量,最后将状态变量代入输出方程而得到输出响应。

可见,建立状态方程遇到的第一个问题是选定状态变量。若已知电路,最习惯选取的状态变量是电感的电流和电容的电压,因为它们直接与系统的储能状态相联系。但也可以选择电感中的磁链或电容上的电荷。甚至有时可以选用系统中不实际存在的物理量。但是状态变量必须是一组独立的变量,即所谓的动态独立变量,即系统复杂度的阶数 n。

状态变量法具有如下一些鲜明的特点。

(1) 可以提供更多的系统内部信息。能由输入输出之间的关系求得输出响应,可以提供系统内部的情况,为研究系统内部一些物理量的变化规律及检验系统的数学模型带来方便。

(2) 这种分析方法特别适用于复杂的多输入—多输出系统,便于使用计算机。

(3) 可以用来分析非线性系统和时变系统。

8.2 连续时间系统的状态方程

状态方程建立的方法主要有两大类:直接法和间接法。直接法可依据给定系统结构直接编写出系统的状态方程,这种方法直观,有很强的规律性,特别适用于电网络的分析计算。间接法常利用系统的输入—输出方程、系统模拟框图或信号流图编写状态方程。这种方法常用于系统模拟和系统控制的分析设计。本节主要讨论连续系统状态方程的建立。

状态方程的标准形式是一组一阶联立微分方程。方程左端是各状态变量的一阶导数,右端是状态变量和激励函数的某种组合。状态方程可以由系统网络直接列写,但更方便的是依据输入—输出方程列写。

8.2.1 连续时间系统状态方程的一般形式

连续时间系统的状态方程是状态变量的一阶联立微分方程组,即状态方程为

$$\begin{cases} \dfrac{\mathrm{d}\lambda_1(t)}{\mathrm{d}t}=f_1[\lambda_1(t),\lambda_2(t),\cdots,\lambda_n(t);e_1(t),e_2(t),\cdots,e_m(t),t] \\ \dfrac{\mathrm{d}\lambda_2(t)}{\mathrm{d}t}=f_2[\lambda_1(t),\lambda_2(t),\cdots,\lambda_n(t);e_1(t),e_2(t),\cdots,e_m(t),t] \\ \cdots \\ \dfrac{\mathrm{d}\lambda_n(t)}{\mathrm{d}t}=f_n[\lambda_1(t),\lambda_2(t),\cdots,\lambda_n(t);e_1(t),e_2(t),\cdots,e_m(t),t] \end{cases} \tag{8.2.1}$$

输出方程为

$$\begin{cases} r_1(t)=g_1[\lambda_1(t),\lambda_2(t),\cdots,\lambda_n(t);e_1(t),e_2(t),\cdots,e_m(t),t] \\ r_2(t)=g_2[\lambda_1(t),\lambda_2(t),\cdots,\lambda_n(t);e_1(t),e_2(t),\cdots,e_m(t),t] \\ \cdots \\ r_r(t)=g_r[\lambda_1(t),\lambda_2(t),\cdots,\lambda_n(t);e_1(t),e_2(t),\cdots,e_m(t),t] \end{cases} \tag{8.2.2}$$

式中,$\lambda_1(t),\lambda_2(t),\cdots,\lambda_n(t)$为系统的 n 个状态变量;$e_1(t),e_2(t),\cdots,e_m(t)$为系统的 m 个输入信号;$r_1(t),r_2(t),\cdots,r_r(t)$为系统的 r 个输出信号。

如果系统是线性时不变系统,则状态方程和输出方程是状态变量和输入信号的线性组合,即

$$\begin{cases}\dfrac{d\lambda_1(t)}{dt}=a_{11}\lambda_1(t)+a_{12}\lambda_2(t)+\cdots+a_{1n}\lambda_n(t)+b_{11}e_1(t)+\cdots+b_{1m}e_m(t)\\ \dfrac{d\lambda_2(t)}{dt}=a_{21}\lambda_1(t)+a_{22}\lambda_2(t)+\cdots+a_{2n}\lambda_n(t)+b_{21}e_1(t)+\cdots+b_{2m}e_m(t)\\ \cdots\\ \dfrac{d\lambda_n(t)}{dt}=a_{n1}\lambda_1(t)+a_{n2}\lambda_2(t)+\cdots+a_{nn}\lambda_n(t)+b_{n1}e_1(t)+\cdots+b_{nm}e_m(t)\end{cases} \tag{8.2.3}$$

$$\begin{cases}r_1(t)=c_{11}\lambda_1(t)+c_{12}\lambda_2(t)+\cdots+c_{1n}\lambda_n(t)+d_{11}e_1(t)+\cdots+d_{1m}e_m(t)\\ r_2(t)=c_{21}\lambda_1(t)+c_{22}\lambda_2(t)+\cdots+c_{2n}\lambda_n(t)+d_{21}e_1(t)+\cdots+d_{2m}e_m(t)\\ \cdots\\ r_r(t)=c_{r1}\lambda_1(t)+c_{r2}\lambda_2(t)+\cdots+c_{rn}\lambda_n(t)+d_{r1}e_1(t)+\cdots+d_{rm}e_m(t)\end{cases} \tag{8.2.4}$$

式中,a、b、c、d 是由系统元件参数决定的系数,对于线性时不变系统,这些系数均为常数。

状态方程和输出方程可用矢量矩阵形式表示为

$$\dot{\boldsymbol{\lambda}}_{n\times 1}(t)=\boldsymbol{A}_{n\times n}\boldsymbol{\lambda}_{n\times 1}(t)+\boldsymbol{B}_{n\times m}\boldsymbol{e}_{m\times 1}(t) \tag{8.2.5}$$

$$\boldsymbol{r}_{r\times 1}(t)=\boldsymbol{C}_{r\times n}\boldsymbol{\lambda}_{n\times 1}(t)+\boldsymbol{D}_{r\times m}\boldsymbol{e}_{m\times 1}(t) \tag{8.2.6}$$

其中

$$\dot{\boldsymbol{\lambda}}_{n\times 1}(t)=\begin{bmatrix}\dot{\lambda}_1(t)\\ \dot{\lambda}_2(t)\\ \cdots\\ \dot{\lambda}_n(t)\end{bmatrix}\quad \boldsymbol{\lambda}_{n\times 1}(t)=\begin{bmatrix}\lambda_1(t)\\ \lambda_2(t)\\ \cdots\\ \lambda_n(t)\end{bmatrix}$$

$$\boldsymbol{r}_{r\times 1}(t)=\begin{bmatrix}r_1(t)\\ r_2(t)\\ \cdots\\ r_n(t)\end{bmatrix}\quad \boldsymbol{e}_{m\times 1}(t)=\begin{bmatrix}e_1(t)\\ e_2(t)\\ \cdots\\ e_m(t)\end{bmatrix}$$

$$\boldsymbol{A}_{n\times n}=\begin{bmatrix}a_{11} & a_{12} & \cdots & a_{1n}\\ a_{21} & a_{22} & \cdots & a_{2n}\\ \cdots & \cdots & & \cdots\\ a_{n1} & a_{n2} & \cdots & a_{nn}\end{bmatrix}\quad \boldsymbol{B}_{n\times m}=\begin{bmatrix}b_{11} & b_{12} & \cdots & b_{1m}\\ b_{21} & b_{22} & \cdots & b_{2m}\\ \cdots & \cdots & & \cdots\\ b_{n1} & b_{n2} & \cdots & b_{nm}\end{bmatrix}$$

$$\boldsymbol{C}_{r\times n}=\begin{bmatrix}c_{11} & c_{12} & \cdots & c_{1n}\\ c_{21} & c_{22} & \cdots & c_{2n}\\ \cdots & \cdots & & \cdots\\ c_{r1} & c_{r2} & \cdots & c_{rn}\end{bmatrix}\quad \boldsymbol{D}_{r\times m}=\begin{bmatrix}d_{11} & d_{12} & \cdots & d_{1m}\\ d_{21} & d_{22} & \cdots & d_{2m}\\ \cdots & \cdots & & \cdots\\ d_{r1} & d_{r2} & \cdots & d_{rm}\end{bmatrix}$$

从状态方程式(8.2.5)和输出方程式(8.2.6)中可以看出,每一状态变量的导数是所有状态变量和输入信号的函数,输出信号是状态变量和输入信号的函数。通常,在动态系统中选择惯性元件的输出作为状态变量,在模拟系统中选积分器的输出。在电网络的分析中总是选电容两端电压和电感中的电流作为状态变量。

8.2.2 由电路图建立状态方程

为建立电路的状态方程，首先要选择状态变量，其中，电容和电感元件的 VCR 在电压、电流关联参考方向下，有如下关系：

$$i_C = C\frac{\mathrm{d}v_C}{\mathrm{d}t}$$

$$v_L = L\frac{\mathrm{d}i_L}{\mathrm{d}t}$$

可见，若选择电容的电压和电感的电流作为状态变量很容易满足状态方程的形式。实际上，电容的电压和电感的电流正反映了电容和电感的储能状态。一般地说，由电路直接建立状态方程的步骤如下。

以图 8.2.1 所示电路为例。经以下三步可列出状态方程。

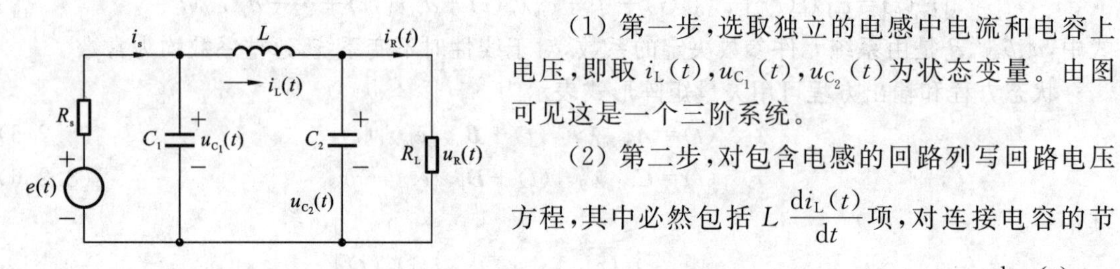

图 8.2.1 RLC 电路

(1) 第一步，选取独立的电感中电流和电容上电压，即取 $i_L(t)$，$u_{C_1}(t)$，$u_{C_2}(t)$ 为状态变量。由图可见这是一个三阶系统。

(2) 第二步，对包含电感的回路列写回路电压方程，其中必然包括 $L\frac{\mathrm{d}i_L(t)}{\mathrm{d}t}$ 项，对连接电容的节点列写节点电流方程，其中必然包括 $C\frac{\mathrm{d}u_C(t)}{\mathrm{d}t}$ 项，并应注意，只将此项放在 $L\frac{\mathrm{d}i_L(t)}{\mathrm{d}t}=u_{C_1}(t)-u_{C_2}(t)$ 方程的左边，即

$$C_1\frac{\mathrm{d}u_{C_1}(t)}{\mathrm{d}t}=i_s(t)-i_L(t)$$

$$C_2\frac{\mathrm{d}u_{C_2}(t)}{\mathrm{d}t}=i_L(t)-i_R(t)$$

以上式子中，$i_s(t)$ 和 $i_R(t)$ 不是状态变量，应设法将它们用状态变量和输入信号来表示。

(3) 第三步，消去非状态变量项，经整理可得出标准形式的状态方程。

由电路图直观得到

$$i_s(t)=\frac{e(t)-u_{C_1}(t)}{R_s}$$

$$i_R(t)=\frac{u_{C_2}(t)}{R_L}$$

把这些量代入上面的方程式，再加以整理，可得状态方程为

$$\dot{i}_L(t)=\frac{1}{L}u_{C_1}(t)-\frac{1}{L}u_{C_2}(t)$$

$$\dot{u}_{C_1}(t)=-\frac{1}{C_1}i_L(t)-\frac{1}{R_sC_1}u_{C_1}(t)+\frac{1}{R_sC_1}e(t)$$

$$\dot{u}_{C_2}(t)=-\frac{1}{C_2}i_L(t)-\frac{1}{R_LC_2}u_{C_2}(t)$$

若写成矩阵形式，则有

$$\begin{bmatrix} \dot{i}_{\mathrm{L}}(t) \\ \dot{u}_{\mathrm{C_1}}(t) \\ \dot{u}_{\mathrm{C_2}}(t) \end{bmatrix} = \begin{bmatrix} 0 & \frac{1}{L} & -\frac{1}{L} \\ -\frac{1}{C_1} & -\frac{1}{R_s C_1} & 0 \\ \frac{1}{C_2} & 0 & -\frac{1}{R_L C_2} \end{bmatrix} \begin{bmatrix} i_{\mathrm{L}}(t) \\ u_{\mathrm{C_1}}(t) \\ u_{\mathrm{C_2}}(t) \end{bmatrix} + \begin{bmatrix} 0 \\ \frac{1}{R_s C_1} \\ 0 \end{bmatrix} e(t) \tag{8.2.7}$$

输出方程一般很容易列出，本题的输出为

$$u_{\mathrm{R}}(t) = u_{\mathrm{C_2}}(t) \tag{8.2.8}$$

为了叙述方便，定义不存在全电容回路和全电感割集的网络为常态网络，否则为非常态网络。显然，常态网络中全部的电容电压和电感电流均为状态变量。对于一般的常态网络，还可以利用直流电路的知识列写状态方程。从实例可以得到如下结论。

(1) 状态变量的选取并不是唯一的，选取不同的状态变量，状态方程的形式会改变。

(2) 非常态网络的状态方程可能会出现激励的导数项，但只要改变状态变量的设置，总能使其导数项消失，使之成为标准的状态方程。

另外，还应该指出的是，对于仅由 R、L、C 组成的无受控源网络总能列写出标准的状态方程。如果电路含有受控源，由于多了一类约束关系，可能会使状态变量的个数（状态矢量的维数）减少，有时，对于少数特定的电路无法列写出标准的状态方程。

8.2.3 由微分方程建立状态方程

系统微分方程也称为输入—输出方程，输入—输出方程和状态方程是对同一系统的两种不同的描述方法。两者之间必然存在着一定的联系。

例 8.2.1 某系统的微分方程为

$$y''(t)+3y'(t)+2y(t)=2f'(t)+8f(t)$$

试求该系统的状态方程和输出方程。

解 由微分方程写出其系统函数：

$$H(s)=\frac{2(s+4)}{s^2+3s+2}$$

画出直接形式的信号流图如图 8.2.2 所示。

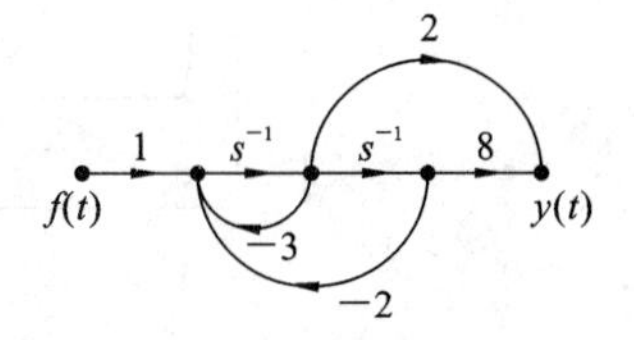

图 8.2.2 例 8.2.1 图

设状态变量为 x_1、x_2，由后一个积分器，有

$$\dot{x}_1 = x_2$$

由前一个积分器，有

$$\dot{x}_2 = -2x_1 - 3x_2 + f(t)$$

由系统输出端，有

$$y(t) = 8x_1 + 2x_2$$

8.2.4 由系统模拟框图、信号流图或系统函数建立状态方程

根据系统的输入—输出方程或系统函数可以作出系统的模拟图（即模拟框图）或信号流图。然后依此选择每一个积分器的输出端信号为状态变量，最后得到状态方程和输出方程。由于系统函数可以写成不同的形式，所以模拟图或信号流图也可以有不同的结构，于是状态变

量也可以有不同的描述方式，因而状态方程和输出方程也具有不同的参数。具体方法如下。

(1) 由系统的输入—输出方程或系统函数，首先画出其信号流图或模拟框图；

(2) 选一阶子系统(积分器)的输出作为状态变量；

(3) 根据每个一阶子系统的输入输出关系列状态方程；

(4) 在系统的输出端列输出方程。

设某物理系统的输入输出关系可用微分方程表示为

$$\frac{\mathrm{d}^n r(t)}{\mathrm{d}t^n}+a_{n-1}\frac{\mathrm{d}^{n-1} r(t)}{\mathrm{d}t^{n-1}}+\cdots+a_1\frac{\mathrm{d}r(t)}{\mathrm{d}t}+a_0 r(t)$$

$$=b_m\frac{\mathrm{d}^m e(t)}{\mathrm{d}t^m}+b_{m-1}\frac{\mathrm{d}^{m-1} e(t)}{\mathrm{d}t^{m-1}}+\cdots+b_1\frac{\mathrm{d}e(t)}{\mathrm{d}t}+b_0 e(t) \tag{8.2.9}$$

根据此微分方程可以写出系统转移函数为

$$H(s)=\frac{b_m s^m+b_{m-1}s^{m-1}+\cdots+b_1 s+b_0}{s^n+a_{n-1}s^{n-1}+\cdots+a_1 s+a_0} \tag{8.2.10}$$

由式(8.2.9)画出系统的模拟框图或信号流图，如图 8.2.3 和图 8.2.4 所示。

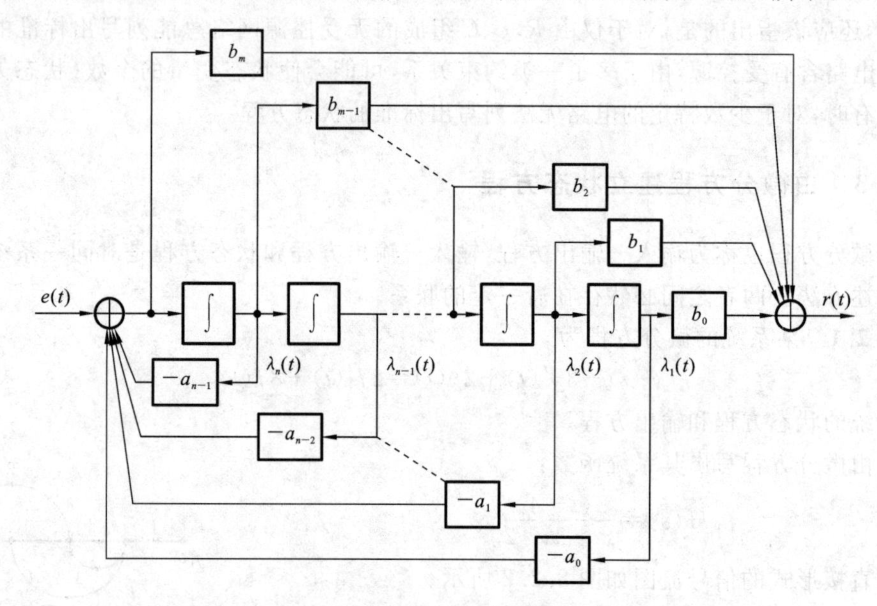

图 8.2.3 系统的模拟框图

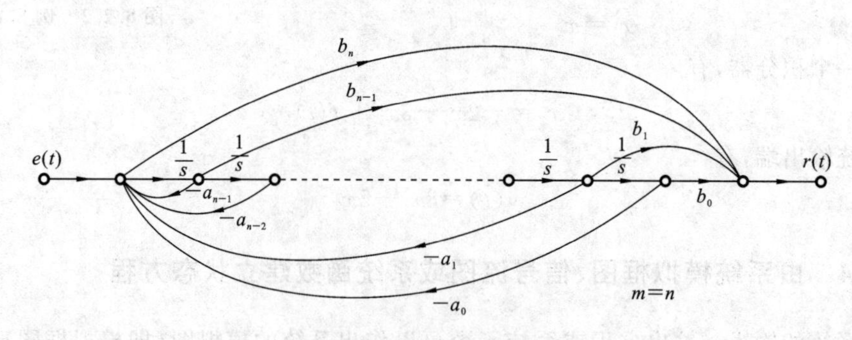

图 8.2.4 系统的信号流图

为列写状态方程，我们取图 8.2.3 中每个积分器的输出作为状态变量，如图中所标的

$\lambda_1(t),\lambda_2(t),\cdots,\lambda_n(t)$，根据图中结构，可以直接写出下列关系式

$$\begin{cases}\dot{\lambda}_1(t)=\lambda_2(t)\\ \dot{\lambda}_2(t)=\lambda_3(t)\\ \cdots\\ \dot{\lambda}_{n-1}(t)=\lambda_n(t)\\ \dot{\lambda}_n(t)=-a_0\lambda_1(t)-a_1\lambda_2(t)-\cdots-a_{n-2}\lambda_{n-1}(t)-a_{n-1}\lambda_n(t)+e(t)\end{cases} \tag{8.2.11}$$

$$\begin{aligned}r(t)&=b_0\lambda_1(t)+b_1\lambda_2(t)+\cdots+b_{n-1}\lambda_n(t)+b_n[-a_0\lambda_1(t)-a_1\lambda_2(t)-\cdots\\&\quad-a_{n-2}\lambda_{n-1}(t)-a_{n-1}\lambda_n(t)+e(t)]\\&=(b_0-b_na_0)\lambda_1(t)+(b_1-b_na_1)\lambda_2(t)+\cdots+(b_{n-1}-b_na_{n-1})\lambda_n(t)+b_ne(t)\end{aligned} \tag{8.2.12}$$

以上两式即为系统状态方程和输出方程，若表示成矩阵形式，则为

$$\begin{bmatrix}\dot{\lambda}_1(t)\\ \dot{\lambda}_2(t)\\ \cdots\\ \dot{\lambda}_{n-1}(t)\\ \dot{\lambda}_n(t)\end{bmatrix}=\begin{bmatrix}0&1&0&\cdots&0\\0&0&1&\cdots&0\\ \cdots&&&&\cdots\\0&0&0&\cdots&1\\-a_0&-a_1&-a_2&\cdots&-a_{n-1}\end{bmatrix}\begin{bmatrix}\lambda_1(t)\\ \lambda_2(t)\\ \cdots\\ \lambda_{n-1}(t)\\ \lambda_n(t)\end{bmatrix}+\begin{bmatrix}0\\0\\ \cdots\\0\\1\end{bmatrix}e(t) \tag{8.2.13}$$

$$[r(t)]=[(b_0-b_na_0)\quad(b_1-b_na_1)\quad\cdots\quad(b_{n-1}-b_na_{n-1})]\begin{bmatrix}\lambda_1(t)\\ \lambda_2(t)\\ \cdots\\ \lambda_n(t)\end{bmatrix}+b_ne(t) \tag{8.2.14}$$

或简写成

$$\begin{aligned}\dot{\boldsymbol{\lambda}}(t)&=\boldsymbol{A\lambda}(t)+\boldsymbol{Be}(t)\\ \boldsymbol{r}(t)&=\boldsymbol{C\lambda}(t)+\boldsymbol{De}(t)\end{aligned} \tag{8.2.15}$$

式中

$$\boldsymbol{A}=\begin{bmatrix}0&1&0&\cdots&0\\0&0&1&\cdots&0\\ \cdots&&&&\cdots\\0&0&0&\cdots&1\\-a_0&-a_1&-a_2&\cdots&-a_{n-1}\end{bmatrix}$$

$$\boldsymbol{B}=\begin{bmatrix}0\\0\\ \cdots\\0\\1\end{bmatrix}$$

$$\boldsymbol{C}=[(b_0-b_na_0)\quad(b_1-b_na_1)\quad\cdots\quad(b_{n-1}-b_na_{n-1})]$$

$$\boldsymbol{D}=b_n$$

如果微分方程式(8.2.9)中 $m<n$，则式(8.2.15)中的系数矩阵 $\boldsymbol{A}$、$\boldsymbol{B}$ 不变，$\boldsymbol{C}$、$\boldsymbol{D}$ 变为

$$\boldsymbol{C}=[b_0\quad b_1\quad\cdots\quad b_m\quad 0\quad\cdots\quad 0]$$

$$\boldsymbol{D}=0$$

观察系数矩阵 $\boldsymbol{A},\boldsymbol{B},\boldsymbol{C},\boldsymbol{D}$，可以发现它们的规律性：即矩阵 $\boldsymbol{A}$ 的最后一行是倒置以后的转

移函数分母多项式系数的负数$-a_0, -a_1, \cdots, -a_{n-1}$，其他各行除对角线右边的元素为 1 外，其余都是零；$\boldsymbol{B}$ 为列矩阵，其最后一行为 1，其余为零；$\boldsymbol{C}$ 为行矩阵，在 $m<n$ 时，其前 $m+1$ 个元素为转移函数分子多项式系数的倒序，其余 $n-m-1$ 个元素为零；矩阵 $\boldsymbol{D}$ 在 $m<n$ 时为零，在 $m=n$ 时为 b_n。

如果将系统函数 $H(s)$ 展开为部分分式，则可以画出系统并联形式的模拟图。由此可建立另一种形式的状态方程。

由式(8.2.9)，系统转移函数展开为部分分式为

$$H(s)=\frac{K_1}{s-a_1}+\frac{K_2}{s-a_2}+\cdots+\frac{K_n}{s-a_n} \tag{8.2.16}$$

相应的模拟图如图 8.2.5 和图 8.2.6 所示。

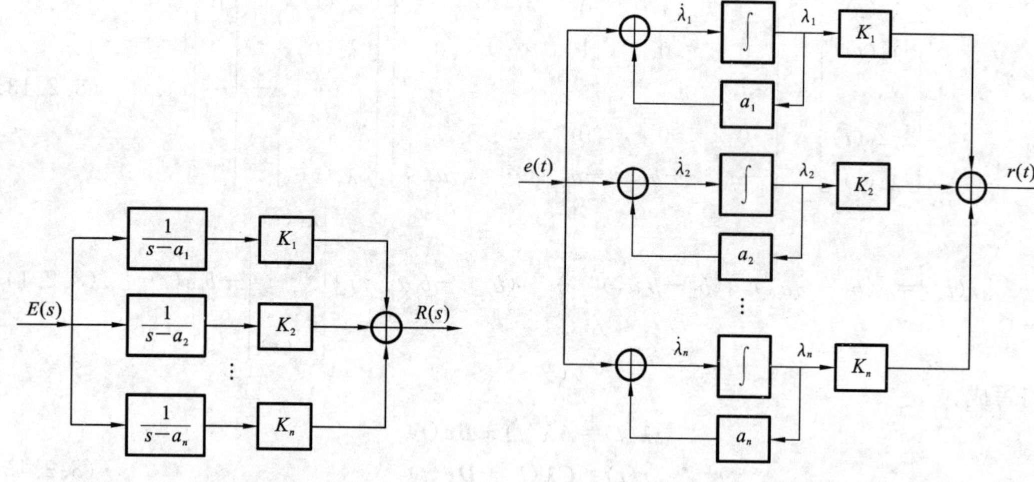

图 8.2.5　系统并联形式的模拟图(1)

图 8.2.6　系统并联形式的模拟图(2)

在图 8.2.6 中，仍然选取每个积分器输出为状态变量，则状态方程和输出方程为

$$\begin{bmatrix}\dot{\lambda}_1(t)\\ \dot{\lambda}_2(t)\\ \cdots\\ \dot{\lambda}_{n-1}(t)\\ \dot{\lambda}_n(t)\end{bmatrix}=\begin{bmatrix}a_1 & 0 & \cdots & 0 & 0\\ 0 & & & 0 & 0\\ \cdots & & & & \\ 0 & 0 & \cdots & a_{n-1} & 0\\ 0 & 0 & \cdots & 0 & a_n\end{bmatrix}\begin{bmatrix}\lambda_1(t)\\ \lambda_2(t)\\ \cdots\\ \lambda_{n-1}(t)\\ \lambda_n(t)\end{bmatrix}+\begin{bmatrix}1\\ 1\\ \cdots\\ 1\\ 1\end{bmatrix}e(t) \tag{8.2.17}$$

$$r=\begin{bmatrix}K_1 & K_2 & \cdots & K_n\end{bmatrix}\begin{bmatrix}\lambda_1\\ \lambda_2\\ \cdots\\ \lambda_n\end{bmatrix} \tag{8.2.18}$$

由式(8.2.17)和式(8.2.18)可以看出：状态方程的系数矩阵 $\boldsymbol{A}$ 是一对角线矩阵，对角线上的元素依次是转移函数的各极点；矩阵 $\boldsymbol{B}$ 是列矩阵，其元素均为 1；矩阵 $\boldsymbol{C}$ 是行矩阵，它的各元素为部分分式的系数。$m<n$ 时，$\boldsymbol{D}=0$；$m=n$ 时，$\boldsymbol{D}=K$(为一常数)。

例 8.2.2　设已知三阶系统的微分方程为

$$\frac{\mathrm{d}^3 y(t)}{\mathrm{d}t^3}+8\frac{\mathrm{d}^2 y(t)}{\mathrm{d}t^2}+19\frac{\mathrm{d}y(t)}{\mathrm{d}t}+12y(t)=4\frac{\mathrm{d}v(t)}{\mathrm{d}t}+10v(t)$$

则该系统的系统函数显然为

$$H(s)=\frac{4s+10}{s^3+8s^2+19s+12} \tag{8.2.19}$$

当然,系统函数还可以写成如下形式:

$$H(s)=\frac{1}{s+1}+\frac{1}{s+3}+\frac{-2}{s+4} \tag{8.2.20}$$

$$H(s)=\frac{4}{s+1}\cdot\frac{s+\frac{5}{2}}{s+3}\cdot\frac{1}{s+4}=\frac{4}{s+1}\cdot\left(1+\frac{-\frac{1}{2}}{s+3}\right)\cdot\frac{1}{s+4} \tag{8.2.21}$$

故可分别画出级联、并联和串联三类模拟图或信号流图。

1. 级联(卡尔曼型)模拟

级联模拟又称直接模拟,共有两种不同的形式。由式(8.2.19),级联型模拟框图如图8.2.7所示。当然,也可画出相应的信号流图。

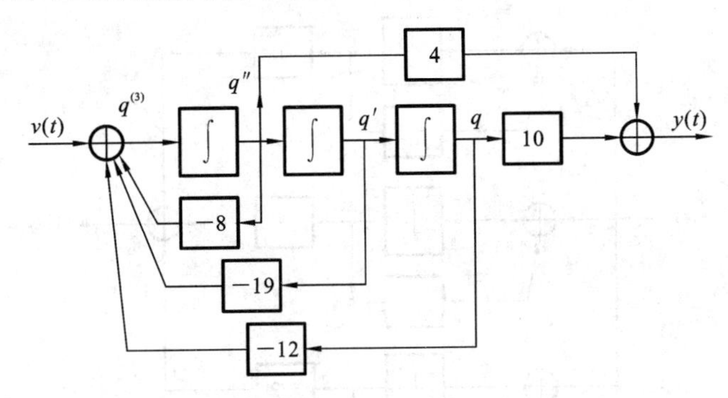

图 8.2.7　例 8.2.2 级联型模拟框图

选取三个积分器输出为状态变量,则有

$$x_1=q,\quad x_2=q,\quad x_3=q$$

则状态方程为

$$\begin{cases}\dot{x}_1=x_2\\ \dot{x}_2=x_3\\ \dot{x}_3=-12x_1-19x_2-8x_3+v\end{cases}$$

写成矩阵形式,状态方程为

$$\begin{pmatrix}\dot{x}_1\\ \dot{x}_2\\ \dot{x}_3\end{pmatrix}=\begin{pmatrix}0 & 1 & 0\\ 0 & 0 & 1\\ -12 & -19 & -8\end{pmatrix}\begin{pmatrix}x_1\\ x_2\\ x_3\end{pmatrix}+\begin{pmatrix}0\\ 0\\ 1\end{pmatrix}(v)$$

输出方程为

$$y=10x_1+4x_2$$

矩阵形式为

$$(y)=(10\quad 4\quad 0)\begin{pmatrix}x_1\\ x_2\\ x_3\end{pmatrix}+(0)(v)$$

2. 并联模拟

由式(8.2.20)可知，此复杂系统可以用三个简单的子系统的并联来表示，其中，每一个简单子系统的系统函数为

$$\frac{1}{s+a}$$

其模拟框图如图 8.2.8(a)和(b)所示。整个系统的模拟框图如图 8.2.9 所示。

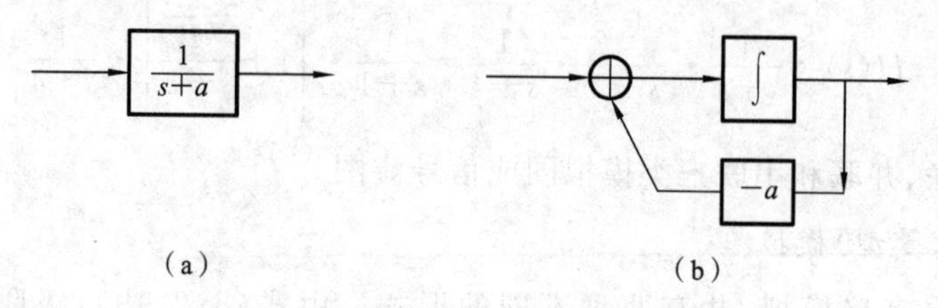

图 8.2.8 例 8.2.2 并联型模拟框图

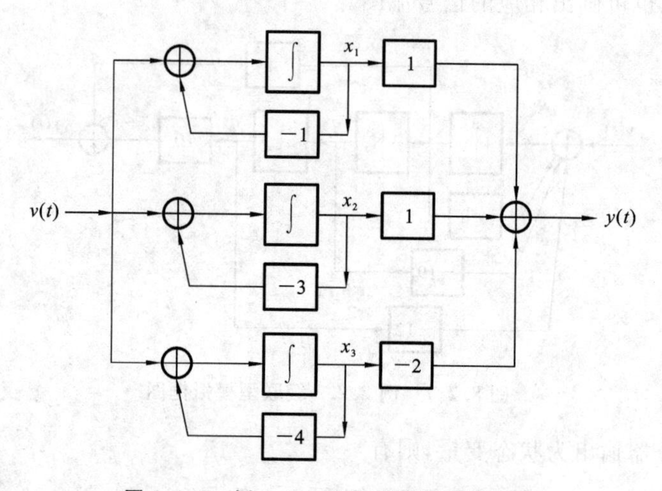

图 8.2.9 例 8.2.2 完整并联型模拟框图

如图 8.2.9 所示，有

$$\dot{x}_1=-x_1+v$$
$$\dot{x}_2=-3x_2+v$$
$$\dot{x}_3=-4x_3+v$$
$$y=x_1+x_2-2x_3$$

$$\begin{pmatrix}\dot{x}_1\\\dot{x}_2\\\dot{x}_3\end{pmatrix}=\begin{pmatrix}-1&0&0\\0&-3&0\\0&0&-4\end{pmatrix}\begin{pmatrix}x_1\\x_2\\x_3\end{pmatrix}+\begin{pmatrix}1\\1\\1\end{pmatrix}(v)$$

$$(y)=(1\quad 1\quad -2)\begin{pmatrix}x_1\\x_2\\x_3\end{pmatrix}+(0)(v)$$

应该注意到，系数矩阵 $\boldsymbol{A}$ 是由系统的特征根 -1、-3、-4 所构成的对角矩阵，所以，称这种状态变量为对角线状态变量。

3. 串联模拟

由式(8.2.21)，串联型模拟框图如图 8.2.10 所示。

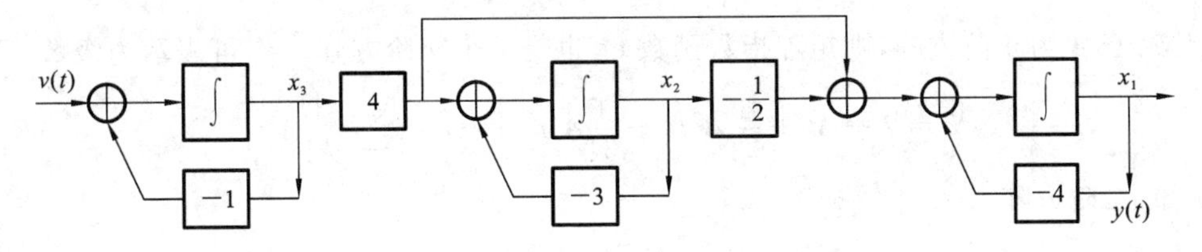

图 8.2.10 例 8.2.2 串联型模拟框图

如图 8.2.10 所示，状态方程为

$$\dot{x}_1=-4x_1-\frac{1}{2}x_2+4x_3$$

$$\dot{x}_2=-3x_2+4x_3$$

$$\dot{x}_3=-x_3+v$$

$$y=x_1$$

矩阵形式为

$$\begin{pmatrix}\dot{x}_1\\\dot{x}_2\\\dot{x}_3\end{pmatrix}=\begin{pmatrix}-4&-\frac{1}{2}&4\\0&-3&4\\0&0&-1\end{pmatrix}\begin{pmatrix}x_1\\x_2\\x_3\end{pmatrix}+\begin{pmatrix}0\\0\\1\end{pmatrix}(v)$$

$$(y)=(1\quad 0\quad 0)\begin{pmatrix}x_1\\x_2\\x_3\end{pmatrix}+(0)(v)$$

应该注意到，系数矩阵 $\boldsymbol{A}$ 是一个上三角矩阵。

显然，上述三类通过模拟图列写状态方程的方法均可以推广到 n 阶系统的一般情况。由上面的讨论可知，状态变量可以在系统内部选取，也可以人为地虚拟。对于同一个系统，状态变量的选取不同，系统的状态方程和输出方程也将不同，但它们所描述的系统的输入输出关系没有改变。

当系统的输入和输出都不止一个时，情况稍微复杂一些，但只要分别画出其相应的模拟图或信号流图，按照上述方法仍然能方便地列写出状态方程和输出方程。

8.3 连续时间系统状态方程的求解

8.3.1 状态方程的时域求解

8.3.1.1 矩阵指数函数

为了求得状态方程解的一般表示式，需要首先介绍一下矩阵指数函数。我们知道，一个指数函数可以用下列无穷级数表示：

$$e^x = 1 + x + \frac{1}{2!}x^2 + \frac{1}{3!}x^3 + \cdots = \sum_{k=0}^{\infty}\frac{1}{k!}x^k \quad -\infty < x < \infty \tag{8.3.1}$$

定义：若 $\boldsymbol{A}$ 为 n 阶方阵，则矩阵指数函数 $e^{\boldsymbol{A}t}$ 也是一个 n 阶方阵。$e^{\boldsymbol{A}t}$ 可表示为级数，即

$$e^{\boldsymbol{A}t} = \boldsymbol{I} + \boldsymbol{A}t + \frac{1}{2!}\boldsymbol{A}^2t^2 + \frac{1}{3!}\boldsymbol{A}^3t^3 + \cdots = \sum_{k=0}^{\infty}\frac{1}{k!}\boldsymbol{A}^kt^k \tag{8.3.2}$$

例如，二阶方阵

$$\boldsymbol{A} = \begin{bmatrix}\alpha & 0\\ 0 & \beta\end{bmatrix}$$

则矩阵指数函数

$$\begin{aligned}
e^{\boldsymbol{A}t} &= \boldsymbol{I} + \boldsymbol{A}t + \frac{1}{2!}\boldsymbol{A}^2t^2 + \frac{1}{3!}\boldsymbol{A}^3t^3 + \cdots\\
&= \begin{bmatrix}1 & 0\\ 0 & 1\end{bmatrix} + \begin{bmatrix}\alpha t & 0\\ 0 & \beta t\end{bmatrix} + \begin{bmatrix}\frac{1}{2!}\alpha^2t^2 & 0\\ 0 & \frac{1}{2!}\beta^2t^2\end{bmatrix} + \begin{bmatrix}\frac{\alpha^3t^3}{3!} & 0\\ 0 & \frac{\beta^3t^3}{3!}\end{bmatrix} + \cdots\\
&= \begin{bmatrix}\sum_{k=0}^{\infty}\frac{\alpha^kt^k}{k!} & 0\\ 0 & \sum_{k=0}^{\infty}\frac{\beta^kt^k}{k!}\end{bmatrix}
\end{aligned}$$

考虑式(8.3.1)，则上式可写为

$$e^{\boldsymbol{A}t} = \begin{bmatrix}e^{\alpha t} & 0\\ 0 & e^{\beta t}\end{bmatrix}$$

可见，$e^{\boldsymbol{A}t}$ 也是一个二阶方阵。

下面介绍 $e^{\boldsymbol{A}t}$ 的几个性质。

(1) $\frac{de^{\boldsymbol{A}t}}{dt} = \boldsymbol{A}e^{\boldsymbol{A}t} = e^{\boldsymbol{A}t}\boldsymbol{A}$。这里，$\boldsymbol{A}$ 本身不是 t 的函数。

证明：根据矩阵指数函数的定义，有

$$\frac{de^{\boldsymbol{A}t}}{dt} = \frac{d}{dt}\left(\boldsymbol{I} + \boldsymbol{A}t + \frac{1}{2!}\boldsymbol{A}^2t^2 + \cdots\right) = \boldsymbol{A} + \boldsymbol{A}^2t + \frac{1}{2!}\boldsymbol{A}^3t^3 + \cdots = \boldsymbol{A}\left(\boldsymbol{I} + \boldsymbol{A}t + \frac{1}{2!}\boldsymbol{A}^2t^2 + \cdots\right) = \boldsymbol{A}e^{\boldsymbol{A}t}$$

(2) $e^{\boldsymbol{A}t_1}e^{\boldsymbol{A}t_2} = e^{\boldsymbol{A}(t_1+t_2)}$。

证明如下：

$$\begin{aligned}
e^{\boldsymbol{A}t_1}e^{\boldsymbol{A}t_2} &= \left(\boldsymbol{I} + \boldsymbol{A}t_1 + \frac{1}{2!}\boldsymbol{A}^2t_1^2 + \cdots\right)\left(\boldsymbol{I} + \boldsymbol{A}t_2^2 + \frac{1}{2!}\boldsymbol{A}^2t_2^2 + \cdots\right)\\
&= \boldsymbol{I} + \boldsymbol{A}(t_1 + t_2) + \boldsymbol{A}^2\left(\frac{1}{2!}t_1^2 + t_1t_2 + \frac{1}{2!}t_2^2\right)\\
&\quad + \boldsymbol{A}^3\left(\frac{t_1^3}{3!} + \frac{1}{2!}t_1^2t_2 + \frac{1}{3!}t_2^3\right) + \cdots\\
&= \sum_{k=0}^{\infty}\boldsymbol{A}^k\frac{(t_1+t_2)^k}{k!} = e^{\boldsymbol{A}(t_1+t_2)}
\end{aligned}$$

推论

$$(e^{\boldsymbol{A}t})^n = e^{\boldsymbol{A}nt} \tag{8.3.3}$$

(3) $e^{-\boldsymbol{A}t}e^{\boldsymbol{A}t}=e^{\boldsymbol{A}t}e^{-\boldsymbol{A}t}=\boldsymbol{I}$

8.3.1.2 矢量微分方程的解法

状态方程的一般表示式为

$$\frac{\mathrm{d}\boldsymbol{\lambda}(t)}{\mathrm{d}t}=\boldsymbol{A\lambda}(t)+\boldsymbol{Be}(t) \tag{8.3.4}$$

对上式两边左乘 $e^{-\boldsymbol{A}t}$，可得

$$e^{-\boldsymbol{A}t}\frac{\mathrm{d}}{\mathrm{d}t}\boldsymbol{\lambda}(t)-e^{-\boldsymbol{A}t}\boldsymbol{A\lambda}(t)=e^{-\boldsymbol{A}t}\boldsymbol{Be}(t)$$

$$\frac{\mathrm{d}}{\mathrm{d}t}e^{-\boldsymbol{A}t}\boldsymbol{\lambda}(t)=e^{-\boldsymbol{A}t}\boldsymbol{Be}(t) \tag{8.3.5}$$

两边取积分，可有

$$e^{-\boldsymbol{A}t}\boldsymbol{\lambda}(t)-\boldsymbol{\lambda}(0^-)=\int_0^t e^{-\boldsymbol{A}t}\boldsymbol{Be}(\tau)\mathrm{d}\tau \tag{8.3.6}$$

两边左乘 $e^{\boldsymbol{A}t}$，可得

$$\boldsymbol{\lambda}(t)=e^{\boldsymbol{A}t}\boldsymbol{\lambda}(0^-)+\int_{0^-}^t e^{\boldsymbol{A}(t-\tau)}\boldsymbol{Be}(\tau)\mathrm{d}\tau=e^{\boldsymbol{A}t}\boldsymbol{\lambda}(0^-)+e^{\boldsymbol{A}t}\boldsymbol{B}*\boldsymbol{e}(t) \tag{8.3.7}$$

式中，第一项为状态变量的零输入解，$\boldsymbol{\lambda}(0^-)$为起始状态矢量。矩阵指数函数 $e^{\boldsymbol{A}t}$ 又称为状态转移矩阵，常用 $\boldsymbol{\varphi}(t)$表示。它的作用是将起始状态 $\boldsymbol{\lambda}(0^-)$转移到任意时刻 t 的状态。第二项为状态变量的零状态解。

将式(8.3.7)中的状态变量的解代入输出方程就得到输出响应 $r(t)$，即

$$\begin{aligned}r(t)&=\boldsymbol{C\lambda}(t)+\boldsymbol{De}(t)=\boldsymbol{C}e^{\boldsymbol{A}t}\boldsymbol{\lambda}(0^-)+\int_0^t\boldsymbol{C}e^{\boldsymbol{A}(t-\tau)}\boldsymbol{Be}(\tau)\mathrm{d}\tau+\boldsymbol{De}(t)\\&=\boldsymbol{C}e^{\boldsymbol{A}t}\boldsymbol{\lambda}(0^-)+[\boldsymbol{C}e^{\boldsymbol{A}t}\boldsymbol{B}+\boldsymbol{D\delta}(t)]*\boldsymbol{e}(t)\end{aligned} \tag{8.3.8}$$

式中，第一项由起始状态 $\boldsymbol{\lambda}(0^-)$决定，是零输入响应，第二项由输入信号 $\boldsymbol{e}(t)$决定，是零状态响应。

从式(8.3.8)中的第二项可以看出，零状态响应以矢量的卷积计算，即

$$r_{zs}(t)=\int_0^t\boldsymbol{C}e^{\boldsymbol{A}(t-\tau)}\boldsymbol{Be}(\tau)\mathrm{d}\tau+\boldsymbol{De}(t)=[\boldsymbol{C}e^{\boldsymbol{A}t}\boldsymbol{B}+\boldsymbol{D\delta}(t)]*\boldsymbol{e}(t)=\boldsymbol{h}(t)*\boldsymbol{e}(t) \tag{8.3.9}$$

式中

$$\boldsymbol{\delta}(t)=\begin{bmatrix}\delta(t) & \cdots & 0\\ \cdots & & \cdots\\ 0 & \cdots & \delta(t)\end{bmatrix}$$

为对角线矩阵，对角线上的元素为 $\delta(t)$，其余元素均为零。$\boldsymbol{h}(t)$为系统的冲激响应矩阵，其表示式为

$$\boldsymbol{h}_{r\times m}(t)=\boldsymbol{C}_{r\times n}e^{\boldsymbol{A}t}_{n\times n}\boldsymbol{B}_{n\times m}+\boldsymbol{D}_{r\times m}\boldsymbol{\delta}_{m\times m}(t)=\begin{bmatrix}h_{11}(t) & h_{12}(t) & \cdots & h_{1m}(t)\\ h_{21}(t) & h_{22}(t) & \cdots & h_{2m}(t)\\ \cdots & & & \cdots\\ h_{r1}(t) & h_{r2}(t) & \cdots & h_{rm}(t)\end{bmatrix} \tag{8.3.10}$$

式中，$h_{ij}(t)$是系统第 j 个输入为 $\delta(t)$而其他输入都为零时的第 i 个输出响应。

8.3.1.3 矩阵指数的计算

首先介绍一下特征矩阵的概念和凯莱—哈密顿定理，然后讨论矩阵指数函数的计算方法。

1. 特征矩阵

如果 $\boldsymbol{A}$ 是 n 阶方阵，其元素 α_{ij} 是实数或复数，则 n 阶方阵 $(\alpha\boldsymbol{I}-\boldsymbol{A})$ 称为 $\boldsymbol{A}$ 的特征矩阵，$\det(\alpha\boldsymbol{I}-\boldsymbol{A})=f(\alpha)$ 称为 $\boldsymbol{A}$ 的特征多项式，$f(\alpha)=0$ 称为 $\boldsymbol{A}$ 的特征方程，它的根称为 $\boldsymbol{A}$ 的特征值或特征根。

例 8.3.1 已知二阶方阵 $\boldsymbol{A}=\begin{bmatrix}-4 & 2\\ -3 & 1\end{bmatrix}$，试写出其特征矩阵、特征多项式，并求特征值。

解 根据定义，$\boldsymbol{A}$ 的特征矩阵为

$$\alpha\boldsymbol{I}-\boldsymbol{A}=\begin{bmatrix}\alpha & 0\\ 0 & \alpha\end{bmatrix}-\begin{bmatrix}-4 & 2\\ -3 & 1\end{bmatrix}=\begin{bmatrix}\alpha+4 & -2\\ 3 & \alpha-1\end{bmatrix}$$

$\boldsymbol{A}$ 的特征多项式为

$$f(\alpha)=\det(\alpha\boldsymbol{I}-\boldsymbol{A})=\begin{vmatrix}\alpha+4 & -2\\ 3 & \alpha-1\end{vmatrix}=(\alpha+4)(\alpha-1)+6=\alpha^2+3\alpha+2$$

$\boldsymbol{A}$ 的特征方程为

$$\alpha^2+3\alpha+2=0$$

$\boldsymbol{A}$ 的特征值为

$$\alpha_2=-1,\quad \alpha_2=-2$$

2. 凯莱—哈密顿定理

任何 n 阶方阵 $\boldsymbol{A}$ 恒满足它自己的特征方程，即

$$f(\boldsymbol{A})=0$$

证明：设 $\boldsymbol{A}$ 的特征多项式为

$$f(\alpha)=\det(\alpha\boldsymbol{I}-\boldsymbol{A})=d_0+d_1\alpha+d_2\alpha^2+\cdots+d_n\alpha^n=\sum_{k=0}^{n}d_k\alpha^k \tag{8.3.11}$$

根据逆矩阵的定义，可知

$$(\alpha\boldsymbol{I}-\boldsymbol{A})^{-1}=\frac{\operatorname{adj}(\alpha\boldsymbol{I}-\boldsymbol{A})}{f(\alpha)}$$

上式两端前乘以 $(\alpha\boldsymbol{I}-\boldsymbol{A})$，然后乘以 $f(\alpha)$，得

$$f(\alpha)\boldsymbol{I}=(\alpha\boldsymbol{I}-\boldsymbol{A})\operatorname{adj}(\alpha\boldsymbol{I}-\boldsymbol{A}) \tag{8.3.12}$$

由于矩阵 $(\alpha\boldsymbol{I}-\boldsymbol{A})$ 是 n 阶的，所以其伴随矩阵 $\operatorname{adj}(\alpha\boldsymbol{I}-\boldsymbol{A})$ 为多项式矩阵，它的最高阶次为 α 的 $(n-1)$ 次，因此，可将它写成系数为矩阵的多项式，即

$$\operatorname{adj}(\alpha\boldsymbol{I}-\boldsymbol{A})=\boldsymbol{B}_0+\boldsymbol{B}_1\alpha+\boldsymbol{B}_2\alpha^2+\cdots+\boldsymbol{B}_{n-1}\alpha^{n-1} \tag{8.3.13}$$

将式(8.3.11)和式(8.3.13)代入式(8.3.12)得

$$\sum_{k=0}^{n}d_k\alpha^k\boldsymbol{I}=-\boldsymbol{A}\boldsymbol{B}_0+(\boldsymbol{B}_0-\boldsymbol{A}\boldsymbol{B}_1)\alpha+(\boldsymbol{B}_1-\boldsymbol{A}\boldsymbol{B}_2)\alpha^2+\cdots+(\boldsymbol{B}_{n-2}-\boldsymbol{A}\boldsymbol{B}_{n-1})\alpha^{n-1}+\boldsymbol{B}_{n-1}\alpha^n$$

比较上面等式两端 α 同次幂的系数可得

$$d_0\boldsymbol{I}=-\boldsymbol{A}\boldsymbol{B}_0$$

$$d_1\boldsymbol{I}=\boldsymbol{B}_0-\boldsymbol{A}\boldsymbol{B}_1$$

$$d_2\boldsymbol{I}=\boldsymbol{B}_1-\boldsymbol{A}\boldsymbol{B}_2$$

$$\cdots$$

$$d_{n-1}\boldsymbol{I}=\boldsymbol{B}_{n-2}-\boldsymbol{A}\boldsymbol{B}_{n-1}$$

$$d_n\boldsymbol{I}=\boldsymbol{B}_{n-1}$$

在这组方程中，将第二个方程前乘 $\boldsymbol{A}$，第三个方程前乘 $\boldsymbol{A}^2$，依此类推，最后一个方程前乘 $\boldsymbol{A}^n$。然后，将等式左端和右端分别相加，显然等式右端为零矩阵，于是有

$$d_0\boldsymbol{I}+d_1\boldsymbol{I}+d_2\boldsymbol{A}^2+\cdots+d_{n-1}\boldsymbol{A}^{n-1}+d_n\boldsymbol{A}^n=\boldsymbol{0}$$

即 $f(\boldsymbol{A})=\boldsymbol{0}$。

应用凯莱—哈密顿定理，$\boldsymbol{A}$ 的任何不低于 n 次的幂，例如 $\boldsymbol{A}^m(m\geqslant n)$，可以用低于 n 的各次幂表示。

例 8.3.2 已知二阶方阵

$$\boldsymbol{A}=\begin{bmatrix}-3 & 1\\-2 & 0\end{bmatrix}$$

试验证凯莱—哈密顿定理，并求 $\boldsymbol{A}^3$、$\boldsymbol{A}^4$。

解 $\boldsymbol{A}$ 的特征方程为

$$f(\alpha)=\det(\alpha\boldsymbol{I}-\boldsymbol{A})=\begin{vmatrix}\alpha+3 & -1\\2 & \alpha\end{vmatrix}=\alpha^2+3\alpha+2=0$$

$$f(\boldsymbol{A})=\boldsymbol{A}^2+3\boldsymbol{A}+2\boldsymbol{I}=\begin{bmatrix}-3 & 1\\-2 & 0\end{bmatrix}^2+3\begin{bmatrix}-3 & 1\\-2 & 0\end{bmatrix}+2\begin{bmatrix}1 & 0\\0 & 1\end{bmatrix}$$

$$=\begin{bmatrix}7 & -3\\6 & -2\end{bmatrix}+\begin{bmatrix}-9 & 3\\-6 & 0\end{bmatrix}+\begin{bmatrix}2 & 0\\0 & 2\end{bmatrix}=\boldsymbol{0}$$

凯莱—哈密顿定理得证。

由此可得

$$\boldsymbol{A}^2=-3\boldsymbol{A}-2\boldsymbol{I}$$

将上式两端同乘 $\boldsymbol{A}$，得

$$\boldsymbol{A}^3=-3\boldsymbol{A}^2-2\boldsymbol{A}$$

代入 $\boldsymbol{A}^2$，得

$$\boldsymbol{A}^3=-3(-3\boldsymbol{A}-2\boldsymbol{I})-2\boldsymbol{A}=7\boldsymbol{A}+6\boldsymbol{I}$$

同理可得

$$\boldsymbol{A}^4=7\boldsymbol{A}^2+6\boldsymbol{A}=-15\boldsymbol{A}-14\boldsymbol{I}$$

3. $e^{\boldsymbol{A}t}$ 的计算

设 n 阶方阵 $\boldsymbol{A}$ 的特征根 $\alpha_k(h=1,2,\cdots,n)$ 全是单根，将指数函数 $e^{\alpha t}$ 和 $e^{\boldsymbol{A}t}$ 展开为无穷级数，即

$$e^{\alpha t}=1+t\alpha+\frac{t^2}{2!}\alpha^2+\frac{t^3}{3!}\alpha^3+\cdots \tag{8.3.14}$$

$$e^{\boldsymbol{A}t}=\boldsymbol{I}+t\boldsymbol{A}+\frac{t^2}{2!}\boldsymbol{A}^2+\frac{t^3}{3!}\boldsymbol{A}^3+\cdots \tag{8.3.15}$$

这两个级数中的 α 和 $\boldsymbol{A}$ 的各相同次幂的系数完全相同。若

$$f(\alpha)=d_0+d_1\alpha+d_2\alpha^2+\cdots+d_n\alpha^n=0 \tag{8.3.16}$$

则根据凯莱—哈密顿定理，可得

$$f(\mathbf{A})=d_0\boldsymbol{I}+d_1\mathbf{A}+d_2\mathbf{A}^2+\cdots+d_n\mathbf{A}^n=0 \tag{8.3.17}$$

根据式(8.3.16)和式(8.3.17)，可将式(8.3.14)和式(8.3.15)中幂次大于和等于 n 的各项都用小于 n 次幂的各项表示，则此两式将变为

$$e^{\alpha t}=C_0+C_1\alpha+C_2\alpha_2+\cdots+C_{n-1}\alpha^{n-1} \tag{8.3.18}$$

$$e^{\mathbf{A}t}=C_0+C_1\mathbf{A}+C_2\mathbf{A}_2+\cdots+C_{n-1}\mathbf{A}^{n-1} \tag{8.3.19}$$

显然两式对应系数 C 相同，并且是 t 的函数。

将已知的 $\mathbf{A}$ 的 n 个特征值代入式(8.3.18)，得

$$\begin{cases}C_0+C_1\alpha_1+C_2\alpha_1^2+\cdots+C_{n-1}\alpha_1^{n-1}=e^{\alpha_1 t}\\ C_0+C_1\alpha_2+C_2\alpha_2^2+\cdots+C_{n-1}\alpha_2^{n-1}=e^{\alpha_2 t}\\ \cdots\\ C_0+C_1\alpha_n+C_2\alpha_n^2+\cdots+C_{n-1}\alpha_n^{n-1}=e^{\alpha_n t}\end{cases} \tag{8.3.20}$$

由式(8.3.20)可解得系数 $C_0,C_1,C_2,\cdots,C_{n-1}$，这些系数也就是式(8.3.19)的系数，从而就得到了矩阵指数函数 $e^{\mathbf{A}t}$。

如果 $\mathbf{A}$ 的特征根 α 是 m 阶重根，则有

$$\begin{cases}C_0+C_1\alpha_r+C_2\alpha_r^2+\cdots+C_{n-1}\alpha_r^{n-1}=e^{\alpha_r t}\\ \dfrac{d}{d\alpha_r}[C_0+C_1\alpha_r+C_2\alpha_r^2+\cdots+C_{n-1}\alpha_r^{n-1}]=\dfrac{d}{d\alpha_r}e^{\alpha_r t}\\ \cdots\\ \dfrac{d^{m-1}}{d\alpha_r^{m-1}}[C_0+C_1\alpha_r+C_2\alpha_r^2+\cdots+C_{n-1}\alpha_r^{n-1}]=\dfrac{d^{m-1}}{d\alpha_r^{m-1}}e^{\alpha_r t}\end{cases} \tag{8.3.21}$$

联立$(n-m)$个无重根的方程就可解得各系数 $C_0,C_1,C_2,\cdots,C_{n-1}$。

例 8.3.3 已知二阶方阵

$$\begin{bmatrix}-4 & 2\\ -3 & 1\end{bmatrix}$$

求矩阵指数函数 $e^{\mathbf{A}t}$。

解 写出 $\mathbf{A}$ 的特征方程

$$\det(\alpha\boldsymbol{I}-\mathbf{A})=\begin{vmatrix}\alpha+4 & -2\\ 3 & \alpha-1\end{vmatrix}=\alpha^2+3\alpha+2=0$$

特征根为 $\alpha_1=-1,\alpha_2=-2$。

由式(8.3.20)，有

$$\begin{cases}e^{-t}=C_0-C_1\\ e^{-2t}=C_0-2C_1\end{cases}$$

解得 $C_0=2e^{-t}-e^{-2t},C_1=e^{-t}-e^{-2t}$。所以

$$\begin{aligned}e^{\mathbf{A}t}=C_0\boldsymbol{I}+C_1\mathbf{A}&=(2e^{-t}-e^{-2t})\begin{bmatrix}1 & 0\\ 0 & 1\end{bmatrix}+(e^{-t}-e^{-2t})\begin{bmatrix}-4 & 2\\ -3 & 1\end{bmatrix}\\ &=\begin{bmatrix}-2e^{-t}+3e^{-2t} & 2e^{-t}-2e^{-2t}\\ -3e^{-t}+3e^{-2t} & 3e^{-t}-2e^{-2t}\end{bmatrix}\end{aligned}$$

例 8.3.4 已知矩阵指数函数

$$e^{\boldsymbol{A}t}=\begin{bmatrix}-2e^{-t}+3e^{-2t} & 2e^{-t}-2e^{-2t}\\ -3e^{-t}+3e^{-2t} & 3e^{-t}-2e^{-2t}\end{bmatrix}$$

试求矩阵 $\boldsymbol{A}$。

解 根据式(8.3.21)可得

$$\left.\frac{de^{\boldsymbol{A}t}}{dt}\right|_{t=0}=\boldsymbol{A}e^{\boldsymbol{A}t}\big|_{t=0}=\boldsymbol{A}\boldsymbol{I}=\boldsymbol{A}$$

则有

$$\boldsymbol{A}=\left.\frac{de^{\boldsymbol{A}t}}{dt}\right|_{t=0}=\begin{bmatrix}\frac{d}{dt}(-2e^{-t}+3e^{-2t}) & \frac{d}{dt}(2e^{-t}-2e^{-2t})\\ \frac{d}{dt}(-3e^{-t}+3e^{-2t}) & \frac{d}{dt}(3e^{-t}-2e^{-2t})\end{bmatrix}_{t=0}$$

$$=\begin{bmatrix}2e^{-t}-6e^{-t} & -2e^{-t}+4e^{-2t}\\ 3e^{-t}-6e^{-2t} & -3e^{-t}+4e^{-2t}\end{bmatrix}_{t=0}=\begin{bmatrix}-4 & 2\\ -3 & 1\end{bmatrix}$$

8.3.2 状态方程的 s 域求解

系统状态方程和输出方程为

$$\begin{cases}\frac{d}{dt}\boldsymbol{\lambda}(t)=\boldsymbol{A}\boldsymbol{\lambda}(t)+\boldsymbol{B}\boldsymbol{e}(t)\\ \boldsymbol{r}(t)=\boldsymbol{C}\boldsymbol{\lambda}(t)+\boldsymbol{D}\boldsymbol{e}(t)\end{cases}$$

对上式两边取拉氏变换,有

$$\begin{cases}s\boldsymbol{\Lambda}(s)-\boldsymbol{\lambda}(0^-)=\boldsymbol{A}\boldsymbol{\Lambda}(s)+\boldsymbol{B}\boldsymbol{E}(s)\\ \boldsymbol{R}(s)=\boldsymbol{C}\boldsymbol{\Lambda}(s)+\boldsymbol{D}\boldsymbol{E}(s)\end{cases}$$

整理得

$$\begin{cases}\boldsymbol{\Lambda}(s)=(s\boldsymbol{I}-\boldsymbol{A})^{-1}\boldsymbol{\lambda}(0^-)+(s\boldsymbol{I}-\boldsymbol{A})^{-1}\boldsymbol{B}\boldsymbol{E}(s)\\ \boldsymbol{R}(s)=\boldsymbol{C}(s\boldsymbol{I}-\boldsymbol{A})^{-1}\boldsymbol{\lambda}(0^-)+[\boldsymbol{C}(s\boldsymbol{I}-\boldsymbol{A})^{-1}\boldsymbol{B}+\boldsymbol{D}]\boldsymbol{E}(s)\end{cases}\tag{8.3.22}$$

若用时域表示,则为

$$\boldsymbol{\lambda}(t)=\xi^{-1}[(s\boldsymbol{I}-\boldsymbol{A})^{-1}\boldsymbol{\lambda}(0^-)]+\xi^{-1}[(s\boldsymbol{I}-\boldsymbol{A})^{-1}\boldsymbol{B}]*\xi^{-1}\boldsymbol{E}(s)$$

$$\boldsymbol{r}(t)=\boldsymbol{C}\xi^{-1}[(s\boldsymbol{I}-\boldsymbol{A})^{-1}\boldsymbol{\lambda}(0^-)]+\xi^{-1}[\boldsymbol{C}(s\boldsymbol{I}-\boldsymbol{A})^{-1}\boldsymbol{B}+\boldsymbol{D}]*\xi^{-1}\boldsymbol{E}(s)$$

零输入响应　　　　　　零状态响应

将此结果与时域解法式(8.3.8)和式(8.3.9)比较可以看出,状态转移矩阵 $e^{\boldsymbol{A}t}$ 的拉氏变换为 $(s\boldsymbol{I}-\boldsymbol{A})^{-1}$,即

$$\xi[e^{\boldsymbol{A}t}]=(s\boldsymbol{I}-\boldsymbol{A})^{-1}\tag{8.3.23}$$

或

$$e^{\boldsymbol{A}t}=\xi^{-1}[(s\boldsymbol{I}-\boldsymbol{A})^{-1}]\tag{8.3.24}$$

此式提供了矩阵指数函数的一种更简便的计算法。

为了方便,我们定义

$$\boldsymbol{\Phi}(s)=\xi[\boldsymbol{\varphi}(t)]=[s\boldsymbol{I}-\boldsymbol{A}]^{-1}$$

称 $\boldsymbol{\Phi}(s)$ 为分解矩阵。

由式(8.3.22)得出零状态响应的拉氏变换为

$$\boldsymbol{R}_{zs}(s)=[\boldsymbol{C}(s\boldsymbol{I}-\boldsymbol{A})^{-1}\boldsymbol{B}+\boldsymbol{D}]\boldsymbol{E}(s)=\boldsymbol{H}(s)\boldsymbol{E}(s)$$

其中，$\boldsymbol{H}(s)=\boldsymbol{C}(s\boldsymbol{I}-\boldsymbol{A})^{-1}\boldsymbol{B}+\boldsymbol{D}$，称为系统转移函数矩阵，与时域解法的零状态响应的结果进行比较，可知

$$\boldsymbol{H}(s)=\xi[\boldsymbol{h}(t)] \tag{8.3.25}$$

或

$$\boldsymbol{h}(t)=\xi^{-1}[\boldsymbol{H}(s)] \tag{8.3.26}$$

如果系统具有 m 个输入，r 个输出，则转移函数为

$$\boldsymbol{H}_{r\times m}(s)=\boldsymbol{C}_{r\times n}(s\boldsymbol{I}-\boldsymbol{A})^{-1}_{n\times n}\boldsymbol{B}_{n\times m}+\boldsymbol{D}_{r\times m}=\begin{bmatrix}H_{11}(s) & H_{12}(s) & \cdots & H_{1m}(s)\\ H_{21}(s) & H_{22}(s) & \cdots & H_{2m}(s)\\ \cdots & & & \cdots\\ H_{r1}(s) & H_{r2}(s) & \cdots & H_{rm}(s)\end{bmatrix}$$

式中每一元素的物理意义可用下式表示：

$$H_{ij}(s)=\left.\frac{\text{第 } i \text{ 个输出 } R_i(s) \text{ 中对第 } j \text{ 个输入的响应}}{\text{第 } j \text{ 个输入 } E_j(s)}\right|_{\text{其他输入量都为零}}$$

即 $H_{ij}(s)$是第 j 个输入到第 i 个输出之间的转移函数。

例 8.3.5 某线性时不变系统的状态方程和输出方程分别为

$$\begin{bmatrix}\dot{\lambda}_1(t)\\ \dot{\lambda}_2(t)\end{bmatrix}=\begin{bmatrix}1 & 2\\ 0 & -1\end{bmatrix}\begin{bmatrix}\lambda_1(t)\\ \lambda_2(t)\end{bmatrix}+\begin{bmatrix}0 & 0\\ 1 & 0\end{bmatrix}\begin{bmatrix}e_1(t)\\ e_2(t)\end{bmatrix}$$

$$\begin{bmatrix}r_1(t)\\ r_2(t)\end{bmatrix}=\begin{bmatrix}1 & 1\\ 0 & -1\end{bmatrix}\begin{bmatrix}\lambda_1(t)\\ \lambda_2(t)\end{bmatrix}+\begin{bmatrix}1 & 0\\ 1 & 0\end{bmatrix}\begin{bmatrix}e_1(t)\\ e_2(t)\end{bmatrix}$$

设系统的初始状态

$$\boldsymbol{\lambda}(0)=\begin{bmatrix}\lambda_1(0)\\ \lambda_2(0)\end{bmatrix}=\begin{bmatrix}1\\ -1\end{bmatrix}$$

输入 $e_1(t)=u(t)$，$e_2(t)=\delta(t)$，试求状态变量和输出响应。

解 用时域法计算。

(1) 计算状态转移矩阵 $\boldsymbol{\varphi}(t)=\mathrm{e}^{\boldsymbol{A}t}$。

矩阵 $\boldsymbol{A}$ 的特征方程为

$$\det(\alpha\boldsymbol{I}-\boldsymbol{A})=\begin{vmatrix}\alpha-1 & -2\\ 0 & \alpha+1\end{vmatrix}=\alpha^2-1=0$$

特征根为

$$\alpha_1=1,\quad \alpha_2=-1$$

由式(8.3.19)，有

$$\begin{cases}\mathrm{e}^{t}=C_0+C_1\\ \mathrm{e}^{-t}=C_0-C_1\end{cases}$$

解得

$$C_0=\frac{1}{2}(\mathrm{e}^{t}+\mathrm{e}^{-t}),\quad C_1=\frac{1}{2}(\mathrm{e}^{t}-\mathrm{e}^{-t})$$

所以

$$e^{\boldsymbol{A}t}=C_0\boldsymbol{I}+C_1\boldsymbol{A}=\frac{1}{2}(e^t+e^{-t})\begin{bmatrix}1 & 0\\0 & 1\end{bmatrix}+\frac{1}{2}(e^t-e^{-t})\begin{bmatrix}1 & 2\\0 & -1\end{bmatrix}=\begin{bmatrix}e^t & e^t-e^{-t}\\0 & e^{-t}\end{bmatrix}$$

(2) 求状态变量 $\boldsymbol{\lambda}(t)=\begin{bmatrix}\lambda_1(t)\\\lambda_2(t)\end{bmatrix}$。

由式(8.3.7)得

$$\begin{aligned}\boldsymbol{\lambda}(t) &= e^{\boldsymbol{A}t}\boldsymbol{\lambda}(0^-)+\int_{0^-}^{t}e^{\boldsymbol{A}(t-\tau)}\boldsymbol{Be}(\tau)d\tau=\begin{bmatrix}e^t & e^t-e^{-t}\\0 & e^{-t}\end{bmatrix}\begin{bmatrix}1\\-1\end{bmatrix}\\&+\int_{0^-}^{t}\begin{bmatrix}e^{t-\tau} & e^{t-\tau}-e^{-(t-\tau)}\\0 & e^{-(t-\tau)}\end{bmatrix}\begin{bmatrix}0 & 1\\1 & 0\end{bmatrix}\begin{bmatrix}u(\tau)\\\delta(\tau)\end{bmatrix}d\tau\\&=\begin{bmatrix}e^{-t}\\-e^{-t}\end{bmatrix}+\begin{bmatrix}2e^t+e^{-t}-2\\1-e^{-t}\end{bmatrix}\quad t>0\end{aligned}$$

(3) 求输出响应 $\boldsymbol{r}(t)=\begin{bmatrix}r_1(t)\\r_2(t)\end{bmatrix}$。

$$\begin{aligned}\begin{bmatrix}r_1(t)\\r_2(t)\end{bmatrix}&=\boldsymbol{C}\begin{bmatrix}\lambda_1(t)\\\lambda_2(t)\end{bmatrix}+\boldsymbol{D}\begin{bmatrix}e_1(t)\\e_2(t)\end{bmatrix}=\begin{bmatrix}1 & 1\\0 & -1\end{bmatrix}\left\{\begin{bmatrix}e^{-t}\\-e^{-t}\end{bmatrix}+\begin{bmatrix}2e^t+e^{-t}-2\\1-e^{-t}\end{bmatrix}\right\}+\begin{bmatrix}1 & 0\\1 & 0\end{bmatrix}\begin{bmatrix}u(t)\\\delta(t)\end{bmatrix}\\&=\begin{bmatrix}0\\e^{-t}\end{bmatrix}+\begin{bmatrix}2e^t-1\\-1+e^{-t}\end{bmatrix}+\begin{bmatrix}1\\1\end{bmatrix}=\begin{bmatrix}0\\e^{-t}\end{bmatrix}+\begin{bmatrix}2e^t\\e^{-t}\end{bmatrix}\quad t>0\end{aligned}$$

例 8.3.6 使用变换域法计算例 8.3.5。

(1) 计算分解矩阵 $\boldsymbol{\Phi}(s)=(s\boldsymbol{I}-\boldsymbol{A})^{-1}$。

因为

$$\boldsymbol{A}=\begin{bmatrix}1 & 2\\0 & -1\end{bmatrix}$$

所以

$$s\boldsymbol{I}-\boldsymbol{A}=\begin{bmatrix}s-1 & -2\\0 & s+1\end{bmatrix}$$

$$\det(s\boldsymbol{I}-\boldsymbol{A})=(s-1)(s+1)$$

$$\operatorname{adj}(s\boldsymbol{I}-\boldsymbol{A})=\begin{bmatrix}s+1 & 2\\0 & s-1\end{bmatrix}$$

分解矩阵为

$$\boldsymbol{\Phi}(s)=(s\boldsymbol{I}-\boldsymbol{A})^{-1}=\frac{\operatorname{adj}(s\boldsymbol{I}-\boldsymbol{A})}{\det(s\boldsymbol{I}-\boldsymbol{A})}=\begin{bmatrix}\dfrac{1}{s-1} & \dfrac{2}{(s-1)(s+1)}\\0 & \dfrac{1}{s+1}\end{bmatrix}$$

(2) 计算状态变量 $\boldsymbol{\lambda}(t)$。

因为

$$\boldsymbol{E}(s)=\begin{bmatrix}\dfrac{1}{s}\\1\end{bmatrix}$$

所以由式(8.3.22)得

$$\boldsymbol{\Lambda}(s)=\boldsymbol{\Phi}(s)\boldsymbol{\lambda}(0^-)+\boldsymbol{\Phi}(s)\boldsymbol{B}\boldsymbol{E}(s)$$

$$=\begin{bmatrix}\frac{1}{s-1} & \frac{2}{(s-1)(s+1)}\\ 0 & \frac{1}{s+1}\end{bmatrix}\begin{bmatrix}1\\ -1\end{bmatrix}+\begin{bmatrix}\frac{1}{s-1} & \frac{2}{(s-1)(s+1)}\\ 0 & \frac{1}{s+1}\end{bmatrix}\begin{bmatrix}0 & 1\\ 1 & 0\end{bmatrix}\begin{bmatrix}\frac{1}{s}\\ 1\end{bmatrix}$$

$$=\begin{bmatrix}\frac{1}{s+1}\\ -\frac{1}{s+1}\end{bmatrix}+\begin{bmatrix}\frac{s^2+s+2}{s(s-1)(s+1)}\\ \frac{1}{s(s+1)}\end{bmatrix}$$

$$\boldsymbol{\lambda}(t)=\xi^{-1}[\boldsymbol{\Lambda}(s)]=\begin{bmatrix}\mathrm{e}^{-t}\\ -\mathrm{e}^{-t}\end{bmatrix}+\begin{bmatrix}2\mathrm{e}^{t}+\mathrm{e}^{-t}-2\\ 1-\mathrm{e}^{-t}\end{bmatrix}\quad t>0$$

(3) 求输出响应 $\boldsymbol{r}(t)=\begin{bmatrix}r_1(t)\\ r_2(t)\end{bmatrix}$。

$$\boldsymbol{R}(s)=\boldsymbol{C}\boldsymbol{\Lambda}(s)+\boldsymbol{D}\boldsymbol{E}(s)=\begin{bmatrix}1 & 1\\ 0 & -1\end{bmatrix}\left(\begin{bmatrix}\frac{1}{s+1}\\ -\frac{1}{s+1}\end{bmatrix}+\begin{bmatrix}\frac{(s^2+s+2)}{s(s-1)(s+1)}\\ \frac{1}{s(s+1)}\end{bmatrix}\right)+\begin{bmatrix}1 & 0\\ 1 & 0\end{bmatrix}\begin{bmatrix}\frac{1}{s}\\ 1\end{bmatrix}$$

$$=\begin{bmatrix}0\\ \frac{1}{s+1}\end{bmatrix}+\begin{bmatrix}\frac{2}{s-1}\\ \frac{1}{s+1}\end{bmatrix}$$

$$\boldsymbol{r}(t)=\xi^{-1}[\boldsymbol{R}(s)]=\begin{bmatrix}0\\ \mathrm{e}^{-t}\end{bmatrix}+\begin{bmatrix}2\mathrm{e}^{t}\\ \mathrm{e}^{-t}\end{bmatrix}\quad t>0$$

可见,所得结果与例 8.3.5 的相同。

例 8.3.7 已知条件与例 8.3.5 相同,试求系统的冲激响应矩阵 $\boldsymbol{h}(t)$ 和传输函数矩阵 $\boldsymbol{H}(s)$。

解 由例 8.3.5 得状态转移矩阵为

$$\boldsymbol{\varphi}(t)=\mathrm{e}^{\boldsymbol{A}t}=\begin{bmatrix}\mathrm{e}^{t} & \mathrm{e}^{t}-\mathrm{e}^{-t}\\ 0 & \mathrm{e}^{-t}\end{bmatrix}$$

又知

$$\boldsymbol{B}=\begin{bmatrix}0 & 1\\ 1 & 0\end{bmatrix},\quad \boldsymbol{C}=\begin{bmatrix}1 & 1\\ 0 & -1\end{bmatrix},\quad \boldsymbol{D}=\begin{bmatrix}1 & 0\\ 1 & 0\end{bmatrix}$$

所以

$$\boldsymbol{h}(t)=\boldsymbol{C}\boldsymbol{\varphi}(t)\boldsymbol{B}+\boldsymbol{D}\boldsymbol{\delta}(t)+\begin{bmatrix}1 & 1\\ 0 & -1\end{bmatrix}\begin{bmatrix}\mathrm{e}^{t} & \mathrm{e}^{t}-\mathrm{e}^{-t}\\ 0 & \mathrm{e}^{-t}\end{bmatrix}\begin{bmatrix}0 & 1\\ 1 & 0\end{bmatrix}+\begin{bmatrix}1 & 0\\ 1 & 0\end{bmatrix}\begin{bmatrix}\delta(t) & 0\\ 0 & \delta(t)\end{bmatrix}$$

$$=\begin{bmatrix}\mathrm{e}^{t} & \mathrm{e}^{t}\\ -\mathrm{e}^{-t} & 0\end{bmatrix}+\begin{bmatrix}\delta(t) & 0\\ \delta(t) & 0\end{bmatrix}$$

由例 8.3.6 得分解矩阵为

$$\boldsymbol{\Phi}(s)=(s\boldsymbol{I}-\boldsymbol{A})^{-1}=\begin{bmatrix}\frac{1}{s-1} & \frac{2}{(s-1)(s+1)}\\ 0 & \frac{1}{s+1}\end{bmatrix}$$

所以转移函数矩阵为

$$\boldsymbol{H}(s)=\boldsymbol{C\Phi}(s)\boldsymbol{B}+\boldsymbol{D}=\begin{bmatrix}1 & 1\\0 & -1\end{bmatrix}\begin{bmatrix}\frac{1}{s-1} & \frac{2}{(s-1)(s+1)}\\0 & \frac{1}{s+1}\end{bmatrix}\begin{bmatrix}0 & 1\\1 & 0\end{bmatrix}+\begin{bmatrix}1 & 0\\1 & 0\end{bmatrix}$$

$$=\begin{bmatrix}\frac{2}{(s-1)(s+1)}+\frac{1}{s+1} & \frac{1}{s-1}\\-\frac{1}{(s+1)} & 0\end{bmatrix}+\begin{bmatrix}1 & 0\\1 & 0\end{bmatrix}=\begin{bmatrix}\frac{1}{s-1}+1 & \frac{1}{s-1}\\-\frac{1}{s+1}+1 & 0\end{bmatrix}$$

当然也可利用关系式 $\boldsymbol{H}(s)=\xi[\boldsymbol{h}(t)]$计算转移函数矩阵 $\boldsymbol{H}(s)$。

8.4 离散时间系统的状态方程

8.4.1 离散时间系统状态方程的一般形式

离散系统的状态方程是一阶联立差分方程组。如果系统是线性时不变系统，则状态方程和输出方程是状态变量和输入信号的线性组合，即

状态方程为

$$\begin{cases}\lambda_1(n+1)=a_{11}\lambda_1(n)+a_{12}\lambda_2(n)+\cdots+a_{1k}\lambda_k(n)+b_{11}x_1(n)+\cdots+b_{1m}x_m(n)\\\lambda_2(n+1)=a_{21}\lambda_1(n)+a_{22}\lambda_2(n)+\cdots+a_{2k}\lambda_k(n)+b_{21}x_1(n)+\cdots+b_{2m}x_m(n)\\\cdots\\\lambda_k(n+1)=a_{k1}\lambda_1(n)+a_{k2}\lambda_2(n)+\cdots+a_{kk}\lambda_k(n)+b_{k1}x_1(n)+\cdots+b_{km}x_m(n)\end{cases}\tag{8.4.1}$$

输出方程为

$$\begin{cases}y_1(n)=c_{11}\lambda_1(n)+c_{12}\lambda_2(n)+\cdots+c_{1k}\lambda_k(n)+d_{11}x_1(n)+\cdots+d_{1m}x_m(n)\\y_2(n)=c_{21}\lambda_1(n)+c_{22}\lambda_2(n)+\cdots+c_{2k}\lambda_k(n)+d_{21}x_1(n)+\cdots+d_{2m}x_m(n)\\\cdots\\y_r(n)=c_{r1}\lambda_1(n)+c_{r2}\lambda_2(n)+\cdots+c_{rk}\lambda_k(n)+d_{r1}x_1(n)+\cdots+d_{rm}x_m(n)\end{cases}\tag{8.4.2}$$

式中，$\lambda_1(n),\cdots,\lambda_k(n)$为系统的 k 个状态变量；$x_1(n),\cdots,x_m(n)$为系统的 m 个输入信号；$y_1(n),\cdots,y_r(n)$为系统的 r 个输出信号。

将式(8.4.1)和式(8.4.2)表示成矢量方程形式如下：

$$\boldsymbol{\lambda}_{k\times1}(n+1)=\boldsymbol{A}_{k\times k}\boldsymbol{\lambda}_{k\times1}(n)+\boldsymbol{B}_{k\times m}\boldsymbol{x}_{m\times1}(n)\tag{8.4.3}$$

$$\boldsymbol{y}_{r\times1}(n)=\boldsymbol{C}_{r\times k}\boldsymbol{\lambda}_{k\times1}(n)+\boldsymbol{D}_{r\times m}\boldsymbol{x}_{m\times1}(n)\tag{8.4.4}$$

其中

$$\boldsymbol{x}_{m\times1}(n)=\begin{bmatrix}x_1(n)\\x_2(n)\\\cdots\\x_m(n)\end{bmatrix}\quad\boldsymbol{y}_{r\times1}(n)=\begin{bmatrix}y_1(n)\\y_2(n)\\\cdots\\y_r(n)\end{bmatrix}\quad\boldsymbol{\lambda}_{k\times1}(n)=\begin{bmatrix}\lambda_1(n)\\\lambda_2(n)\\\cdots\\\lambda_k(n)\end{bmatrix}$$

$$\boldsymbol{\lambda}_{k\times1}(n+1)=\begin{bmatrix}\lambda_1(n+1)\\\lambda_2(n+1)\\\cdots\\\lambda_k(n+1)\end{bmatrix}$$

$$
\boldsymbol{A}_{k\times k}=\begin{bmatrix} a_{11} & a_{12} & \cdots & a_{1k} \\ a_{21} & a_{22} & \cdots & a_{2k} \\ \cdots & \cdots & \cdots & \cdots \\ a_{k1} & a_{k2} & \cdots & a_{kk} \end{bmatrix} \quad \boldsymbol{B}_{k\times m}=\begin{bmatrix} b_{11} & b_{12} & \cdots & b_{1m} \\ b_{21} & b_{22} & \cdots & b_{2m} \\ \cdots & \cdots & \cdots & \cdots \\ b_{k1} & b_{k2} & \cdots & b_{km} \end{bmatrix}
$$

$$
\boldsymbol{C}_{r\times k}=\begin{bmatrix} c_{11} & c_{12} & \cdots & c_{1k} \\ c_{21} & c_{22} & \cdots & c_{2k} \\ \cdots & \cdots & \cdots & \cdots \\ c_{r1} & c_{r2} & \cdots & c_{rk} \end{bmatrix} \quad \boldsymbol{D}_{r\times m}=\begin{bmatrix} d_{11} & d_{12} & \cdots & d_{1m} \\ d_{21} & d_{22} & \cdots & d_{2m} \\ \cdots & \cdots & \cdots & \cdots \\ d_{r1} & d_{r2} & \cdots & d_{rm} \end{bmatrix}
$$

由上述可见，离散系统状态方程与连续系统状态方程的形式相同，只是原来的微分方程换成了这里的差分方程。

8.4.2 由差分方程建立状态方程

设离散系统的 k 阶差分方程为

$$
\begin{aligned} & y(n)+a_{k-1}y(n-1)+\cdots+a_1y(n-k+1)+a_0y(n-k) \\ & =b_mx(n)+b_{m-1}x(n-1)+\cdots+b_1x(n-m+1)+b_0x(n-m) \end{aligned} \tag{8.4.5}
$$

其系统函数为

$$
H(z)=(b_m+b_{m-1}z^{-1}+\cdots+b_0z^{-m})/(1+a_{k-1}z^{-1}+\cdots+a_0z^{-k}) \tag{8.4.6}
$$

画出离散系统的模拟框图如图 8.4.1 所示。

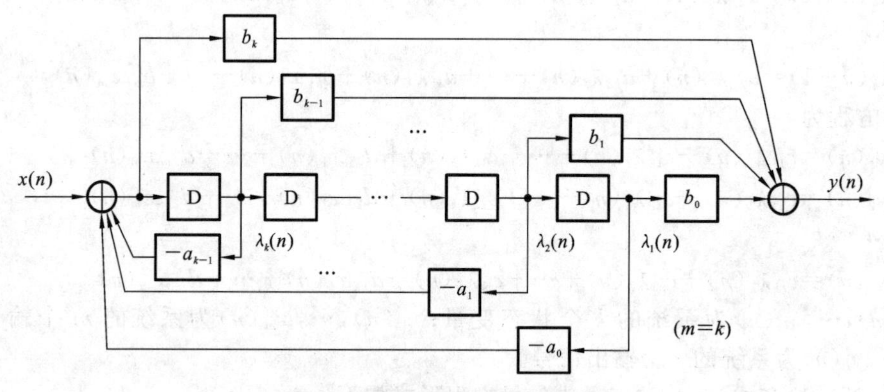

图 8.4.1　离散系统的模拟框图

选取每个单位延时器输出作为状态变量，则有

$$
\begin{aligned} \lambda_1(n+1)&=\lambda_2(n) \\ \lambda_2(n+1)&=\lambda_3(n) \\ &\cdots \\ \lambda_{k-1}(n+1)&=\lambda_k(n) \\ \lambda_k(n+1)&=-a_0\lambda_1(n)-a_1\lambda_2(n)-\cdots-a_{k-1}\lambda_k(n)+x(n) \end{aligned} \tag{8.4.7}
$$

$$
\begin{aligned} y(n)&=b_0\lambda_1(n)+b_1\lambda_2(n)+\cdots+b_{k-1}\lambda_k(n) \\ &\quad +b_k[-a_0\lambda_1(n)-a_1\lambda_2(n)-\cdots-a_{k-1}\lambda_k(n)+x(n)] \\ &=(b_0-b_ka_0)\lambda_1(n)+(b_1-b_ka_1)\lambda_2(n)+\cdots+(b_{k-1}-b_ka_{k-1})\lambda_k(n)+b_kx(n) \end{aligned} \tag{8.4.8}
$$

将上两式表示成矢量方程为

$$\boldsymbol{\lambda}(n+1)=\boldsymbol{A}\boldsymbol{\lambda}(n)+\boldsymbol{B}\boldsymbol{x}(n) \tag{8.4.9}$$

$$\boldsymbol{y}(n)=\boldsymbol{C}\boldsymbol{\lambda}(n)+\boldsymbol{D}\boldsymbol{x}(n) \tag{8.4.10}$$

其中

$$\boldsymbol{A}=\begin{bmatrix} 0 & 1 & 0 & \cdots & 0 \\ 0 & 0 & 1 & \cdots & 0 \\ \cdots & \cdots & \cdots & \cdots & \cdots \\ 0 & 0 & 0 & \cdots & 1 \\ -a_0 & -a_1 & -a_2 & \cdots & -a_{k-1} \end{bmatrix}$$

$$\boldsymbol{B}=\begin{bmatrix} 0 \\ 0 \\ \cdots \\ 0 \\ 1 \end{bmatrix}$$

$$\boldsymbol{C}=[(b_0-b_ka_0)\quad(b_1-b_ka_1)\quad\cdots\quad(b_{k-1}-b_ka_{k-1})]$$

$$\boldsymbol{D}=[b_k]$$

根据离散系统差分方程列写状态方程，其结果与连续系统的情况完全相同。

例 8.4.1 写出图 8.4.2 所示反馈系统的状态方程和输出方程。

解 根据题目所给条件，可以写出

$$Y(s)=\frac{3}{s(s+3)}\left[E(s)+\frac{-1}{s+1}Y(s)\right]$$

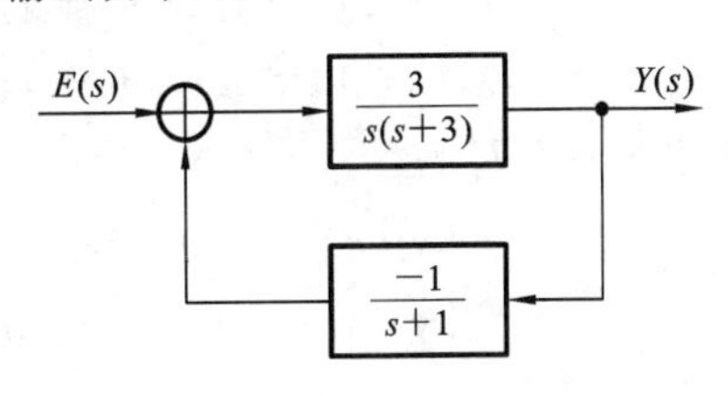

图 8.4.2 例 8.4.1 图

整理得

$$Y(s)=\frac{3(s+1)}{s^3+4s^2+3s+3}E(s)$$

系统函数为

$$H(s)=\frac{Y(s)}{E(s)}=\frac{3s+3}{s^3+4s^2+3s+3}$$

根据状态方程系数矩阵的构成规则，可以直接写出状态方程和输出方程：

$$\begin{bmatrix} \dot{\lambda}_1 \\ \dot{\lambda}_2 \\ \dot{\lambda}_3 \end{bmatrix}=\begin{bmatrix} 0 & 1 & 0 \\ 0 & 0 & 1 \\ -3 & -3 & -4 \end{bmatrix}\begin{bmatrix} \lambda_1 \\ \lambda_2 \\ \lambda_3 \end{bmatrix}+\begin{bmatrix} 0 \\ 0 \\ 1 \end{bmatrix}\boldsymbol{e}$$

$$\boldsymbol{y}=[3\quad 3\quad 0]\begin{bmatrix} \lambda_1 \\ \lambda_2 \\ \lambda_3 \end{bmatrix}$$

8.4.3 由系统模拟框图、信号流图或系统函数建立状态方程

由系统模拟框图、信号流图或系统函数建立状态方程，具体方法为

(1) 由系统的输入-输出方程或系统函数，首先画出其信号流图或模拟框图；

(2) 选一阶子系统（迟延器）的输出作为状态变量；

(3) 根据每个一阶子系统的输入输出关系列状态方程；

(4) 在系统的输出端列输出方程。

例 8.4.2 某离散系统的差分方程为

$$y(k)+2y(k-1)-y(k-2)=f(k-1)-f(k-2)$$

试列出其动态方程。

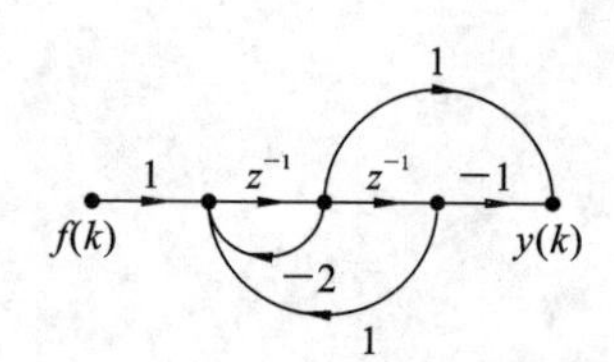

图 8.4.3 例 8.4.2 信号流图

解 不难写出系统函数

$$H(z)=\frac{z^{-1}-z^{-2}}{1+2z^{-1}-z^{-2}}$$

画出信号流图,如图 8.4.3 所示。

设状态变量为 $x_1(k),x_2(k)$,状态方程为

$$\begin{cases}x_1(k+1)=x_2(k)\\x_2(k+1)=x_1(k)-2x_2(k)+f(k)\end{cases}$$

输出方程为

$$y(k)=x_1(k)+x_2(k)$$

例 8.4.3 给出离散系统的模拟框图,如图 8.4.4 所示,试列出该系统的状态方程。

解 设图中两个单位延时器的输出分别为两个状态变量 $\lambda_1(n),\lambda_2(n)$,则状态方程可写为

$$\begin{cases}\lambda_1(n+1)=a_1\lambda_1(n)+x_1(n)\\\lambda_2(n+1)=a_2\lambda_2(n)+x_2(n)\end{cases}$$

输出方程可写为

$$\begin{cases}y_1(n)=\lambda_1(n)+\lambda_2(n)\\y_2(n)=\lambda_2(n)+x_1(n)\end{cases}$$

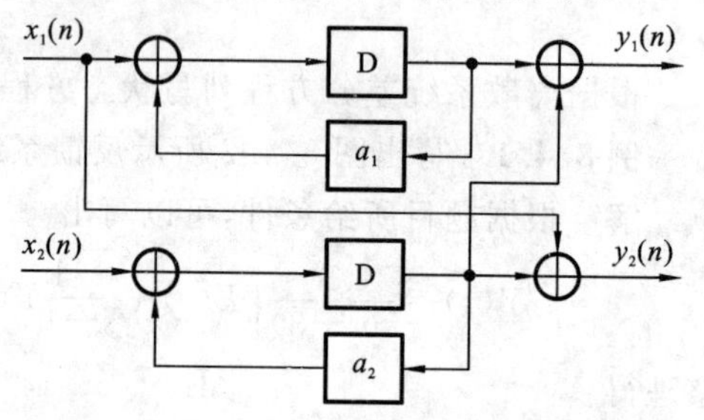

图 8.4.4 例 8.4.3 离散系统模拟框图

8.5 离散时间系统状态方程的求解

8.5.1 状态方程的时域求解

8.5.1.1 矢量差分方程的解法

设离散系统的状态方程为

$$\boldsymbol{\lambda}(n+1)=\boldsymbol{A\lambda}(n)+\boldsymbol{Bx}(n)$$

系统的起始状态为 $\boldsymbol{\lambda}(n_0)$,应用迭代法,可有

$$\boldsymbol{\lambda}(n_0+1)=\boldsymbol{A\lambda}(n_0)+\boldsymbol{Bx}(n_0)$$

则有

$$\begin{aligned}\boldsymbol{\lambda}(n_0+2)&=\boldsymbol{A\lambda}(n_0+1)+\boldsymbol{Bx}(n_0+1)=\boldsymbol{A}^2\boldsymbol{\lambda}(n_0)+\boldsymbol{ABx}(n_0)+\boldsymbol{Bx}(n_0+1)\\\boldsymbol{\lambda}(n_0+3)&=\boldsymbol{A\lambda}(n_0+2)+\boldsymbol{Bx}(n_0+2)\\&=\boldsymbol{A}^3\boldsymbol{\lambda}(n_0)+\boldsymbol{A}^2\boldsymbol{Bx}(n_0)+\boldsymbol{ABx}(n_0+1)+\boldsymbol{Bx}(n_0+2)\end{aligned}$$

$$\cdots$$

$$\begin{aligned}\boldsymbol{\lambda}(n) &= \boldsymbol{A\lambda}(n-1)+\boldsymbol{Bx}(n-1)\\ &= \boldsymbol{A}^{n-n_0}\boldsymbol{\lambda}(n_0)+\boldsymbol{A}^{n-n_0-1}\boldsymbol{Bx}(n_0)+\boldsymbol{A}^{n-n_0-2}\boldsymbol{Bx}(n_0+1)+\cdots+\boldsymbol{Bx}(n-1)\\ &= \boldsymbol{A}^{n-n_0}\boldsymbol{\lambda}(n_0)+\sum_{i=0}^{n-1}\boldsymbol{A}^{n-1-i}\boldsymbol{Bx}(i)\end{aligned}$$

如果取 $n_0=0$,则有

$$\boldsymbol{\lambda}(n)=\boldsymbol{A}^n\boldsymbol{\lambda}(0)+\sum_{i=0}^{n-1}\boldsymbol{A}^{n-1-i}\boldsymbol{Bx}(i) \tag{8.5.1}$$

零输入解　　零状态解

上式中第一项为状态变量的零输入解,其中,$\boldsymbol{A}$ 称为状态转移矩阵,用符号 $\boldsymbol{\varphi}(n)$表示;第二项为状态变量的零状态解。

将状态变量 $\boldsymbol{\lambda}(n)$代入输出方程,可得

$$\boldsymbol{y}(n)=\boldsymbol{C\lambda}(n)+\boldsymbol{Dx}(n)=\boldsymbol{CA}^n\boldsymbol{\lambda}(0)+\sum_{i=0}^{n-1}\boldsymbol{CA}^{n-1-i}\boldsymbol{Bx}(i)+\boldsymbol{Dx}(n) \tag{8.5.2}$$

零输入响应　　零状态响应

从上式的零状态响应中,可以看出,若 $\boldsymbol{x}(n)=\boldsymbol{\delta}(n)$,则系统的单位函数响应矩阵为

$$\boldsymbol{h}_{r\times m}(n)=\boldsymbol{CA}^{n-1}\boldsymbol{B}+\boldsymbol{D\delta}(n)=\begin{bmatrix}h_{11} & h_{12} & \cdots & h_{1m}\\ h_{21} & h_{22} & \cdots & h_{2m}\\ \cdots & \cdots & \cdots & \cdots\\ h_{r1} & h_{r2} & \cdots & h_{rm}\end{bmatrix} \tag{8.5.3}$$

8.5.1.2 $\boldsymbol{A}^n$ 的计算

设 $\boldsymbol{A}$ 为 k 阶方阵,若 $\boldsymbol{A}$ 的特征方程为

$$f(\alpha)=d_0+d_1\alpha+d_2\alpha^2+\cdots+d_k\alpha^k=0 \tag{8.5.4}$$

根据凯莱-哈密顿定理可知

$$f(\boldsymbol{A})=d_0\boldsymbol{I}+d_1\boldsymbol{A}+d_2\boldsymbol{A}^2+\cdots+d_k\boldsymbol{A}^k=\boldsymbol{0} \tag{8.5.5}$$

由此可知,当 $n\geqslant k$ 时,α^n 和 $\boldsymbol{A}^n$ 可表示为$(k-1)$次的 α(或 $\boldsymbol{A}$)的多项式,而它们各对应项系数相同,即

$$\alpha^n=C_0+C_1\alpha+C_2\alpha^2+\cdots+C_{k-1}\alpha^{k-1} \tag{8.5.6}$$

式中,各系数 C_j 是变量 n 的函数。

如果已知 $\boldsymbol{A}$ 的 k 个特征值 $\alpha_1,\alpha_2,\cdots,\alpha_k$,把它们分别代入式(8.5.6),得

$$\begin{cases}\alpha_1^n=C_0+C_1\alpha_1+C_2\alpha_1^2+\cdots+C_{k-1}\alpha_1^{k-1}\\ \alpha_2^n=C_0+C_1\alpha_2+C_2\alpha_2^2+\cdots+C_{k-1}\alpha_2^{k-1}\\ \cdots\\ \alpha_k^n=C_0+C_1\alpha_k+C_2\alpha_k^2+\cdots+C_{k-1}\alpha_k^{k-1}\end{cases} \tag{8.5.7}$$

联立求解式(8.5.7)所示的方程组,可得系数 C_j,这些系数就是 $\boldsymbol{A}^n$ 的系数,从而也就求得 $\boldsymbol{A}^n$。

如果 $\boldsymbol{A}$ 的特征根 α 是 m 阶重根,则使用以下方程

$$\begin{cases} \alpha_r^n = C_0 + C_1\alpha_r + C_2\alpha_r^2 + \cdots + C_{k-1}\alpha_r^{k-1} \\ \dfrac{\mathrm{d}}{\mathrm{d}\alpha_r}\alpha_r^n = \dfrac{\mathrm{d}}{\mathrm{d}\alpha_r}[\alpha_0 + C_1\alpha_r + C_2\alpha_r^2 + \cdots + C_{k-1}\alpha_r^{k-1}] \\ \cdots \\ \dfrac{\mathrm{d}^{m-1}}{\mathrm{d}\alpha_r^{m-1}}\alpha_r^m = \dfrac{\mathrm{d}^{m-1}}{\mathrm{d}\alpha_r^{m-1}}[C_0 + C_1\alpha_r + C_2\alpha_r^2 + \cdots + C_{k-1}\alpha_r^{k-1}] \end{cases} \tag{8.5.8}$$

联立$(n-m)$个单根的方程，就可求得各系数C_j。

例 8.5.1 已知二阶方阵$\boldsymbol{A}=\begin{bmatrix}1 & -1\\1 & 3\end{bmatrix}$，求状态转移矩阵$\boldsymbol{A}^n$。

解 求$\boldsymbol{A}$的特征值，$\alpha=2$为二重根，则

$$\begin{cases} 2^n = C_0 + 2C_1 \\ 2^{n-1}n = C_1 \end{cases}$$

所以求得

$$\begin{cases} C_0 = 2^n(1-n) \\ C_1 = 2^{n-1}n \end{cases}$$

由此可得

$$\boldsymbol{A}^n = C_0\boldsymbol{I} + C_1\boldsymbol{A} = 2^n(1-n)\begin{bmatrix}1 & 0\\0 & 1\end{bmatrix} + 2^{n-1}n\begin{bmatrix}1 & -1\\1 & 3\end{bmatrix} = 2^n\begin{bmatrix}1-\dfrac{n}{2} & -\dfrac{n}{2}\\ \dfrac{n}{2} & 1+\dfrac{n}{2}\end{bmatrix}$$

例 8.5.2 若某离散系统的状态方程和输出方程分别为

$$\boldsymbol{\lambda}(n+1) = \begin{bmatrix}0 & 1\\3 & 2\end{bmatrix}\boldsymbol{\lambda}(n)$$

$$\boldsymbol{y}(n) = [3 \quad 3]\boldsymbol{\lambda}(n)$$

初始状态$\boldsymbol{\lambda}(0)=\begin{bmatrix}1\\0\end{bmatrix}$，试求$\boldsymbol{y}(n)$。

解 (1) 先求$\boldsymbol{A}$的特征根。

特征方程为

$$\det(\alpha\boldsymbol{I}-\boldsymbol{A}) = \begin{vmatrix}\alpha & -1\\ -3 & \alpha-2\end{vmatrix} = (\alpha+1)(\alpha-3) = 0$$

特征根为

$$\alpha_1 = -1,\quad \alpha_2 = 3$$

(2) 求状态转移矩阵$\boldsymbol{A}^n$。

$$\boldsymbol{A}^n = C_0\boldsymbol{I} + C_1\boldsymbol{A}$$

将特征值代入，得

$$\begin{cases} (-1)^n = C_0 - C_1 \\ 3^n = C_0 + 3C_1 \end{cases}$$

解得

$$C_0 = \frac{1}{4}[3^n + 3(-1)^n]$$

$$C_1=\frac{1}{4}(-(-1)^n+3^n)$$

所以

$$\boldsymbol{A}^n=\frac{1}{4}[3^n+3(-1)^n]\begin{bmatrix}1 & 0\\0 & 1\end{bmatrix}+\frac{1}{4}[-(-1)^n+3^n]\begin{bmatrix}0 & 1\\3 & 2\end{bmatrix}$$

$$=\frac{1}{4}\begin{bmatrix}3^n+3(-1)^n & -(-1)^n+3^n\\3(3)^n-3(-1)^n & (-1)^n+3(3)^n\end{bmatrix}$$

(3) 求状态方程的解。

$$\boldsymbol{\lambda}(n)=\boldsymbol{A}^n\boldsymbol{\lambda}(0)=\frac{1}{4}\begin{bmatrix}3^n+3(-1)^n & -(-1)^n+3^n\\3(3)^n-3(-1)^n & (-1)^n+3(3)^n\end{bmatrix}\begin{bmatrix}1\\0\end{bmatrix}=\frac{1}{4}\begin{bmatrix}3^n+3(-1)^n\\3(3)^n-3(-1)^n\end{bmatrix}$$

(4) 求输出响应。

$$\boldsymbol{y}(n)=\boldsymbol{C\lambda}(n)=[3\quad 3]\times\frac{1}{4}\times\begin{bmatrix}3^n+3(-1)^n\\3(3)^n-3(-1)^n\end{bmatrix}=3(3)^n\quad n\geqslant 0$$

8.5.2 状态方程的 z 域求解

离散系统的状态方程和输出方程分别为

$$\boldsymbol{\lambda}(n+1)=\boldsymbol{A\lambda}(n)+\boldsymbol{BX}(n) \tag{8.5.9}$$

$$\boldsymbol{y}(n)=\boldsymbol{C\lambda}(n)+\boldsymbol{DX}(n) \tag{8.5.10}$$

对上式两边取 z 变换得

$$z\boldsymbol{\Lambda}(z)-z\boldsymbol{\lambda}(0)=\boldsymbol{A\Lambda}(z)+\boldsymbol{BX}(z) \tag{8.5.11}$$

$$\boldsymbol{Y}(z)=\boldsymbol{C\Lambda}(z)+\boldsymbol{DX}(z) \tag{8.5.12}$$

整理得到

$$\boldsymbol{\Lambda}(z)=(z\boldsymbol{I}-\boldsymbol{A})^{-1}z\boldsymbol{\lambda}(0)+(z\boldsymbol{I}-\boldsymbol{A})^{-1}\boldsymbol{BX}(z) \tag{8.5.13}$$

$$\boldsymbol{Y}(n)=C(z\boldsymbol{I}-\boldsymbol{A})^{-1}z\boldsymbol{\lambda}(0)+\boldsymbol{C}(z\boldsymbol{I}-\boldsymbol{A})^{-1}\boldsymbol{BX}(z)+\boldsymbol{DX}(z) \tag{8.5.14}$$

取逆 z 变换,可得时域表示式为

$$\boldsymbol{\lambda}(z)=\xi^{-1}[(z\boldsymbol{I}-\boldsymbol{A})^{-1}z]\boldsymbol{\lambda}(0)+\xi^{-1}[(z\boldsymbol{I}-\boldsymbol{A})^{-1}]\boldsymbol{B}*\xi^{-1}[\boldsymbol{X}(z)] \tag{8.5.15}$$

$$\boldsymbol{y}(n)=\xi^{-1}[\boldsymbol{C}(z\boldsymbol{I}-\boldsymbol{A})^{-1}z]\boldsymbol{\lambda}(0)+\xi^{-1}[\boldsymbol{C}(z\boldsymbol{I}-\boldsymbol{A})^{-1}+\boldsymbol{B}+\boldsymbol{D}]*\xi^{-1}[\boldsymbol{X}(z)] \tag{8.5.16}$$

若将上式与时域分析的结果进行比较,容易得到

$$\boldsymbol{A}^n=\xi^{-1}[(z\boldsymbol{I}-\boldsymbol{A})^{-1}z] \tag{8.5.17}$$

$$\boldsymbol{h}(n)=\xi^{-1}[\boldsymbol{C}(z\boldsymbol{I}-\boldsymbol{A})^{-1}\boldsymbol{B}+\boldsymbol{D}] \tag{8.5.18}$$

由式(8.5.17)可以求得状态转移矩阵,由式(8.5.18)可求得系统单位函数响应矩阵 $\boldsymbol{h}(n)$,而离散系统的转移函数矩阵为

$$\boldsymbol{H}_{r\times m}(z)=\boldsymbol{C}(z\boldsymbol{I}-\boldsymbol{A})^{-1}\boldsymbol{B}+\boldsymbol{D}=\begin{bmatrix}H_{11} & H_{12} & \cdots & H_{1m}\\H_{21} & H_{22} & \cdots & H_{2m}\\\cdots & \cdots & \cdots & \cdots\\H_{r1} & H_{r2} & \cdots & H_{rm}\end{bmatrix}$$

例 8.5.3 已知 $\boldsymbol{A}=\begin{bmatrix}0 & 1\\3 & 2\end{bmatrix}$,求 $\boldsymbol{A}^n$。

解 特征矩阵为

$$(z\boldsymbol{I}-\boldsymbol{A})=z\begin{bmatrix}1&0\\0&1\end{bmatrix}-\begin{bmatrix}0&1\\3&2\end{bmatrix}=\begin{bmatrix}z&-1\\-3&z-2\end{bmatrix}$$

它的逆矩阵为

$$(z\boldsymbol{I}-\boldsymbol{A})^{-1}=\frac{\operatorname{adj}(z\boldsymbol{I}-\boldsymbol{A})}{\det(z\boldsymbol{I}-\boldsymbol{A})}=\frac{\begin{bmatrix}z-2&1\\3&z\end{bmatrix}}{z^2-2z-3}=\begin{bmatrix}\dfrac{z-2}{(z+1)(z-3)}&\dfrac{1}{(z+1)(z-3)}\\\dfrac{3}{(z+1)(z-3)}&\dfrac{z}{(z+1)(z-3)}\end{bmatrix}$$

所以

$$\boldsymbol{A}^n=\xi^{-1}[(z\boldsymbol{I}-\boldsymbol{A})^{-1}z]=\xi^{-1}\begin{bmatrix}\dfrac{\frac{3}{4}z}{z+1}+\dfrac{\frac{1}{4}z}{z-3}&\dfrac{-\frac{1}{4}z}{z+1}+\dfrac{\frac{1}{4}z}{z-3}\\\dfrac{-\frac{3}{4}z}{z+1}+\dfrac{\frac{3}{4}z}{z-3}&\dfrac{\frac{1}{4}z}{z+1}+\dfrac{\frac{3}{4}z}{z-3}\end{bmatrix}$$

$$=\frac{1}{4}\begin{bmatrix}3(-1)^n+3^n&-(-1)^n+3^n\\-3(-1)^n+3(3)^n&(-1)^n+3(3)^n\end{bmatrix}$$

例 8.5.4 已知某离散时间系统的状态方程和输出方程分别为

$$\begin{bmatrix}\boldsymbol{\lambda}_1(n+1)\\\boldsymbol{\lambda}_2(n+1)\end{bmatrix}=\begin{bmatrix}\dfrac{1}{2}&\dfrac{1}{4}\\1&\dfrac{1}{2}\end{bmatrix}\begin{bmatrix}\lambda_1(n)\\\lambda_2(n)\end{bmatrix}+\begin{bmatrix}1\\0\end{bmatrix}x(n)$$

$$\begin{bmatrix}\boldsymbol{y}_1(n+1)\\\boldsymbol{y}_2(n+1)\end{bmatrix}=\begin{bmatrix}1&0\\0&1\end{bmatrix}\begin{bmatrix}\lambda_1(n)\\\lambda_2(n)\end{bmatrix}+\begin{bmatrix}1\\1\end{bmatrix}x(n)$$

初始状态 $\boldsymbol{\lambda}(0)=\begin{bmatrix}1\\1\end{bmatrix}$，输入信号 $x(n)=u(n)$，试用 z 变换法求：

(1) 转移函数矩阵 $\boldsymbol{A}^n$；

(2) 状态矢量 $\boldsymbol{\lambda}(n)$；

(3) 输出矢量 $\boldsymbol{y}(n)$；

(4) 转移函数矩阵 $\boldsymbol{H}(z)$和单位函数响应矩阵 $\boldsymbol{h}(n)$。

解 (1) 求 $\boldsymbol{A}^n$。

特征矩阵为

$$z\boldsymbol{I}-\boldsymbol{A}=\begin{bmatrix}z-\dfrac{1}{2}&-\dfrac{1}{4}\\-1&z-\dfrac{1}{2}\end{bmatrix}$$

其逆矩阵为

$$(z\boldsymbol{I}-\boldsymbol{A})^{-1}=\frac{1}{z(z-1)}\begin{bmatrix}z-\dfrac{1}{2}&-\dfrac{1}{4}\\-1&z-\dfrac{1}{2}\end{bmatrix}$$

所以

$$\boldsymbol{A}^n=\xi^{-1}[(z\boldsymbol{I}-\boldsymbol{A})^{-1}z]=\xi^{-1}\begin{bmatrix}\dfrac{z-\frac{1}{2}}{z-1} & \dfrac{\frac{1}{4}}{z-1}\\ \dfrac{1}{z-1} & \dfrac{z-\frac{1}{2}}{z-1}\end{bmatrix}=\begin{bmatrix}\delta(n)+\frac{1}{2}u(n-1) & \frac{1}{4}u(n-1)\\ u(n-1) & \delta(n)+\frac{1}{2}u(n-1)\end{bmatrix}$$

(2) 求$\lambda(n)$。

$$\begin{aligned}\boldsymbol{\Lambda}(z)&=(z\boldsymbol{I}-\boldsymbol{A})^{-1}z\boldsymbol{\lambda}(0)+(z\boldsymbol{I}-\boldsymbol{A})^{-1}\boldsymbol{B}\boldsymbol{X}(z)\\&=\begin{bmatrix}\dfrac{z-\frac{1}{2}}{z-1} & \dfrac{\frac{1}{4}}{z-1}\\ \dfrac{1}{z-1} & \dfrac{z-\frac{1}{2}}{z-1}\end{bmatrix}\begin{bmatrix}1\\1\end{bmatrix}+\begin{bmatrix}\dfrac{z-\frac{1}{2}}{z(z-1)} & \dfrac{\frac{1}{4}}{z(z-1)}\\ \dfrac{1}{z(z-1)} & \dfrac{z-\frac{1}{2}}{z(z-1)}\end{bmatrix}\begin{bmatrix}\dfrac{z}{z-1}\\ 0\end{bmatrix}\\&=\begin{bmatrix}\dfrac{z-\frac{1}{4}}{z-1}\\ \dfrac{z+\frac{1}{2}}{z-1}\end{bmatrix}+\begin{bmatrix}\dfrac{z-\frac{1}{2}}{(z-1)^2}\\ \dfrac{1}{(z-1)^2}\end{bmatrix}\end{aligned}$$

$$\boldsymbol{\lambda}(n)=\xi^{-1}[\boldsymbol{\Lambda}(z)]=\begin{bmatrix}\delta(n)+\frac{3}{4}u(n-1)\\ \delta(n)+\frac{3}{2}u(n-1)\end{bmatrix}+\begin{bmatrix}nu(n)-\frac{1}{2}(n-1)u(n-1)\\ (n-1)u(n-1)\end{bmatrix}$$

(3) 求$\boldsymbol{y}(n)$。

$$\boldsymbol{Y}(z)=\boldsymbol{C}(z\boldsymbol{I}-\boldsymbol{A})^{-1}z\boldsymbol{\lambda}(0)+\boldsymbol{C}(z\boldsymbol{I}-\boldsymbol{A})^{-1}\boldsymbol{B}\boldsymbol{X}(z)+\boldsymbol{D}\boldsymbol{X}(z)=\boldsymbol{C}\boldsymbol{\Lambda}(z)+\boldsymbol{D}\boldsymbol{X}(z)$$

$$=\begin{bmatrix}1 & 0\\0 & 1\end{bmatrix}\begin{bmatrix}\dfrac{z-\frac{1}{4}}{z-1}\\ \dfrac{z+\frac{1}{2}}{z-1}\end{bmatrix}+\begin{bmatrix}1 & 0\\0 & 1\end{bmatrix}\begin{bmatrix}\dfrac{z-\frac{1}{2}}{(z-1)^2}\\ \dfrac{1}{(z-1)^2}\end{bmatrix}+\begin{bmatrix}\dfrac{z}{z-1}\\ \dfrac{z}{z-1}\end{bmatrix}=\begin{bmatrix}\dfrac{z-\frac{1}{4}}{z-1}\\ \dfrac{z+\frac{1}{2}}{z-1}\end{bmatrix}+\begin{bmatrix}\dfrac{z^2-\frac{1}{2}}{(z-1)^2}\\ \dfrac{z^2+2z+1}{(z-1)^2}\end{bmatrix}$$

$$\boldsymbol{y}(n)=\xi^{-1}[\boldsymbol{Y}(z)]=\begin{bmatrix}\delta(n)+\frac{3}{4}u(n-1)\\ \delta(n)+\frac{3}{2}u(n-1)\end{bmatrix}+\begin{bmatrix}\delta(n)+2nu(n)-\frac{3}{2}(n-1)u(n-1)\\ \delta(n)+nu(n)\end{bmatrix}$$

(4) 求$\boldsymbol{H}(z)$和$\boldsymbol{h}(n)$。

$$\boldsymbol{H}(z)=\boldsymbol{C}(z\boldsymbol{I}-\boldsymbol{A})^{-1}\boldsymbol{B}+\boldsymbol{D}=\begin{bmatrix}1 & 0\\0 & 1\end{bmatrix}\begin{bmatrix}\dfrac{z-\frac{1}{2}}{z(z-1)} & \dfrac{\frac{1}{4}}{z(z-1)}\\ \dfrac{1}{z(z-1)} & \dfrac{z-\frac{1}{2}}{z(z-1)}\end{bmatrix}\begin{bmatrix}1\\0\end{bmatrix}+\begin{bmatrix}1\\1\end{bmatrix}=\begin{bmatrix}\dfrac{z^2-\frac{1}{2}}{z(z-1)}\\ \dfrac{z^2+2z+1}{z(z-1)}\end{bmatrix}$$

$$\boldsymbol{h}(n)=\xi^{-1}[\boldsymbol{H}(z)]=\xi^{-1}\begin{bmatrix}1+\dfrac{\frac{1}{2}}{z} & \dfrac{\frac{1}{2}}{z-1}\\ 1-\dfrac{1}{z} & \dfrac{1}{z-1}\end{bmatrix}=\begin{bmatrix}\delta(n)-\dfrac{1}{2}\delta(n-1)+\dfrac{1}{2}u(n-1)\\ \delta(n)-\delta(n-1)+u(n-1)\end{bmatrix}$$

8.6 MATLAB在系统状态变量分析中的应用

1. 用MATLAB进行由系统微分方程到状态方程的转换

MATLAB提供了一个tf2ss()函数，它能把描述系统的微分方程转换为等价的状态方程，其调用格式如下：

```
[A,B,C,D]= tf2ss(num,den)
```

其中，num和den分别表示系统函数的分子和分母多项式的系数向量，A，B，C，D分别为状态方程的矩阵。

例8.6.1 已知某系统的微分方程为

$$y''(t)+5y'(t)+10y(t)=f(t)$$

求该系统的状态方程。

解 由系统微分方程可知系统函数为

$$H(s)=\frac{1}{s^2+5s+10}$$

计算机程序为

```
[A,B,C,D]= tf2ss([1],[1,5,10])
```

计算结果为

```
A=

   -5    -10
    1      0

B=

   1
   0

C=

     0   1

D=

     0
```

所以该系统的状态方程为

$$\begin{bmatrix}\dot{x}_1(t)\\ \dot{x}_2(t)\end{bmatrix}=\begin{bmatrix}-5 & -10\\ 1 & 0\end{bmatrix}\begin{bmatrix}x_1(t)\\ x_2(t)\end{bmatrix}+\begin{bmatrix}1\\ 0\end{bmatrix}f(t)$$

$$\boldsymbol{y}(t)=\begin{bmatrix}0 & 1\end{bmatrix}\begin{bmatrix}x_1(t)\\ x_2(t)\end{bmatrix}$$

2. 用 MATLAB 由系统状态方程求系统函数

利用 MATLAB 提供的 ss2tf()函数,可以由系统的状态方程求出对应的系统函数,其调用格式如下:

```
[num,den]= ss2tf(A,B,C,D,k)
```

其中,A,B,C,D 分别为状态方程的矩阵,k 表示由函数 ss2tf()计算的与第 k 个输入相关的系统函数,即 $\boldsymbol{H}(s)$的第 k 列。num 表示 $\boldsymbol{H}(s)$第 k 列的 m 个元素的分子多项式,den 表示 $H(s)$公共的分母多项式。

例 8.6.2 已知某连续时间系统的状态方程和输出方程分别为

$$\begin{bmatrix} \dot{x}_1(t) \\ \dot{x}_2(t) \end{bmatrix}=\begin{bmatrix} 2 & 3 \\ 0 & -1 \end{bmatrix}\begin{bmatrix} x_1(t) \\ x_2(t) \end{bmatrix}+\begin{bmatrix} 0 & 1 \\ 1 & 0 \end{bmatrix}\begin{bmatrix} f_1(t) \\ f_2(t) \end{bmatrix}$$

$$\begin{bmatrix} y_1(t) \\ y_2(t) \end{bmatrix}=\begin{bmatrix} 1 & 1 \\ 0 & -1 \end{bmatrix}\begin{bmatrix} x_1(t) \\ x_2(t) \end{bmatrix}+\begin{bmatrix} 1 & 0 \\ 1 & 0 \end{bmatrix}\begin{bmatrix} f_1(t) \\ f_2(t) \end{bmatrix}$$

试计算其系统函数。

解 计算程序如下。

```
A= [2,3;0,-1];B= [0,1;1,0];
C= [1,1;0,-1];D= [1,0;1,0];
[num1,den1]= ss2tf(A,B,C,D,1)
[num2,den2]= ss2tf(A,B,C,D,2)
```

计算结果为

```
num1=
      1    0    -1
      1   -2     0
den1=
      1    -1    -2
num2=
      0    1    1
      0    0    0
den2=
      1    -1    -2
```

所以该系统的系统函数为

$$\boldsymbol{H}(s)=\frac{1}{s^2-s-2}\begin{bmatrix} s^2-1 & s+1 \\ s^2-2s & 0 \end{bmatrix}=\begin{bmatrix} \dfrac{s-1}{s-2} & \dfrac{1}{s-2} \\ \dfrac{s}{s+1} & 0 \end{bmatrix}$$

3. 用 MATLAB 求解连续时间系统的状态方程

连续时间系统状态方程的一般形式为

$$\begin{cases} \dot{x}(t)=Ax(t)+Bf(t) \\ y(t)=Cx(t)+Df(t) \end{cases}$$

要求解该系统的状态方程,首先要由 sys=ss(A,B,C,D)获得连续时间系统状态方程的

计算机表示模型，然后再由 lsim()函数获得状态方程的数值解。lsim()函数的调用格式为

```
[y,t0,x]= lsim(sys,f,t,x0);
```

其中，sys 是由函数 ss()构造的状态方程模型；t 是需要计算的输出样本点，t＝0:dt:Tfinal；f(:,k)是系统第 k 个输入在 t 上的抽样值；x0 是系统初始状态，可缺省；y(:,k)是系统第 k 个输出；t0 是实际计算时所用的样本点；x 是系统的状态。

4. 用 MATLAB 求解离散时间系统的状态方程

用 MATLAB 求解离散时间系统的状态方程是由 sys＝ss(A,B,C,D,[])获得离散系统状态方程的计算机表示模型的，然后再由 lsim()获得状态方程的解。lsim()函数的调用形式为

```
[y,n,x]=lsim(sys,f,[ ],x0);
```

其中，sys 是由函数 ss()构造的状态方程模型；f(:,k)是系统第 k 个输入序列；x0 是系统初始状态，可缺省；y(:,k)是系统第 k 个输出；n 为序列的下标；x 是系统的状态。

习　题

8.1　如图所示电路图，试用 $u_C(t)$、$i_L(t)$、$u_s(t)$和 $i_s(t)$的线性组合表示：

(1) $\frac{du_C(t)}{dt}$和$\frac{di_L(t)}{dt}$；

(2) 各个支路的电流和电压。

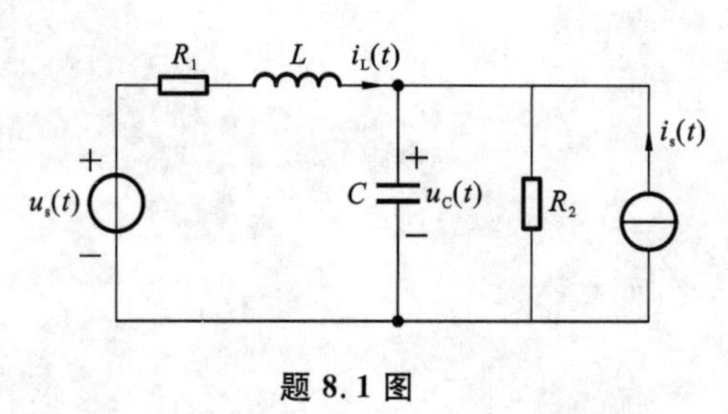

题 8.1 图

8.2　写出如图所示网络的状态方程(以 i_L 和 u_C 为状态变量)。

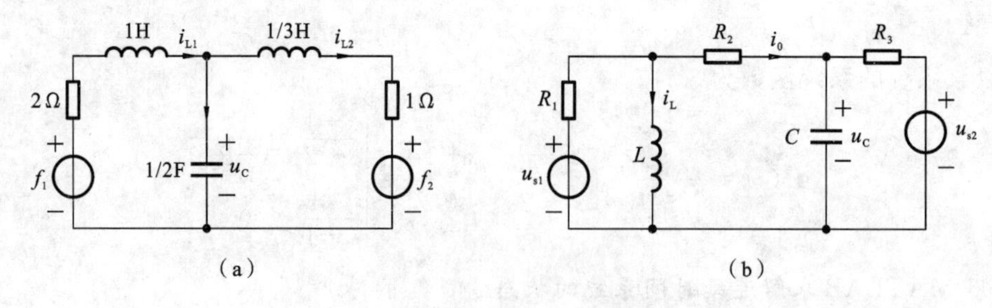

题 8.2 图

8.3　系统模拟框图如图所示，试用矩阵形式列出系统的状态方程。

8.4　写出如图所示电路的状态方程(以 i_L 和 u_C 为状态变量)。

8.5　写出如图所示电路的状态方程(以 i_L 和 u_C 为状态变量)。

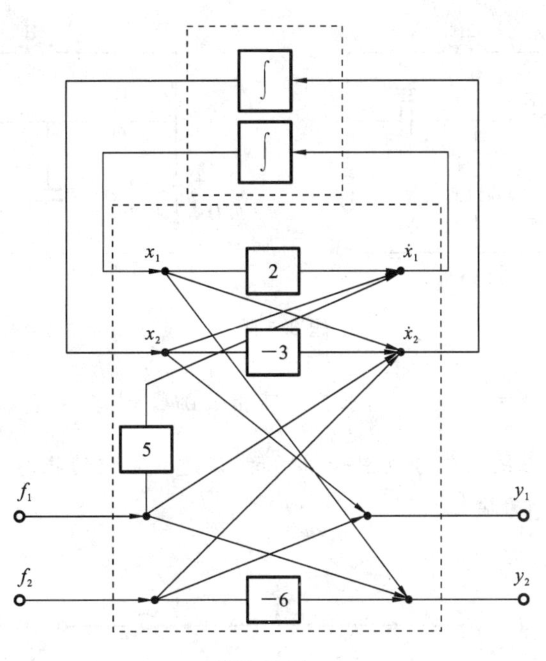

题 8.3 图

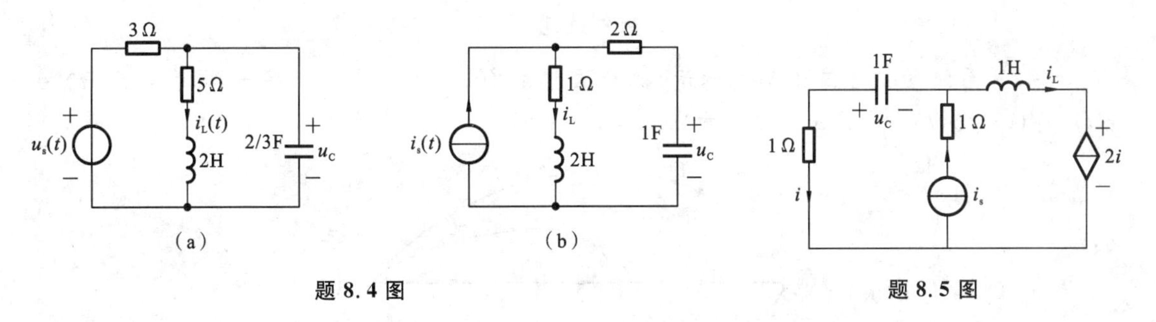

题 8.4 图　　　　题 8.5 图

8.6　写出如图所示电路的状态方程(分别以 $y(t)$、$y_1(t)$、$y_2(t)$ 为输出)。

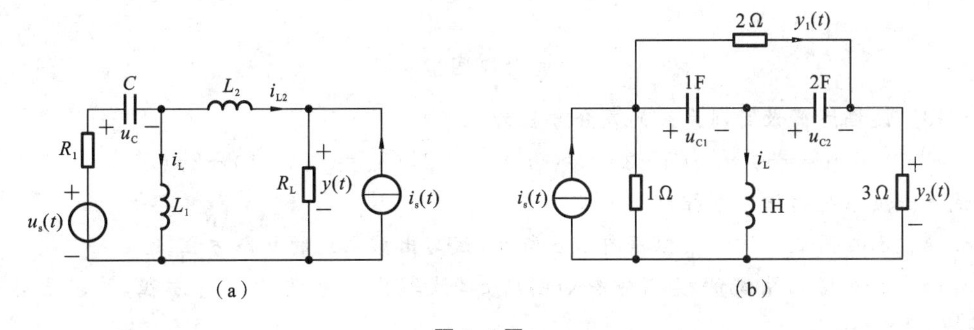

题 8.6 图

8.7　写出如图所示电路的状态方程(分别以 y_1、y_2 为输出)。

8.8　已知描述系统的微分方程为 $y''(t)+3y'(t)+4y(t)=f(t)$，试建立系统的状态方程。

8.9　已知连续时间系统的系统函数为 $H(s)=\dfrac{1}{s^3+4s^2+3s+2}$，试列出系统的状态方程。

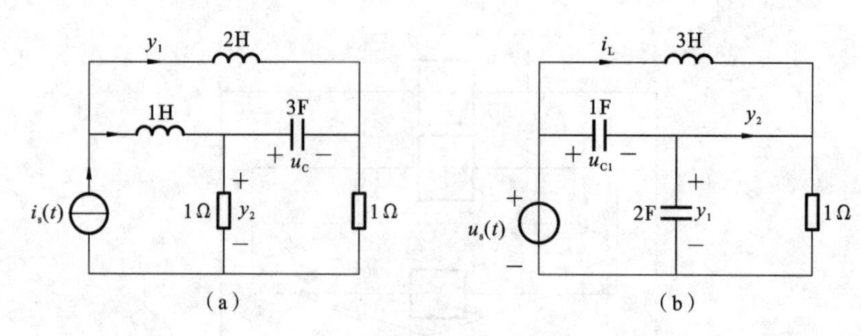

题 8.7 图

8.10　设常数矩阵 $\boldsymbol{A}=\begin{bmatrix}-1 & 2\\ -3 & 4\end{bmatrix}$，求其矩阵指数函数 $e^{\boldsymbol{A}t}$。

8.11　线性时不变系统的信号流图如图所示，试建立系统的状态方程（以 x_1、x_2 为状态变量，以 $y(t)=\xi^{-1}[Y(s)]$ 为输出）。

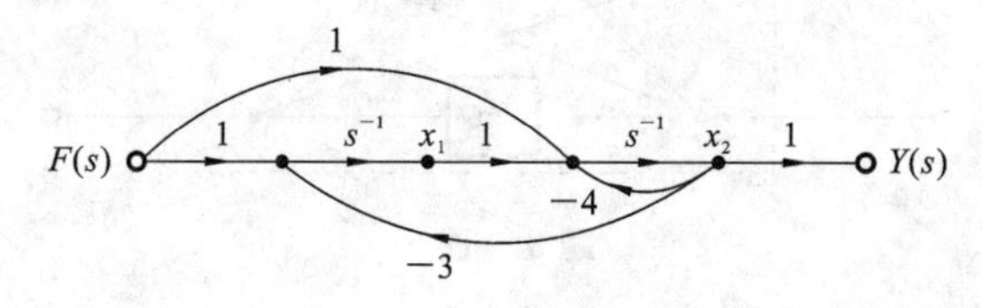

题 8.11 图

8.12　系统的信号流图如图所示，初始状态 $x_1(0_-)=1$、$x_2(0_-)=-1$，输入 $f_1(t)=\varepsilon(t)$、$f_2(t)=\delta(t)$。求系统的输出响应 $y_1(t)$ 和 $y_2(t)$。

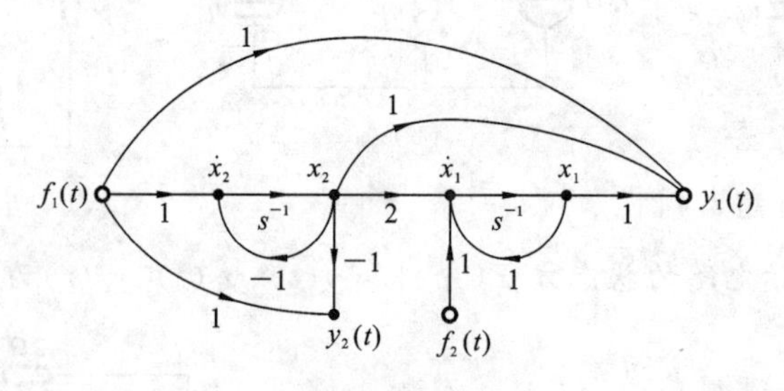

题 8.12 图

8.13　设描述离散时间系统的差分方程为

$$y(n+3)+3y(n+2)+4y(n+1)+2y(n)=f(n+1)+2f(n)$$

试写出该系统的状态方程。

8.14　已知离散系统的模拟框图如图所示，试写出该系统的状态方程。

8.15　已知离散系统的模拟框图如图所示，试写出该系统的状态方程，并求出输入为 $f(k)=\left(\frac{1}{2}\right)^k\varepsilon(k)$ 时，系统的零状态响应。

8.16　已知离散时间系统的状态方程为

$$x(k+1)=\begin{bmatrix}\frac{1}{2} & 0\\ \frac{1}{4} & \frac{1}{4}\end{bmatrix}x(k)+\begin{bmatrix}1\\ 0\end{bmatrix}f(k),\ y(k)=[2\quad 1]x(k)+[1]f(k)$$

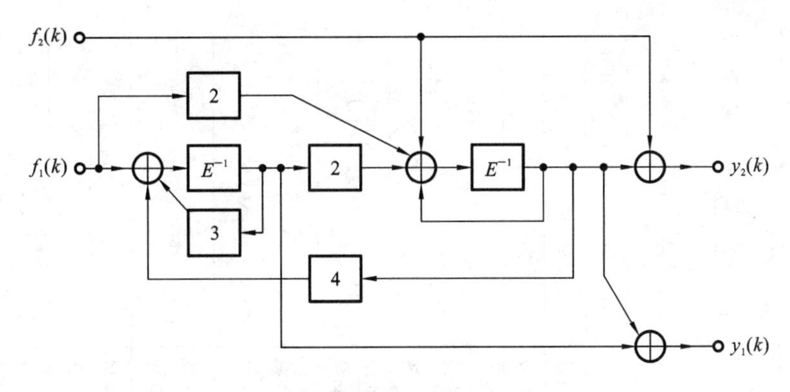

题 8.14 图

若系统的初始状态 $x(0)=[0\quad 1]^{\mathrm{T}}$，输入 $f(k)=\varepsilon(k)$，求该系统的输出 $y(k)$。

8.17　线性系统信号流图如图所示，试确定系统保持稳定时增益 K 允许的取值范围。

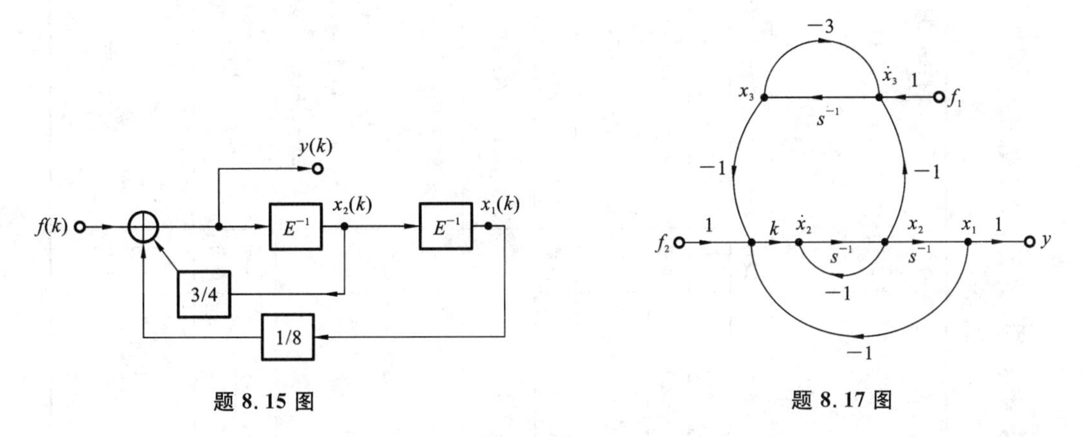

题 8.15 图　　　　题 8.17 图

MATLAB 习题

M8.1　已知系统的状态方程、输出方程、激励信号和系统的初始状态分别为

$$\begin{bmatrix}\dot{\lambda}_1(t)\\ \dot{x}_2(t)\end{bmatrix}=\begin{bmatrix}-3 & 1\\ -2 & 0\end{bmatrix}\begin{bmatrix}\lambda_1(t)\\ \lambda_2(t)\end{bmatrix}+\begin{bmatrix}1\\ 0\end{bmatrix}u(t)$$

$$y(t)=\begin{bmatrix}0 & 1\end{bmatrix}\begin{bmatrix}\lambda_1(t)\\ \lambda_2(t)\end{bmatrix}$$

$$\begin{bmatrix}\lambda_1(0_-)\\ \lambda_2(0_-)\end{bmatrix}=\begin{bmatrix}2\\ 0\end{bmatrix}$$

试利用 MATLAB 计算该系统的零输入响应、零状态响应及全响应。

附录 1　信号与系统公式性质一览表

连续傅里叶变换		连续拉普拉斯变换(单边)		离散 z 变换(单边)		离散傅里叶变换	
$F(\mathrm{j}\omega)=\int_{-\infty}^{\infty}f(t)\mathrm{e}^{-\mathrm{j}\omega t}\mathrm{d}t$ $f(t)=\frac{1}{2\pi}\int_{-\infty}^{\infty}F(\mathrm{j}\omega)\mathrm{e}^{\mathrm{j}\omega t}\mathrm{d}\omega$		$F(s)=\int_{0_-}^{\infty}f(t)\mathrm{e}^{-st}\mathrm{d}t$ $f(t)=\frac{1}{2\pi\mathrm{j}}\int_{\sigma-\mathrm{j}\infty}^{\sigma+\mathrm{j}\infty}F(s)\mathrm{e}^{st}\mathrm{d}s$		$F(z)=\sum_{k=0}^{\infty}f(k)z^{-k}$ $f(k)=\frac{1}{2\pi\mathrm{j}}\oint_C F(z)z^{k-1}\mathrm{d}z,k\geqslant 0$		$F(\mathrm{e}^{\mathrm{j}\theta})=\sum_{k=-\infty}^{\infty}f(k)\mathrm{e}^{-\mathrm{j}\theta k}$ $f(k)=\frac{1}{2\pi}\int_{-\pi}^{\pi}F(\mathrm{e}^{\mathrm{j}\theta})\mathrm{e}^{\mathrm{j}\theta k}\mathrm{d}\theta$	
线性	$af_1(t)+bf_2(t)\leftrightarrow aF_1(\mathrm{j}\omega)+bF_2(\mathrm{j}\omega)$	线性	$af_1(t)+bf_2(t)\leftrightarrow aF_1(s)+bF_2(s)$	线性	$af_1(k)+bf_2(k)\leftrightarrow aF_1(z)+bF_2(z)$	线性	$af_1(k)+bf_2(k)\leftrightarrow aF_1(\mathrm{e}^{\mathrm{j}\theta})+bF_2(\mathrm{e}^{\mathrm{j}\theta})$
时移	$f(t\pm t_0)\leftrightarrow \mathrm{e}^{\pm\mathrm{j}\omega t_0}F(\mathrm{j}\omega)$	时移	$f(t\pm t_0)\leftrightarrow \mathrm{e}^{\pm st_0}F(s)$	时移	$f(k\pm m)\leftrightarrow z^{\pm m}F(z)$(双边)	时移	$f(k\pm m)\leftrightarrow \mathrm{e}^{\pm\mathrm{j}\theta m}F(\mathrm{e}^{\mathrm{j}\theta})$
频移	$\mathrm{e}^{\pm\mathrm{j}\omega_0 t}f(t)\leftrightarrow F(\mathrm{j}(\omega\mp\omega_0))$	频移	$\mathrm{e}^{\pm s_0 t}f(t)\leftrightarrow F(s\mp s_0)$	频移	$\mathrm{e}^{\pm\mathrm{j}\omega_0 k}f(k)\leftrightarrow F(\mathrm{e}^{\mp\mathrm{j}\omega_0}z)$(尺度变换)	频移	$\mathrm{e}^{\pm\mathrm{j}k\theta_0}f(k)\leftrightarrow F(\mathrm{e}^{\mathrm{j}(\theta\mp\theta_0)})$
尺度变换	$f(at+b)\leftrightarrow\frac{1}{\lvert a\rvert}\mathrm{e}^{\mathrm{j}\frac{b}{a}\omega}F\left(\mathrm{j}\frac{\omega}{a}\right)$	尺度变换	$f(at+b)\leftrightarrow\frac{1}{\lvert a\rvert}\mathrm{e}^{\frac{b}{a}s}F\left(\frac{s}{a}\right)$	尺度变换	$a^k f(k)\leftrightarrow F\left(\frac{z}{a}\right)$	尺度变换	$f_{(n)}(k)=\begin{cases}f(k/n)\\0\end{cases}\leftrightarrow F(\mathrm{e}^{\mathrm{j}n\theta})$
反转	$f(-t)\leftrightarrow F(-\mathrm{j}\omega)$	反转	$f(-t)\leftrightarrow F(-s)$	反转	$f(-k)\leftrightarrow F(z^{-1})$(仅限双边)	反转	$f(-k)\leftrightarrow F(\mathrm{e}^{-\mathrm{j}\theta})$
时域卷积	$f_1(t)*f_2(t)\leftrightarrow F_1(\mathrm{j}\omega)F_2(\mathrm{j}\omega)$	时域卷积	$f_1(t)*f_2(t)\leftrightarrow F_1(s)F_2(s)$	时域卷积	$f_1(t)*f_2(t)\leftrightarrow F_1(z)F_2(z)$	时域卷积	$f_1(k)*f_2(k)\leftrightarrow F_1(\mathrm{e}^{\mathrm{j}\theta})F_2(\mathrm{e}^{\mathrm{j}\theta})$
频域卷积	$f_1(t)f_2(t)\leftrightarrow\frac{1}{2\pi}F_1(\mathrm{j}\omega)*F_2(\mathrm{j}\omega)$	时域微分	$f^{(1)}(t)\leftrightarrow sF(s)-f(0_-)$ $f^{(2)}(t)\leftrightarrow s^2F(s)-sf(0_-)-f^{(1)}(0_-)$	时域差分	$f(k-1)\leftrightarrow z^{-1}F(z)+f(-1)$ $f(k-2)\leftrightarrow z^{-2}F(z)+z^{-1}f(-1)+f(-2)$ $f(k+1)\leftrightarrow zF(z)-zf(0)$ $f(k+2)\leftrightarrow z^2F(z)-z^2f(0)-zf(1)$	频域卷积	$f_1(k)f_2(k)\leftrightarrow\frac{1}{2\pi}\int_{-\pi}^{\pi}F_1(\mathrm{e}^{\mathrm{j}\varphi})F_2(\mathrm{e}^{\mathrm{j}(\theta-\varphi)})\mathrm{d}\varphi$
时域微分	$f^{(n)}(t)\leftrightarrow(\mathrm{j}\omega)^nF(\mathrm{j}\omega)$					时域差分	$f(k)-f(k-1)\leftrightarrow(1-\mathrm{e}^{\mathrm{j}\theta})F(\mathrm{e}^{\mathrm{j}\theta})$
频域微分	$(-\mathrm{j}t)^nf(t)\leftrightarrow\frac{\mathrm{d}^nF(\mathrm{j}\omega)}{\mathrm{d}\omega^n}$	s 域微分	$(-t)^nf(t)\leftrightarrow\frac{\mathrm{d}^nF(s)}{\mathrm{d}s^n}$	z 域微分	$kf(k)\leftrightarrow -z\frac{\mathrm{d}F(z)}{\mathrm{d}z}$	频域微分	$kf(k)\leftrightarrow\mathrm{j}\frac{\mathrm{d}F(\mathrm{e}^{\mathrm{j}\theta})}{\mathrm{d}\theta}$
时域积分	$f^{(-1)}(t)\leftrightarrow\frac{F(\mathrm{j}\omega)}{\mathrm{j}\omega}+\pi F(0)\delta(\omega)$	时域积分	$\int_{-\infty}^{t}f(x)\mathrm{d}x\leftrightarrow\frac{F(s)}{s}+\frac{f^{(-1)}(0_-)}{s}$	部分求和	$f(k)*\varepsilon(k)=\sum_{i=-\infty}^{k}f(i)\leftrightarrow\frac{z}{z-1}$	时域累加	$\sum_{k=-\infty}^{\infty}f(k)\leftrightarrow\frac{F(\mathrm{e}^{\mathrm{j}\theta})}{1-\mathrm{e}^{\mathrm{j}\theta}}+\pi F(\mathrm{e}^{\mathrm{j}0})\sum_{k=-\infty}^{\infty}\delta(\theta-2\pi k)$

续表

连续傅里叶变换		连续拉普拉斯变换(单边)		离散 z 变换(单边)		离散傅里叶变换	
	$F(\mathrm{j}\omega)=\int_{-\infty}^{\infty}f(t)\mathrm{e}^{-\mathrm{j}\omega t}\mathrm{d}t$ $f(t)=\frac{1}{2\pi}\int_{-\infty}^{\infty}F(\mathrm{j}\omega)\mathrm{e}^{\mathrm{j}\omega t}\mathrm{d}\omega$		$F(s)=\int_{0_-}^{\infty}f(t)\mathrm{e}^{-st}\mathrm{d}t$ $f(t)=\frac{1}{2\pi\mathrm{j}}\int_{\sigma-\mathrm{j}\infty}^{\sigma+\mathrm{j}\infty}F(s)\mathrm{e}^{st}\mathrm{d}s$		$F(z)=\sum_{k=0}^{\infty}f(k)z^{-k}$ $f(k)=\frac{1}{2\pi\mathrm{j}}\oint_c F(z)z^{k-1}\mathrm{d}z,k\geqslant 0$		$F(\mathrm{e}^{\mathrm{j}\theta})=\sum_{k=-\infty}^{\infty}f(k)\mathrm{e}^{-\mathrm{j}\theta k}$ $f(k)=\frac{1}{2\pi}\int_{-\pi}^{\pi}F(\mathrm{e}^{\mathrm{j}\theta})\mathrm{e}^{\mathrm{j}\theta k}\mathrm{d}\theta$
频域积分	$\pi f(0)t+\frac{f(t)}{(-\mathrm{j}t)}$ $\leftrightarrow\int_{-\infty}^{\omega}F(\mathrm{j}\tau)\mathrm{d}\tau,F(-\infty)=0$	s 域积分	$\frac{f(t)}{t}\leftrightarrow\int_s^{\infty}F(\eta)\mathrm{d}\eta$	z 域积分	$\frac{f(k)}{k+m}\leftrightarrow z^m\int_z^{\infty}\frac{F(\eta)}{\eta^{m+1}}\mathrm{d}\eta$		$f(0)=\lim_{z\to\infty}F(z)$ $f(1)=\lim_{z\to\infty}[zF(z)-zf(0)]$
对称	$F(\mathrm{j}t)\leftrightarrow 2\pi f(-\omega)$	初值	$f(0_+)=\lim_{s\to\infty}sF(s)$,$F(s)$为真分式	初值	$f(M)=\lim_{z\to\infty}z^MF(z)$(右边信号),$f(M+1)=\lim_{z\to\infty}[z^{M+1}F(z)-zf(M)]$		
帕斯瓦尔	$E=\int_{-\infty}^{\infty}\mid f(t)\mid^2\mathrm{d}t$ $=\frac{1}{2\pi}\int_{-\infty}^{\infty}\mid F(\mathrm{j}\omega)\mid^2\mathrm{d}\omega$	终值	$f(\infty)=\lim_{s\to 0}sF(s)$,$s=0$ 在收敛域内	终值	$f(\infty)=\lim_{z\to 1}(z-1)F(z)$(右边信号)	帕斯瓦尔	$\sum_{k=-\infty}^{\infty}\mid f(k)\mid^2$ $=\frac{1}{2\pi}\int_{-\pi}^{\pi}\mid F(\mathrm{e}^{\mathrm{j}\theta})\mid^2\mathrm{d}\theta$

附录 2　常用连续傅里叶变换对、拉普拉斯变换对、z 变换对一览表

连续傅里叶变换对 $F(\mathrm{j}\omega)=\int_{-\infty}^{\infty} f(t)\mathrm{e}^{-\mathrm{j}\omega t}\mathrm{d}t$		拉普拉斯变换对(单边) $F(s)=\int_{0_-}^{\infty} f(t)\mathrm{e}^{-st}\mathrm{d}t$		z 变换对(单边) $F(z)=\sum_{k=0}^{\infty} f(k)z^{-k}$			
函数 $f(t)$	傅里叶变换 $F(\mathrm{j}\omega)$	函数 $f(t)$	象函数	函数 $f(k),k\geqslant 0$	象函数	函数 $f(k),k\geqslant 0$	象函数
$\delta(t)/1$	$1/2\pi\delta(\omega)$	$\delta(t)$	1	$\delta(k)$	1	$\delta(k-m),m\geqslant 0$	z^{-m}
$\delta'(t)/\delta^{(n)}(t)$	$\mathrm{j}\omega/(\mathrm{j}\omega)^n$	$\delta'(t)$	s	1	$\frac{z}{z-1}$	$\varepsilon(k-m),m\geqslant 0$	$\frac{z}{z-1}\cdot z^{-m}$
$\varepsilon(t)$	$\frac{1}{\mathrm{j}\omega}+\pi\delta(\omega)$	$\varepsilon(t)$	$\frac{1}{s}$	$\varepsilon(k)$	$\frac{z}{z-1}$	$k^2\varepsilon(k)$	$\frac{z^2+z}{(z-1)^3}$
$t\varepsilon(t)$	$\mathrm{j}\pi\delta'(\omega)-\frac{1}{\omega^2}$	$t\varepsilon(t)/t^n\varepsilon(t)$	$\frac{1}{s^2}\Big/\frac{n!}{s^{n+1}}$	$k\varepsilon(k)$	$\frac{z}{(z-1)^2}$	$(k+1)a^k\varepsilon(k)$	$\frac{z^2}{(z-a)^2}$
$\mathrm{e}^{-\alpha t}\varepsilon(t)/t\mathrm{e}^{-\alpha t}\varepsilon(t)$ $\alpha>0$	$\frac{1}{\alpha+\mathrm{j}\omega}\Big/\frac{1}{(\alpha+\mathrm{j}\omega)^2}$	$\mathrm{e}^{-\alpha t}\varepsilon(t)/t\mathrm{e}^{-\alpha t}\varepsilon(t)$	$\frac{1}{s+\alpha}\Big/\frac{1}{(s+\alpha)^2}$	$a^k\varepsilon(k)$	$\frac{z}{z-a}$	$ka^{k-1}\varepsilon(k)$	$\frac{z}{(z-a)^2}$
$\cos(\omega_0 t)$ $\sin(\omega_0 t)$	$\pi[\delta(\omega+\omega_0)+\delta(\omega-\omega_0)]$ $\mathrm{j}\pi[\delta(\omega+\omega_0)-\delta(\omega-\omega_0)]$	$\cos(\beta t)\varepsilon(t)$	$\frac{s}{s^2+\beta^2}$	$\mathrm{e}^{\alpha k}\varepsilon(k)$	$\frac{z}{z-\mathrm{e}^{\alpha}}$	$ka^k\varepsilon(k)$	$\frac{az}{(z-a)^2}$
$\frac{1}{t}$	$-\mathrm{j}\pi\mathrm{sgn}(\omega)$	$\sin(\beta t)\varepsilon(t)$	$\frac{\beta}{s^2+\beta^2}$	$\mathrm{e}^{\mathrm{j}\beta k}\varepsilon(k)$	$\frac{z}{z-\mathrm{e}^{\mathrm{j}\beta}}$	$k^2a^k\varepsilon(k)$	$\frac{az^2+a^2z}{(z-a)^3}$
$\lvert t\rvert$	$-\frac{2}{\omega^2}$	$\cosh(\beta t)\varepsilon(t)$	$\frac{s}{s^2-\beta^2}$	$\frac{a^k-(-a)^k}{2a}\varepsilon(k)$	$\frac{z}{z^2-a^2}$	$\frac{a^k+(-a)^k}{2a}\varepsilon(k)$	$\frac{z^2}{z^2-a^2}$
$\mathrm{e}^{\pm\mathrm{j}\omega_0 t}$	$2\pi\delta(\omega\mp\omega_0)$	$\sinh(\beta t)\varepsilon(t)$	$\frac{\beta}{s^2-\beta^2}$	$\frac{k(k-1)}{2}\varepsilon(k)$	$\frac{z}{(z-1)^3}$	$\frac{(k+1)k}{2}\varepsilon(k)$	$\frac{z^2}{(z-1)^3}$
$\mathrm{e}^{-\alpha t}\cos(\beta t)\varepsilon(t)$	$\frac{\mathrm{j}\omega+\alpha}{(\mathrm{j}\omega+\alpha)^2+\beta^2}$	$\mathrm{e}^{-\alpha t}\cos(\beta t)\varepsilon(t)$	$\frac{s+\alpha}{(s+\alpha)^2+\beta^2}$	$\frac{a^k-b^k}{a-b}\varepsilon(k)$	$\frac{z}{(z-a)(z-b)}$	$\frac{a^{k+1}-b^{k+1}}{a-b}\varepsilon(k)$	$\frac{z^2}{(z-a)(z-b)}$

续表

连续傅里叶变换对 $F(j\omega)=\int_{-\infty}^{\infty}f(t)e^{-j\omega t}dt$		拉普拉斯变换对(单边) $F(s)=\int_{0_-}^{\infty}f(t)e^{-st}dt$		z 变换对(单边) $F(z)=\sum_{k=0}^{\infty}f(k)z^{-k}$			
$e^{-\alpha t}\sin(\beta t)\varepsilon(t)$	$\frac{\beta}{(j\omega+\alpha)^2+\beta^2}$	$e^{-\alpha t}\sin(\beta t)\varepsilon(t)$	$\frac{\beta}{(s+\alpha)^2+\beta^2}$	$\cos(\beta k)\varepsilon(k)$	$\frac{z(z-\cos\beta)}{z^2-2z\cos\beta+1}$	$\sin(\beta k)\varepsilon(k)$	$\frac{z\sin\beta}{z^2-2z\cos\beta+1}$
$e^{-\alpha\vert t\vert}\varepsilon(t),\alpha>0$	$\frac{2\alpha}{\alpha^2+\omega^2}$	$(b_0t+b_1)\varepsilon(t)$	$\frac{b_0+b_1s}{s^2}$	$\cos(\beta k+\theta)\varepsilon(k)$	$\frac{z^2\cos\theta-z\cos(\beta-\theta)}{z^2-2z\cos\beta+1}$	$\sin(\beta k+\theta)\varepsilon(k)$	$\frac{z^2\sin\theta+z\sin(\beta-\theta)}{z^2-2z\cos\beta+1}$
t/t^n	$j2\pi\delta'(\omega)/2\pi(j)^n\delta^{(n)}(\omega)$	$\frac{b_0}{\alpha}-\left(\frac{b_0}{\alpha}-b_1\right)\cdot e^{-\alpha t}\varepsilon(t)$	$\frac{b_1s+b_0}{s(s+\alpha)}$	$a^k\cos(\beta k)\varepsilon(k)$	$\frac{z(z-a\cos\beta)}{z^2-2az\cos\beta+a^2}$	$a^k\sin(\beta k)\varepsilon(k)$	$\frac{az\sin\beta}{z^2-2az\cos\beta+a^2}$
$\mathrm{sgn}(t)$	$\frac{2}{j\omega}$	$\frac{1}{\beta^3}[\beta t-\sin(\beta t)]\varepsilon(t)$	$\frac{1}{s^2(s^2+\beta^2)}$	$a^k\cosh(\beta k)\varepsilon(k)$	$\frac{z(z-a\cosh\beta)}{z^2-2az\cosh\beta+a^2}$	$a^k\sinh(\beta k)\varepsilon(k)$	$\frac{az\sinh\beta}{z^2-2az\cosh\beta+a^2}$
$\begin{cases}-e^{\alpha t},t<0\\ e^{-\alpha t},t>0\end{cases},(\alpha>0)$	$-j\frac{2\omega}{\alpha^2+\omega^2}$	$\frac{1}{2\beta^3}[1-\beta t)]\cdot\sin(\beta t)\varepsilon(t)$	$\frac{1}{(s^2+\beta^2)^2}$	$\frac{a^k}{k}\varepsilon(k),k>0$	$\ln\left(\frac{z}{z-a}\right)$	$\frac{a^k}{k!}\varepsilon(k)$	$e^{\frac{a}{z}}$
$f(t)=\begin{cases}\cos\left(\frac{\pi}{\tau}t\right),\vert t\vert<\frac{\tau}{2}\\ 0,\vert t\vert>\frac{\tau}{2}\end{cases}$	$\frac{\pi\tau}{2}\cdot\frac{\cos\left(\frac{\omega\tau}{2}\right)}{\left(\frac{\pi}{2}\right)^2-\left(\frac{\omega\tau}{2}\right)^2}$	$\frac{1}{2\beta}t\sin(\beta t)\varepsilon(t)$	$\frac{s}{(s^2+\beta^2)^2}$	$\frac{(\ln a)^k}{k!}\varepsilon(k)$	$a^{\frac{1}{z}}$	$\frac{1}{(2k)!}$	$\cosh\sqrt{\frac{1}{z}}$
$\sum_{n=-\infty}^{\infty}F_ne^{jn\Omega t}$	$2\pi\sum_{n=-\infty}^{\infty}F_n\delta(\omega-n\Omega)$ $\Omega=\frac{2\pi}{T}$	$\frac{1}{2\beta}[\sin(\beta t)+\beta t\cos(\beta t)]\varepsilon(t)$	$\frac{s^2}{(s^2+\beta^2)^2}$	$\frac{1}{k+1}\varepsilon(k)$	$z\ln\left(\frac{z}{z-1}\right)$	$\frac{1}{2k+1}\varepsilon(k)$	$\frac{1}{2}\sqrt{z}\ln\frac{\sqrt{z}+1}{\sqrt{z}-1}$
$\delta_T(t)=\sum_{n=-\infty}^{\infty}\delta(t-nT)$	$\delta_\Omega(\omega)=\Omega\sum_{n=-\infty}^{\infty}\delta(\omega-n\Omega)$ $\Omega=\frac{2\pi}{T}$	$t\cos(\beta t)\varepsilon(t)$	$\frac{s^2-\beta^2}{(s^2+\beta^2)^2}$	$\left[\frac{b_0-b_1\alpha}{\beta-\alpha}e^{-\alpha t}+\left(\frac{b_0-b_1\beta}{\beta-\alpha}\right)e^{-\beta t}\right]\varepsilon(t)$		$\frac{b_1s+b_0}{(s+\alpha)(s+\beta)}$	

续表

连续傅里叶变换对 $F(\mathrm{j}\omega)=\int_{-\infty}^{\infty} f(t)\mathrm{e}^{-\mathrm{j}\omega t}\mathrm{d}t$		拉普拉斯变换对(单边) $F(s)=\int_{0_-}^{\infty} f(t)\mathrm{e}^{-st}\mathrm{d}t$		z 变换对(单边) $F(z)=\sum_{k=0}^{\infty} f(k)z^{-k}$	
$g_\tau(t)=\begin{cases}1, & \lvert t\rvert<\frac{\tau}{2}\\ 0, & \lvert t\rvert>\frac{\tau}{2}\end{cases}$	$\tau\mathrm{Sa}\left(\frac{\omega\tau}{2}\right)=\frac{2}{\omega}\sin\left(\frac{\omega\tau}{2}\right)$	$[(b_0-b_1\alpha)t+b_1]\mathrm{e}^{-\alpha t}$	$\frac{b_1s+b_0}{(s+\alpha)^2}$	$\left[\frac{b_0-b_1\alpha+b_2\alpha^2}{(\beta-\alpha)(\gamma-\alpha)}\mathrm{e}^{-\alpha t}+\frac{b_0-b_1\beta+b_2\beta^2}{(\alpha-\beta)(\gamma-\beta)}\mathrm{e}^{-\beta t}+\frac{b_0-b_1\gamma+b_2\gamma^2}{(\alpha-\gamma)(\beta-\gamma)}\mathrm{e}^{-\gamma t}\right]\varepsilon(t)$	$\frac{b_2s^2+b_1s+b_0}{(s+\alpha)(s+\beta)(s+\gamma)}$
$\frac{W}{\pi}\mathrm{Sa}(Wt)=\frac{\sin(Wt)}{\pi t}$	$F(\mathrm{j}\omega)=\begin{cases}1, \lvert\omega\rvert<\frac{W}{2}\\ 0, \lvert\omega\rvert>\frac{W}{2}\end{cases}$	$A\mathrm{e}^{-\alpha t}\sin(\beta t+\theta)\varepsilon(t)$ 其中 $A\mathrm{e}^{\mathrm{j}\theta}=\frac{b_0-b_1(\alpha-\mathrm{j}\beta)}{\beta}$	$\frac{b_1s+b_0}{(s+\alpha)^2+\beta^2}$	$\left[\frac{b_0-b_1\beta+b_2\beta^2}{(\alpha-\beta)^2}\mathrm{e}^{-\beta t}+\frac{b_0-b_1\alpha+b_2\alpha^2}{\beta-\alpha}\cdot t\mathrm{e}^{-\alpha t}-\frac{b_0-b_1\beta+b_2\alpha(2\beta-\alpha)}{(\beta-\alpha)^2}\mathrm{e}^{-\alpha t}\right]\varepsilon(t)$	$\frac{b_2s^2+b_1s+b_0}{(s+\alpha)^2(s+\beta)}$
$f_\Delta(t)=\begin{cases}1-\frac{2\lvert t\rvert}{\tau}, \lvert t\rvert<\frac{\tau}{2}\\ 0, \lvert t\rvert>\frac{\tau}{2}\end{cases}$	$\frac{\tau}{2}\mathrm{Sa}^2\left(\frac{\omega\tau}{4}\right)$	$[b_2\mathrm{e}^{-\alpha t}+(b_1-2b_2\alpha)t\mathrm{e}^{-\alpha t}+\frac{1}{2}(b_0-b_1\alpha+b_2\alpha^2)t^2\mathrm{e}^{-\alpha t}]\varepsilon(t)$	$\frac{b_2s^2+b_1s+b_0}{(s+\alpha)^3}$	$\left[\frac{b_0-b_1\gamma+b_2\gamma^2}{\gamma^2+\beta^2}\mathrm{e}^{-\gamma t}+A\sin(\beta t+\theta)\right]\varepsilon(t)$ 其中,$A\mathrm{e}^{\mathrm{j}\theta}=\frac{(b_0-b_2\beta^2)+\mathrm{j}b_1\beta}{\beta(\gamma+\mathrm{j}\beta)}$	$\frac{b_2s^2+b_1s+b_0}{(s+\gamma)(s^2+\beta^2)}$
$f(t)=\begin{cases}\frac{1}{\tau}\left(t+\frac{\tau}{2}\right), \lvert t\rvert<\frac{\tau}{2}\\ 0, \lvert t\rvert>\frac{\tau}{2}\end{cases}$	$\mathrm{j}\frac{1}{\omega}\left[\mathrm{e}^{-\mathrm{j}\frac{\omega\tau}{2}}-\mathrm{Sa}\left(\frac{\omega\tau}{2}\right)\right]$	$f(t)=\begin{cases}1, \lvert t\rvert<\frac{\tau_1}{2}\\ \frac{\tau}{\tau-\tau_1}\left(1-\frac{2\lvert t\rvert}{\tau}\right), \frac{\tau_1}{2}<\lvert t\rvert<\frac{\tau}{2}\\ 0, \lvert t\rvert>\frac{\tau}{2}\end{cases}$ $\leftrightarrow\frac{8}{\omega^2(\tau-\tau_1)}\sin\left[\frac{\omega(\tau+\tau_1)}{4}\right]\times\sin\left[\frac{\omega(\tau-\tau_1)}{4}\right]$		$\left[\frac{b_0-b_1\gamma+b_2\gamma^2}{(\alpha-\gamma)^2+\beta^2}\mathrm{e}^{-\gamma t}+A\mathrm{e}^{-\alpha t}\sin(\beta t+\theta)\right]\varepsilon(t)$ 其中,$A\mathrm{e}^{\mathrm{j}\theta}=\frac{b_0-b_1(\alpha-\mathrm{j}\beta)+b_2(\alpha-\mathrm{j}\beta)^2}{\beta(\gamma-\alpha+\mathrm{j}\beta)}$	$\frac{b_2s^2+b_1s+b_0}{(s+\gamma)[(s+\alpha)^2+\beta^2)]}$

附录 3　双边拉普拉斯变换对与双边 z 变换对一览表

双边拉普拉斯变换对 $F(s)=\int_{-\infty}^{\infty} f(t)\mathrm{e}^{-st}\mathrm{d}t$		双边 z 变换对 $F(z)=\sum_{k=-\infty}^{\infty} f(k)z^{-k}$	
函数	象函数 $F(s)$ 和收敛域	函数	象函数 $F(z)$ 和收敛域
$\delta(t)$	1，整个 s 平面	$\delta(k)$	1，整个 z 平面
$\delta^{(n)}(t)$	s^n，有限 s 平面	$\Delta^n\delta(k)$	$\frac{z^n}{(z-1)^n}$，$\|z\|>0$
$\varepsilon(t)$	$\frac{1}{s}$，$\mathrm{Re}\{s\}>0$	$\varepsilon(k)$	$\frac{z}{z-1}$，$\|z\|>1$
$t\varepsilon(t)$	$\frac{1}{s^2}$，$\mathrm{Re}\{s\}>0$	$(k+1)\varepsilon(k)$	$\frac{z^2}{(z-1)^2}$，$\|z\|>1$
$\frac{t^{n-1}}{(n-1)!}\varepsilon(t)$	$\frac{1}{s^n}$，$\mathrm{Re}\{s\}>0$	$\frac{(k+n-1)!}{k!\,(n-1)!}\varepsilon(k)$	$\frac{z^n}{(z-1)^n}$，$\|z\|>1$
$-\varepsilon(-t)$	$\frac{1}{s}$，$\mathrm{Re}\{s\}<0$	$-\varepsilon(-k-1)$	$\frac{z}{z-1}$，$\|z\|<1$
$-t\varepsilon(-t)$	$\frac{1}{s^2}$，$\mathrm{Re}\{s\}<0$	$-(k+1)\varepsilon(-k-1)$	$\frac{z^2}{(z-1)^2}$，$\|z\|<1$
$-\frac{t^{n-1}}{(n-1)!}\varepsilon(-t)$	$\frac{1}{s^n}$，$\mathrm{Re}\{s\}<0$	$-\frac{(k+n-1)!}{k!\,(n-1)!}\varepsilon(-k-1)$	$\frac{z^n}{(z-1)^n}$，$\|z\|<1$
$\mathrm{e}^{-\alpha t}\varepsilon(t)$	$\frac{1}{s+\alpha}$，$\mathrm{Re}\{s\}>\mathrm{Re}\{-\alpha\}$	$a^k\varepsilon(k)$	$\frac{z}{z-a}$，$\|z\|>\|a\|$

续表

双边拉普拉斯变换对 $F(s)=\int_{-\infty}^{\infty}f(t)\mathrm{e}^{-st}\mathrm{d}t$		双边 z 变换对 $F(z)=\sum_{k=-\infty}^{\infty}f(k)z^{-k}$	
函数	象函数 $F(s)$ 和收敛域	函数	象函数 $F(z)$ 和收敛域
$t\mathrm{e}^{-\alpha t}\varepsilon(t)$	$\frac{1}{(s+\alpha)^2}$, $\mathrm{Re}\{s\}>\mathrm{Re}\{-\alpha\}$	$(n+1)a^n\varepsilon(k)$	$\frac{z^2}{(z-a)^2}$, $\lvert z\rvert>\lvert a\rvert$
$\frac{t^{n-1}}{(n-1)!}\mathrm{e}^{-\alpha t}\varepsilon(t)$	$\frac{1}{(s+\alpha)^n}$, $\mathrm{Re}\{s\}>\mathrm{Re}\{-\alpha\}$	$\frac{(k+n-1)!}{k!\ (n-1)!}a^n\varepsilon(k)$	$\frac{z^n}{(z-a)^n}$, $\lvert z\rvert>\lvert a\rvert$
$-\mathrm{e}^{-\alpha t}\varepsilon(-t)$	$\frac{1}{s+\alpha}$, $\mathrm{Re}\{s\}<\mathrm{Re}\{-\alpha\}$	$-a^k\varepsilon(-k-1)$	$\frac{z}{z-a}$, $\lvert z\rvert<\lvert a\rvert$
$-\frac{t^{n-1}}{(n-1)!}\mathrm{e}^{-\alpha t}\varepsilon(-t)$	$\frac{1}{(s+\alpha)^n}$, $\mathrm{Re}\{s\}<\mathrm{Re}\{-\alpha\}$	$-\frac{(k+n-1)!}{k!\ (n-1)!}a^n\varepsilon(-k-1)$	$\frac{z^n}{(z-a)^n}$, $\lvert z\rvert<\lvert a\rvert$
$\cos(\beta t)\varepsilon(t)$	$\frac{s}{s^2+\beta^2}$, $\mathrm{Re}\{s\}>0$	$\cos(\beta k)\varepsilon(k)$	$\frac{z^2-z\cos\beta}{z^2-2z\cos\beta+1}$
$\sin(\beta t)\varepsilon(t)$	$\frac{\beta}{s^2+\beta^2}$, $\mathrm{Re}\{s\}>0$	$\sin(\beta k)\varepsilon(k)$	$\frac{z\sin\beta}{z^2-2z\cos\beta+1}$
$\mathrm{e}^{-\alpha t}\cos(\beta t)\varepsilon(t)$	$\frac{s+\alpha}{(s+\alpha)^2+\beta^2}$, $\mathrm{Re}\{s\}>\mathrm{Re}\{-\alpha\}$	$a^k\cos(\beta k)\varepsilon(k)$	$\frac{z^2-za\cos\beta}{z^2-2za\cos\beta+1}$
$\mathrm{e}^{-\alpha t}\sin(\beta t)\varepsilon(t)$	$\frac{\beta}{(s+\alpha)^2+\beta^2}$, $\mathrm{Re}\{s\}>\mathrm{Re}\{-\alpha\}$	$a^k\sin(\beta k)\varepsilon(k)$	$\frac{za\sin\beta}{z^2-2za\cos\beta+1}$
$\mathrm{e}^{-\alpha\lvert t\rvert}$, $\mathrm{Re}\{\alpha\}>0$	$\frac{-2\alpha}{s^2-\alpha^2}$, $\mathrm{Re}\{\alpha\}>\mathrm{Re}\{s\}>\mathrm{Re}\{-\alpha\}$	$a^{\lvert k\rvert}$, $\lvert a\rvert<1$	$\frac{(a^2-1)z}{(z-a)(az-1)}$, $\lvert a\rvert<\lvert z\rvert<\lvert\frac{1}{a}\rvert$
$\mathrm{e}^{-\alpha\lvert t\rvert}\mathrm{sgn}(t)$, $\mathrm{Re}\{\alpha\}>0$	$\frac{2s}{s^2-\alpha^2}$, $\mathrm{Re}\{\alpha\}>\mathrm{Re}\{s\}>\mathrm{Re}\{-\alpha\}$	$a^{\lvert k\rvert}\mathrm{sgn}$, $\lvert a\rvert<1$	$\frac{a(z^2-z)}{(z-a)(az-1)}$, $\lvert a\rvert<\lvert z\rvert<\lvert\frac{1}{a}\rvert$

附录 4　卷积积分一览表

$$f_1(t) * f_2(t) = \int_{-\infty}^{\infty} f_1(\tau) f(t-\tau) \mathrm{d}\tau$$

$f_1(t)$	$f_2(t)$	$f_1(t) * f_2(t)$	$f_1(t)$	$f_2(t)$	$f_1(t) * f_2(t)$
$f(t)$	$\delta'(t)$	$f'(t)$	$f(t)$	$\delta(t)$	$f(t)$
$f(t)$	$\varepsilon(t)$	$\int_{-\infty}^{t} f(\lambda)\mathrm{d}\lambda$	$\varepsilon(t)$	$\varepsilon(t)$	$t\varepsilon(t)$
$\mathrm{e}^{-\alpha t}\varepsilon(t)$	$\varepsilon(t)$	$\frac{1}{\alpha}(1-\mathrm{e}^{-\alpha t})\varepsilon(t)$	$\varepsilon(t)$	$t\varepsilon(t)$	$\frac{1}{2}t^2\varepsilon(t)$
$\mathrm{e}^{-\alpha_1 t}\varepsilon(t)$	$\mathrm{e}^{-\alpha_2 t}\varepsilon(t)$	$\frac{1}{\alpha_2-\alpha_1}(\mathrm{e}^{-\alpha_1 t}-\mathrm{e}^{-\alpha_2 t})\varepsilon(t), \alpha_1 \neq \alpha_2$	$\mathrm{e}^{-\alpha t}\varepsilon(t)$	$\mathrm{e}^{-\alpha t}\varepsilon(t)$	$t\mathrm{e}^{-\alpha t}\varepsilon(t)$
$t\mathrm{e}^{-\alpha_1 t}\varepsilon(t)$	$\mathrm{e}^{-\alpha_2 t}\varepsilon(t)$	$\left[\frac{(\alpha_2-\alpha_1)t-1}{(\alpha_2-\alpha_1)^2}\mathrm{e}^{-\alpha_1 t}+\frac{1}{(\alpha_2-\alpha_1)^2}\mathrm{e}^{-\alpha_2 t}\right]\varepsilon(t)$ $\alpha_2 \neq \alpha_1$	$t\varepsilon(t)$	$\mathrm{e}^{-\alpha t}\varepsilon(t)$	$\left(\frac{\alpha t-1}{\alpha^2}+\frac{1}{\alpha^2}\mathrm{e}^{-\alpha t}\right)\varepsilon(t)$
$\mathrm{e}^{-\alpha_1 t}\cos(\beta t+\theta)\varepsilon(t)$	$\mathrm{e}^{-\alpha_2 t}\varepsilon(t)$	$\left[\frac{\cos(\beta t+\theta-\varphi)}{\sqrt{(\alpha_2-\alpha_1)^2+\beta^2}}\mathrm{e}^{-\alpha_1 t}\right.$ $\left.-\frac{\cos(\theta-\varphi)}{\sqrt{(\alpha_2-\alpha_1)^2+\beta^2}}\mathrm{e}^{-\alpha_2 t}\right]\varepsilon(t)$ $\varphi=\arctan\left(\frac{\beta}{\alpha_2-\alpha_1}\right)$	$t\mathrm{e}^{-\alpha t}\varepsilon(t)$	$\mathrm{e}^{-\alpha t}\varepsilon(t)$	$\frac{1}{2}t^2\mathrm{e}^{-\alpha t}\varepsilon(t)$

附录5 卷积和一览表

$$f_1(t) * f_2(t) = \sum_{i=-\infty}^{\infty} f_1(i) f(k-i)$$

$f_1(t)$	$f_2(t)$	$f_1(t) * f_2(t)$	$f_1(t)$	$f_2(t)$	$f_1(t) * f_2(t)$
$f(k)$	$\delta(k)$	$f(k)$	$f(k)$	$\varepsilon(k)$	$\sum_{i=-\infty}^{k} f(i)$
$\varepsilon(k)$	$\varepsilon(k)$	$(k+1)\varepsilon(k)$	$k\varepsilon(k)$	$\varepsilon(k)$	$\frac{1}{2}(k+1)k\varepsilon(k)$
$a^k\varepsilon(k)$	$\varepsilon(k)$	$\frac{1-a^{k+1}}{1-a}\varepsilon(k), a\neq 0$	$a_1^k\varepsilon(k)$	$a_2^k\varepsilon(k)$	$\frac{a_1^{k+1}-a_2^{k+1}}{a_1-a_2}\varepsilon(k), a_1\neq a_2$
$a^k\varepsilon(k)$	$a^k\varepsilon(k)$	$(k+1)a^k\varepsilon(k)$	$k\varepsilon(k)$	$a^k\varepsilon(k)$	$\frac{k}{1-a}\varepsilon(k)+\frac{a(a^k-1)}{(1-a)^2}\varepsilon(k)$
$k\varepsilon(k)$	$k\varepsilon(k)$	$\frac{1}{6}(k+1)k(k-1)\varepsilon(k)$	$a_1^k\cos(\beta k+\theta)\varepsilon(k)$	$a^k\varepsilon(k)$	$\frac{a_1^{k+1}\cos[\beta(k+1)+\theta-\varphi]-a_2^{k+1}\cos(\theta-\varphi)}{\sqrt{a_1^2+a_2^2-a_1a_2\cos\beta}}\varepsilon(k)$ $\varphi=\arctan\left[\frac{a_1\sin\beta}{a_1\cos\beta-a_2}\right]$

附录 6　关于 $\delta(t)$、$\delta(k)$ 函数公式一览表

$f(t)\delta(t)=f(0)\delta(t)$	$f(t)\delta(t-t_0)=f(t_0)\delta(t-t_0)$	$\delta(-t)=\delta(t)/\delta'(-t)=-\delta'(t)$	$f(t)\delta'(t)=f(0)\delta'(t)-f'(0)\delta(t)$
$\int_{-\infty}^{\infty} f(t)\delta(t)\mathrm{d}t = f(0)$	$\int_{-\infty}^{\infty} f(t)\delta(t-t_0)\mathrm{d}t = f(t_0)$	$\delta[f(t) = \sum_{i=1}^{n} \frac{1}{\lvert f'(t_i) \rvert}\delta(t-t_i)$	$\int_{-\infty}^{\infty} f(t)\delta^{(n)}(t)\mathrm{d}t = (-1)^n f^{(n)}(0)$
$\delta(at)=\frac{1}{\lvert a \rvert}\delta(t)$	$\int_{-\infty}^{\infty} \delta(t)\mathrm{d}t = 1 \Big/ \int_{-\infty}^{t} \delta(\tau)\mathrm{d}\tau = \varepsilon(t)$	$\int_{-\infty}^{\infty} \delta'(t)\mathrm{d}t = 0 \Big/ \int_{-\infty}^{t} \delta'(\tau)\mathrm{d}\tau = \delta(t)$	$f(t)\delta'(t-t_0) = f(t_0)\delta'(t-t_0) - f'(t_0)\delta(t-t_0)$
$\delta^{(n)}(at)=\frac{1}{\lvert a \rvert}\cdot\frac{1}{a^n}\delta^{(n)}(t)$	$\delta(ak)=\delta(k)/\delta(-k)=\delta(k)$	$f(k)\delta(k) = f(0)\delta(k)$ $\sum_{k=-\infty}^{\infty} f(k)\delta(k) = f(0)$	$\int_{-\infty}^{\infty} f(t)\delta'(t-t_0)\mathrm{d}t = -f'(t_0)$

参 考 文 献

[1] 陈金西.信号与系统——Matlab分析与实现[M].厦门:厦门大学出版社,2016.
[2] 许淑芳.信号与系统[M]. 北京:清华大学出版社,2017.
[3] 胡光锐,徐昌庆.信号与系统[M].上海:上海交通大学出版社,2013.
[4] 燕庆明.信号与系统教程[M].3版.北京:高等教育出版社,2013.
[5] 郑君里,应启珩,杨为理.信号与系统[M].3版. 北京:高等教育出版社,2011.
[6] 管致中,夏恭恪,等.信号与线性系统[M].5版.北京:高等教育出版社,2011.
[7] 徐守时,谭勇,郭武.信号与系统理论、方法和应用[M]. 2版.北京:中国科学技术大学出版社,2010.
[8] 刘卫国.MATLAB程序设计与应用[M].2版.北京:高等教育出版社,2006.
[9] 王景芳,肖尚辉,等.信号与系统[M].北京:清华大学出版社,2010.
[10] 董长虹.Matlab信号处理与应用[M]. 北京:国防工业出版社,2005.
[11] 刘卫国.MATLAB程序设计与应用[M].2版.北京:高等教育出版社,2006.
[12] 吴大正.信号与线性系统分析[M].4版.北京:高等教育出版社,2005.
[13] 梁虹,梁洁,陈跃斌,等.信号与系统分析及MATLAB实现[M].北京:电子工业出版社,2002.
[14] 应启珩,等.离散时间信号分析和处理[M].北京:清华大学出版社,2001.
[15] ALAN V. OPPENHEIM,ALAN S. WILLSKY,S. HAMID NAWAB.信号与系统[M].2版.刘树棠,译.西安:西安交通大学出版社,1998.